[美] 丽莎·本顿–肖特　约翰·雷尼–肖特　著

张帆　王晓龙　译

城市与自然

U0243436

江苏凤凰教育出版社
Phoenix Education Publishing, Ltd

图书在版编目(CIP)数据

城市与自然 /(美)丽莎·本顿-肖特,(美)约翰·雷尼-肖特著;张帆,王晓龙译.—南京:江苏凤凰教育出版社,2017.2
(世界城市研究精品译丛)
ISBN 978 - 7 - 5499 - 6318 - 8

Ⅰ.①城… Ⅱ.①丽…②约…③张…④王… Ⅲ.①城市环境-研究 Ⅳ.①X21

中国版本图书馆 CIP 数据核字(2017)第 042655 号

All Rights Reserved
Authorised translation from the English language edition published by Routledge, a member of the Taylor & Francis Group.

Copies of this book sold without a Taylor & Francis sticker on the cover are unauthorized and illegal.

书　　名　城市与自然
著　　者　丽莎·本顿-肖特　约翰·雷尼-肖特
译　　者　张　帆　王晓龙
责任编辑　李明非
装帧设计　许　畅
出版发行　江苏凤凰教育出版社(南京市湖南路 1 号 A 楼　邮编 210009)
苏教网址　http://www.1088.com.cn
照　　排　南京紫藤制版印务中心
印　　刷　江苏凤凰新华印务有限公司(电话:025 - 68037410)
厂　　址　江苏省南京市新港经济技术开发区尧新大道 399 号
开　　本　890 毫米×1240 毫米　1/32
印　　张　18.375
版　　次　2017 年 5 月第 1 版
　　　　　2017 年 5 月第 1 次印刷
书　　号　ISBN 978 - 7 - 5499 - 6318 - 8
定　　价　55.00 元
网店地址　http://jsfhjycbs.tmall.com
公 众 号　苏教服务(微信号:jsfhjyfw)
邮购电话　025 - 85406265,025 - 85400774,短信 02585420909
盗版举报　025 - 83658579

苏教版图书若有印装错误可向承印厂调换
　提供盗版线索者给予重奖

出 版 说 明

"他山之石，可以攻玉。"

在建构中国本土化城市理论的过程中，对外来城市化理论进行有比较地、批判性地筛选，不失为一种谨慎的方式。西方城市化的理论与实践研究有很多值得中国学习和借鉴的地方，如城市空间正义理论、适度紧缩的城市发展理论、有机秩序理论、生态城市理论、拼贴城市理论、全球城市价值链理论、花园城市理论、智慧城市理论、城市群理论以及相关城市规划理论等，这些理论在推进城市化的进程中起到了直接的作用。

中国城市化进程以三十多年的时间跃然走过了西方两百年的城市化历程，成就令世界瞩目，但城市社会问题也越来越深化：有些是传统的社会问题，有些是城市化引发和激化了的问题，我们需要梳理出关键点加以解决。

《世界城市研究精品译丛》的出版目的十分明确：我国的城市理论研究起步较晚，国外著名学者的研究成果，或是可以善加利用的工具，有助于形成并完善我们自己城市理论的系统建构。在科学理论的指导下，在新型的城镇化过程中，避免西方城市化进程中曾出现的失误。

该丛书引进国外城市理论研究的经典之作，大致涵盖了相关领域的重要主题，它以新角度和新方法所开启的新视野，所探讨的新问题，具有前沿性、实证性和并置性等特点，带给我们很多有意义的思考与启发。

学习发达国家的城市化理论模式和研究范式，借鉴发达国家成功的城市化实践经验，研究发达国家新的城市化管理体系，是这套丛书的主要功能。但是，由于能力有限，丛书一定会有很多问题，也借此请教大方之家。读者如果能够从中获取一二，也就达到我们的目的了。

江苏凤凰教育出版社

再次献给 Bonnie 和 Harriet。

| 目录

图

表

方框文字

前言

本书第一版于 2008 年出版，而大部分的写作与研究早在 2006/2007 年就完成了。自那以后，城市-自然关系的论题仍然在稳步发展，文献资料也大为增加，论题涵盖了从城市-环境历史关系到许多城市的全面可持续发展规划的最新发展等等。这些领域如城市政治生态学、城市和气候变化、城市可持续发展的出现和拓展，以及传统领域如城市危害、空气和水污染方面新的研究都为第一版中探讨的城市与自然的主题增添了大量的研究成果。第二版得以将这些新的发展纳入考量。

本书在第一版的基础上作了大量扩充。第一版总共 12 章，分为 3 个部分，而第二版扩充到 16 章，共 5 个部分。第二版全书结构围绕 5 个中心主题展开：

1. 历史上的城市环境；

2. 当代城市环境；

3. 城市物理系统；

4. 城市环境问题；

5. 重新定位城市-自然关系。

第一部分是历史上的城市环境，探讨了工业化之前以及工业化时期的城市。工业城市所遭遇到的问题为至今许多城市仍然沿用的城市环境管理框架提供了背景。第二部分是当代的城市环境，探讨了全球城市发展趋势，并主要关注后工业城市和发展中国家城市。第三部分重点关注城市物理系统，并有专门章节讨论城市位置、危害、灾难和城市政治生态等问题。第四部分研究了重要的当代城市环境问题。先用简短的一章介绍了新近出现的城市环境管理框架。接下来的几个章节分别探讨了水污染、空气污染、气候变化和垃圾问题。第五部分用更为规范的方法讨论了城市可持续发展和环境公正的问题。城市可持续性探讨了可持续发展的理论以及城市实行可持续发展的方式——从简单的"绿化"措施如植树到将可持续发展各个方面整合到一起的更为全面的规划。

我们也删除了第一版中的部分材料以让叙述更加清晰有条理。新的章节包括后工业城市、发展中国家城市和气候变化；我们还在第十六章中增加了关于可持续发展理论的新内容。在所有的章节中最新的研究成果都被收入了参考文献和延伸阅读指南书目中。第二版也扩展了讨论的地理范围，将发展中国家的更多城市纳入研究范围之中。本书的例子和案例研究更加全球化。

第二版得以延伸理论，在原有章节基础上拓展范围，研究了美国和欧洲以外的城市，尤其是增加了发展中国家城市的代表性例子。我们感觉第一版太过于集中在美国和欧洲城市上了，新的版本则提供了更为全球化的代表。第二版还反映出了数据、法规、例子和趋势的更新变化。

章节的重新组织、新章节的增加以及所有章节的更新和完善使得我们得以更彻底地记录该研究领域前沿的重要问题和发展趋势。新版中增加了新的照片、数据来源和最新的法规变化。总而言之，本版作了大量扩充，拓展了理论深度和涵盖的地理范围，因此要比第一版更为完善。

第二版是在安德鲁·莫尔德（Andrew Mould）的建议下促成的，之前的第一版由三位匿名审稿人花费大量时间与精力进行审阅，提出了许多修改和增删的建议，这些都有助于第二版的问世，在此对其致以谢意。

第一版出版后所收到的积极反响令我们倍受鼓舞，这也促使我们想要对这个充满学术挑战、政治重要性和社会意义的最具活力最令人振奋的领域进行延伸、拓展和放大。我们正在成为一个高度城市化的世界，因此城市环境的质量、可持续性、脆弱性和机遇都给人类带来了最为紧迫的问题。城市环境不仅是问题的发生地，也是社会进步变化的平台。

致　谢

　　首先我们要指出第二版是我们多年来在为乔治·华盛顿大学和巴尔的摩县马里兰大学的本科生和研究生讲授"城市环境问题"的讲义基础上完成的。在讲授这门课以及在使用第一版的过程中，学生们提出了一些令人深思的非常有价值的问题，并在其学期论文和研究项目中提供了新的极具启发性的材料来源。尤其是丽莎 2012 年春季研究生"城市可持续性"研讨班的学生为我们提供了表格和数据更新来源，并提出了一些供我们考虑纳入书中的建议。

　　我们还要感谢马里兰大学的助理研究员迈克·穆斯曼（Mike Mussman）和巴巴拉·布里奇斯（Barbara Bridges）对第二版所作出的宝贵贡献。我们还要感谢贝基·巴顿（Becky Barton）、米歇尔·贾德（Michele Judd）、大卫·赖恩（David Rain）、乔·戴蒙德（Joe Dymond）和伊丽莎白·查科（Elizabeth Chacko）允许我们在本书中使用他们的图片。

　　还要感谢三位匿名审稿人，正是他们的深刻而重要的建议使得第二版更加完善。第二版增加的篇幅、范围和深度都是对其仔细审阅的回应。

　　我们已经尽可能地去联系所有版权所有者以获准在本书中使用相关材料。本书中未提到的版权所有者可以与出版社联系，出版社会在本书以后的版本中对纰漏加以修正。

　　最后感谢哥伦布（Columbus）、柯兹摩（Cosmo）和麦金德（Mackinder）这几位在电脑编辑和打印方面提供的帮助，并且感谢他们在我们伏案写作时的用餐提醒。

第一章　城市与自然

2010 年 1 月 12 日下午 4 时左右，海地发生了毁灭性的里氏 7 级地震。死者数量超过 3 000 人，伤者数量也大抵相当，将近 100 万人无家可归，首都太子港很多地方都化为废墟。尽管有国际救助，但截至 2012 年仍然有 50 万民众住在临时安置房，条件之恶劣令人震惊。这场生态灾难不仅揭示出地下地质的不稳定性，也反映出社会的断裂：海地的国家功能障碍；大部分民众极度的贫困；以及显著的不平等，占少数的精英阶层安然无恙，受影响最大的却是那些最贫穷的人。

再看一个富裕国家的例子：1995 年夏天，热浪席卷了美国芝加哥市。7 月份有超过一周的时间每天温度都达到 100 华氏度以上。截至 7 月 20 日，死亡人数超过 700 人。媒体将该事件称为 "自然灾害"，认为是反常气象条件所导致。在 2002 年的著作《热浪》（*Heat Wave*）中，埃里克·克里南伯格（Eric Klinenberg）对这个假定提出了质疑，并针对该事件进行了社会调查。他发现独居高龄老人的死亡比例是最高的。所以这场悲剧不仅仅是一场自然灾害，也是老年人与社会隔绝、公共援助缺乏以及邻里关系冷漠所造成的后果。大多数遇难者都是生活在缺乏社群感的住宅区的孤寡老人。走在这些社区的街道上总是让人没有安全感。这些老人就这样困在屋里，没有公共卫生官员来看望他们，许多可怜的孤寡老人就这样活活被热死了。这场灾难并非直接由高温所导致，而是由一系列复杂的社会政治关系形成的。[①]

从以上事例中我们可以总结出两点。首先，城市处于更广阔的自然环境过程中，并与生态系统形成错综复杂的关系——在上述的例子中，两个城市分别位于板块构造断层带和夏季变暖的温度上升地带。其次，这些由事件的极端性所暴露出来的自然环境过程是经过了在政治和经济方面有所差异的社会安排的过滤的。在城市中并没有所谓的"自然"灾害，正如没有独立于自然的城市一样。

方框 1.1

词语和定义

词语非常重要，其意义不确定而又彼此关联。当我们使用"自然"、"环境"和"城市"这些词的时候一定要搞清楚是什么意思。"自然"（nature）一词有很多含义，其中最重要的两个意思：一个是指事物的本质（比如在"他的所作所为符合他的本性"这句话中），另一个则是指包括或不包括人类在内的物质世界。词语的含义彼此关联，"自然"往往在使用时表示与"技术"和/或"文化"相对的意思。本书中的"自然"一词是指包括人类在内的物质世界。我们很少在与人类社会相对的意义上使用它，而更多的是包含了物质资源和文化涵义在内。"自然"和"环境"这两个词可以相互替换使用。

"自然"和"城市"这两个词在语言使用上一直存在着区别。本书的主要观点是要表明城市是物质世界的一部分，而这种物质性正是由城市并且在城市中塑造建构的。与其把城市简单地划在自然-社会二分法的一面，我们更愿意将其理解为一个构建并重构自然与社

---

① Klineneberg, E. (2002) *Heat Wave: A Social Autopsy of Disaster in Chicago*. Chicago, IL: University of Chicago Press.

会的混合空间，一个自然与社会-经济在其中交融流动的复杂空间。城市既是环境建构也是社会建构。城市是自然不可分割的一部分，而自然也与城市的社会生活紧密交织在一起。城市是技术流动、社会-物理进程以及社会-经济关系错综复杂的网络中的一个重要节点。城市也是政治和生态之间浮现出的联系被显现并被质疑的地方。

我们需要证明，经过仔细研究，"自然"灾害与社会进程的联系比我们通常所以为的要紧密得多。当人们在受侵蚀的山坡上建造房屋或是将住宅置于地震区的时候，那么所谓的自然灾害在部分程度上就是一种社会建构。而"自然"灾害这个词也就遮蔽了其社会-经济含义的影响。贫穷国家的民众之所以受洪灾和暴风雨的影响更大，是因为他们不像富国那样拥有花费高昂的科技手段来提供及时的预警或迅速的撤离。同样的暴风雨在不同的地方会对人们造成完全不同的后果。即便是在同一个城市，富人和穷人居民所遭受的灾害也会差异巨大。在太子港的地震中，居住在佩蒂翁维尔（Petionville）绿化郊区俯瞰城市的小山上的精英阶层的富人们就免受了被困在山下满目疮痍城市中的穷人们的厄运。山上富人们的住宅基本上没有遭到破坏，警方也迅速动员起来保护这些居民及其财产。那些有钱居住在佩蒂翁维尔的海地精英阶级从而就避免了大部分的地震破坏。① 而在几年前的美国，受困于卡特里娜飓风直接后果的人们的惨痛图像，也提醒我们在那些有能力逃离的人与只能滞留在城市的人们之间社会经济地位的巨大鸿沟。

灾难让自然与城市之间的关联变得清晰可见。更仔细的研究发现，自然会显得更加社会化，而城市的社会生活与自然环境过程错综复杂的关系也能够被更准确地看到。城市是社会-环境辩证关系的中心。在随后的章节中我们会更加详尽地阐释这一主题。

---

① Booth, W. (2010, 18 January) "Haiti's elite spared much of the devastation." *The Washington Post*，A1，A6.

思想背景

城市不可避免地与"自然"形成对照。一连串的想法试图将城市视作人类的创造，以与"自然的""原始的"和"荒原"形成对照。保护环境也通常意味着停止对诸如雨林和冻原的原始地区的侵占。更常见的情况是，环境保护被定义为与我们城市的关切和兴趣基本无关的局外之事。城市在某种程度上一直被描述并被理解为与所谓的"自然世界"隔绝。城市生活与更广阔的外界环境的日益分离更加强了这样的观点。当食物更容易在超市的货架而非自家门外的田地里得到，当我们能够打开暖气御寒以及/或者打开空调以阻止难以忍受的热浪的时候，人们往往就会倾向于将城市看作远离且独立于外在的自然世界。

在城市理论的发展过程中，曾经有很长一段时间将城市假想成是处于一块平坦而无特征的平原上。城市研究长久以来一直忽视了城市的自然性质；相反，其重点是放在社会、政治、经济而非生态方面。但其实城市是生态系统，是建立在自然世界的前提之上的，正如它们也经由了社会和经济力量的复杂棱镜的中介一样。最近一些年，人们重新开始对城市作为一个生态系统产生兴趣，并突出了环境问题与城市问题，以及社会网络与生态系统流之间的复杂关系。举三个我们称之为"新城市政治生态学"（*new urban political ecology*）的例子。第一个例子，威廉·索列基（William Solecki）和辛西娅·罗岑施魏格（Cynthia Rozenzweig）研究了纽约大都市区（the greater New York Metropolitan Region）① 的生态多样性城市社会关系。他们使用诸如"生态足迹（ecological footprint）"和易受全球环境变化影响的脆弱性

① Solecki，W. and Rosenzweig，C.（2004）"Biodiversity，biosphere reserves and the Big Apple：a study of theNew York metropolitan region." *Annals of New York Academy of Science* 1023：105 - 128.

等概念来分析目前生态多样性与城市社会之间的相互作用。第二个例子，保罗·里本斯（Paul Ribbons）思考了郊区绿地与化工、污染以及毒废料①的流动和连接分布。郊区住宅门前的草坪绿化带实际上是大剂量"化学制品"的再造"自然物"。第三个例子，朱利安·耶茨（Julian Yates）和尤塔·古特贝勒特（Jutta Gutberlet）分析了巴西城市迪亚德玛（Diadema）②厨余垃圾的流动。厨余垃圾被回收站回收，然后被城市里的园艺师当作社区花园土壤中的重要肥料使用。通过追踪这样的流动并检查其效果就可以揭示出城市自然过程和社会过程之间的联系。

在新兴并且迅速发展的城市政治生态学领域中，城市被看作是自然和社会、生态和政治的交叠。城市与"自然"世界交缠在一起，这种关联性体现和反映了社会、经济和政治力量。城市是自然整体的一部分，而自然也与城市的社会生活紧密交织在一起。

作为生态系统的城市

自然地理学家伊恩·道格拉斯（Ian Douglas）建议将城市看作一个生态系统模型，输入的是能量和水源，输出的是噪音、气候变化、污水、垃圾和空气污染。③ 另一种思考城市-自然辩证关系的方法则是将城市看作是一个环境输入量和输出量可测的生态系统。表格 1.1 估算出伦敦环境输入和输出的范围和数量。环境输入中最显著的是能量和水源。

---

① Robbins，P.（2007）*Lawn People*：*How Grasses*，*Weeds and Chemicals Make Us Who We Are*. Philadelphia，PA：Temple University Press.

② Yates，J. S. and Gutberlet，J.（2011）"Reclaiming and recirculating urban natures：integrated organic waste management in Diadema，Brazil." *Environment and Planning* A 43：2109 - 2124.

③ Douglas，I.（1981）"The city as an ecosystem." *Progress in Physical Geography* 5：315 - 367.

表 1.1　伦敦的环境输入和输出

输入	吨/每年
氧气	40 000 000
水	876 000 000 000（升）
食物	6 900 000
纸	2 200 000
塑料	2 100 000
建筑材料（砖块、砂、混凝土）	27 000 000
能源需求（石油吨数）	13 276 000
输出	吨/每年
二氧化碳	41 000 000
二氧化硫	400 000
氮氧化物	280 000
污水和淤泥	7 500 000
工业/商业废物	14 029 000
家庭废物	3 900 000

资料来源：The City Limits project：a resource flow and ecological footprint analysis of Greater London at www. citylimitslondon. com

城市中的人类活动依赖于大量持续的能源输入。当我们离开有暖气的建筑，开车去购物时需要消耗能量。我们从事的商业活动以及创造的微气候（microclimates）（冬天的暖气，夏天的冷气）都需要消耗能源。为了试图反抗大自然的暴虐，城市需要消耗大量的能量，所以城市严重依赖能源。在美国，从 20 世纪初开始，由于石油价格一直很低，城市开始无计划地在版图上蔓延。在能源更贵的国家，城市人口往往就会更加密集，也更依赖于公共交通。大规模的郊区蔓延是廉价能源所具有的功能。这就诱使我们得出一个结论，即能源价格的长期持续发展会影响郊区的蔓延和城市的结构。

　　水是生命的重要组成部分。城市的人口和商业完全依赖于水源。世界上城市间一种最大的差异就是有的城市和市民拥有清洁易得的水源而另一些则得水不易，代价高昂且污染严重。人们不得不修建大型工程项目来提供便宜清洁的水源，并且随着城市的发展，集水区也向外扩展，管道输水工程更加复杂化。在贫穷的城市，被污染的城市水源一直是造成疾病尤其是儿童疾病的主因。

图 1.1　澳大利亚昆士兰州的黄金海岸（Gold Coast, Queensland, Australia）。这张图片让人感觉城市就是一个自然-社会产物，是社会与生态的交织。这张截图反映出了海洋、沙滩、建筑和河流之间的相互联系，比如在一个复杂空间中水面和绿地是如何点缀着道路、房屋和商业建筑的
图片来源：照片为约翰·雷尼-肖特（John Rennie Short）所摄

　　即使是在富裕国家，能否得到淡水也是城市发展的决定性限制因素。例如，在干旱的美国西部，城市发展的前提是能得到大量的联邦补助和建造代价高昂的工程项目以低价为用户提供淡水。尽管生态限制总是比环境决定论者所认为的更加灵活多变，但也不是可以无限伸展的。在干旱的美国西部，我们就有可能碰到城市发展的"水源"限制。

城市会影响环境。城市生态足迹的理念得到了进一步发展①，被定义为满足城市资源需求并吸收废物所需的土地数量。富裕国家的城市能源消耗和浪费更大，所以其生态足迹比发展中国家也更大更重。最近的研究使用了人均全球性公顷（gha）的度量标准。例如，对英格兰城市斯温登（Swindon）的研究估算出其生态足迹为 5.6—5.9 gha②。加拿大的卡尔加里（Calgary）市也进行了调查，发现其生态足迹为人均 9.5—9.9 gha③。高能耗是其最大的原因。鉴于此项研究，卡尔加里市政府延迟了对未开发地区的开发项目，并且努力推广使用可再生资源。如今该市的轻轨系统完全是由风能提供电力。

城市会改变环境。最显著的例子是城市热岛效应。城市温度往往更高，因为城市大量产生热量，一些人造材料如柏油碎石、沥青和混凝土也会吸热。这些材料的表面白天吸热，晚上则释放出热量。最终的结果是城市里的空气要比周围乡村地区空气的温度更高。一个附带的后果就是白天对暖气的需求减少，但夏天对空调的需求却增加了。热岛效应意味着你在12月的伦敦要把暖气调低，而在8月份的华盛顿特区则要将空调温度调高。过多的热量导致了空气气流由温度差异引起的上升，以及云雨形成的增加。城市阴天增多，更易出现雷电，温度也比周围乡村地区更高。

城市里的人为活动也会产生污染物。工业生产过程和汽车发动机

---

① Wackernage，M.，Kirtzes，J.，Moran，D.，Goldfinger，S. and Thomas，M.（2006）"The ecological footprint of cities and regions：comparing resource availability with resource demand." *Environment and Urbanization* 18：103-112.

② Eaton，R. L.，Hammond，G. P. and Laurie，J.（2007）"Footprints on the landscape：an environmental appraisal of urban and rural living in the developed world." *Landscape and Urban Planning* 83：13-28.

③ http：//www. footprintnetwork. org/images/uploads/Calgary _ Ecological _ Footprint _ Report. pdf（accessed May 12，2012）.

排放出含有氧化碳、硫氧化物、碳氢化合物、灰尘、煤烟和铅的物质。城市空气一直以来都有害健康，这也是人类历史上城市人口的死亡率更高的部分原因。笼罩在许多城市上空的雾霾就是一种可见的提醒，告诉我们人类的密集活动对环境所造成的影响。城市污染物不仅会危害个人健康，还会造成一般性的损害；城市在某种程度上是导致全球变暖和臭氧枯竭的主因。

方框 1.2

早期的城市生态学家

　　1864 年自然学家和地理学家乔治·珀金斯·马什（George Perkins Marsh）在其著作《人与自然》中评论道曾经繁盛一时的文明如罗马帝国之所以会衰落，部分可能是由于人们忽视环境的行为所致。比如他提到罗马帝国在农村地区对农业产品课以重税，这些税即便将所有收成都卖了也远远不够；罗马的征兵使得人口大量减少；罗马还逼得农民穷困潦倒，建造公共工程却拒付劳工费用；此外，罗马帝国还出台了一些荒唐的限令和愚蠢的法规，阻碍了工业和国内商业的发展。结果大片土地无人耕种，或完全废弃，当土地得不到原先来自大自然的保护时，就只能任由破坏性的力量在其上肆虐。

　　资料来源：Marsh, G. P.（1864）*Man and Nature*：*Or Physical Geography as Modified by Human Action*. New York：Scribner, pp. 10 – 12.

　　城市主要输出垃圾。大量包装精美的大众消费品使得城市里的垃圾数量上涨。焚烧垃圾会污染空气，而填埋垃圾则需要大量的填埋池。环境正义调查文献表明许多危害环境的设施通常位于贫民、少数族裔和混乱无序的聚居区。环境管理问题与公平和社会正义等更广泛的问题联系到一起。当我们注意到大多数具有毒害的设施都位于低收入的边缘社区时，环境保护中的种族歧视问题也就显而易见了。

城市也会产生噪音。城市是喧闹的地方，居住在繁华城市街道超过 15 年的家庭的听力平均有可能降低 50%。噪声污染的程度范围从扰民一直到听力损害。背景噪音很响的话会导致压力的普遍增加和城市生活质量的下降。

城市是水分循环的重要一环。城市会影响到水分的日常和季节流动。例如，大量的防渗路表意味着下雨时径流量会急剧上升。因此城市需要通过能应付不规律高流量的水槽和沟渠改变水流。但是大量的防渗表面和导水渠道会引起雨后水流的增多，并在很多情况下会导致洪灾。随着城市化的发展，水循环也日益过载。城市还会改变河水的流向以增加商业活动。在 19 世纪的芝加哥，工程师就改变了芝加哥河（the Chicago River）的流向以促进工业发展。城市往往也会污染供水系统，从而减少淡水量，有时会严重危害健康。

在理论上将城市看作一个生态单元也就是要为理解城市发展所必需的环境输入和城市发展的环境影响之间的复杂关系提供新的可能性。

自然和城市

自然常常以不可预见和意外的方式存在于城市之中。各种各样的野生生物持续在城市中找到了它们的生态区位。城市内的紧张关系可以经由对城市与野生生物之间关系的报道得到检视。城市动物地理学可以让我们详细了解城市-自然之间的辩证关系，不管是有关城市里的老鼠还是老鹰的报道。不妨想一想佩尔梅尔（Pale Male）和罗拉（Lola）的例子，这是两只红尾鹰，它们把巢筑在纽约第五大街的奢华高层公寓大楼的正面。自从 1998 年起就有人在此地区发现了老鹰，每年这些老鹰都会归巢抚养其幼鸟。鸟类观察者通过望远镜、相机和网站追踪了它们的这个过程。人们一般认为老鹰能在城市繁育生长是非常了不起的事情。然而公寓大楼的一些居民却不这么想。业主合作委员会主席、富有的房地产开发商 Richard Cohen 于 2004 年 12 月单方面下令将鹰巢拆除。红尾鹰是非常珍稀的动物，所以 1918 年包括美国、加拿大和俄罗斯在内的几个国家签署了保护红尾鹰的公约。之前一次驱逐红尾鹰的尝试受阻正是因为动物保护者援用了这条国际公约。不过公约规定如果里面没有蛋或小鸟的话，鸟巢是可以被去除的。业主合作委员会正是钻了这个法律的空子，而他们的决定引发了大规模的抗议。打扮成鸟的抗议者们在公寓大楼对面的街上守夜，媒体也报道了这则新闻。这次事件的一个弦外之音是反抗富人阶层的权势。第五大街 927 号的公寓售价高达 1 800 万美元，其业主包括许多富人和名人。富豪业主将老鹰从栖息地赶走的形象极具新闻性。对公寓大楼和业主极其负面的报道最终迫使业主不再驱逐老鹰。佩尔梅尔和罗拉得以继续在公寓大楼上筑巢，但在原巢遭到侵犯后的 6 年时间内它们再也没有生育小鸟。最近一些年，有更多的红尾鹰在纽约市定居。奥杜邦协会（Audubon Society）于 2007 年受托所做的研究表明整个纽约市发现有 32 处成对红尾鹰育鸟的巢穴，而老鹰观察者则说他们在纽约的 5 个区发现了上百只未配对的红尾鹰。2005 年，一对绰号为佩尔梅尔二世（Pale Male Junior）（或者就叫二世）和夏洛特（Charlotte）的老鹰在南中央公园南端的特朗普公园酒店（Trump Park Hotel）上筑巢并成功养育了两只雏鹰。2007 年它们又将巢搬至 57 号街（公园南边两个街区）的第七大街的一栋建筑上，并养育了一只雏鹰。人们常常可以在公园西南角的时代华纳中心发现二世和夏洛特。佩尔梅尔和罗拉仍然是最受密切关注的明星鸟类；有三种关于它们的儿童读物，还有一些网站实时更新关于它们的目击和照片（登录 www. palemale. com 网站）。它们甚至是 2009 年一部由弗里德里克·利连安（Frederic Lilien）制作的名为《佩尔梅尔传奇》（*The Legend of Pale Male*）的纪录片的主题。然而罗拉却于 2010 年 12 月失踪了，据推测已经死亡。2011 年 1 月初有人发现佩尔梅尔有了新的配偶。这只新的雌鹰叫作"姜"（Ginger），得名于其颈部和下颌暗色的羽毛，它比罗拉要年轻得多。2011 年夏天，热爱佩尔梅尔的人终于得到了回报：姜和佩尔梅尔骄傲地成为了两只雏鹰的父母。

　　并不是所有居住在城市环境中的野生生物都像佩尔梅尔和罗拉那

样受欢迎，比如在大部分城市都有的老鼠。老鼠住在阴暗的地下道和城市的幽深处，是疾病和腐败的象征；它们带来恐惧和厌恶而非爱和尊重。但是和可爱的动物或更上镜的鸟类一样，它们也是城市的生存者。

城市中也有对自然的自觉参考。想一想城市公园。很难想象伦敦没有海德公园、纽约没有中央公园或者华盛顿没有国家广场。景观设计师如弗里德里克·劳·奥姆斯特德（Frederick Law Olmsted）为一些城市留下了永久的遗产。早期的公园运动钟爱对环境的静观，而现代公园运动则与积极参与性联系更紧。城市公园设计的既要注重休闲功能也要注重审美情趣。城市规划者认识到对大自然的成功参照可以跟经济重建挂钩。不管是在南加利福尼亚的海滩、芝加哥的湖滨还是伦敦和巴黎的公园，都市生活公认的迷人之处在于成功地将自然（再）融入都市生活方式、城市形象和大都会的体验中去。

有时城市会呼唤自然的回归而非压制自然。韩国的首尔就重新接通了曾流经清溪市（图 1.2）的一条古溪。这条 5 英里（8.2 千米）的溪流是该市早期历史的重要组成部分，是贸易和庆典的地点，也是该市富人和穷人区的分界标志。但在首尔战后快速的经济发展过程中，自然环境成为经济蔓延的主要地点。该河被堵塞填埋，并在 1978 年的高速公路建设中彻底消失。但最近一些年，随着人们转而强调可持续发展、生态多样性和城市生活品质，该河又被重新挖掘，作为耗资 2.81 亿美元的大规模城市生态改造工程的一部分。该河于是得以再生再造，首尔也重新拥有了河道。2005 年，原本是一个线状水上公园的项目作为一系列湖边走廊对公众开放。其目的是将自然重新引入城市，并推动更加环保的城市设计。① 尽管有人诟病其花费及生态和历史原真性，该项目却的确减少了城市热岛效应，增加了生态多样性，提供了诱人

---

① Cho，M. R. (2010) "The politics of urban nature restoration: the case of Cheonggyecheon restoration in Seoul，Korea." *International Development Planning Review* 32：145-165.

图 1.2　韩国首尔的清溪（Cheonggyecheon, Seoul, South Korea）
图片来源：照片为约翰·雷尼-肖特所摄

的城市公共空间。这是对城市中自然和历史的再接，而 30 年来该市一直忽视了这两点。该河也得以重新被发现，重新被创造。

城市的可持续发展

　　城市与自然关系中一个日益受到关注的核心理念是城市的可持续发展，即从长远看城市在环境方面是可持续的理念。人们普遍相信许多城市付出了高昂的环境代价，损害了其长远的发展。例如，对矿物燃料的过度依赖，以及越来越多的人将私家车作为主要市内交通方式都加快了环境恶化。这些问题在高速发展的城市以及环保法规薄弱，环境治理不被当作重要政治议题的发展中国家城市中尤为严重。[①] 例如中国过去 20 年快速而且通常也是不受节制的经济发展所付出的代价是空气、水和陆地环境的严重恶化。

我们可以绘制一个城市与环境敏感性之间关系的三阶段模型：早期阶段城市发展规模较小，对环境的影响虽然也很大，但却局限在小范围。随着城市进入工业化生产模式，对环境的影响更为严重，也更加持久，环境更趋恶化。当经济发展进入成熟阶段，人们更为富有之后，就会越发重视城市的环境质量。人们往往开始进行环境改造。在全世界所有的城市，不管是贫穷还是富裕，欠发达还是发达，争取更好的城市生活环境、清洁水源、新鲜空气和怡人条件的努力总是重要的动力来源和行动纲领。[②]

环境质量问题与社会公正问题密切相关，那些低收入的边缘市民总是遭受最差的环境状况。贫穷和环境恶化往往与一系列多重剥夺和社会排斥紧密相关。格雷厄姆·霍顿（Graham Haughton）提出了建立于社会公正之上的可持续发展五原则：代内平等（generation equity），代际平等（intergenerational equity），地理平等（geographic equity），程序平等（procedural equity）和种间平等（interspecies equity）。[③] 他还提出了实现可持续发展的方法，包括创建更为独立的城市，以减少对广大生态区的环境影响，以及重新规划城市，让土地得到更

---

① Panayotou，T. (2001) "Environmental sustainability and services in developing global city-regions," in *Global City—Regions*，A. J. Scott (ed.). Oxford: Oxford University Press.

② Evans，P. (ed.) (2002) *Livable Cities: Urban Struggles for Livelihood and Sustainability*. Berkeley and Los Angeles，CA: University of California Press.

③ Haughton，G. (1999) "Environmental justice and the sustainable city." *Journal of Planning Education and Research* 18：233-243.

为有效理性的利用。迈克·霍夫（Michael Hough）也设计出城市可持续发展的路线图，认识到保持城市生态系统完整的重要性。① 更为合适的城市发展的一个常受称赞的例子是巴西的库里蒂巴（Curitiba）。这座拥有 180 万人口的城市于 1965 年制定了一个总体规划，限制城市中心区的发展，将城市的扩展引导进两条南北向的走廊地带。这种集中的发展可以更有效地利用公共交通。如今该市有 1100 辆公交车，日运载乘客量达到 140 万人次，并且具有一个人行线路网，让人们能在中央商务区徒步旅行。最终的结果是对私家车的更少使用，进而减少了污染，形成了更为怡人的城市环境。许多发达国家的城市都可以借鉴库里蒂巴的做法。促进可持续发展的行动既可以从穷国流入富国，也可以从富国流入穷国。在许多需要节约使用稀有资源的穷国，循环利用商品并重新构建城市可以为新的城市实践提供丰富的背景。

一个新方法

在社会科学中，如今正出现思考城市生活环境背景的研究团体，而自然科学也越来越意识到城市环境值得进行认真的生态分析。就让我们用这样一些最新研究成果中的例子来结束作为导言的本章吧。

城市环境史研究是一个令人振奋的发展中领域。克里斯·布恩（Chris Boone）和阿里·莫达勒斯（Ali Modarres）在他们的著作《城市与环境》（*City and Environment*）中提出了一种深刻的历史视角。② 也有对个别城市的详尽案例研究，为自然的城市化提供了特写。威廉·克罗侬（William Cronon）在《自然都会》（*Nature's Metropolis*）

---

① Hough，M. (2004) *Cities and Natural Process：A Basis for Sustainability*. 2nd edition. London：Routledge.

② Boone，C. and Moddares，A. (2006) *City and Environment*. Philadelphia，PA：Temple University Press.

一书中调查了芝加哥与其腹地从 1850 年到 1890 年之间的关系。① 他在书中表明自然世界是如何被转变为商品化的人文景观，正如粮食、木材和肉品生产将草原和林地转变为城市发展的自然基础一样，商人、铁路业主和初级产品生产商将"荒野"转变成人文景观，作为城市大规模经济发展的基础。克罗侬的著作表明城市经济发展大量利用了自然世界。更近的一本马修·克林格（Matthew Klingle）的著作调查了西雅图的环境史。② 他在书中讲述了有关连续的景观改造的故事。西雅图在自然改造与城市构建的错综复杂的过程中是一个重要的地点。

一方面，社会科学家们正在研究城市-自然辩证关系的社会背景。现在有许多可以称之为城市政治生态学的研究工作。看看马修·甘迪（Matthew Gandy）的研究，他的著作《混凝土和泥土：再造纽约的自然》（*Concrete and Clay*：*Reworking Nature in New York*）关注纽约市自然的城市化，并探讨了自然、城市和社会权力之间一系列的关系，这些探讨体现在他对创建城市供水系统、中央公园、城市风景车道建设、20 世纪六七十年代激进的波多黎各环保组织 以及纽约布鲁克林区绿点-威廉斯堡（Greenpoint-Williamsburg）反浪费运动的思考中。他调查了城市的环境公平运动，在这些城市中有毒设施和土地利用总是集中在少数族裔聚居的地区。③ 在更近一些的作品中他还探讨了印度孟买供水系统功能失调的原因：这是殖民主义、城市飞速发展以及中产阶级的利益凌驾于占人口大多数的穷人的需求之上所导致的结果。④ 供水不仅仅是一个工程问题，也与政治和权力紧密相关。2011 年，《城市

---

① Cronon，W.（1991）*Nature's Metropolis*：*Chicago and the Great West*. New York：Norton.

② Klingle，M.（2007）*Emerald City*：*An Environmental History of Seattle*. New Haven：Yale University Press.

③ Gandy，M.（2002）*Concrete and Clay*：*Reworking Nature in New York City*. Cambridge，MA：MIT Press.

④ Gandy，M.（2008）"Landscapes of disaster：water，modernity and urban fragmentation in Mumbai." *Environment and Planning* A 40：108 – 30.

可持续发展国际期刊》(*International Journal of Urban Sustainable Development*)发行特刊，专门探讨了城市水匮乏的问题。① 这个主题在埃里克·斯文列多 (Erik Swyngedouw) 2004 年的著作《社会权力和水源城市化》(*Social Power and the Urbanization of Water*)中非常突出，该书重点关注了厄瓜多尔的瓜亚基尔 (Guayaquil) 市，在那里有 60 万人很难获得饮用水。作者揭示了水的流动是如何与权势的流动紧紧联系在一起的，而供水不仅仅是将供需两端连接起来就好，而是要做到自然与社会以及环境与政治之间的彼此联系。② 这些作品在理论观点上具有相似性；城市与"自然"世界错综复杂的关系体现和反映了社会、经济和政治的力量。城市是自然的重要组成部分，自然也与城市的社会和政治生活紧密交织。

另一方面，一些生态学家也在利用其技术和手段将城市看作是一个生态系统。玛丽·卡德纳索 (Mary Cadenasso) 和她的同事们创建了一个城市生态系统模型，这是一个由生物物理学、社会和构造部件所组成的复合体。运用水域动态和缀块动态，他们尝试模拟能源、物质、人口和资金的流动，以便识别出生态信息和环境质量之间的相互影响。③ 埃里克·基斯 (Eric Keys) 及其同事更加细致地采用了这种城市生态学方法，在亚利桑那州的凤凰城调查了从 1970 年到 2000 年的土地利用的空间结构。他们的调查显示从农业用地到城市用地有明显的变化，而其余的沙漠地区的变化则毫无条理，这就暗示了城市生态和生物的多样性。他们认为土地利用的变化对大量的碳排放具有影

———————

① *International Journal of Urban and Sustainable Development* 2011 Special Issue, Volume 3, Urban Water Poverty.

② Swyngedouw, E. (2004) *Social Power and the Urbanization of Water*. Oxford: Oxford University Press.

③ Cadenasso, M. L., Pickett, S. T. A. and Grove, M. J. (2006) "Integrative approaches to investigating human—natural systems: the Baltimore ecosystem study." *Natures Sciences Societes* 14: 4 – 14.

响，会形成更严重的热岛效应并减少当地植物的种类。① 迈克·保罗（Michael Paul）和朱迪·迈耶（Judy Meyer）揭示了城市化和溪流生态学之间的某些关联：非渗透表面数量的增加以及更多的污染物排放减少了藻类、无脊椎动物和鱼群的数量。② 不仅将城市看作生态系统的研究著作越来越多，同时我们也有了一些长期的研究基地。例如美国在巴尔的摩和凤凰城就有两个城市生态基地，为模拟城市生态系统提供了大量有趣的材料。③

　　如今在有关城市的自然性和生态性方面汇聚了许多社会科学家来对这个有吸引力且重要的领域进行跨学科研究。本书回顾了各种研究成果，这些研究表明城市是自然的一部分，既受到环境的约束，又能从中得到发展机遇，既是自然环境过程的塑造者，也是其容纳者。本书认为我们只有通过思考自然环境与城市之间众多微妙的联系才能更好地理解自然环境，并且也只有通过探索城市与自然世界之间的诸多关系才能促进我们对城市的社会理解。

本书的结构

　　本书接下来的章节根据相关的中心主题分为五个部分：

　　1. 历史背景下的城市与自然；

　　2. 当代的城市环境；

　　3. 城市的自然体系；

　　4. 主要的城市环境问题；

---

　　① Keys, E., Wentz, E. A. and Redman, C. L. (2007) "The spatial structure of land use from 1970—2000 in the Phoenix, Arizona Metropolitan Area." *The Professional Geographer* 59: 131 - 147.

　　② Paul, M. J. and Meyer, J. L. (2008) "Streams in the urban landscape." *Urban Ecology* Ⅲ: 207 - 31.

　　③ The Baltimore Ecosystem Study at http: //www. beslter. org and the Central Arizona—Phoenix Study at http: //caplter. asu. edu.

5.（重新）调整城市-自然关系。

第一部分展现了城市的出现如何根本改变了自然与社会之间的关系。城市-自然关系史的一个重要主题就是 19 世纪和 20 世纪早期在欧洲和北美，以及 20 世纪后半叶在发展中国家工业城市的兴起。第二章研究了早期的前工业化城市是如何改变了自然环境以及自然环境同时对城市的影响。随着城市的出现和发展，新的环境问题如污染和疾病促进了新的管理体系的产生以及基础设施的改造，进而改变了城市-自然环境的关系。第三章说明工业城市的兴起如何大量增加了空气、陆地和水的污染，同时也带来了随后的政策改革和新的城市规划形式。工业化时期对城市环境问题的处理是对新知识的重要刺激，也形成了新的政策和基础设施。

第二部分描述了当代的城市动力学。第四章介绍了当代全球城市发展趋势和格局，确定了与如今的城市转型浪潮相关联的重要环境主题。第五章讲述了后工业城市的主题，而第六章则思考了发展中国家城市的环境问题。

第三部分以多种方式来思考城市-自然的动态关系。第七章讨论了对特定区域的占用——比如沙漠、海滩和冲积平原——是如何约束与机遇并存的。海地地震、2004 年的海啸、2005 年的卡特里娜飓风和911 事件让人们愈发清楚地认识到城市在灾害面前的脆弱性。第八章探讨了这种脆弱性，并且认为并没有所谓的"自然灾害"。我们更倾向于使用环境危害/灾祸这样的词，因为它突出了调和或加剧危险的社会、经济和政治力量。同时我们也承认城市具有恢复力。例如，在火灾或地震之后恢复或重建的努力常常为城市发展提供推动力。对城市危险和灾祸的讨论展现了社会-自然辩证关系的重要一面。第九章记录了城市政治生态学的出现。将城市看作生态系统为将传统生态学的见解与批判社会科学的视角结合起来提供了巨大前景。这个学科领域的发展让我们能够更加准确地将城市看作是社会-生物物理的复合体。

第四部分集中探讨了特殊的城市环境问题。第十章描述了最近环保法规的增多，为理解关键环境问题的政策和回应提供了背景。第十一章和第十二章分别研究了水和空气问题。影响城市的最显著的环境变化之一是第十三章所探讨的全球变暖。第十四章研究了城市废物问题。有的城市在这些方面进步显著。而对于发展中国家的许多超大城市而言则情况不一，有的城市进展顺利，但也有一些城市几乎是盲目追求发展规模，无节制地开采资源。

第五部分思考了重新调整城市-自然关系的理论和实际问题。第十五章提出了环境公平的问题，调查了阶级、种族和性别问题是如何与环境问题和社会正义相互关联的。第十六章思考了有关城市可持续发展的主题，其目标不仅仅是为了将城市重新与当地的区域生态连接在一起，也是为了与全球生态系统连接在一起。然后我们要转向可持续发展的实践和尝试，以在可居性、可持续性、公平和社会正义的更大框架内重新规划、重新创造以及重新思考城市。

本书的写作动机是我们相信环境问题日益集中在城市，环境问题对城市生活条件也极为重要。我们乐观地认为，既然城市是社会的终极产物，它们就能成为积极转变的重要地点和社会进步的关键场所。

延伸阅读指南

Boone, C. and Moddares, A. (2006) *City and Environment*. Philadelphia, PA: Temple University Press.

Douglas, I., Goode, D., Houck, M. and Wang, R. (eds.) (2010) *Routledge Handbook of Urban Ecology*. New York: Routledge.

Girardet, H. (2008) *Cities People Planet: Urban Development and Climate Change*. Chichester: Wiley.

Grimm, N. B., Faeth, S. H., Golubiewski, N. E., Redman, C. L., Wu, J., Bai, X. and Briggs, J. M. (2008) "Global change and the ecology of cities." Science 319: 756 - 760.

Heynen, M., Kaika, M. and Swyngedouw, E. (eds.) (2006) *In*

the Nature of Cities. New York and London: Routledge.

Kaika, M. and Swyngedouw, E. (2011) "The urbanization of nature: great promises, impasse and new beginnings," *in The New Blackwell Companion to the City*, G. Bridge and S. Watson (eds.). Chichester: Wiley-Blackwell, pp. 96 - 107.

Niemelä, J., Breuste, J. H., Elmqvist, T., Guntenspergen, G., James, P. and McIntyre, N. E. (eds.) (2011) *Urban Ecology: Patterns, Processes, and Applications*. Oxford: Oxford University Press.

Peet, R., Robbins, P. and Watts, M. J. (eds.) (2010) *Global Political Ecology: A Critical Introduction*. New York: Routledge.

Roberts, P., Ravetz, J. C. and George, C. (2009) *Environment and the City*. New York: Routledge.

Short, J. R. (2005) *Imagined Country: Environment, Culture and Society*. Syracuse, NY: Syracuse University Press.

Stefanovic, I. G. and Scharper, S. B. (2012) *The Natural City: Re-envisioning the Built Environment*. Toronto: University of Toronto Press.

第一部分　历史上的城市环境

第二章　前工业化时期的城市

最初的城市

最早的古代城市大约于 5 000 或 6 000 年前在世界各地出现，由最初的部落社区和村庄转变为更大更复杂的社会、经济和政治体系。最早的城市出现在美索不达米亚（底格里斯-幼发拉底河谷）的南部地区，其中有一些城市比较繁荣，如乌尔（Ur）、埃雷克（Erech）、拉格什（Lagash）和拉尔萨（Larsa）、埃及尼罗河岸的一些城市如黑里欧波里斯（Heliopolis）、孟菲斯（Memphis）和尼可布（Nekheb），以及印度河谷哈拉帕（Harappa）和摩亨佐-达罗（Mohenjo-daro）。乌尔在鼎盛时期人口达到 25 000 人。在中国，黄河河谷流域似乎是东亚最早出现城市的地方，比如商和郑州。在墨西哥谷（the Valley of Mexico），玛雅（Mayan）城市提卡尔（Tikal）和乌夏克吞（Uaxactun）是最早被发现的。希腊城市如底比斯（Thebes）和特洛伊（Troy）于公元前1200 年开始出现，而几百年之后还只是一组村落的罗马城开始沿着台伯河发展起来。最早的城市都有一些共同要素，这些要素反映了重要的自然-社会关系，其中最显著的是人们意识到城市的发展要建立在环境的可持续性上。

世界最初的城市似乎都出现在这样的地方，在那里气候和土壤条件使其能够提供大量必需的动植物以供养更多的人口。然而，创建城市的不仅仅是剩余农产品，对劳作和剩余生产管理的社会权力的执行也反过来为城市的发展提供了条件。应该说不是剩余农产品创建了城市，而是城市创造了剩余农产品。

水是最重要的因素之一。几乎所有的城市都位于河流沿岸，其势力（也包括其统治者的权势）是建立在对服务于周围乡村的灌溉系统的控制之上的。城市历史学家刘易斯·芒福德（Lewis Mumford）指出最早的城市出现在河谷地区并非偶然。[1] 在中央集权的发展过程中对水资源的管理是重要的一环。大规模的工程项目只有在集中规划和等级权力制度下才有可能完成。

本质上说，城市就是将自然环境改造成人造环境。因此城市对环境的影响是多向的：城市改变了周围地区，影响了自然环境。而反过来，自然环境所提供的重要自然资源也影响着城市。

早期城市的建造本身就包含了对环境的改变。在中美洲，大约2 500年前，萨巴特克印第安人就开始建造一座大城市，或许是新大陆最早的一座城市。这项工程中包括了改造阿尔班山，这是一座1 500英尺高的小山，俯瞰着墨西哥中部的瓦哈卡山谷。工人们在山坡上开凿建造出数百个排屋，后者是一种阶梯状的平台，设计有挡土墙作为普通和豪华的寓所。[2] 为了创建一个大型的中央广场，工人们不辞辛劳地将整个山顶削平了大约200至400米；这是一个伟大的壮举，比梵蒂冈的圣彼得广场要大上8倍。[3] 阿尔班山存在了超过1 000年，最

① Mumford，L.（1989）*The City in History*. San Diego，CA and New York：Harvest Books，p. 71.

② Pfeiffer，J.（1980）"The mysterious rise and decline of Monte Albán,"*Smithsonian*，February.

③ Hardoy，J.（1973）*Pre—Columbian Cities*. Judith Thorne（trans.）. New York：Walker，p. 33.

盛时期有大约 20 000 至 30 000 人住在那里。

最早的城市是在城墙以内参照自然的。在乌鲁克（Uruk），据说城市的一半都是带有蔬菜农场绿色地带的露天场所。[①] 尼布甲尼撒二世（Nebuchadnezzar Ⅱ）（公元前 604—前 562 年）被认为在波斯建造了传说中的巴比伦空中花园。希腊历史学家西西里的狄奥多罗斯（Diodorus Siculus）描述了这些花园：

方框 2.1

玛雅城市的衰落

玛雅人住在中美洲，即现在的尤卡坦（Yucatan）、危地马拉（Guatemala）、伯利兹（Belize）和墨西哥南部（southern Mexico）。玛雅城市有提卡尔（Tikal）和乌夏克吞（Uaxactun）、奇琴伊察（Chichen Itza）、玛雅潘（Mayapan）、科薄（Copan）和帕伦克（Palenque）。提卡尔的人口估计在 60 000 人左右，其人口密度是历史同期的一般欧洲城市的几倍大。

玛雅人精通天文学，熟谙历法。玛雅人的宇宙观渗透在其日常生活中，并构建了他们的城市，这些城市的设计与宇宙的律动和谐一致。在奇琴伊察，每年春分和秋分，日落时会有一条日蛇（sun serpent）沿着被称为羽蛇神殿（El Castillo）的玛雅金字塔的阶梯而上。在中南部低地地区的玛雅遗址处有许多寺庙具有门廊和其他一些对应于天文事件的特征。

在玛雅城市的正中有大型广场，周围环绕着最重要的政府和宗教建筑。高耸的宅邸以及对高度和垂直度的凸显给人以雄伟壮观之感，反映出通往天国的渴望，同时也强化了严格的社会纵向等级制度。最重要的宗教庙宇位于玛雅金字塔的顶部，其装饰令人印象深刻。有种理论认为这些庙宇可能是用于传道，因为它们是唯一可以

---

① Mumford，*The City in History*，p. 75.

从很远处看到的建筑。在城市的中心以外是一些小贵族或小寺庙的建筑。建造行为本身需要浩大的人力和对劳作的管控能力。

从 8 世纪开始一直到随后的大约 150 年，由于战火肆虐，百姓四散，伟大的玛雅城市终被遗弃。到了公元 930 年，玛雅中心地带已经丧失了 95% 的人口。这场旷日持久的事件被称为"玛雅的衰落"，是哥伦布发现美洲之前一直无法被人理解的现象之一。有人猜测是一场入侵以及随后的战争导致了衰落，也有人将目光转向了环境因素。2003 年地球科学家提出是一场从大约公元 750 年开始并持续 200 年的干旱期引发了大范围的旱灾以及区域降雨的显著减少。

资料来源：Coe，M.（2005）The Maya. 7th edition. New York：Thames and Hudson. Faust，B，Anderson，E. N. and Frazier，J.（eds.）（2004）*Rights*，*Resources*，*Culture and Conservation in the Land of the Maya*. Westport, CT：Praeger. Haug，G.，Gunther，D.，Peterson，L.，Sigman，D.，Hughon，K. and Aeschlimann，B.（2003）"Climate change and the collapse of the Maya civilization." *Science* 299 (5613)：1731 - 1735. McKillop，H.（2006）*The Ancient Maya*：*New Perspectives*. New York W. W. Norton.

通往花园的路像山坡一样倾斜，建筑的各个部分层层垒叠……在这之上堆砌着土壤……密植着各种树木，其参天之貌与其他迷人之处给观者带来愉悦。

另一篇里记录道：

空中花园里的植物栽种在高于地平面之上、树根栽入较高的平台上……从高处淌下的水流沿着倾斜的水槽流下……这些水灌溉了整个花园，浸透植物的根部，滋润了整个地区。因此这里的草四季常青，树叶牢附着柔软的树枝……这是一件皇家奢华的艺术杰作。①

---

① Mumford，*The City in History*，p. 75.

如今我们超过 100 万人口的城市庞大得吓人，但其实早期的城市也是人口众多。雅典在其最鼎盛的公元前 431 年容纳了 30 万人，而 5 个世纪之后的罗马则超过了 100 万人口。中国的长安达到 100 万人口，墨西哥的提奥提华坎（Teotihuacán）则达到 20 万人。有些城市实际面积不大，但人口密度很高。位于喜马拉雅山脚的佛教城市塔克西拉（Taxila）占地仅数公顷，而迦太基（Carthage）港比一块足球场大不了多少。① 截至 13 世纪，巴黎、米兰和威尼斯已经拥有至少 10 万人口；16 世纪末时伦敦人口已达到 25 万人。所有这些城市都受到大量城市环境问题的挑战，如食品和水的供应，疾病和贫困，交通堵塞，住房和供能不足等。

人类通过创建最初的城市改造环境。在本章接下来的部分中我们将在众多的环境影响中仅仅选取三个进行讨论，即城市规划、疾病控制和污染管理。

方框 2.2

柬埔寨吴哥城（Angkor Thom）［又称大吴哥城（the "Great City"）］的兴衰

吴哥城是高棉帝国（the Khmer Empire）的伟大首都，而高棉帝国曾在 9 至 14 世纪期间控制了如今属于柬埔寨、泰国、老挝和越南的广大地区。城区面积超过 385 平方英里；就面积而言，它是前工业化时期世界上最大的城市综合体，在其鼎盛时期大概容纳了多达 100 万人。如今，吴哥地区超过 1 000 处的寺庙遗址证明了其当年的规模大小。

吴哥城用于支持大规模农业生产和淡水供应的大量先进水文系统常常被援引作为该城人口庞大的原因。河堤、沟槽和水库是 9 世

---

① Markham，A. (1994) *A Brief History of Pollution*. New York：St. Martin's Press.

纪建造的这个大型水资源管理网络的组成部分。从山上采集来的水依各种目的被贮存和分配，这些目的包括防洪、农耕和一些仪式。一套溢流和分流的系统得以将剩余的水输送到南部的湖里。水库网分布广泛，为城市提供大量的水源。

有关高棉帝国于 14 至 15 世纪衰落的原因众说纷纭。最近的研究表明其原因并非单一，既是由于 14 至 15 世纪该地区降雨量的急剧减少，也是由于人造环境对周围环境的影响所致。凯西·马克斯（Kathy Marks）指出：

> 用水管理系统尤其可能造成一些非常严重的环境问题，并彻底改变了景观。你可以看见城市向森林地区推进，铲除草木，重建景观，使其变得完全人造化。

同时而来的还有气候变化的压力以及与周边帝国的冲突，这些都让高棉帝国摇摇欲坠。研究者达米安·伊文思（Damian Evans）总结道：

> 该城市极其庞大，其农业开发极其频繁，这些都对环境造成了影响。吴哥可能像同时代的低密度城市一样，遭受了诸如基础设施压力和对自然资源（比如水）的管理不力等问题。但这些城市应对这些问题的技术有限，最终也许在这些方面都失败了。

资料来源：Evans, D., Pottier, C., Fletcher, R., Hensley, S., Tapley, I., Milne, A. and Barbetti, M. (2007) "A comprehensive archeological map of the world's largest pre-industrial settlement complex at Angkor, Cambodia." *Proceedings of the National Academy of Sciences of the United States of America* 104（36）：14277 - 14282. Fletcher, R., Penny, D., Evans, D., Pottier, C., Barbetti, M., Kummu, M. and Lusting, T. (2008) "The water management network of Angkor, Cambodia." *Antiquity* 82：658 - 670. Marks, K. (2007, August 15) "Metropolis: Angkor, the world's first mega-city." *The Independent*, accessed May 2012 at: http://www. independent. co. uk/news/world/asia/metropolis-angkor-the-worlds-first-megacity -461623. html

城市规划

我们可以解析一下那些能让城市的结构设计和建造反映出更广阔的环境话语的方法。城市空间的布局设计可以传达出人们如何看待自然世界的信息。城市设计和城市规划也与更广泛的社会权力问题相关联：大多数的城市规划来自于少数有权势人物的愿望和决定，反映并体现着他们的权力。

城市的用地模式反映了城市社会是如何利用并规定其与自然环境关系的。虽然从柏林到加尔各答再到君士坦丁堡，其结构模式——即街道、公园和露天广场的布局——差别很大，但许多城市在土地的差别利用上有着共同之处，包括中心市区的突出地位、郊区的边缘性以及特定手艺和商业活动的地点。有两种用地模式从最初的城市一直延续至今，即围墙和棋盘式街道。这两种模式在其功能之外都象征了对城市环境的深层感知。

方框 2.3

古罗马的配水和引水渠

罗马城从公元前 4 世纪开始建造一系列的引水渠，并为水资源的公共分配和管理制订了计划。虽然有台伯河流经罗马城中心，但随着城市的发展，罗马仍需更多的水源。历史学家 E. J. 欧文斯（E. J. Owens）指出："在古代世界，水的良好供应被恰如其分地看作是维持城市生活的必需品之一。"引水渠是由桥梁、拱梁和管道组成的系统，能通过密闭的管道输送来自远方的水（有时经由地下，或是通过地上的廊桥）。沿线有一些沉降槽以去除杂质，或是一些过滤器以去除水中的杂物，这就保证了公共卫生。引水渠里的水一旦进入或接近罗马就会流入带顶盖的大型集水池里。然后这些集水池通过畅通的水渠、铅管和陶管将水分配至蓄水库和公共喷泉。这个供水系统最有趣的方面之一是大多数罗马人到公共喷泉处来汲取其家庭用水。集体使用市政工程的传统部分地塑造了罗马的供水系统。随着城市化的进一步发展、人口的增加以及不断增多的公共卫生问题，罗马的工程师们将不同的引水渠分开，将其中的一些用作饮水，剩下的按照水质用作其他功能。水被用于多种用途，包括喷泉和公厕、公共浴池以及街道的清洗。

罗马的工程师因其整体的水力学技术而著称，尤其是其建造的引水渠，能将水从大老远输送过来。在整个水资源管理技术以及输水、导水和蓄水的结构形态工程学的发展过程中，人们得以在诸如古罗马城市广场这样的地方定居发展，而此处之前只是一个潮湿的沼泽地。从某些方面来说，罗马人的工程成就和用于建造引水渠与输水系统的施工技术就像朱庇特神庙或古罗马城市广场一样标志着罗马的城基。

资料来源：Evans，H.（1994）*Water Distribution in Ancient Rome：The Evidence of Frontinus*. Ann Arbor，MI：University of Michigan Press. Hodge，A. T.（1992）*Roman Aqueducts and Water Supply*. London：Duckworth. Owens，E. J.（1991）"The Kremna aqueduct and water supply in Roman cities." *Greece and Rome* 38（1）：41-58.

防御工事在任何一个具有相当规模和重要性的古城中都可以找到。这些防御工事从木栅栏和石墙到壕沟和护城河，各种各样。堡垒或要塞，常常是作为围墙防御工事的一部分，正如在哥本哈根和圣彼得堡那样。许多城市建有围墙以防御"外界"的入侵，人们只能通过城门进出。① 城墙是一种军事设施，是保护城市市场特权的方式，也是控制城市人口的方式。绕城的护城河和沟渠加强了城市的防御，但这些防御构造也象征性地标明了城市与荒野之间、文明与野蛮之间、自己

---

① 要注意的是，并非所有的城市都筑有围墙，有时只有当政治领袖感觉到敌人的威胁来时才会建造围墙。

人和外来人之间以及人类和动物之间的界限。与外部世界的接触集中于特定的入口，通常是指城门。那些没有城墙的城市其界线处模糊不清，常常终止于只有稀稀拉拉几座建筑的地带，再往外就是田地了。城墙之所以重要，是因为它们展现出对自然环境的控制，试图将空间分隔为界线分明的区域。城墙也可能是地位的标志，是政治、宗教或经济权势人物的权力展示。在许多城市，城墙占据了主要的视觉景观，是外人从乡野接近城市时最先看到的建筑。城墙所传递出的内在信息说明城市空间是与农村和荒野的分隔来区别的。

全世界的城市所共有的另外一个特征是将城市空间布置成长方形的棋盘街道格局。棋盘式规划可以追溯到远古：一些最早规划的城市就是按照棋盘格式建造的，而到目前为止，这是最常见的模式，可以在从废奴主义国家（absolutionist powers）到君主制再到民主社会的各种政治社会中找到。棋盘式布局让打理土地简单而又合乎理性秩序，让街道彼此成直角分布。早在公元前 2600 年，哈拉帕（Harappa）（位于北印度）和摩亨朱-达罗（Mohenjo-daro）（位于巴基斯坦）在建造时就由南北和东西向纵横垂直的棋盘式笔直街道划分为一个个街区。在古埃及，诸如吉萨（Giza）等城市也采用了同样的方向：从皇宫起始的南方轴与从寺庙起始的东西轴相交于中央广场。在巴比伦，街道也是宽阔笔直、垂直相交。提奥提华坎（Teotihuacán）位于如今的墨西哥城附近，是美洲最大的棋盘式规划遗址之一，占地大约 8 平方英里。其棋盘式布局体系与天体相一致（图 2.1）。

罗马帝国的崛起将棋盘式规划标准化，使其成为规划罗马城的常用手段。罗马棋盘式布局的特色是街道的布局接近完美的正交直线，彼此垂直相交。特别典型的是城门位于长方形四条边的中点处。这种棋盘式格局让找路非常便利，交通更为顺畅；但我们也看到这种类型的设计是对本来有机无序的自然环境强行加以秩序化。棋盘式布局体系是权力的强施，规定了生活和工作场所的形态。并且，在一定程度上，棋盘式布局体系内在地拒斥了地形学的重要性和存在价值，是几何学对地形学的胜利，受到了广泛应用，正如图 2.2 中那张 19 世纪南

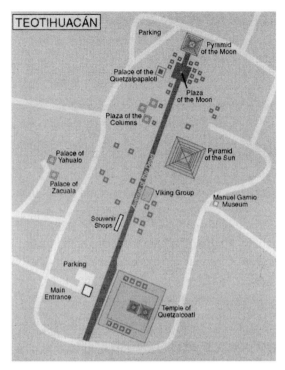

图 2.1　提奥提华坎地图。提奥提华坎市似乎是按照天体精细地布置成棋盘状。提奥提华坎的主干道是死亡大道。死亡大道将北端的月亮金字塔与南端的城堡连接起来。月亮金字塔正好朝向西北 15.5°度角，与太阳在昼夜平分时在地平线上落下的角度完全垂直

资料来源：http：//www．advantagemexico．com/mexico _ city/teotihuacan．html

非开普敦所展示出来的那样。

　　也许应用棋盘式格局体系最显著的例子之一可以在位于古老北京正中心的紫禁城里找到，其周围广阔的地区被称为皇城。紫禁城是明清两朝（1368—1911 年）的皇宫，占地 72 000 平米，拥有超过 9 000 个房间。图 2.3 是紫禁城的地图。明朝的永乐皇帝于 1406 年开始建造紫禁城，100 万名劳工和 10 万名工匠耗时 15 年才得以完成。

　　有几个特点值得关注。紫禁城精确的矩形布局是有意对应于东南西北四个基本方向的。整个宫殿呈长方形，围有 10 米高的城墙和 52

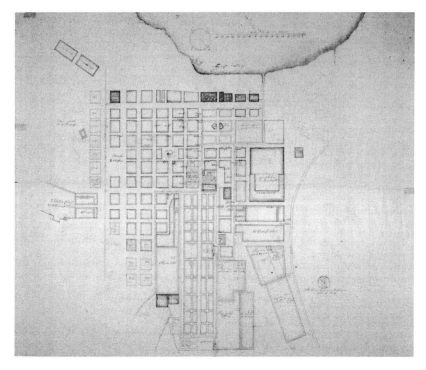

图 2.2　开普敦地图。棋盘式的格局体系在这张开普敦 1785 年的地图中被清晰地反映出来

图片来源：National Archief in The Hague

米宽的护城河。城墙是建造用来抵御炮击的，所以又厚又宽。城墙有四个带有塔楼的城门：东华门、南边的午门、西华门以及北边的神武门。城墙的四个角各有一座塔楼。城墙内的布局也同样呈几何形：紫禁城分为南北两个部分，南边是皇帝的工作区，北边是其生活区。这些建筑都沿着正中央的中轴线排列，两边对称。

　　南部的三座建筑分别是太和殿、中和殿以及保和殿。太和殿是举行仪式典礼的地方，包括皇帝登基仪式、婚礼以及其他官方活动；中和殿是皇帝休息以及接见官员的地方；而保和殿则是设宴的地方。

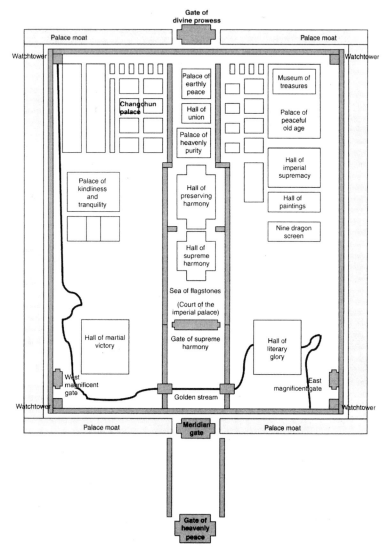

图 2.3 紫禁城地图

除了使用棋盘式格局和围墙以外，紫禁城的设计还富有象征意味，反映了与宇宙大观念相关的中国文化。紫禁城本身是仿效"天宫"建造的。在古代中国的占星术中，天宫以北极星为中心，被认为是天的中心。在紫禁城的设计中，数字9被特别地使用。紫禁城房屋数量是9 999间，每扇门上也都有呈纵横直线排列图案的9颗门钉。古代中国人将9视为最大的数字，只有皇帝才有权使用。

　　棋盘式街道布局在全世界的城市中都很盛行——从欧洲到亚洲一直到美洲都有。在美国城市中，棋盘式规划在新城镇的建设中几乎普遍存在。有时候随着时间的推移，棋盘式布局开始变得不那么严格。波士顿于17世纪中期按照棋盘式规划创建，但在接近港口的地方逐渐变得更加自然化和曲线化。在旧金山这样被认为是美国地形变化最明显的城市，人们也强行加以棋盘式规划。图2.4是1734年佐治亚州的萨凡纳。注意整个地区的树木和植被都已被铲光：自然世界遭到彻底破坏，整个城市是在一块"白板"（*tabula rasa*）上（重新）建立起来的。随着美国城市向外蔓延，尤其是在20世纪之后，棋盘式布局变得不太普遍了。

　　尽管在地理地形以及高度和纬度方面差异巨大，许多棋盘式规划的城市具有共同的设计特征，包括对自然环境缺乏敏感性、无视地形地貌而强施棋盘式规划、偏重几何形设计（几何形压倒地形）以及控制人造空间的潜在意味。许多城市最初的重建都是出于一种明显的征服企图。

　　大部分城市都有花园、小型或大型公园以及其他"绿色"环保设施。这些都能反映出人类社会是如何看待自然世界的。花园是对自然的布置，其种植物和排列原则是由关于自然与社会关系的流行观点所决定的。

　　在意大利的佛罗伦萨，波波里花园（the Boboli Gardens）是在意大利文艺复兴时期大规模修建的。部分文艺复兴时期的文化将宇宙看作一系列的等级体系——上帝高居顶端，人类位于中部，而自然则位于底端。这种宏大的元叙事，或叫环境话语，就成为了城市设计的思想来源。意大利的富人将其私家花园称为"别墅式花园"（villa gardens）。"别墅"意味着地面上的所有形式部分都与房子直接

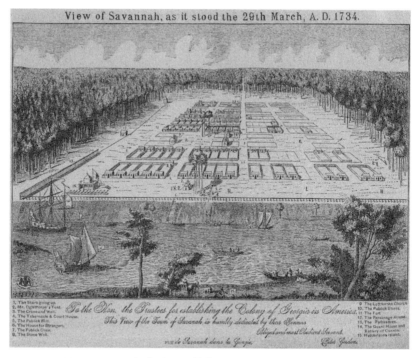

图 2.4 1734 年佐治亚州的萨凡纳（Savannah, Georgia）

资料来源："View of Savannah, as it stood the 29th March, A. D. 1734." From Report on the Social Statistics of Cities, compiled by George E. Waring, Jr., United States. Census Office, Part II, 1886. Courtesy of the University of Texas Libraries, the University of Texas at Austin. http: //www. lib. utexas. edu/maps/historical/savannah _ 1734. jpg

相关；它们被视作宅邸的延伸，被当作生活空间的一部分。历史学家克劳迪娅·拉扎罗（Claudia Lazzaro）在她的著作《意大利文艺复兴时期的花园》（*The Italian Renaissance Garden*）中指出："文艺复兴时期的意大利花园是当时人们对自然看法的见证，其灵感很多来自于古典文化。"① 许多文艺复兴时期花园的设计师们的目标是要暗中重建古典时

---

① Lazzaro, C. (1990) *Italian Renaissance Garden: From the Conventions of Planting, Design, and Ornament to the Grand Gardens of Sixteenth-Century Central Italy*. New Haven, CT: Yale University Press.

代的花园，其特点是树木栽种整齐成排、将黄杨木修剪成观赏性的动物和形状、装饰洞室以及在花园周围放置希腊罗马神话中的诸神雕像（见图 2.5）。通过这种方式，许多文艺复兴时期的花园既自然又"艺术"，既天然又人为做作。许多花园需要大量的运土和水力设备。这些花园的设计主要由这种形式方法所决定，尽管也受到了把自然看作"无法管控"的观点的某些方面的影响。例如，许多小型栽种区被放任肆意生长，小树林也并不总是成行整齐地栽种。

图 2.5　波波里花园（Boboli Gardens）凸显了文艺复兴时期佛罗伦萨花园设计的形式主题。从这些精确几何形的树篱中可以看出对秩序感的强调
图片来源：照片为丽莎・本顿-肖特（Lisa Benton-Short）所摄

波波里花园是 16 世纪的美第奇（Medici）花园，位于碧提宫（the Palazzo Pitti）后面的地面上，于 1549 年被埃莉诺・德・托莱多

（Eleanor de Toledo），即美第奇的科西莫一世（Cosimo I Medici）的夫人买下。美第奇家族靠羊毛贸易致富，后来成为有权势的国际银行家。在文艺复兴时期的佛罗伦萨，美第奇是最有权势的家族之一。埃莉诺在花园的建造中起到了很大作用，她于1550年到1558年间聘用了著名建筑师尼科洛·佩利科里（Niccolo Pericoli）——又被称为特里波洛（Tribolo）——来设计她的花园。特里波洛的规划是让花园以大型喷泉为中心，四周围以草木。但这个计划必须要在宅邸后面形成一个U形的山坡，特里波洛本打算栽种一片有成排常青树的"小树丘"。矮生果树种在较大的园圃里，果园附近还有一个鱼池。当时还有一个广阔的植物园，如今已不复存在。

特里波洛的规划是欧洲许多皇家园林的基础，包括凡尔赛宫在内。凡尔赛宫的宫殿和庭院至今仍然是世上最著名的园林之一，虽然"园林"这个词不足以形容凡尔赛宫。与波波里花园类似，凡尔赛宫既是与自然的结合，又是关于权力以及大规模展示权力之能力的政治声明。凡尔赛的公园和花园是安德烈·勒诺特（Andre Le Norte）于1661年至1700年间设计的。他的计划中包括了一些华美的事物、花坛、大池塘、柑橘温室甚至一条沟渠。从宫殿伸出的林荫道朝向四面八方，将森林、花园、宫殿和城市连接到一起。最显著的视觉设计元素是对几何形的使用——将修剪保养得十分完美的各种种植池做成圆圈、斜线、方形和矩形等形状，并且轮廓分明（见图2.6）。大量汇集的户外雕塑和喷泉增添了一种巴洛克式的壮丽感。重要的是，凡尔赛的花园展现的是贵族阶级的权力；这不是21世纪意义上的公共园林。

凡尔赛宫的设计与那个时代的整体思想发展错综复杂地联系在一起。历史学家卡罗琳·麦茜特（Carolyn Merchant）认为随着16和17世纪科学革命（the Scientific Revolution）的兴起，人们不再把宇宙看作是一个有机体，而是看作一台机器。[①] 她认为对自然-社会关系的整

---

① Merchant, C. (1980) *The Death of Nature: Women, Ecology and the Scientific Revolution*. London: Wildwood House.

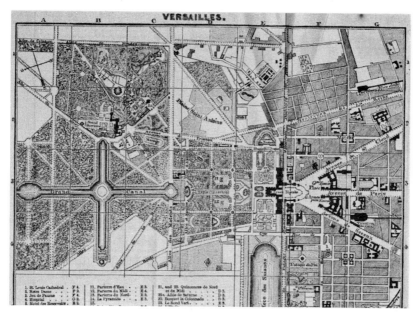

图 2.6 凡尔赛宫
图片来源：这张图片来自 1885 年出版的《迈尔斯知识手册》（*Meyers' Konversation-slexikon*）第 4 版

体世界观的显著改变，物理、数学和科技的进步影响了政治、文学、艺术、哲学、宗教，甚至我们认为也影响了城市设计。这个被麦茜特称为"自然之死"的重要思想变化，其特点是以文化和进步的名义对人类和自然资源加速掠夺。[1] 这种将地球视为机器的新世界观不仅支持掠夺，还主张征服自然。这一点体现在凡尔赛宫的规划中，其典型的设计元素是理性和对称，其花盆和花坛的形状和修剪方式是为了压制自然的生长模式，反映了一种秩序化的被征服的自然。自然成为被观察、摆布和管理的物体。即便是那些雕像也让观者想起的是人类的手工艺，而非自然的造化之功。尽管这个时期诞生了许多欧洲名园，我们也要同时将其看作是贵族阶层的产物，看作是对改变着的自然观

---

① Merchant，*The Death of Nature*，p. xviii.

的整体陈述，尤其要看作其似乎是在减少宇宙的神秘性，并增强对自然世界的管控感。

另一个政治首都，华盛顿特区的发展则强调要努力体现政治理念，同时对自然世界保持一定的敏感性。这座 1791 年设计的新联邦首都反映了创造一个能代表美国理念和愿景的空间的努力。这座城市从一开始就充满了对民主理念的实体和象征性表达，以及对民族认同构想的反映。

皮埃尔·查尔斯·朗方（Pierre Charles L'Enfant）生于法国，于1771 年至 1776 年间在巴黎的绘画和雕塑皇家学院接受他父亲的艺术和绘画训练。1777 年，23 岁的朗方自愿来到美国参加大陆军，并在美国独立战争结束时升为少校军衔。乔治·华盛顿（George Washington）从朗方在福吉谷（Valley Forge）休整时给军官画的速写和肖像画中了解到他的艺术才能。① 战后，朗方成为一名建筑师，在纽约和费城工作。华盛顿总统要他来设计新的联邦城市。

朗方于 1791 年 3 月抵达乔治城（Georgetown），一心要为这个新的大国设计一座合适的首都。城市规划的理念在美国不算新鲜。朗方自己也了解美国一些城市如安纳波利斯（Annapolis）、萨凡纳（Savannah）、威廉斯堡（Williamsburg）、费城和纽约的规划，同时他也熟稔欧洲的城市规划。

这座首都是按照新古典主义的空间秩序传统建造的，这种传统从法国的大型规划潮流中汲取了灵感。在法国，常见的做法是让相互垂直的街道形成辐射状，这样的城市类型交通便利，入城处的景色迷人，并会形成界线分明的街区的空间。② 这些大型规划之一是象征空间（辐射状街道便来源于此）。将庆典性的公共空间设计成方形和半圆形会给城市带来壮丽、欢庆和富有启迪性的氛围。朗方熟知所有这些规

---

① Miller，I.（2002）*Washington in Maps* 1606—2000. New York：Rizzoli International Publications，p. 20.

② Miller，*Washington in Maps*，p. 18.

划元素，并最终将其融入他的设计中。

1791 年，朗方为华盛顿特区新城设计了一张整体规划草图，包括一张大型地图和一系列的绘图（图 2.7）。朗方对这座拥有诸多建筑、公共广场和散步场所的首都的大胆想象反映了这个崭新国家的乐观前景。[①] 他的设计致力于歌颂一个礼仪城市，一个国家政府和文化的中心。该规划规模庞大，远超当时政府的实际甚至预期规模。[②] 朗方的规划中两个最独特的特点是其宏大的规模，以及充分利用自然地形的布局。

朗方的规划建立在方块形棋盘式街道体系的模板上，在其中斜行的宽阔大道将主要的小山连接到一起，由此产生的圆形和方形为整个城市提供了公共"保留地"或公共空间。斜行的大道以各个州的名字命名。规划的中心是两座山——一座叫詹金斯山（Jenkins Hill），即后来的国会所在地，另一座西边的山是总统的宅邸（后来被称为白宫）。朗方打算让这两座重要的政府建筑中间隔开一定的空间，这也隐喻着将政府的不同部门分开的需求。连接两座山的宽阔斜行大道被称为宾夕法尼亚大道（Pennsylvania Avenue）。这两座山也由两个大型公园相连。一个从总统宅邸向南延伸，另一个从国会山庄（the Congress House）向西，被称为格兰大道（the Grand Avenue）（最终被称为国家广场（the National Mall））。[③]

因此设计的一个中心元素是城市的轴向排列。朗方设想了一条从国会大厦（the Capitol）到波托马克河岸（the Potomac）的东西向主

① Bowling, K. (1991) *The Creation of Washington, DC. The Idea and Location of the American Capital.* Fairfax, VA: George Mason University Press, p. 224.

② Scott, P. (2002) "This vast empire: the iconography of the Mall, 1791—1848" in *The Mall in Washington*, 1791—1991, R. Longstreth (ed.). New Haven, CT: Yale University Press, p. 39.

③ Smith, H. (1967) *Washington, D. C: The Story of Our Nation's Capital.* New York: Random House, p. 13.

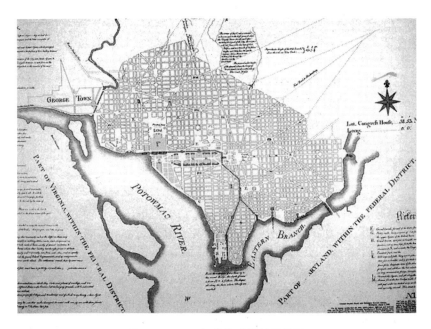

图 2.7　1791 年的华盛顿特区地图

图片来源：McMillan Commission Report，1901. Image courtesy of the National Coalition to save Our Mall. http：//www. savethemall. org/mall/resource-hist02. html

轴。南北向的副轴与主轴垂直，从总统宅邸一直穿越到南边的河流。
在两轴相交处，即所谓的汇聚点，朗方打算放置一座华盛顿总统骑在
马上的雕像。

　　该规划的一个特色之处是有意加入了一块大型的绿地。国家广场
就位于这个计划的中心。朗方在其笔记中提到这个计划：

　　　　格兰大道，400 英尺宽，约 1 英里长，围有花园，终结的地方
　　是一个斜坡，两边都是（外交官）的宅邸。这条大道也通向 A 号
　　纪念碑（乔治·华盛顿的骑马塑像），并将国会花园与总统公园连
　　接起来。

广场有一条林荫道，树木的种植依照法国和英国越来越流行的自然如画的园艺风格，或是欧洲城市常见的更有条理的美化方式。[①] 他在笔记中写道，这块延伸的土地会是"一片开阔的散步场所"，而"对这些地点的布置应当雅俗共赏"。他提议新城市的主轴应当是两个大型公园，在中点相交（即华盛顿雕像处）。这个想法的不寻常之处在于大多数的城市是围绕着商业街建设的。

朗方对国家广场的规划反映了他的远见，即一个民主国家应当拥有属于公众的休憩用地。此外，将广场置于设计的中心也代表着为休憩用地赋予有形的权力和力量，象征着一个开放而非闭锁的社会。这些在这个努力想区别于英国君主制的新兴共和国里都是非常重要的价值观。人们期望总统制在实体上以及在象征意义上被看作是"开放的"，并对人民负责。通过在市中心设计一块绿地——即一个广阔的休憩用地，朗方为这个城市留下了一处重要的遗产。他对华盛顿的规划比城市公园运动（the urban park movement）要早了70多年。

如今，华盛顿纪念碑是华盛顿城市轮廓线的标志性特征，也是美国最具象征意义的公共休憩用地的中心。但在地面上，方尖碑周围的广阔区域显然尚未完工。2010年，这块区域被一个由华盛顿地区的历史学家、建筑师、教授及其他群体组成的委员会看作是能够激发深刻且具有创造性想法的机会，他们组织了一场竞赛，开始探讨国家广场中心地带未使用的空地的问题。这场竞赛的目的是给纪念碑空地提供一个响应21世纪追求的想象，同时最终反映出历史上那些设想的伟大遗产，这其中也包括朗方的在内。为华盛顿纪念碑空地而举办的全国设计理念大赛（the National Ideas Competition）代表了让国家广场回归公众的重大努力，这种努力值得进一步地探讨。读者可以登录网站 www. wamocompetition. org. 观看各种参赛设计、获奖设计作品以及历史上众多的华盛顿纪念碑规划。

---

① Scott, P., "This vast empire," p. 43.

疾病与城市

从一开始城市就是疾病的滋生地。巴比伦的空中花园和埃及的神庙固然是城市辉煌的象征，但隐藏在其阴影之下的街巷却充斥着垃圾、大量人畜粪便和腐烂食物的呛人气味。① 城市是促进传播一系列疾病的环境。疾病传播的四种主要途径——空气传播、水传播、直接接触以及经由昆虫或其他载体——都会在城市生活中得到加强。

从游牧生活到城市生活的转变并非没有不好的后果。历史学家阿诺·卡兰（Arno Karlan）指出农业生产的出现和动物驯养产生了流行病危机。② 人类第一次与其他物种频繁亲密地接触；他们彼此间不可避免地会交换病原体。呼吸着同一空气和尘埃的人们会相互传染病原体，而这些病原体则可能来自于人们接触的动物粪便、屠宰的动物尸体、使用的动物毛皮以及动物的奶蛋肉的过程中。每种新被驯养的动物种类——狗、鸟、猪、羊、牛、鸡、猫甚至是鼠——都让人类暴露于病毒和细菌之下，这些病毒和细菌久而久之会传染给人类。据推测麻疹就与来自猪和马的能引起犬瘟热和流感的病毒有关，而天花则与奶牛牛痘引起的病毒有关。对人类致命的伤寒也可能起源于啮齿动物和鸟类。其他一些媒介传播疾病可以经由啮齿动物、鸟类和蜗牛传播，但数量最多也最多样化的传播媒介则是昆虫。像疟疾、黄热病和登革热一类的疾病是由于人类更多地接触到蚊虫，这是因为农业生产和定居等人为引起的环境改变，比如灌溉田地所形成的沟渠和水洼，成为了蚊虫理想的滋生地。有人把城市描绘成人类独创性智慧和文明的巅峰，但城市同时也成为传染病、有毒混合物的滋生地、传送点和实验室。城市是非常危险的地方，在 19 世纪末城市公共卫生改革之

---

① Karlen, A. (1995) *Man and Microbes*: *Disease and Plagues in History and Modern Times*. New York: G. P. Putnam's Sons, p. 52.

② Karlen, *Man and Microbes*.

前，居住在城市是一种冒险的行为。所以，如果重新思考一下，农业生产的兴起以及城市的发展这些所谓的成功，却释放出对公共卫生的危害。

最早的水传播流行病可能是由被感染的穴居人在处于邻人上游的河流中休憩时所传播开的。可能整个部落都会被感染，也有可能整个部落会逃脱这个肆虐其营地的"恶灵"。但只要人们小规模地聚集生活，彼此互无往来，这样的感染事件就只会偶尔发生。而一旦人们开始在城市里聚集，他们就会喝公用水，吃未洗过的食物，踩踏马匹的粪便，接触到用来染色、漂白和防腐的尿液。随着农夫和村民来到城市，潜伏在动物、粪便、污秽和食腐动物里的病菌就得以大量滋生，无数的人会染上此前未知的流行病并因此丧命，例如，天花、麻疹、腮腺炎、流感、猩红热、斑疹伤寒、黑死病以及普通感冒。城市的发展使其变成水传播、昆虫传播以及皮肤接触传播传染病的温床。斑疹伤寒最为常见，而伤寒、瘟疫、天花、霍乱和痢疾一旦发生则肆意传播，无法遏制。

有关城市流行病的零星故事和叙述可以在苏美尔人、巴比伦人、埃及人、希腊人、罗马人、印度人以及中国人的古代文献中找到。随着城市的出现和发展，人口密度成为了疾病传播的关键因素，尤其是那些经由人类接触传播的传染，如咳嗽、打喷嚏或与便壶的不经意接触。因此像天花、伤寒、麻风以及肺结核一类的"人群疾病"（crowd diseases）可以说是城市化所带来的后果。

糟糕的卫生环境以及人口稠密是促进疾病传播的众多因素里的两个。比如在中世纪的英格兰，街头生活是非常危险也很不舒适的：

> 不仅仅是屠夫和贩卖家禽的人在处理动物垃圾时会疏忽大意，鱼贩、厨子以及普通人家都有过错。在英国的切斯特，妇女从屠宰店搬运动物内脏时往往不加遮盖，并扔在城门附近，危害了公共卫生……而普通公民图省事就把死猫死狗扔在河里或扔过镇子

的城墙外。①

这些情况都促使了在拥挤的城市地区瘟疫从鼠到人的传播，这在早期城市史上都有实例记载。公元前 430 年雅典瘟疫的爆发（腹股沟腺炎或者可能是麻疹）据说摧毁了这座城市的"伯克利黄金时代"（Periclean golden age），瓦解了其军事力量，破坏了其公民观和道德观。大概有 10 万人或者说 25％的雅典人因之死亡。这场流行病不分对象，传染性极强，很有可能是因为当时在伯罗奔尼撒战争（Peloponnesian War）期间遭受围城而变得恶化。这也是雅典人输掉这场战争的一个主因。这场瘟疫之所以在史上很有名，要感谢修昔底德（Thucydides）的目击叙述，后者激发了众多文学作品的灵感。② 科学家对这场流行病的起因进行过讨论，他们认为两个最普遍的起因是斑疹伤寒（与伤寒无关）和天花。

在随后 1 000 年的欧洲，瘟疫一直周期性地反复爆发。14 世纪的那次爆发被称为黑死病（the Black Death）。这场瘟疫有好几波，第一波从 1347 年开始降临欧洲，一直持续到 1450 年整年。黑死病既有腹股沟腺炎又有以肺炎形式出现的瘟疫。腹股沟腺炎瘟疫是由作为宿主的老鼠身上的虱子进行蚤咬型传播的，会导致淋巴结肿大（腹股沟淋巴结炎）以及发热；肺炎形式的瘟疫（在人与人之间传播）会侵入肺部，更为致命。据估计将近 25％的欧洲人口，即大约 2 500 万人死于 1347 年至 1450 年的流行病。肆虐欧洲城市的黑死病引起了人们的恐慌、死亡以及绝望。这场瘟疫影响深远。意大利作家薄伽丘（Boccaccio）在《十日谈》（Decameron）的导言中写到他于黑死病期间（1347—1349）在佛罗伦萨的生活经历：

---

① Quoted in Sjoberg, G. (1960) *The Preindustrial City*. New York: The Free Press, p. 93.

② Littman, Robert J. (2009) "The plague of Athens: epidemiology and paleopathology." *Mount Sinai Journal of Medicine*, 76 (5): 456 - 467.

古罗马的疾病

古罗马帝国经历过许多卫生流行病，最具毁灭性的例子之一是公元 165 年安东尼时期的瘟疫（the Antonine Plague）。回到罗马的军队带来了一种很可能是天花的疾病，导致大约 500 万人死亡。尽管安东尼瘟疫使得数百万人丧生，它却不是引起如此伤亡的唯一一次疾病爆发。众多疾病由于砍伐森林和城市中心的过度拥挤而大肆流行。罗马城建在台伯河流域周围。事实证明这块土地适合精耕细作，后者使得罗马城得以发展壮大。随着城市的进一步发展，越来越多的土地被乱砍滥伐。森林砍伐导致了频发的洪灾和滞水（stagnant water），这些都使昆虫传播的疾病得以扩散。奥斯蒂亚（Ostia），罗马的主要港口，由于其土地变成了一潭死水的沼泽地——一种传播疟疾的蚊虫的滋生地而被遗弃。同样的厄运也降临在蓬蒂内（Pontine）地区。虽然最初这里的土地非常肥沃，但后来也变成了不适合农耕的沼泽地。疟疾也侵扰了这个地区，使得人口数量暴跌。

正如许多例子一样，疟疾主要影响的是穷苦百姓。虽然人们当时不知道疟疾是由蚊虫引起的，但他们清楚沼泽山谷是个危险的地方。上层社会的罗马人在炎热的夏天会离开，搬到山上的家中。而穷人则只能待在人口稠密的山谷中。稠密的人口和被淹的街道使得疟疾的危害进一步恶化。

这些例子凸显出森林砍伐、糟糕的卫生条件以及缺乏对城市发展的合理规划都会导致严重的问题。不过罗马还是成功地通过采取一些措施减少了疟疾的流行。马克西姆下水道（the Cloaca Maxima）原本是塔克文·普利斯库斯（Tarquinius Priscus）于公元前 6 世纪建造的一系列为罗马城中心排雨水的沟渠，但最后却成了主要的排污渠道。马克西姆下水道将城市里产生的大量废水排掉。虽然沟渠系统稍许减轻了城市对用于饮用的那部分台伯河水的环境影响，但所有经由沟渠输送的废水都回到了城外的台伯河，污染了该地区的许多水源供应。马克西姆下水道以及整个更大的下水系统部分解决了罗马的排水问题。公元前 5 世纪，下水道里增添了污水管，二者的结合减少了积水，也就减少了疟疾滋生的温床；这让污水隔离开来，从而限制了其他可传播疾病的数量。

资料来源：Murphy，V.（2005，July 11）"Past pandemics that ravaged Europe." *BBC News*. http：//news. bbc. co. uk/2/hi/health/4381924. stm（accessed January 19，2012）. O'Sullivan，L.，Jardine，A.，Cook，A. and Weinstein，P.（2008）"Deforestation，mosquitoes，and ancient Rome：lessons for today." *BioScience* 58（8）：756 - 757. Sura，A.（2010）"The Cloaca Maxima：draining disease from Rome." *Vertices Duke University Journal of Science and Technology*，spring：23 - 24. http：//issuu. com/ritzness/docs/vertices _ spring2010（accessed May 2012）.

美丽的女士们，每当我停下来思考你们天性是多么慈悲，我就总是意识到本书的开头可能对你们来说过于沉重可厌。因为本书开篇对最近瘟疫所导致的致命浩劫的惨痛回忆会给那些见证或经历过这场灾难的人带来悲伤与痛苦。

苍天如此无情暴虐（某种程度上可能也是人祸），这一年的 3 月至 6 月间，瘟疫肆虐，许多病人得不到足够的照料，或是在最需要帮助的时刻被遗弃，因为他们的健康状况太糟了，人们根本无法接近他们。此外据可靠估计，超过 10 万人在佛罗伦萨城内丧生。[1]

这场瘟疫也给其他作家提供了灵感，比如阿尔伯特·加缪（Albert Camus）就写了一部名为《鼠疫》（*The Plague*）的作品。记

---

[1] Boccaccio，G.（1972）*The Decameron*. G. H. McWilliam（trans.）. New York：The Penguin Classics.

载更详细的是 1665 年至 1666 年间爆发于伦敦的一场瘟疫，当时伦敦的人口为 50 万左右。在疫情的高峰期，每周有大约 70 110 人丧生，而最终的死亡人数则超过 10 万。整个城市几乎空无一人。历史学家沃尔特·乔治·贝尔（Walter George Bell）记录了这场伦敦大瘟疫，并指出其之所以于 1666 年消退主要是由于伦敦的那场大火，这场大火烧毁了超过五分之四的市区。①

　　蹂躏城市居民的传染性疾病不仅仅只有这场瘟疫。在 19 世纪，霍乱成为了最早的真正全球性疾病之一。虽然霍乱造成的死亡人数并不像斑疹伤寒和肺结核一类的流行病那样多，但它发病突然，病因模糊，病症明显，足以让全城市民恐惧。如今我们知道霍乱是由摄取被霍乱感染者排泄物所污染的水、食物或其他物质所引起的。与便壶的接触、污染的衣服或寝具都可以传播这种疾病。该病在感染之后的 12 至 48 小时内发生，其发病特征是剧烈的腹泻、强烈的肌肉痉挛、呕吐和发烧，有时直接死亡。

　　霍乱沿着贸易路线传播进入城市，从一个港口传到另一个港口（有时病菌存在于受污染的水桶中或受感染者的排泄物中，经由旅客传播）。在 19 世纪 30 年代初，霍乱通过受感染的船只进入纽约。试图"控制"城市的检疫制度并没有起到作用。疫情最为严重的是排污条件不完善而人与人之间接触又很频繁的地方，即拥挤不堪的贫民窟。

方框2.5

绘制霍乱的分布：死亡地图

　　在 19 世纪中叶，伦敦占地仅 30 平方英里，却拥有 200 万的稠密人口，成为当时世界上最早出现的现代城市之一。但伦敦却缺乏支撑其暴涨人口的公共卫生基础设施。它所面临的最严重的问题是

---

　　① Bell，G. W.（1994）*The Great Plague of London*. London：Bracken Books.

如何处理如此庞大拥挤的人口和动物所产生的大量未经处理的污水。1854 年 8 月的最后一周，伦敦贫民区黄金广场的许多居民突然发病，开始接连死去。其症状有反胃、呕吐、腹部痉挛以及腹泻。当地公用免费并且之前被认为是饮用水安全水源的水泵，抽取的正是黄金广场地下的井水。

斯蒂芬·约翰逊（Steven Johnson）的著作《死亡地图》（*The Ghost Map*）对这次流行病作了引人入胜的描述，读起来既像侦探小说又像是一堂生物课。约翰逊这样写道：

> 数百位居民数小时内接连染病，许多情况下全家人都染上了疾病，只能在黑暗憋闷的房间里自己照顾自己⋯⋯你可以看见死者的尸体装满一车被沿街推走。

24 小时内发生了 70 例死亡事故，大都集中在 5 个方形街区之内。这种病被称为霍乱。但遏制这种病远非给它命名那么简单。没人知道霍乱是什么，以及它如何传播。当时它被认为是一种瘴气病（miasmal disease）。瘴气指的是经由臭气传播的疾病，其病源来自于污水池、动物尸体、腐烂的蔬菜以及通风不良。这些蒸汽和臭气的产生也反映出社会对不负责任的穷人及其生活习惯的偏见。卫生部门拒绝接受这是一种水传播传染病的观点。

执业医师约翰·斯诺（John Snow）对此病采取了一种不同的研究方法。他怀疑该病与饮用水之间有某种关联。但科研机构拒绝采纳他的观点。不过最终斯诺还是为解决霍乱的谜题做出了最大的贡献。他将受霍乱感染的居住地区标注出来，证明了伦敦中心地区的病例全都聚集在一个受污染的饮用水水源周围，即宽街（Broad Street）上的一个社区水泵（图 2.8）。宽街水泵接收的是来自泰晤士河的未经处理过的水。尽管有卫生官员反对，斯诺还是成功地说服当局拆掉水泵的把手；这场疫情随后就消退了。

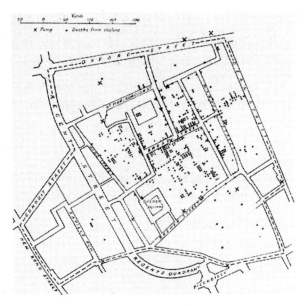

图 2.8 约翰·斯诺绘制的霍乱分布图

图片来源：约翰·斯诺医生绘于 1854 年左右，见 L. D. 斯坦普（L. D. Stamp）（1964）《生死地理书》（*A Geography of Life and Death*）

虽然斯诺最出名的是他对宽街疫情爆发的分析，但他的工作也证实了其一直在研究的一个理论，即受污染的水含有致病的微生物。在拥挤的城市环境使得人们饮用彼此产生的污水之前，霍乱从未影响过英国。斯诺的霍乱分布图详细描绘了霍乱传播的地理空间模式，最终查出了病因并使得人们深刻了解了霍乱及其传播方式。通过对霍乱问题的解决，斯诺革新了我们对疾病传播和现代城市兴起的思考方式。他所留下的遗产促成了 19 世纪末的公共卫生改革，这场改革通过改善下水道和卫生环境使城市变得更适宜居住，从而消除了滋生流行病的条件。

资料来源：Johnson, S.（2006）*The Ghost Map：The Story of London's Most Terrifying Epidemic and How it Changed Science，Cities，and the Modern World*. New York：Penguin/Riverhead Books.

疾病和城市之间的关联不仅仅是局限于流行病学意义上的物理现象，疾病也与社会和政治因素紧密相关。例如，早期的许多卫生政策和方法都将贫民窟看作是犯罪丛生的地方，那里的道德和社会颓废，构成了骚乱和疾病的可能性。① 将外来移民、少数族裔和其他贫民窟的居住者等同于疾病携带者成为在管理城市环境中惯用的有效形象。在维多利亚时期的伦敦，地区贫困和疾病以及工厂工人可能发生的暴乱让维多利亚时期的精英阶层倍感焦虑，后者将其看作是对社会进步与秩序的威胁。历史学家梅纳德·斯旺森（Maynard Swanson）认为在南非城市开普敦和伊丽莎白港，当局正是利用了公众对疾病的恐惧来堂而皇之地实行居住区的种族隔离的。斯旺森指出，对霍乱、天花和瘟疫的恐惧使得隔离不同社会人群的做法合理化。他得出结论说：

> 南非的卫生官员和其他的公共机构被灌输了一种意象，即将传染病看作一种社会隐喻，这种隐喻与英国和南非的种族问题态度强烈地相互作用，影响了其政策并形成了种族隔离的体制。②

疾病的爆发，特别是1901年腹股沟淋巴结鼠疫的爆发给那些推动用种族隔离来解决社会问题的人提供了机会，从而对卫生的关注成为形成城市种族隔离的一个主要因素。

同样，1864年关于印度孟买的一份公共卫生报告详述了"有害物质、有毒气体和积垢"，认为"污秽肮脏是孟买的众多最可厌的弊病之一"。清粪员（night-soil collectors）在大街上费力地捡拾越来越多的人粪。地理学家科林·麦克法兰（Colin McFarlane）注意到殖民法规常

---

① Swanson, M. (1995) "The sanitation syndrome: bubonic plague and urban native policy in the Cape Colony, 1900—09," *Segregation and Apartheid in Twentieth—Century South Africa*, W. Beinart and Saul Dubow (eds.). New York: Routledge, pp. 25-42.

② Swanson, "The sanitation syndrome," p. 26.

常与当地社会的行为习惯不相一致；例如，印度教的火葬或印度拜火教徒（Parsi）的死亡仪式（其尸体留给秃鹰啄食）被认为非常危险并对死者不敬。① 他在作品中还表明，对被污染的城市的看法反映了公共和私人、适宜和不适宜的行为习惯的不同文化理解。虽然有人尝试推行广泛的改革，但大部分的官员只是去建立"防疫封锁线"以保护精英群体（即英国的白人殖民者们）免受穷人和贫困地区的威胁。这两个例子表明疾病问题与对"其他人"（the Other）的恐惧是密切相关的。

在新西兰的惠灵顿，疾病也使得对土地的利用发生了改变。当惠灵顿于1865年成为新西兰首都时，许多企业将其总部迁过来或是在此设立分部以获得靠近政府的优势。然而，惠灵顿后来的发展几乎没有超出最初的城市边界，结果导致房屋高度密集，形成了卫生设备缺乏或极少的贫民窟，从而引起了霍乱和斑疹伤寒的爆发。疾病的威胁以及交通基础设施的发展使得越来越多的城市富裕居民加紧向外搬迁到新的郊区。②

城市能够从持续的疾病侵袭中生存下来，这一点值得注意。由于城市会经历流行病和地方病，所以它们就成为了"人口的下水槽"（population sinks）；在那儿死亡率要超过出生率。许多灾难性的流行病过后接踵而来的是人口的重新增长，因为农村地区移民的涌入补充了城市人口。正如阿诺·卡兰评论道的，"尽管遭受了瘟疫、饥荒、战争和迁徙，城市生活仍然繁荣兴旺，这就证明了人类的生命力和适应性"。③

---

① McFarlane, C. (2008) "Governing the contaminated city: infrastructure and sanitation in colonial and postcolonial Bombay," *International Journal of Urban and Regional Research* 32 (2): 415 – 435.

② Powell, F. and Harding, A. (2011) "The renaissance of inner city living and its implications for infrastructure: aWellington case study." Working paper. http://nzsses. auckland. ac. nz/conference/2010/papers/Powell—Harding. pdf (accessed February 2012).

③ Karlen, *Man and Microbes*, p. 62.

城市和污染控制

哪里有城市，哪里就有污染以及对污染的治理。亚里士多德（Aristotle，公元前 384—前 322 年）在《雅典政制》（*Athenaion Politeia*）中提到一个规定，即粪肥必须施于城外，离城墙至少 2 千米。雅典人还立法规定了何时何地可以在户外生火，因为火烟会把大理石熏灰。同样，2000 年前的罗马元老院也立法规定 "Aerem corrumpere non licet"，意思是 "禁止污染空气"。[1] 还有一项法律规定了奶酪作坊的位置地点，以防生产过程中产生的烟雾会污染别的房屋。

1231 年，霍亨斯陶芬王朝的皇帝腓特烈二世（Emporor Frederick Ⅱ Hohenstaufen）担心西西里岛的空气质量，于是颁布了新的法令以净化空气，甚至对违令者处以罚款：

> 我们愿意凭借热忱的关注，尽可能地保持上天所赐予我们的清新空气。因此我们命令从此以后不允许在离任何城市或城堡 1 千米以内的水域内浸泡亚麻或大麻织物，因为我们了解这样做会污染空气。我们还命令死者的尸体如果不是置于棺材内的话，其埋葬的深度得有半个杆长。违令者将罚以支付法院一块奥古斯塔金币。我们还命令获取兽皮的人必须将动物的尸体和排泄物置于城外四分之一英里的地方，或是扔到海里或河里，违令者将支付法院金币。如果是狗或比狗大的动物，罚一个奥古斯塔，小一点的动物则罚半个奥古斯塔。[2]

---

[1]　Borsos，E.，Makra，L.，Bécz，R.，Vitányi，B. and Szentpéteri，M.（2003）"Anthropogenic air pollution in the ancient times." *Acta Climatologica et Chorologica* 36 - 37，5 - 15.

[2]　Herlihy，D.（1970）*The History of Feudalism*，New York：Harper and Row，pp. 270 - 271.

同样，中世纪约克城的地方长官也颁布法令治理空气和水的污染，因为约克城已经变得臭气熏天了：

> 非常明显，本城的空气已经遭受严重污染，大路上和巷子里有许多猪圈，这些猪吃食又到处乱跑……大街小巷到处都是粪便和粪堆以及其他秽物。这些恶心的事物让在本城逗留的国王大臣以及其他居住或经过的人无法忍受。人们无法呼吸到有益健康的空气，身心受到摧残，还遭受到其他种种难以忍受的不便……国王再也不能容忍这样不堪的严重弊病，下令地方长官让人将猪圈以及之前提到的街巷上的粪便打扫干净，并且此后一直要保持清洁。[①]

方框2.6

巴黎早期对污染的防治

巴黎治理污染问题由来已久。

几百年来，巴黎处理垃圾的基本方法是"tout-a-la-rue"——即扔到街上——包括家庭垃圾以及粪尿。大点的物体则被扔到城墙外的"无人之地"或是扔进塞纳河。粪便则常被捡拾作为肥料。巴黎的街道情况更糟，频繁的降雨和车水马龙让垃圾遍布。可食用的垃圾通常被猪和野狗吃掉，剩下的则被微生物分解。这些物质腐烂分解的气味难闻至极。

巴黎街道上迅速堆积的垃圾最终促使瓦卢瓦王朝的菲利普六世（Phillipe Ⅵ de Valois）于1348年通过法令，要求市民自扫门前的垃圾并倒到垃圾场，否则将处以罚款或监禁。他建立了第一个环卫公司来打扫街道。然而尽管每几年就会颁布一次这样的法律，其效果却微乎其微，也难以得到执行。垃圾继续在街上堆积，使得有的街道根本无法靠近。

---

① Quoted in McKay, J., Hill, B. and Buckler, J. (1995) *A History of Western Society*. 5th edition. Boston, MA: Houghton Mifflin, p. 347.

公元 5 世纪，查理四世（Charles Ⅳ）在城墙外设立了正式垃圾场，但城内的卫生状况依旧没有得到很大的改善。16 世纪末，垃圾场里的垃圾堆积成山，以致不得不将其围起来，以防敌军看到后当作开炮的瞄准点。尽管对管控家庭垃圾做出了如此多的努力，收效却甚微。1780 年的另一道法令再次禁止人们将废水、粪尿或家庭垃圾扔出窗外。

垃圾并非唯一的污染问题。污水问题长期以来一直困扰着巴黎。1539 年，弗朗索瓦一世（Francois Ⅰ）下令让业主在每个新的住处修建化粪池以贮存人粪，违令者将被没收房产，同时收租以支付化粪池的费用。但不幸的是，大部分的化粪池由于未做水密性的要求都有些漏水。1674 年的另一道法令规定垃圾场的粪便必须与其他的废料分离开来，以生产杂肥或人粪肥——这是将人类粪便露天发酵形成的一种粉状油腻易燃物。但这种重要的肥料吸入后会产生毒性，同时也恶臭无比。

资料来源：Krupa，F.（n. d.）"Paris：urban sanitation before the 20th century—a history of invisible infrastructure."http：//www. translucency. com/frede/parisproject/garbage1200 _ 1789. html（accessed June 2012）.

1900 年，几年之前最早在中国发生的流行性腹股沟腺炎鼠疫传播到了澳大利亚和新西兰。澳大利亚的悉尼成立了一个市民委员会，为悉尼儿童医院越来越多的病人筹集善款。在新西兰，公众对瘟疫的恐惧促使通过了公共卫生法，该法设立了卫生部并赋予其实权。全国被划分为 6 个卫生区，各由一名卫生官员负责。此外，每个区还有一名高级卫生官员专门负责毛利人的卫生状况。这些措施使得对瘟疫、伤寒热和肺结核的防治初见成效，提高了食品和药物的质量，并建立了对医院传染病和一般疾病进行监管的部门。

历史上有过许多卫生法令，如地区污染控制法或公共卫生提案等。其中我们可以找出两个促成影响城市的国家政策变革的主要变化。第一个是工业城市的出现促成了各种公共卫生/污染治理法规的形成，这一点将在下一章中详述。第二个是 20 世纪中叶至下半叶的环保革命，为限制污染和引入国家标准设立了更为严格的规定。

以对工业化和人口增长影响越来越大的空气污染为例。空气污染问题已经困扰了英国城市 800 多年的时间了。直到 12 世纪，大部分伦敦人还是靠烧柴作燃料。但随着城市发展，森林缩减，木材变得越来越稀有，大量的煤炭矿藏成为廉价的替代品。到了 13 世纪，伦敦人开始烧软性烟煤用于家庭取暖以及作为工厂的燃料。1257 年，普罗旺斯的埃莉诺皇后（Queen Eleanor of Provence）去参观诺丁汉城堡，但却因为那里充满浓重煤烟的污浊空气而不得不离开。13 世纪和 14 世纪人们做出了许多努力以控制烧煤并惩罚违令者，但却收效甚微。1661 年 约翰·伊夫林（John Evelyn）写了一本反对烧煤的专著《论空气的不适和笼罩伦敦的烟雾》（*Fumifungium: or the Inconvenience Of the Aer and Smoake of London dissipated*），在书中他恳求国王和议会对笼罩城市上空的刺鼻暗黄色烟雾采取措施。到 19 世纪中叶伦敦的空气污染已经极其严重，在一些流行的小说中都有提及，下面是初版于 1853 年的狄更斯（Dickens）小说《荒凉山庄》（*Bleak House*）中的一段：

> 在他指挥人搬走我的箱子，拉着我走进门帘时，我问他是不是哪里着火了，因为街上到处都是褐色的浓烟，能见度极低。
>
> "哦，没有，小姐，"他说，"这是伦敦特有的现象。"
>
> 我从未听说过有这回事。
>
> "是下雾了，小姐，"这位年轻的先生说道。

像查尔斯·狄更斯描写的这类场景在 19 世纪中叶和晚期的伦敦是很普遍的，这是由煤炭燃烧时将大量的硫释放入空气造成的。来自工厂烟柱的烟雾颗粒与雾气混在一起，形成一种黄黑色。长期以来空气污染只是被看作伦敦生活中令人遗憾的一面。污染的增加并未自然而然地促成环保法规的制定；只是当问题严重到成为政治议程时人们才开始采取行动。1952年12月一场反气旋降临伦敦。风停之后，浓雾开始形成。为了抵御寒冬，伦敦人燃烧了更多的煤炭。这场事件被称为伦敦大雾，伦敦的街道因之5天不见天日，空气中二氧化硫的含量增加了7倍，烟雾含量增加了3倍。这场烟雾导致将近4 000人立即丧生，并使得另外的8 000人过早死亡。这4 000例死亡中大部分是由于肺炎、支气管炎、肺结核和心力衰竭，死亡人数的高峰期与空气中烟雾和二氧化硫浓度的高峰期相一致。英国政府一开始不愿意承认起因是煤炭烟雾，而将死亡归咎于流感。但随着压力增加，政府终于在1956年通过了其第一个净化空气法案（Clean Air Act），在市内设立了无烟雾区，在那里只允许使用清洁燃料。净化空气法案区别于之前法规之处在于它不仅管控空气污染的家庭来源，也管控其工业来源。在立法之后的数年内，排烟量降低了三分之一多，伦敦整体的烟雾浓度也减少了大约70％。自从立法后，空气中的二氧化硫得以减少，使得伦敦臭名昭著的"黄色烟雾"（peasoupers）成为历史。

小结

本章思考了城市对环境的影响以及城市与其自然环境之间重要的相互依存关系。城市的出现必然会深刻改变自然与社会之间的关系。我们已经看到最早的城市在创建城市设计以及逐步加大对环境的影响的过程中是如何改变了自然环境。自然环境也影响了城市，成为疾病新的滋生地。对污染的管控则是一个反馈系统的例子，当城市化的推进带来可见的环境问题，就会反过来产生新的法规体系和基础设施的改善，而这又会改变城市-环境的动态关系。

延伸阅读指南

Bell，W.（1994）*The Great Plague of London*. London：Bracken Books.

Berg, S. (2007) *Grand Avenues: The Story of the French Visionary who Designed Washington, D. C.* New York: Pantheon Books.

Craddock, S. (2004) *City of Plagues: Disease, Poverty and Deviance in San Francisco.* Minneapolis, MN: University of Minnesota Press.

Daunton, M (ed.) (2001) *The Cambridge Urban History of Britain.* Cambridge: Cambridge University Press.

Falck, Z. J. S. (2010) *Weeds: An Environmental Histor) of Metropolitan America.* Pittsburgh, PA: University of Pittsburgh Press.

Hempel, S. (2007) *The Strange Case of the Broad Street Pump: John Snow and the Mystery of Cholera.* Berkeley, CA: University of California Press.

Hope, V. (2000) *Death and Disease in the Ancient City.* London and New York: Routledge.

Johnson, S. (2006) *The Ghost Map: The Story of London's Most Terrifying Epidemic and How it Changed Science, Cities. and the Modern World.* New York: Penguin/ Riverhead Books.

Massard-Guilbaud, G. and Rodger, R. (2011) *Environmental and Social Justice in the City: Historical Perspectives.* Cambridge: White Horse Press.

Mays, L. (ed.) (2010) *Ancient Water Technologies.* London and New York: Springer.

Mukerji, C. (1997) *Territorial Ambitions and the Gardens of Versailles.* Cambridge: Cambridge University Press.

Mumford, L. (1989) *The City in History.* San Diego, CA and New York: Harvest Books.

Penna, A. N. and Wright, C. E. (2009) *Remaking Boston: An Environmental History of the City and its Surroundings.* Pittsburgh, PA: University of Pittsburgh Press.

Porter, Y. (2004) *Palaces and Gardens of Persia*. Paris: Flammarrion.

Reps, J. (1965) *The Making of Urban America: A History of City Planning in the United States*. Princeton, NJ: Princeton University Press.

Schott, D. , Luckin, B. and Massard-Guilbaud, G. (eds.) (2005) *Resources of the City: Contributions to an Environmental History of Modern Europe*. Aldershot and Burlington, VT: Aldershot.

Spary, E. (2000) *Utopia's Garden: French Natural History From Old Regime to Revolution*. Chicago, IL: University of Chicago Press.

Spirn, A. W. (1984) *The Granite Garden: Urban Nature and Human Design*. New York: Basic Books.

An excellent website on John Snow is The John Snow Archive and Research Companion at matrix. msu. edu/~johnsnow/maps. php.

第三章　工业城市

暗夜之城，抑或死亡之城，

但绝对是暗夜之城；因为从来

在黎明露湿的阴冷空气之后

不会有清晨的芳香气息

　　　　　　詹姆斯·汤姆森，《暗夜之城》，1880 年

当詹姆斯·汤姆森（James Thomson）于 1880 年写下《暗夜之城》（*The City of Dreadful Night*）时，他所指的是快速工业化进程中尘沙飞扬的伦敦城。汤姆森笔下的伦敦正遭受着疾病和灾难的困扰。他笔下的形象也同样是 18 世纪和 19 世纪许多欧美城市的写照。工业革命的开始深刻并且不可逆转地改变了人与自然环境的关系。虽然也许城市里的生活不见得比农村地区糟糕，但污染、贫困和苦难却更明显、更集中，更加无法规避。在大多数情况下，当城市更小、人口密度更低时，污染问题顶多被视为烦扰，而不会危及到人体健康。工业时代在城市中产生了新的动因：工厂和铁路。快速的城市化和人口密度的增加造成了一个消耗殆尽的、危险而又退化了的自然环境，对人类健康具有明显的重要影响。但工业城市也是铸就新的环境-社会关系的大熔炉。新

的公共卫生措施得以出台，城市公园运动以及花园城市运动就代表了一些回应，这些回应同时在想象中和实际上重塑了城市-自然的动态关系。

本章将聚焦 19 世纪主要出现在欧洲和北美的工业城市。这段历史很重要，因为 19 世纪工业城市中水、陆地和空气越来越多并且通常显而易见的环境污染成为卫生和公共健康改革的催化剂。这些政策改革一直影响到 21 世纪的环保革命的方式。19 世纪工业城市的紊乱也带来了城市设计的新形式以及现代城市规划的兴起。我们所举的例子大部分来自于美国，还有一些来自于英国，但世界上大多数工业城市的情况也大抵如此。

焦煤镇的污染

1844 年弗里德里希·恩格斯（Friedrich Engels）发表了《英国工人阶级状况》（*The Condition of the Working Class in England*），这是根据他在英格兰曼彻斯特的生活经历写成的。他所描绘的"把房子乱七八糟地堆放在一起"，街道"肮脏的令人作呕的环境"，"黝黑的、发臭的小河"以及到处都是的"动物腐烂的臭气"，都生动地传达出他对这座新工业城市的印象。他指出：

> 如果想知道，一个人在不得已的时候有多么小的一点空间就够他活动，有多么少的一点空气（而这是什么样的空气呵！）就够他呼吸，有什么起码的设备就能生存下去，那只要到曼彻斯特去看看就够了。一切最使我们厌恶和愤怒的东西在这里都是最近的产物，工业时代的产物。①②

① 本处译文来自中共中央马克思、恩格斯、列宁、斯大林著作编译局所译恩格斯《英国工人阶级状况》，北京：人民出版社，1956：86 - 89，91 - 92。

② Engels, F. (1973) *The Condition of the Working Class* in England. Moscow：Progress Publishers, pp. 86 - 89, 92.

后来查尔斯·狄更斯在其小说《艰难时世》（*Hard Times*）中造了一个词"焦煤镇"来指代像曼彻斯特一样的城市，即由工业化造成了有史以来最恶劣的城市环境的新型城市。

城市史学家刘易斯·芒福德（Lewis Mumford）说，在焦煤镇——

> 机器的生产力无比巨大，但矿渣和垃圾堆积如山，而造就这一切的人类，其伤残毙命的速率几乎跟在战场上一样快。①

工业城市的经济基础来自于对煤矿的开采、铁的大量增产以及对稳定可靠的机械动力——即蒸汽机的使用。这些都对自然环境产生了毁灭性的影响。

工业城市的特点是机械化和对资源的集约利用，煤炭取代了木材成为首要的能源。人们开矿来开采煤和铁，诸如熔炼和大规模制造业之类的新兴产业得以出现。煤、铁矿石、木材和石油等原料非常充足。这是一个充斥着蒸汽机、工厂和烟囱的时代，形成了新的工人阶级。工厂制度促进了城市的生产集中化。工厂必须靠近原料地或能够得到原料，拥有足够的劳动力和可观的市场。② 但随着越来越多的工厂集中在城市，其后果一方面是城市人口的增长，另一方面也大量排放污染。在英国，人们纷纷搬到新兴的工业城市，如利兹（Leeds）、哈利法克斯（Halifax）、洛奇代尔（Rochdale）、斯旺西（Swansea）以及布里斯托尔（Bristol）、利物浦和伦敦，因为那里有大量的工作机会。表 3.1 反映了英格兰的曼彻斯特是如何从一个小作坊城市快速转变成

---

① Mumford，M.（1989，first published 1961）*The City in History*. San Diego，CA：Harvest Books，p. 446.

② Melosi，M.（1980）"Environmental crisis in the city：the relationship between industrialization and urban pollution," in *Pollution and Reform in American Cities*，1870－1930，Martin Melosi（ed.）. Austin，TX：University of Texas Press，p. 6.

大型工业城市的。

表 3.1 英格兰曼彻斯特的城市化

年份	估计人口
1685	6 000
1760	30 000
1801	72 275
1850	303 382

资料来源：Lewis Mumford（1989）*The City in History*. San Diego，CA：Harvest Books，p. 455

尽管英国的城市走在工业革命的前列，但其他欧洲以及北美的城市也不落后。像埃森（Essen）、科隆（Cologne）、多伦多（Toronto）和墨尔本（Melbourne）等城市在 19 世纪末也开始快速发展。多伦多的人口从 1851 年的 30 000 增长到 1871 年的 56 000、1881 年的 86 400 以及 1891 年的 181 000。快速的经济变革和人口增长也见于波士顿、匹兹堡、克利夫兰、密尔沃基、辛辛那提和费城等城市。工业化产生了前所未有的城市化水平。例如，在 1830 年，辛辛那提的人口为 24 800；到了 1850 年则翻了两番，达到 115 400；而截至 1870 年，其人口已为 216 000。辛辛那提早期的工厂和产业都根源于俄亥俄州的农业，在 19 世纪最初 10 年被称为"猪肉城"（Porkopolis），因为该市已成为美国的猪肉加工中心。匹兹堡的快速城市化和工业化则是建立在钢铁制造业的基础上，使之成为一座烟城。图 3.1a 是匹兹堡的烟囱。

工业经济的到来和专业化分工的趋势产生了许多具有特殊健康风险的职业和行业，负责剥皮并与兽皮打交道的工人每天都一直暴露在感染炭疽热的危险中，陶工和矿工也会遭受有毒金属如水银、铅和砷的毒害。①

---

① Karlen，A.（1995）*Man and Microbes：Disease and Plagues in History and Modern Times*. New York：G. P. Putnam's Sons，p. 51.

图 3.1a 俯瞰工业城市匹兹堡，约 1900 年

图片来源：匹兹堡卡内基图书馆（the Carnegie Library of Pittsburgh）

图 3.1b 1906 年 6 月早上 11 点横排区（Strip District）一景

图片来源：国会图书馆

方框 3.1

回收利用矿渣堆

炽热喷吐的火焰和熔渣的爆裂声是工业城市匹兹堡常见的景象和声音。和大多数工业城市一样，匹兹堡的河岸地区是工厂和仓库以及大量废渣堆的所在。熔炉"烘烤"矿石以炼取钢，剩下来的就是炉渣，其成分主要为铝和二氧化硅。炉渣冷却之后就成了由硅、磷、锰和石灰岩组成的坚硬结实的化合物。每生产 1 吨的钢就会剩下至少四分之一吨的炉渣。在许多工业城市常常可以见到轨道车将熔渣倒下山坡，形成矿渣堆。而匹兹堡的矿渣堆是最大的。

最大的矿渣堆之一是位于匹兹堡往南 8 英里处的布朗堆（Brown Dump）。卡内基钢铁公司于 1913 年买下此地，建立了矿渣堆。矿渣由轨道车从匹兹堡的钢铁厂运到这个曾经很偏远的山谷中。矿渣越积越多，直至成为人造山，和混凝土一样坚硬。1947 年，当地的一名记者将其称之为最好的永不间断的自由烟花展示之一。截至 20 世纪 60 年代晚期该矿渣堆被关闭时为止，它已经达到 200 英尺高，占地将近 130 平方街区。卡内基钢铁公司当时正在考虑进行多样化投资，于是便想到了这块值钱的地产。他们决定将这块地出租。几十年来，总部位于弗吉尼亚州的拉法基集团将多达 30 万至 50 万吨的矿渣搬走，使其在道路、停车场和其他商业项目中得到再利用。部分矿渣山被削平，建造了单排商业区。这座三层的商场于 1979 年开业，1997 年重新改造，其零售区占地 129 万平方英尺（12 万平方米），将近 100 个店铺。到 20 世纪 90 年代，这座名为"三号世纪购物中心"（the Century Ⅲ Mall）已成为大匹兹堡地区第四大的购物中心（the Greater Pittsburgh Area）。不过到了 2011 年该购物中心业绩下滑，某些部门被迫关闭。

另一个矿渣堆则位于莫农加希拉河（the Monongahela River）沿岸，离匹兹堡市中心仅有 5 英里。2001 年初，房地产开发商开始清理这块地方以建设"萨莫西特"（Summerset）区，后者是一块旨在翻新这块社区的住宅区。这个耗资 2.43 亿美元的项目打算在 240 英亩的土地上建造 700 户民房和公寓。萨莫西特项目被认为是中心城市理性发展的典范之一。

最后，还有一个占地大约 238 英亩的矿渣堆位于被称为"九英里河"（Nine Mile Run）的溪区。1922 年，迪凯纳矿渣公司（Duquesne Slag Company）先买下该地的 94 英亩。虽然当地人曾努力想保留这块城市休憩用地，但工业城市的经济要务还是导致了"九英里河"地区的甩卖和被破坏。多年来，迪凯纳矿渣公司逐步扩建了矿渣堆。90 多年来这块原本流淌着小溪的区域变得如月球表面一样荒凉，堆积着 120 英尺高的工业副产品和废料。最后一次倾倒矿渣是在 1972 年，在那之前已经有将近 1 700 万立方码的矿渣将山谷从一头到另一头完全填满。1995 年，匹兹堡城市改建管理局花费 380 万美元将此地买下。对该地的城市总体规划设想是将弗里克公园扩建，越过矿渣之上，一直延伸到莫农加希拉河，并修建几百个阶层混合住宅。"九英里河"地区水域生态系统复原工程于 2006 年 7 月由美国陆军工程兵团（the Army Corps of Engineers）完成。复原工程包括了河道河槽的重构、湿地的再建以及土生树木、灌木和野花的栽种，其完工后成为美国最大的城市河流复原工程。

资料来源：（1997，November 18）"Giant slag dump experiences rebirth in suburban Pittsburgh." *The Observer-Reporter*. McElwaine，A.（n. d.）"Slag in the park." http：// www. ninemi-lerun. org/slag-in-the-park（accessed June 2012）. Swaney，C.（2001，January 28）"Houses are to replace a Pittsburgh slag heap." *New York Times*. http：// www. nytimes. corn/2001/01/28/realestate/houses-are-to-replace-a-pittsburgh-slag-heap. html? pagewanted＝all&src＝pm（accessed May 12，2012）.

在曼彻斯特，人口密度高的地区往往死亡率也很高，1871 年利物浦的一项调查显示很大一部分的死者为幼儿；同样，在纽约市，1810 年婴儿的死亡率为每 1 000 个活产婴儿中有 120 例，而这一数据在

1850 年上升至每 1 000 个活产婴儿中有 180 例,一直到 1870 年的 240 例。① 其死亡原因有糟糕的住房条件、缺乏卫生设施和清洁水、不良饮食和地方性疾病。工业城市遭遇了前所未有的大规模环境危机。总之,工业城市经历了水、陆地和空气的普遍环境恶化。

水污染

> 我徘徊在每条肮脏的街道
>
> 街道近旁流淌着肮脏的泰晤士河
>
> 我在所遇的事物中都留意到
>
> 那脆弱和灾难的标记
>
> 威廉·布莱克(William Blake)

在工业革命时期,水是生产制造中关键性的环境要素,是许多工业生产过程中的原料,也是工业副产品方便的倾卸场。在工业时代,城市面临着两个关于水的紧迫问题:第一个是水的质量问题,第二个是如何为快速增长的城市人口找到充足的水源。

工业城市中的水污染有两个来源:第一个来源与人类的起居有关,即来自人和动物的粪便,后者由有机化合物所组成;第二个来源与商业活动有关,即来自工厂和企业。商业来源包括了有机副产品以及越来越多的无机副产品,因为技术的进步使得人们可以造出新的无机材料,如塑料、二噁英以及其他重金属材料。工厂一般都坐落在河流或港湾附近,尤其是那些跟纺织、化工和钢铁业相关的工厂,因为它们在生产过程中需要大量的水以用于蒸汽锅炉、发动机冷却以及化学溶剂和染料的生产与处理。水用完之后被排回河流、小溪和支流中。这

---

① Dennis, R. (1994) *English Industrial Cities of the* 19th *Century.* Cambridge. Cambridge University Press; Mumford, The City in History, pp. 467–468.

些水源成为了露天的排水沟，毒害着水生生物。例如，到 1870 年为止，新泽西的帕塞伊克河受到了严重污染，以致该市不得不放弃将其作为供应水源，该地区的商业捕鱼实际上也不得不终止了。[1] 芝加哥是美国的屠宰和肉品加工中心，每年有 100 万头猪牛在那儿被屠宰。肉制品厂通常将动物尸体和不需要的部分倒入河中，同样倒入水源的还有来自附近加工厂和包装厂的黏合剂、树胶、染料、肥料、香肠肠衣和碳刷。芝加哥河污染极其严重，以至于从河里取出的冰块融化后会释放出一种恶臭。[2] 加拿大的一些城市如多伦多也遭受了类似的问题。尽管多伦多拥有美丽的湖泊和绵延数英里的沙滩，但这些沙滩很快就被污染到无法使用，这主要是将垃圾倒入湖中所导致的附带后果。此外，多伦多的许多小溪小溪如加里森河（Garrison Creek）和塔德河（Taddle Creek）都被当作露天的排水沟。有关官员决定将这些溪流遮盖住，以防疾病爆发。

伦敦泰晤士河的糟糕状况给许多诗人留下了深刻的印象。在伦敦，一位讽刺诗作者写于 1859 年的诗《泰晤士河貌》（*State of the Thames*）中，泰晤士河受到了讥讽：

> 河啊河，散发臭气的河！
> 注定要遭受肮脏污秽的苦役所带来的厄运；
> 渗出恶臭有毒的烟气，
> 充塞了街道屋宅
> 染污了贪婪的生活[3]

在澳大利亚，曾被称为"神奇墨尔本"（Marvelous Melbourne）的城

---

[1] Melosi，"Environmental crisis in the city，" p. 7.

[2] Markham，A. (1994) *A Brief History of Pollution*. New York：St. Martin's Press，p. 20.

[3] 转引自 Markham，*A Brief History of Pollution*，p. 16.

市被起了一个不光彩的称号"神奇烟雾本"（Marvelous Smellboume），得名于该市散布的垃圾的恶臭，以及露天的排水沟和水处理的缺乏。亚拉河（the River Yarra）和所有欧洲的河道一样，在 19 世纪晚期受到了污染。①

人类粪便在化粪池和厕所中被处理（虽然有时被扔到街上或空地中），因此大多数住宅废物被倒到陆地上。② 在 1850 年之前没有一个美国城市拥有收集人类粪便或废水的污水管道系统。欧洲一些城市有可以追溯到 13 世纪或 14 世纪的砖石砌成的污水管道系统，但许多都已年久失修。比如在巴黎，下水道破败失修，被看作是非常危险的地方。在维克多·雨果（Victor Hugo）1862 年的小说《悲惨世界》（*Les Miserables*）中，下水道具有政治象征意义：它是国家公敌和小偷妓女一类的无家可归者的藏身之处。

在 19 世纪之前，水源大多是从本地的水井、附近的池塘、小溪和河流中获得。但对许多工业城市而言，到 19 世纪 60 年代时，其水源供应已经远远不能满足增长的人口了。纽约、费城和波士顿已经无法为其增加的人口提供充足的清洁水源了。水的供应问题意味着用于饮用、洗浴和烹饪的清洁水的短缺，也影响了消防工作。

方框 3.2

巴黎的下水道

巴黎地面上的景色日新月异，只要付出一些东西就能看到；有时只需付钱，有时则无需太破费，只要有一些好的品质如冒险或实践精神就可以了；但有时却需要立即付出健康或道德代价……不管怎样，很少有人会想到看一看巴黎的地下；地下浩繁的迷宫式街道

---

① Markham，A Brief History of Pollution，p. 16.

② Tarr，J. (1996) *The Search for the Ultimate Sink. Urban Pollution in Historical Perspective*. Akron, OH：University of Akron Press, p. 8 - 9.

很少有人见到，但若没有地下的部分，地上的巴黎将会是一团糟，疫病肆行，无法居住。这里的事物全是实用性的而非展示性的。其设计寿命很长，用来满足数百万人的需求，在社会生活物质经济中所起的作用就像身体中的动脉和静脉一样重要，必不可少。不管怎样，它们都值得一看，从中我们可以了解为一座现代城市照明、供水和保洁需要付出多大的劳力和代价。这些无法或缺的职能设施一直都在其既定轨道上默默运作，不为在其上走过的熙熙攘攘的人们所见甚至所知。然而，只要有哪里出错，城市的卫生和舒适性就立马受到威胁。假如杜伊勒里宫（Tuileries）被大火烧毁，凯旋门被地震掩埋，巴黎人也不过失去了两处名胜而已。但要是巴黎的排水、供水和供气突然瘫痪，整个城市就会无法居住，就会重新变成古代被称为"吕泰斯"（Lutèce）的大片沼泽地。直到上个世纪初才建立了规范的排水系统……该系统一直在不断改善，最终使得巴黎成为世上最干净最耀眼的首都。

(1854) "Life in Paris" sketches above and below ground. *Harper's Bazaar*, February: 306 - 307. http: //www. sewerhistory. org/articles/whregion/1854 _ ah01/ index. htm（accessed June 28，2012）.

土地污染

工业城市一些新的污染物被丢弃到土地上。工厂将其视为处理非液态废物最方便的方法。废物、垃圾、灰烬、非金属和矿渣（炼铁和其他冶金过程中产生的）常在城市周围露天空地上被处理。

许多工业城市没有做好提供足够卫生服务的准备。正如上一章所提到的，在巴黎，处理垃圾的基本方法是"tout-a-la-rue"，意思是"全都扔到街上"，包括家庭垃圾、粪尿和动物尸体。这在许多城市都是司空见惯的做法。固体废物的收集和处理工作组织不力，有时还被私有化了，使得只有有钱人才付得起垃圾收集费。在纽约，街队

（street teams）负责收集垃圾，装上驳船倒入海中；在圣路易斯、波士顿、巴尔的摩和芝加哥，垃圾被拖到城市边缘的露天垃圾场。[1] 直到19世纪70年代，许多城市还没有收集处理家庭垃圾的公共设施。不断增加的废物堆成为工业城市的主要问题，但争论的焦点在于谁最终应当负责提供垃圾处理服务——私营企业还是城市的公共机构？

并非所有的土地污染都来自工厂，马匹也是街道肮脏的主因。1830年，第一辆马拉巴士出现于纽约；在高峰期时马的总数达到了17万匹。接下来的一个世纪中，马一直是载人运货的主要交通形式，有拉货车、手推车和马车。大多数的马是商用或役用动物，用于拉货送货。马对环境造成了很大影响。一匹马每天要排泄好几加仑的尿液和将近20磅的粪便。马到处留下印迹——街上的粪堆招引了成群的苍蝇，散发出恶臭，偶尔还可见执行任务中猝死的马的尸体被遗弃在街

图3.2　纽约街头的死马，约1910年
图片来源：国会图书馆

---

① 　Melosi，"Environmental crisis in the city，" p. 14.

上（见图 3.2）。① 下雨时街道就成了化粪池，巴黎的女士和绅士们在经过满是马粪的街道时都需要"十字路口清道夫"（crossing-sweepers）的帮忙。② 历史学家乔尔·塔特（Joel Tart）将马称为汽车的前身，指出马也造成了跟汽车一样的诸多问题：空气污染物以及有害气味和噪声。更令人不安的是尽管马给城市带来了环境问题，但其在城市中的生存条件却恶劣到难以置信。公车马平均寿命只有两年；许多马夫鞭打虐待他们的马，以刺激其拖运重载。许多马就这样死在大街上。

空气污染

> 这里是美国工业的心脏，是其
> 最赚钱最有特色的活动中心，是世上最富最强大的国家的
> 自豪与骄傲——而这里的景色却又如此的
> 丑恶，难以忍受的荒凉，使得
> 人们所有的追求都变成恐怖压抑的笑话。
>
> H. L. 门肯（H. L. Mencken）1927 年的散文《丑之欲望》
> （*The Libido of the Ugly*）中对匹兹堡的描绘

查尔斯·狄更斯 1853 年的小说《荒凉山庄》开篇写道："从烟囱管帽飘下的煤烟，化作绵软黑色的雨丝，夹杂着片片煤屑，像鹅毛雪花一样大——人们可以想象这是在向死去的太阳致哀。"到 19 世纪中叶时有超过 100 万伦敦人使用烟煤，冬天的"烟雾"已经不仅仅是让人讨厌的小问题了。1873 年充斥着煤烟的大雾笼罩了伦敦好几天，导致 268 人得支气管炎而死。到 1905 年人们造出了一个新词"smog"（由烟"smoke"和雾"fog"合成）来描述伦敦这种自然雾与煤烟的混合物。那时，这种现象已经被写入伦敦历史，这种肮脏而满是煤烟的"黄色浓雾"（peasoupers）竟带上了一些传奇色彩。

---

① Tarr, *The Search for the Ultimate Sink*, p. 324.
② Tarr, *The Search for the Ultimate Sink*, p. 326.

方框 3.3

城市垃圾

在纽约城历史上大部分时间内，垃圾——或废物——被扔到街上，任其在大道边沿的沟渠中腐烂，并且堆积成山，成为无赖和穷孩子的游戏场所。即便是沿着中央公园的那些住在富丽堂皇的宅邸里的体面人家也像别人一样将家庭垃圾扔出窗外。在 19 世纪的大部分时间内，清除垃圾一直是个私活而非市政服务，这就使得清理垃圾成为一个社会地位的问题。在人口更为稠密的市区，比如纽约下东区的五点区（the Five Points on Manhattan's Lower East Side）肮脏且过度拥挤的贫民窟，垃圾的溢流和污水污染了公共饮用水，在所有年龄的人群中引发了疾病和极高的死亡率。

到了 19 世纪最初的 10 年，下曼哈顿区（lower Manhattan）的污秽在冬天时已经堆积到 2—3 英尺高，并且家庭垃圾和马粪与雪融在一起。19 世纪中叶，即便曼哈顿的人口还不到 100 万，但城市中的马匹每天在街上要留下 45 000 加仑的尿液，此外还有 50 万磅的粪便。在 19 世纪大部分的时间中，从纽约市街上收集的废物被倒入海中。当时的东河（the East River）恶臭浑浊，塞满了来自纽约市区的垃圾，这些都是市民们扔在专门为倾倒垃圾而建的码头一端的。

纽约市污秽不堪，以致有传言说 6 英里外海上的水手都能闻见城市的臭气。所有这些污秽都加重了公共卫生的危机。19 世纪 30 年代流行的霍乱导致 3 515 人死亡，大约占当时人口的 12%。这个比例放在今天就是大约 10 万人。1869 年纽约的人口死亡率相当于中世纪的伦敦。

在 1872 年之前，打扫街道和清理垃圾的责任由一系列公共和私人企业承担。政治关系在签订垃圾清运合同中起到很大作用，对那些不称职的承包商，市政府往往会取而代之。罗宾·纳格尔（Robin Nagle）对纽约垃圾史的研究表明，尽管存在对街头垃圾遍布的公愤，但腐败行为却使得用于清扫街道的拨款流入了特威德和坦慕尼协会政客的腰包里。最终，纽约长时间的脏乱使得没人对它再抱有任何希望。在接受《OnEarth》杂志的在线采访时，纳格尔总结道，想象在你自己的街区，哪怕是在街角，如果不付钱给街头带扫帚的小孩在你面前扫出一条路，你就无法过街，因为街上淤积着粪便、腐烂的蔬菜、灰烬、破损的家具以及各种各样的碎屑。鉴于市政府的无所作为，这被称为"市政布丁"（corporation pudding），其堆积得很深，有时深达膝盖。

不管怎样，政治庇护和腐败一直是高效服务的阻碍，直到小乔治·华林（George Waring Jr.）被任命为行政长官后情况才有所改观。

到 1898 年，纽约城市卫生局颁布公告，禁止"将动物尸体、垃圾和灰烬倒到街上"，同时也下令纽约人不要再将垃圾倒入东河码头附近。

资料来源：Nagle, R. (2013) *Picking Up: On the Streets and Behind the Trucks with the Sanitation Workers of New York City*. New York: Farrar, Straus and Giroux. OnEarth (2010) "Interview with Robin Nagle the New York City Department of Sanitation's anthropologist-in-residence, and professor of anthropology at New York University." http://www.onearth.org/article / digging-into-new-york-citys-trashy-history (accessed June 2012). Tenement Museum (2010, October 8) "Manure, rubbish, slops and waste." http://tenement-museum.blogspot.com/2010/10/questions-for-curatorial-manure-rubish.html (accessed June 2012).

19 世纪 30 年代之后，许多工业城市将煤作为主要能源。较易得到的煤有两种：第一种是沥青煤或烟煤，含硫量很高；第二种是无烟煤，硬度更大，烧起来也更清洁。沥青煤在最初的几十年数量很多，使用广泛，但烧的时候其残渣会直接进入空气。煤燃烧时释放的烟雾和颗粒物十分严重，在建筑、洗衣房和城市居住者的肺部都留下了印记。像匹兹堡和圣路易斯这样的城市主要依赖沥青煤。虽然匹兹堡也面临着水和土地污染问题，但其空气污染的严重程度要超过大部分别的城市。烟气污染是烧煤——煤是匹兹堡的工业动力——最明显的伴随产物，城市及其所在地区的大气逆温（atmospheric inversions）也加重了污染情况。然而，烟尘显然是与工业繁荣联系在一起的，这又使得对问题的管控愈发困难。

工业城市的空气污染物包括来自烟囱和火车的煤烟；工厂排放的化学物质，包括氯气、氨气、一氧化碳、二氧化碳、氢硫酸和甲烷。虽然有人对空气污染物表示忧虑，但人们往往还是将其仅仅看作是恼人的小问题，在环保议程上也未居于首要位置。其原因有二：首先，人们认为烟雾只不过会弄脏建筑，导致高额的洗衣费而已，当时的科学家也未意识到烟雾与健康问题的联系。与之相比，水污染由于会传播传染病，因而与公共卫生更加直接相关；细菌科学的兴起更加系统地表明了其中的因果关系。[1] 其次，烟雾与进步、发展和就业画上了等号，烟雾笼罩的天空总是让人想起经济的发展与繁荣。

人们曾经尝试去控制烟雾的排放。一些美国城市禁止燃烧沥青煤的机车进入市区街道。1869 年，匹兹堡尝试禁止在市区范围内建造蜂房式炼焦炉。虽然一些控制烟雾的努力在减少烟雾方面取得了有限的成功，但基本上没有使问题得到太大的改观。[2]

工业城市的改革

> 是时候了，我们再也不能容忍在纽约或布鲁克林建筑密集的区域出现粪堆、屠宰场、肉类加工厂、制胶厂、露天或无法排污的厕所以及各种类似的活动和恼人行为了。
>
> 纽约市卫生局，1866 年 3 月

在工业时代，很少有人会重视维持环境质量。但无限制不加管控的发展必然会带来一系列的后果。环境污染和城市工业化的短期后果有很多，比如由于缺乏阳光和不良饮食所造成的骨骼畸形，污水引起的皮肤病，经由陆地和水中的尘埃和人类排泄物传播的天花、伤寒和猩红热，

---

① Tarr, *The Search for the Ultimate Sink*, p. 14.
② Tarr, *The Search for the Ultimate Sink*, pp. 14 - 15.

饮食不良和公寓过度拥挤所造成的肺结核。长期的后果当时还不为人所知，但现在我们知道这包括了与长期暴露在污染物和化学物质下相关的健康问题。市政当局和市民似乎总能忍受城市中大量的污秽，而忽视了环境质量的问题。许多人将环境恶化看作是经济发展的代价。

但对许多人来说，很难在恶臭污秽且与自然隔离的工业城市中生活和居住。工资不高，工作时间又长，很多人住在糟糕甚至骇人的房屋中，人满为患，租金高额，条件极差，这些都是习以为常的事。环境状况则是充斥着煤烟的空气、受污染的水道和垃圾遍布的街道。住房肮脏、营养不良、卫生保健费用高昂以及缺乏像样的公共基础设施，这些共同导致了疾病（常常是致命的）肆虐，大多数的家庭都常常面临着死亡的威胁。

不过，到了19世纪的最后25年，城市改革运动出现了，寻求找到这些问题的解决方法。这场运动主要有四股思潮。结构改革者相信改造地方政府，设立"健全政府"就能解决问题。道德改革者推动立法改革，旨在管控个体行为（比如美国1919年至1933年的禁酒令）和限制移民［1924年的约翰逊-里德法案（Johnson-Reed Act）］。社会改革者则推动针对一系列社会和经济问题的立法改革，如童工问题、住房规章制度、银行监管和公共卫生。最后，不断增强的环保意识和对卫生的关切刺激了公众舆论。污染不再仅仅是恼人的小问题了——而是工业化中不需要的有时还是非常危险的附带产物。

表 3.2　工业改革和公共设施建设

净水供应
街道清扫和垃圾收集
厕所得到改善
带水管的固定浴缸
每家每户都通自来水的供水系统
公共污水处理系统
设立卫生局
设立卫生部

资料来源：丽莎·本顿-肖特（Lisa Benton-Short）

这段时期的重大改革将会极大地改善环境质量（表 3.2）。

公共卫生改革是鉴于工业城市所面临的危险而发展起来的。19 世纪 30—40 年代的霍乱流行，其社会和政治波及面已经远超公共卫生的范畴，对医疗、社会政策和城市环境的可居性提出了根本质疑。在欧洲，1832 年的霍乱流行导致 20 000 名巴黎市民死亡，使得存活下来的人深信设立规范公共卫生体系的必要性。① 1842 年，爱德温·查德威克（Edwin Chadwick），英国皇家专门调查会（the British Royal Commission）的一名委员，发表了《英国劳工阶级卫生状况报告》（*Report on the Sanitary Condition of the Laboring Population of Great Britain*）。这份报告关注了 1931 年至 1932 年的重大霍乱疫情，而之前已经有关于曼彻斯特和伦敦卫生状况的各类预警医学报告。② 查德威克主张将健康卫生问题置于中央管控之下，但这样做会威胁到许多私有既得利益的权势者。和许多同时代人一样，查德威克将城市设想成一个类似于人体的有机系统。一个健康的城市就像一个健康的人体一样，依赖于生命体液的循环和交换。卫生改革者寻求模仿人体构造，将供水、污水处理和食物生产整合进单一的自我调节系统。③ 最终查德威克的研究被英格兰和澳大利亚新的卫生法规所借鉴，甚至还启发了美国的卫生官员将垃圾视为卫生问题。

19 世纪 80 年代之前的主导思想被环境史学家马丁·梅洛西（Martin Melosi）称为"净化法则"（Law of Purification）。"净化"的

---

① Markham, *A Brief History of Pollution*.

② Robson, B. T. (1996) "The saviour city: beneficial effects of urbanization in England and Wales," in *Companion Encyclopedia of Geography*, I. Douglas, R. Hussert and M. Robinson (eds.). New York: Routledge, pp. 300 - 1.

③ Davison, G. (2008) "Down the gurgler: historic influences on Australian domestic water consumption," in *Troubled Waters: Confronting the Water Crisis in Australian Cities*, P. Troy (ed.). Canberra: Australian National University Press, pp. 37 - 65.

范围包括观察者可以接触、品尝、闻嗅以及用肉眼观看的任何方面。如果水透明，闻起来无气味，喝起来也无味道，那它就是纯净的。而流动的水被认为能够快速稀释污染物，实现"无害的"排放。这种对污染分析"所见即所得"的方法一直延续到 19 世纪前 10 年晚期。如果水看上去干净那就干净，看上去浑浊那就不净。当时的人们无法想象不可见的微生物能够在水环境中生存甚至大量滋生。尽管显微镜在 1674 年就发明了，但直到 200 年后科学家才想到隔离鉴别微生物，将其与特定疾病联系起来。最终，在 19 世纪 90 年代，化学家和卫生工程师们认定被污水污染的水是传染病的传播载体。

净化法则在人口较少时是有效的，排放的污染物主要是有机物而非无机物。大部分的水自身能够净化少量的污水和废物，但城市大量的人口所产生的污水是如此之多，以致水中分解垃圾的菌类也不堪重负，从而使得鱼类和植物生存所需的氧气含量减少。最终河流、湖泊或小溪会变得富于养分（eutrophic）。

在美国，经常发生疾病的城市的生意逐渐被卫生状况更好的城市抢去。不断爆发霍乱的新奥尔良市其经济地位最终被芝加哥所取代；在孟菲斯市，伤寒和痢疾的发作也几乎使这个城市的经济崩溃。[1] 这些城市开始思考如何进行卫生改革和污染治理，因为这不仅仅是个城市自尊的问题。历史学家 M. 克里斯汀·波伊尔（M. . Christine Boyer）评论道：

> 美国城市的环境混乱在城市生活的社会病理学改革者的心中构成了一幅完整图像。早在贫困、糟糕的居住条件和贫民窟被看作经济和政治病症之前，改革者们就已经看到了环境状况和社会

---

① Galishoff, S. (1980) "Triumph and failure: the American Response to the urban water supply problem, 1860—1923," in *Pollution and Reform in American Cities*, 1870—1930, Martin V. Melosi (ed.). Austin, TX: University of Texas Press, pp. 35 - 58.

秩序之间、身体传染和道德传染之间的关联了。①

　　随着城市的蔓延，当地的水源已经无法满足需求，于是城市不得不去开发更多的公共水源。许多城市尝试通过私营企业来解决这个问题，但收效不一。私营企业通常不太愿意为民用目的如冲洗街道而供水，而工人阶级和穷人则因无力支付高昂的水费而无法得到水。纽约市在 19 世纪 30 年代设立了庞大的供水工程，在城市以北 40 英里处的克罗顿河上建造了一座水坝，并修建了长长的引水渠用于输水。② 19 世纪 60 年代，这个系统的容量达到每天 7 200 万加仑，但到了 19 世纪 80 年代，这个容量却又不够供应飞快增长的人口了。1885 年，纽约市开始建造新克罗顿引水渠（the New Croton Aqueduct），能够每天提供 3 亿加仑的水。但即便是如此大的容量对城市进一步的蔓延来说仍显紧张，于是纽约市决定接入市北 100 英里处卡茨基尔山（the Catskill Mountains）处的水源。其他城市也开始探讨如何开发城市水源供应。除了建设新的供水系统外，诸如浴缸、淋浴和抽水马桶等新技术也成为中产阶级家庭中的标准配置。这对城市供水系统提出了新的要求。到 19 世纪 80 年代末期，许多美国城市已经发展出市属供水系统，从邻近的河流、湖泊和地下水中采水。曾经不愿在公共设施上花钱的城市如今也意识到提供可靠的水源无论在社会还是经济意义上都是必需的。例如，芝加哥市民协会之所以支持供水工程，就是认为它可以改善芝加哥的商业环境，从而确保其繁荣。③

　　在西方城市中，建造大型供水和卫生基础设施能够带来声望和自豪感。例如在伦敦，消除泰晤士河的"恶臭"成为了全国的当务之急。在巴黎，改善城市的卫生状况也是奥斯曼男爵（Baron Haussmann）于

---

① 　Boyer，M. C.（1986）*Dreaming the Rational City：The Myth of American City Planning*. Cambridge，MA：MIT Press，p. 17.

② 　Galishoff "Triumph and failure," p. 36.

③ 　Galishoff "Triumph and failure," p. 48.

1853 年至 1870 年期间担任塞纳省省长（Prefect of the Seine）时工作的重心。在雅典，为城市提供充足的淡水成为一项紧迫的政治和社会问题。然而，这些大型工程项目都需要大笔投资、足够的劳动力、社会共识以及政治承诺。[①] 1880 年至 1910 年间，澳大利亚的悉尼和墨尔本都修建了下水道作为处理人类废物的主要方式。正如霍乱加速了伦敦下水道系统的建成，19 世纪 80 年代这两座城市伤寒的流行也加速了变革。此外，新的基础设施还具有社会意义：悉尼人欢呼抽水马桶的出现，将其看作是去除了澳大利亚文明上一块可耻的污点（尽管除伦敦以外的英国城市其实比澳大利亚也好不到哪里去）。[②] 的确，供水系统、排水基础设施和室内厕所已经成为欧洲、北美和澳大利亚文明不可或缺的标志。

除了在供水方面的新进展之外，在提高水质方面也有进步（表 3.3）。1882 年，罗伯特·科赫（Robert Koch）通过显微镜证明了细小的微生物"结核杆菌"（Tubercle bacillus）是传播结核病的罪魁祸首。1884 年他又鉴别出霍乱的致病菌——"霍乱弧菌"（Vibrio cholerae）。他还发现了腹股沟淋巴结鼠疫、麻风和疟疾的致病菌，并开创了后来帮助人们发现霍乱、伤寒症和炭疽热致病菌的技术。最终，有机污染物之间的关联——主要是粪便性污染——也被搞清楚了，新的过滤技术出现，能清除掉水中的这些致病菌。细菌研究专家如科赫和路易·巴斯德（Louis Pasteur）不仅创建了微生物理论，还阐明了各种水传播疾病如伤寒症的病因。到了 1900 年人类已识别出超过 21 种致病菌。

---

① Kaika，M.（2006）" 'Dams as symbols of modernization'：the urbanization of nature between geographical imagination and materiality." *Annals of the Association of American Geographers* 96（2）：276-301.

② Davison "Down the gurgler," p. 40.

表 3.3　水处理史上重要事件一览

日　期	事　件
前 312 年	第一座罗马引水渠
8 世纪	蒸馏净化技术
1582 年	第一座水泵（伦敦）
1652 年	第一座美国供水工程（波士顿）
1685 年	慢砂过滤法
1761 年	第一台蒸汽泵（伦敦）
1829 年	第一座大型市用滤砂设备（伦敦）
1849 年	纽约市开始建设下水道 （1849 年至 1873 年建设长度达 125 英里）
1855 年	伦敦于霍乱之后将下水道加以现代化
1858 年	泰晤士河的"恶臭"年（伦敦）
1885 年	水软化技术
1885 年	水域细菌学诞生
1891 年	曝气（Aeration）技术
1895 年	水中铁和锰的去除
1907 年	氯消毒法

　　资料来源：adapted from Weinstein，M.（1980）*Health in the City*. New York：Pergamon Press，p. 28.

方框 3.4

维多利亚时期伦敦的卫生改革

　　19 世纪末时，泰晤士河充斥着前所未有的大量人类、动物和工业废物，因此被称为"恶臭之河"（the Great Stink）。如何清理河流、移除街头垃圾以及面对贫民窟的肮脏成为工程师、科学家和公职官员首要关心的问题。经过在涉水卫生方面的努力以及供水排水的改善，英格兰的人口死亡率从 1861 年的 20.5‰下降到 1901 年的 16.9‰，伦敦在 19 世纪末成为比世纪初干净得多的居住地。

维多利亚时期伦敦的卫生改革当然是围绕着公共卫生展开的，但正如历史学家米歇尔·艾伦（Michelle Allen）所指出的，这些改革也牵涉到更广泛的社会关怀。从最高追求的意义上来说，卫生改革力图激励穷人和工人阶级，教化大众，创造一个更为和谐的社会秩序。不管是用于饮用还是其他外在目的的清洁水，都是维多利亚时期道德的手段和象征。清洁是内在纯净的外在标志。而艾伦也指出卫生改革遭遇到了一些意外的反对。尽管一般认为卫生改革广受欢迎，无可争议，但许多卫生方面的改善实际上在整个 19 世纪却受到越来越强烈的诽谤、嘲笑和抵制。

改革带来了实实在在的变化——比如贫民窟清拆、道路建设和下水道基础设施的建设——不仅改变了城市的实际空间，也同样改变了城市的社会和象征意义。对"净化法则"的质疑引起了社会焦虑，这部分是由于改革引入了一种新的"清洁"规范。对这种新的"清洁"规范反应不一，体现出伴随着现代化进程的某种不安。例如，大规模的贫民窟清拆被看作是一种"净化"行为，要清除城市的穷人，搬迁数千名劳工阶层的居民。有人开始哀叹对旧城区的破坏。

艾伦对维多利亚时期伦敦改革的研究提供了对城市空间和人们对此空间体验的更为详尽的分析，她将其称之为卫生改革的"批判地理学"（critical geography）。批判地理学揭示了影响社会秩序和建成环境的社会、空间和文本话语，使我们得以看见有关污秽、环境问题的观念与城市现代化进程之间的关联。改革——不管是 19 世纪、20 世纪还是 21 世纪——都常常是复杂的改变，会引起矛盾与冲突。

资料来源：Allen，M.（2008）*Cleansing the City：Sanitary Geographies in Victorian London*. Athens，OH：Ohio University Press.

欧洲和北美的科学家、化学家与生物学家最先开创了污水处理法。慢砂过滤器或机械过滤器能去除掉许多致病菌。到 20 世纪前 10 年初，水处理厂已在使用加氯方法来给供应水消毒。新的水厂和污水处理设施共同使得城市的公共卫生状况得到了显著的改善。到 19 世纪 90 年代末，欧洲和北美的城市中霍乱和痢疾的爆发持续减少。但对全面污水处理承诺的兑现却一拖再拖，部分是因为工程师和政客们认为将污水排入溪流的危害不值得花大笔钱去建造污水处理厂，他们还在论证排水沟的自然稀释力。①

重要的一点是从 19 世纪 90 年代到 20 世纪 30 年代期间对饮用水和污水下水道系统的大部分改革都主要集中在有机污染、人类废物和人体健康的关联上，最终也就是集中在生活废物上。历史学家乔尔·塔尔（Joel Tarr）指出从污秽理论到微生物理论的转变减少了公共卫生部门对工业废物的关注，因为后者中一般不含有病菌。② 尽管也有有机工业废物（如来自牛奶场、罐头工厂和肉制品包装厂的废物），但工业废物主要是金属（如铅、锌和砷）、无机污染物如染料、含酚废水和氰化物。当时人们觉得金属和无机废物似乎对人类健康无害。公共卫生专业人员于是将注意力从工业废物上转移开，把应对来自污水的潜在危险看作当务之急。这意味着直到 20 世纪中叶前情况都基本上没有什么改观。

具有讽刺意味的是，处理人类废物的改革将容纳废物的地点从陆地转移到水中。在一些城市，尤其是位于别的城市下游的那些城市中，传染病如痢疾和伤寒的发生几率有所增加。③ 因此，有一段时间，对水和污水卫生的全新改革实际上增加了有机污染物，后者又增加了致病菌的风险。到 20 世纪早期，研究者和卫生工程师使用诸如滤水和加氯消毒等新技术才解决了有机污水的问题。

除了进行水处理改革工程，城市还转而关注垃圾问题。许多城市对如何处理垃圾都有基本规定。猪被用来清理污物，成队的"清道夫"（rakers）被雇用来清除城市垃圾。首先要处理的问题之一是打扫街道。

① Tarr，*The Search for the Ultimate Sink*，pp. 344 - 345.
② Tarr，*The Search for the Ultimate Sink*，pp. 344 - 345.
③ Tarr，*The Search for the Ultimate Sink*，pp. 12 - 13.

环境史家马丁·梅洛西（Martin Melosi）认为打扫街道比处理家庭垃圾要容易些，因为街道是个"公共"领域，而家庭则是个人责任问题。① 在纽约市，1866 年法案拆除了 299 个猪舍，强制清理了大约 4 000个堆满垃圾的后院，引进了第一批防漏水的垃圾桶，建立了垃圾清理的例行规定，并指出"城市应对污水泛滥的众所周知的能力要远远超过承受垃圾废物掩埋的能力"。

1887 年，美国公共卫生协会任命了一个垃圾处理委员会来研究美国城市的垃圾问题。此外，公众的意识也发挥了关键性的作用。在许多城市，当地的公民组织对改革施压，比如要求建立公共卫生部门以及其他卫生机构和新的法律。纽约市妇女健康保护协会在实现美国城市变革的斗争中成为了主导力量，从事了包括垃圾处理改革、街道清扫的改进以及学校卫生在内的各项计划。②

最具影响力的改革家之一也许算是小乔治·E. 华林上校（Colonel George E. Waring, Jr.）了，他是一位工程师，之前曾是一名参加过内战的军官。他于 1895 年被任命为纽约市第一任负责街道清理的专员。华林创建了一套高效的清理运作。他提议将家庭垃圾分类收纳。他还帮助建立了美国第一座市属垃圾分拣厂，将可回收利用的材料拣出返售。华林提高了道路清洁工的薪水，改善了他们的工作环境，给他们统一发放白色制服。这些清洁工因而被称为"白翼"（White Wings）（图 3.3）。他为纽约市设计的方案显示了一个重要的观点转变，即不再将垃圾仅仅看作是卫生问题，而是看作更广泛的多层面的城市问题。卫生工程学此时也已成为工程学的正式分科，诸如污水、供水、街道清扫和垃圾回收之类的城市问题的增多和复杂性都要求进行特殊的培训和教育。

空气污染的改革远远滞后于水和土地污染的改革。这部分是因为许多关键决策人认为经济发展至关重要，对空气污染的容忍根深蒂固。

① Melosi, "Environmental crisis in the city," p. 107.
② Melosi, "Environmental crisis in the city," p. 113.

图 3.3 白翼清洁工，约 19 世纪 90 年代
图片来源：国会图书馆

烟雾弥漫的天空被看作是繁荣和发展的标志。城市史学家刘易斯·芒
福德（Lewis Mumford）曾经提及工业城市的心态："烟雾带来繁荣，
哪怕会呛着你。"对清洁空气新政策的反对正是围绕着这类论据，即烟
雾意味着财富和就业。

在世纪之交时，美国城市也出现了长期困扰伦敦的烟雾混合物。
这些烟雾似乎是一些健康问题的罪魁祸首，比如肺病的增加。

在美国的进步时代（the Progressive Era）期间，许多城市试图去
控制烟雾和空气污染。当地的市民团体和妇女组织尤其表达出对问题
的担忧，对政策改革施加压力。许多妇女俱乐部的成员是中上层阶级
的社交名媛，有足够的闲余时间来投身城市的消烟改革运动。匹兹堡
妇女健康协会促进了对 1892 年新的烟雾控制条例的支持；在其他城市
如圣路易斯、辛辛那提、芝加哥和巴尔的摩也建立了类似的俱乐部。
这些组织也常常受到工程师们的支持，后者会碰到烟雾的剩余效应所

引起的机械问题，提倡发展技术以减轻烟雾。市民团体如商会
（Chambers of Commerce）也将改革运动看作是"市民自豪感"的一部
分。具有讽刺意味的是，1898 年，钢铁巨头安德鲁·卡内基（Andrew
Carnegie）对匹兹堡商会发表演讲，敦促其采取对烟雾的控制。[1]

　　到 1912 年，许多城市都出台了烟雾管理条例，但许多条例并不严
格，严厉的处罚也不常见，因为改革者们不愿意让工厂背上高昂的负
担。将烟雾与进步相联系的观念也使得许多政治领袖行为谨慎。影响
更为深远的一项改革发生在匹兹堡。1941 年《匹兹堡烟雾控制条例》
（the Pittsburgh Smoke Control Ordinance）将其政策目标规定为消除浓
烟以及其他空气污染的成分如粉煤灰。这项条例既适用于工业污染源
也适用于家庭污染源。如果想继续使用沥青煤，那就要么烧无烟燃料，
要么采用无烟技术。[2] 条例执行起来并不容易，但匹兹堡的空气质量
到了 20 世纪 40 年代末确实得到了极大的改善，这座城市从提高了的
空气质量、更充足的阳光、改善了的卫生以及节省下来的清洁费用和
洗衣费中获益良多。由于多年以来烟雾笼罩，不见天日，有人开玩笑
说当空气质量改善后，匹兹堡市民们手指天上的太阳，困惑地问道：
"那是什么？"

　　从以上对工业城市的污染和改革的粗略讨论中可以得出一些总体
结论。首先，对一种形式的污染的解决往往会产生不同的或不同介质
的新的污染问题。其次，文化价值观和科学知识都会影响污染治理政
策。再次，19 世纪和 20 世纪初的污染改革主要依赖技术方案或应急
措施，人们很少去质疑或阻止污染的产生——他们的精力和技术都集
中在如何去清理环境中业已存在的污染。

---

　　[1]　Grinder，R. D. （1980）"The battle for clean air：the smoke problem in
post—Civil War America，" in *Pollution and Reform in American Cities*，
1870—1930，Martin V. Melosi（ed.）. Austin，TX：University of Texas Press.

　　[2]　Tarr，*The Search for the Ultimate Sink*，p. 16.

城市公园运动

工业城市环境的恶化促使许多包括景观建筑师和设计师在内的改革者去改造城市以及修正自然-社会之间的关系。城市公园运动（the urban public parks movement）于 19 世纪中后期出现于欧洲和美国，是对工业城市出现的问题的反应。规划"想象者"们提出各种设计，通过城市空间来重建与自然的关系。虽然大多数城市都有市内的空地（菜园、广场、公共场所），但这些地方一般都未成为正式的公共空间或休闲区。① 在欧洲和美国，公共园林的理念都始于对露天场所对健康和城市人口活力重要性的认识。② 诸多因素导致了美国城市公园运动的产生：恶化的城市环境及其与公共卫生的关系、对智力和道德发展的担忧以及对民族自尊所带来的挑战。城市公园符合民主理想，为所有社会-经济阶层的人所共享：公园正是为公众而建。③

这些想象者中最重要的人物之一是弗里德里克·劳·奥姆斯特德（Fredrick Law Olmsted），他是纽约市中央公园和其他许多公园与园林系统、住宅开发以及众多北美城市大学校园的设计者。他的设计遗产仍然在影响着许多城市，而其设计理念则为整整一代的公园规划师和

---

① 欧洲的皇家园林和花园对公众的开放程度有限，一般只在节假日开放，但也有例外，比如柏林的蒂尔加滕（Tiergarten）公园曾在 1649 年的时候对公众开放，让人们可以在其中"愉快地散步"。此外当时还有其他的一些公共散步场所。

② Schulyer，D. (1986) *The New Urban Landscape：The Redefinition of City Form in Nineteenth Century America*. Baltimore，MD：Johns Hopkins University Press，p. 59.

③ 这与许多欧洲城市现有的城市公园形成了对比。欧洲城市现有的花园和园林是由早期的历史条件所形成的，带有不同阶级-文化关系的印记。伦敦的海德公园于 1652 年对公众（收费）开放，而在 19 世纪 30 年代，卢森堡与凡尔赛的宫殿和花园都对公众开放。

景观建筑师所借鉴。

奥姆斯特德于 1822 年 4 月 26 日出生于康涅狄格州的哈特福德
（Hartford，Connecticut），父亲是一名干货商。奥姆斯特德年轻时学的
是土木工程，但直到 45 岁左右才确定下其职业身份，之前他从农业转
到新闻业，最后又转到环境美化工程。[①] 1850 年，28 岁的奥姆斯特德
去了英国，写了一本关于耕作方法的著作《一个美国农夫在英格兰的
游历与评论》（*Walks and Talks of an American Farmer in England*）。
1852 年，他返回美国，成为《泰晤士报》一名驻美国的记者，被分派
去报道美国南部的新闻。他在那儿的经历激发了他进一步了解社会民
主状况的兴趣。从作家转变为景观建筑师则纯属偶然；他被聘用为纽
约市公园负责人，当时还没人知道公园会是什么样子。[②] 纽约市在郊
区划出大约 750 英亩的土地作为新的城市公园的地址。这块地方遍是
沼泽和露岩，还堆砌着煤渣、砖瓦和其他垃圾。公园只能凭空创造而
非现成可得。正如一份报告指出的，"从未有过如此荒凉的地方被选来
建造娱乐场所"。[③] 1858 年奥姆斯特德及其训练有素的景观建筑师同行
卡尔维特·沃克斯（Calvert Vaux）一起工作了几个月，并最终赢得了
中央公园的设计奖项。

对中央公园的设计反映了与凡尔赛宫和波波里花园看待自然-社会
关系完全不同的角度（图 3.4、图 3.5）。尽管奥姆斯特德也受到了欧
洲园林的影响，但他更多的是在寻找一种源自反城市理念的美国本土
模式。首先，奥姆斯特德和沃克斯抛弃了欧洲园林和园圃形式化与理性

---

① Peterson，J. (1996) "Frederick Law Olmsted Sr. and Frederick Law
Olmsted Jr.: the visionary and the professional," in *Planning the Twentieth
Century American City*, Mary Corbin Sies and Christopher Silver (eds.). Balti-
more, MD: John Hopkins University Press, pp. 37 - 54.

② Gopnik, A. (1997, March 31) "Olmsted's trip," *New Yorker Maga-
zine*, pp. 101.

③ Quoted in Cranz, G. (1982) *The Politics of Park Design: A History
of Urban Parks in America*. Cambridge, MA: MIT Press, p. 29.

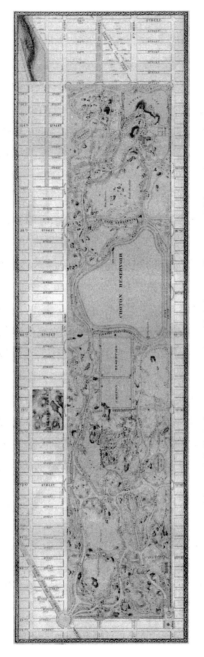

图 3.4 奥姆斯特德的中央公园地图。弯曲的小径与纽约市严格的棋盘式布局形成对照

图片来源：Wikimedia：http://commons.wikimedia.org/wiki/File:1868_Vaux_%5E_Olmstead_Map_of_Central_Park,_New_York_City_-_Geographicus_-_CentralPark-1869.jpg

图 3.5 中央公园不拘于形式的景色

图片来源：照片为丽莎·本顿-肖特所摄

化的几何图形设计，而是突出了曲径，两边栽种上原生植物。在奥姆斯特德的设计中不存在动物形状的灌木修剪法。公园不是要提供图画或寓言故事，植物的种植也应当耐久和本土化。奥姆斯特德拒绝像凡尔赛宫或卢森堡花园（Luxembourg Gardens）那样过于系统化，设置一条中央林荫道。中央公园不属于王宫，而属于大众。其设计最显著的特点是看上去无序松散，湖泊池塘各居其所，而非大的运河或水道的一部分。

　　主要的空间并非彼此隔绝，而是与其他区域融为一体。该设计反映了更加整体的世界观，力求让城市居民有机会与自然"重新结合"，在与阴暗的工业城市对照的绿树、小草和植被中找到灵性。弯曲的小径与"城市乏味的直角布局"形成对比。[1] 它被设想为一个适应环境

---

①　Cranz，*The Politics of Park Design*，p. 34.

的地方。公园将成为各种活动的场所——比如轮滑、溜冰、划船、木偶表演、散步和驾驭马车，这些场所彼此独立却又具有交叉区域。实际上，当1858年公园刚刚开放时，其中的溜冰池立马引发了溜冰热。

奥姆斯特德相信公园是"城市的肺部"，他批评工业城市缺少阳光、树木和露天场所。他认为城市居民需要有机会去"使肺部充满经过树木过滤净化和阳光最新照射的空气，同时他们还需要机会和引导，以逃离那些需要警觉、小心以及对他人处心积虑的环境"。① 因此，公园不仅仅在审美意义上是重要的，还与公众的健康息息相关。奥姆斯特德继续写道：

> 我们需要一块人们下班后能轻松到达的地方，在那儿他们可以散一个小时的步，观看、倾听和感觉跟大街上的喧嚣完全不一样的东西，实际上，他们会觉得城市离他们很远。我们想要与城市为方便保持秩序和整洁所造成的压抑环境形成最大的反差。②

奥姆斯特德对自然-社会关系的看法也与整个社会理念以及与作家亨利·大卫·梭罗（Henry David Thoreau）、诗人拉尔夫·瓦尔多·爱默生（Ralph Waldo Emerson）和威廉·卡伦·布莱恩特（William Cullen Bryant）的浪漫主义和超验主义思想运动有关。许多美国人去欧洲旅行，参观那里的公园和园林。虽然大部分公园最初仅限特权阶层游览，但到1850年时许多已经开始对所有人开放。这与许多美国城市形成对比，只有少数美国城市——如费城、华盛顿特区、萨凡纳（Savannah）、波士顿和纽约——留出了公共空间。许多美国作家成为公共园林的倡导者。他们所秉持的浪漫理想主义指望自然世界能够激

---

① Olmsted，F. L. (1996) "Public parks and the enlargement of towns，" in *The City Reader*，Richard T. LeGates and Frederic Stout (eds.). London and New York：Routledge，p. 339.

② Olmsted "Public parks and the enlargement of towns，" p. 343.

励并填补肮脏而又尘土飞扬的工业化机械化城市的精神空虚。浪漫理想主义强调要回到与自然的"和谐",重新找回对大自然的欣赏。超验主义者们将美德赋予树木、草地和湖泊,并且相信这些美德可以经由人类的巧思和设计加以复制,从而影响公园的设计理论。在某种意义上,中央公园"超越了城市"。具有讽刺意义的是,这种思潮是出现在工业城市的背景下的。

奥姆斯特德的设计接受了浪漫主义的理念——他拒斥方方正正的布局,更喜欢弯曲的小径。奥姆斯特德和沃克斯创造了一种不讲求形式的自然性。奥姆斯特德意识到要在城市公园内重新创造出荒野虽然并非不可能,可也是困难重重,于是他转而选择营造出如画的田园风光。这种风格的营造需要将平畅、和谐与宁静组合到一起,有时还要让人感受到山脉、冰隙、瀑布和湖泊令人敬畏的壮丽之美。该设计要在自然其实不存在的地方营造出自然。奥姆斯特德喜欢不规则的种植,这能暗示出一种距离的感觉和观念,他也避免使用花朵,因为他觉得这会显示出人为的痕迹。[①] 他也拒斥直线、硬边和直角——所有这些都会让人联想起机器和系统化。相反,他选择与风景轮廓和植物的有机结构相关的更软、更圆也更流畅的几何形:这是对理性的浪漫主义的拒斥。

正如奥姆斯特德受到超验主义的影响一样,他也拥护进步主义(Progressivism)。他热衷于创建一个更加民主的社会秩序,其早期的写作也在某种程度上受到社群主义思想的影响。他的公园设计与其政治观点相关。他认为以前美国社会没能给大众提供公共休闲的机会,而是设置了阶级和地位的隔阂。因此他的城市公园不仅要促成社交自由,还要通过提供有组织的活动和体育运动来充当道德改善的媒介。[②] 在公园设计中,这就意味着要将公园建成一种帮助容纳大众文明的方式。公园的意义不仅仅在于景色:它们也是社交场所。他相信假如一

---

① Cranz,*The Politics of Park Design*,p. 41.

② Schulyer,*The New Urban Landscape*,PP. 64 - 65.

个工厂的民工，或是无人照管的孩子，在周末无法去公园或其他休闲场所，甚或没有多少空余时间的话，就会对生活失望沮丧，从而危及政治体系或社会秩序。因此公园为所有的社会阶级提供了一个"排遣手段"。奥姆斯特德的设计尝试去为所有阶级提供场所。他将公园内的娱乐机会视作能"抵消城市生活害处"的排遣途径。因此，在奥姆斯特德的理念中，公园其实是一种民主游乐场。事实也的确如此，19世纪期间修建的公园大体上都是被儿童和城市工人阶级所使用。

奥姆斯特德留下来的设计作品遍布美国和加拿大。他设计了纽约布鲁克林区的展望公园（Prospect Park）和波士顿的翡翠项链公园（Emerald Necklace）——即沿着一条串接小径将各个小公园连起来。他还在伊利诺伊河畔（Riverside Illinois）创建了一个样板城郊村，为蒙特利尔（Montreal）设计了皇家山公园（Mount Royal Park），为底特律设计了贝尔岛公园（Bell Isle Park），并为加利福尼亚州帕洛阿尔托（Palo Alto）的斯坦福大学规划了校园，设计了美国国会大厦附近的区域，以及乔治·W. 范德比尔特（George W. Vanderbilt）位于北卡莱罗纳州阿什维尔（Asheville）附近的比特摩尔山庄（the Biltmore）。在19世纪70年代中叶，奥姆斯特德开始设计蒙特利尔的皇家山公园。他将其看作是比中央公园更宏大的一幅自然画卷，试着将崇高与美丽更充分地结合到一起。他的公司设计了从西岸不列颠哥伦比亚省（British Columbia）的维多利亚市（Victoria）一直延伸到东岸新斯科舍省（Nova Scotia）特鲁罗市（Truro）的大约100个项目。他还参与制订了约塞米蒂国家公园（Yosemite）和尼亚加拉大瀑布（Niagara Falls）的保护方案。他的遗产不仅体现在他所实际建造的公园和其他地方，也体现在美国进步时代（the Progressive Era）促成广泛城市公园运动的理念中。这场运动的先锋常常是当地的精英人士和社会组织，给美国城市留下了诸如旧金山的金门公园（Golden Gate Park）、芝加哥的南方公园体系（South Park system）以及费城、巴尔的摩、波士顿、水牛城（Buffalo）和新奥尔良等地的众多公园。尽管这些公园也与时俱进以满足新的需求，但城市公园运动为公园和休闲场所留出了大片区域，而不是都变成发展迅猛的橄榄球球场。诞生于城市的公园运动最终蓬勃发展，保护了濒临破坏的风景，建立了一套保护机制，为创建州立公园体系和国家公园体系提供了思想界以及大众的支持。

城市公园运动不仅出现在北美城市。19世纪时，大型城市自然生态公园就在世界各地的城市中出现。《戏剧化风景：19世纪的城市公园》（*Melodramatic Landscapes：Urban Parks in the Nineteenth Century*）一书的作者希斯·辛克（Heath Schenker）认为城市公园成为根本改造市民社会，尤其是那些追求公众事务和公共空间平等性的想法施展的舞台。她在书中考察了三大公园的建造：巴黎的柏特休蒙公园（Buttes Chaumont）、墨西哥城的查普特佩克公园（Chapultepec Park）、以及纽约市的中央公园。三者都是复杂社会、文化和政治力量的产物：对这些公园的设计都借鉴了情节剧的概念，其景色设计是为了传达出社会和谐以及与自然接触有益的明确道德信息，以启迪下层阶级的市民。她指出这三个公园都代表了正在进行的广泛的社会和政治变革。[①]

> 方框3.5
>
> **查普特佩克公园**
>
> 查普特佩克公园俗称"查普特佩克森林"（Bosque de Chapultepec），位于墨西哥城，是拉丁美洲最大的城市公园，占地约1 600英亩（686公顷）。公园位于城西，以查普特佩克山（Chapultepec Hill，字面意思是蚱蜢山）岩层为中心，被看作是墨西哥城第一个也是最重要的"肺部"。
>
> 查普特佩克富有历史意义，它曾是阿兹特克人（the Aztecs）的圣地，1530年时被定为公共财产，也是墨西哥城的重要水源。到了

① Schenker，H.（2009）*Melodramatic Landscapes：Urban Parks in the Nineteenth Century*. Charlottesville，VA：University of Virginia Press.

19世纪，其水源日渐枯竭，之前总督在那儿的休闲别墅也被改造成军校。查普特佩克城堡见证了墨美战争期间的一场大战，1847年，那里的年轻士官们面对入侵的美国人选择了集体自杀。后人为这些年轻的战士们树立了一座纪念碑，而此地也成为了民族庆典的场所。

因此，当马克西米安一世皇帝与拿破仑三世缔约，于1864年登基，梦想按照巴黎的样子重建墨西哥城时，查普特佩克就已经被灌输了政治含义。他将这座城堡选作宅邸和朝廷所在地（而非选在市中心的国家宫殿），并且雇用建筑师来将其空间与地面重新设计成一座现代园林。那时城堡位于市郊，规划师们参照巴黎的香榭丽舍大街设计了一条新的宽敞大道以连接皇宫与市中心，并称之为"皇后大道"（Paseo de la Emperatriz）。随着1867年总统贝尼托·胡亚雷斯（Benito Juarez）重建共和国以及改革战争（the Reform War）的结束，这条大道又被重新命名为"改革大道"（Paseo de la Reforma），成为了现代墨西哥城的中轴。

1876年波费里奥·迪亚兹（Porfiriato Diaz）赢得总统大选，开启了墨西哥城的现代化之路。得到改进的城市设施包括新的饮用水系统、下水道系统、医院以及街道和林荫道路面的铺设。在19世纪的最后10年里，迪亚兹政府还加快了对公园的改造，建立了新的设施，栽种了数千棵树木，增添了新的花园；并在公园周围树立了各种雕像、大理石雕刻品和其他艺术作品。正如辛克所指出的，查普特佩克成了一种背景，在这个背景下国家表达出将墨西哥城现代化的愿望；同样在这个背景中，墨西哥的民族认同感反映了进步的资产阶级想要展现出墨西哥已经不再是蛮荒之地，而是一个发达现代的国家。但在这种现代化中，公园只是富人和中产阶级的展示地；穷人们被看作是对卫生和道德的威胁而被排斥在外。公园的发展史也是政治和民族叙事的演变史。

如今，查普特佩克公园拥有所有19世纪公园的美妙之处：蜿蜒的小径和车道、绿荫树、蛇形湖以及能让人们在沙尘漫天的城市中暂时得以喘息的景色通道。查普特佩克公园里的活动跟周日下午的纽约中央公园或巴黎布洛涅森林公园（the Bois de Boulogne）并无大异。人们不分年龄和职业，都在散步、聊天、吃饭、游戏、划船，尽情享受。公园拥有几座博物馆、一座动物园、许多餐厅和一个游乐园，年游客量达到 1 500 万人，其绿地占到整个墨西哥城绿地面积的 57%。

资料来源：Schenker，H.（2009）*Melodramatic Landscapes*：*Urban Parks in the Nineteenth Century*. Charlottesville，VA：University of Virginia Press.

在 18 世纪，园林是贵族和君主的专有财产，不对公众开放。欧洲最早的许多园林其实是猎苑和私家花园。而在 19 世纪时这些私人财产变成了公共园林，反映出社会和政治的变革，比如民主政府的成立。伦敦海德公园、圣詹姆斯公园和肯辛顿花园的变迁就是显例。这些缺少大片地产的城市通过挪用不同业主的私有地产来创建公园。到 19 世纪末，几乎每个现代化城市都增添了一座大型的自然生态公园，既是为了展示现代性，也是为了招徕新的商业和专业人士。城市公园在 19 世纪的兴起不仅可以被看作是对城市-环境关系的全新论述，也是成为指导原则的平等大理念的象征。

城市公园运动的出现和发展代表了社会对于如何看待城市环境中的自然世界发生了重大改变。这在不断发展的对城市形态和文化的重新定义中是一股重要的力量，也为 20 世纪全世界的公园发展和演变打下了概念基础。同样重要的是我们要意识到所有的城市公园（无论大小和功能）都是一种文化景观：它们是"被管理"的自然，一直在被设计、被种植，并不断地被重建。例如，在奥姆斯特德的监督下，大批工人炸开无数的岩石，移除了数千车的泥土，将沼泽改建成湖泊和池塘，栽种了草皮、树木和灌木。环境史家大卫·舒莱尔（David Schulyer）总结道："这是个微妙的讽刺……正如围绕着它的城市一样，中央公园也是个十足的人造环境。"①

----

① Schulyer，*The New Urban Landscape*. p. 78.

花园城市

1898 年埃比尼泽·霍华德（Ebenezer Howard）出版了著作《未来的花园城市》(*Garden Cities of To-morrow*)。霍华德认为，欧洲和美洲的城市人口过于稠密，饱受"空气污浊、天空灰暗和奢华酒店"之苦。他担心如果旧的城市——以及其所代表的社会矛盾和苦难——一直延续下去会给社会带来的后果。他的设想不是要改进旧的工业城市，而是要彻底转变城市环境。[①] 他所想象的花园城市是一个约 12 000 英亩、有 50 万人口的独立自足的新型城市，结合了城市生活的优点（工业就业、社交机会和娱乐场所）和"乡村"生活的好处（大片土地、新鲜空气以及充足的水和阳光）。这是一个理想模式，是新型城市的蓝图。他要重新调整建成形态与绿地/露天场所之间的空间比例，从而改造城市的物理环境，变革社会。这会"让人们回归大地"，因为他认为"本来就应当同时享受人类社会和自然之美"。[②] 他构想中的两个重要的设计元素，即区域划分和绿化带，对城市规划来说是一份永久的遗产。

霍华德花园城市地图的亮点在于将土地划分为不同的使用区域（图 3.6）。这是最早的对"区域划分"的构想之一。

他在规划中让居民区全部远离烟囱高耸的工厂区。此外，他还为城市里的农场划出了区域，在那儿种植食物以供应城市。从城市的中心节点一直到向外辐射的小节点，他都规划了用铁路运输将各个节点

---

① Fishman, R. (2003) "Urban utopias: Ebenezer Howard. Frank Lloyd Wright and Le Corbusier," in *Readings in Planning Theory*, *Second Edition*, Scott Campbell and Susan Fainstein (eds.). Oxford: Btackwell, p. 22.

② Howard,. E. (1996) "Author's introduction from garden cities of to—morrow," in *The City Reader*, Richard T. LeGates and Frederic Stout (eds.). London and New York: Routledge, pp: 346 - 53.

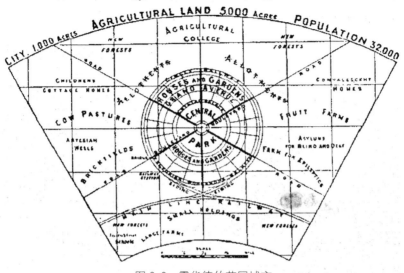

图 3.6　霍华德的花园城市

连接起来。他的规划还在各个特定用途的区域之间设置了"缓冲区"。这也是对"绿化带"最早的构想之一，为美国和欧洲的许多都市区所广泛采用。

　　在英格兰，霍华德及其支持者们创建了两座城市，分别是莱奇沃思（Letchworth，1903）和韦林（Welwyn，1920）。在美国也创建了10 多个"绿带城"，包括马里兰州的绿地城（Greenbelt，Maryland），澳大利亚也建了几座这样的城市。然而，霍华德所实际创建的花园城市并未引起他预期中的城市革命。

　　在霍华德的体系中，城市是地区性的而非孤立的，他所设想的花园城市模式代表了在组织城市空间方面所迈进的一大步。他的想象展示了一座天人合一的城市。地理学家和规划师罗伯特·弗里斯通（Robert Freestone）评论说，霍华德对花园城市的实际创新可能对人们真正的生活方式影响不大，然而他的想法和理论却影响了 20 世纪整整一代的规划师。① 和弗里德里克·劳·奥姆斯特德的公园一样，新城市形态背后的观念，其反响要远远超出美国和英国的范围，全世界的城市规划师们都会采纳和改造花园城市的理念。

图 3.7　马里兰州的花园城市"绿地城"，公寓建筑之间通往市中心的步行小道
图片来源：照片为约翰·雷尼-肖特所摄

　　芬兰的塔皮奥拉（Tapiola in Finland）便是这样的一个例子。塔皮奥拉是战后欧洲大陆第一批"新城"工程之一，它并非芬兰国家政府项目，而是由一家名为 Asuntosäätiö 的非营利性私有公司建造。该公司由 6 个社会和贸易组织于 1951 年创办，买下了赫尔辛基往外约 6 英里处当时还是个郊县的埃思泼（Espoo）670 英亩的土地。该公司的计划是建立一个新的社区———一个各行各业人群在那儿上班的花园中的城镇。住房基金会（the Housing Foundation）开始着手创建理想的花

　　① Freestone，R.（1989）*Model Communities：The Garden City Movement in Australia*. Melbourne：Melbourne University Press.

园城市。塔皮奥拉的规划者们成立了设计小组，其成员都是建筑、社会学、土木工程、园艺学、家政学和少年福利方面的专家。住房基金会的目标是要建立一个作为芬兰社会缩影的花园城市：所有的社会阶层都居住于此，各类建筑云集，既有独立式住宅，也有带阳台的多层房屋。和大多数欧洲传统城市中心不一样的是，塔皮奥拉有5个分开的市中心。设计小组很显然是受到了霍华德的影响，他们将城市分为四大街区，由绿化带隔开；中央区域是购物和文化中心。设计师们努力想打造一个功能齐备的社区，让其周围有着尽可能多的就业机会。塔皮奥拉的成功激发了人们对芬兰城市规划的兴趣，它也因其一流的建筑和景观以及作为一种观念的实验为自身赢得了国家和国际的荣誉。塔皮奥拉经验的重点在于要制定政策，以可持续的方式来引导城市的发展。[①]

在霍华德阐明其花园城市理念之后的将近100年间，在世界各地，包括澳大利亚、新西兰和拉丁美洲，人们纷纷规划并建造了许多花园城市。

城市公园运动和埃比尼泽·霍华德花园城市的思想遗产对工业城市普遍的环境恶化能起到一种对抗作用。这些新的城市规划形态是对城市-自然辩证关系的积极修正。

方框3.6

拉丁美洲的花园城市

古巴首都哈瓦那的维达多地区（Vedado in Havana，Cuba）的特点就体现了花园城市以及"园林郊区"的元素。维达多地区由何塞·依波莱昂·博斯克（José Yboleón Bosque）规划，于19世纪50年代末作为古巴首都的郊区发展起来。最初的设计包括楼群围绕的空地、绿树成荫的街道、集中的公园和住宅前的绿地，以及体育和

---

① Tuomi，T.（2003）*Tapiola：Life and Architecture*. Helsinki：Raken-nustieto.

娱乐场所。维达多被称为是"拉美的第一座花园城市"。

　　维达多未必符合霍华德的"预期"样式，但却综合了19世纪晚期各种住宅区的开发设计，包括花园城市、弗雷德里克·劳·奥姆斯特德的有机设计模式以及伊尔德方索·塞尔达（Ildefonso Cerdá）对街区与活动区的结合。维达多代表了在各个拉美首都"花园城市"的衍生理念，这些城市各样的郊区都希望有更好的环境，进一步与自然融为一体。

图3.8　洛马德帕洛玛城市花园地图
图片来源：http：//en. wikipedia. org/wiki/Ciudad-Jard％C3％ADn＿Lomas＿del＿Palomar

　　阿根廷布宜诺斯艾利斯（Buenos Aires，Argentina）的郊外也是一个很好的例子。对洛马德帕洛玛城市花园（Ciudad Jardin Lomas del Palomar）社区的规划早在20世纪30年代末就开始了，并于1944

年完成，整个设计是建立在绿树成荫的步行街道的基础上的，具有古典花园城市的特征。三条林荫道构成一个整体，终止于中央公园。和其他花园城市一样，其布局也特意将公共设施、学校、教堂、俱乐部和公园置于住宅区的步行范围之内。带柱廊的商店和社区建筑如教堂和学校毗邻中央公园，形成社区中心。此外，沿路还有小民宅和几座公寓楼。如今的洛马德帕洛玛已是个人口稠密的社区，拥有将近 17 000 位居民。

整个城镇从中央广场沿着林荫道向外伸展，所有的公共设施从家中都可以步行走到。这会减少交通堵塞以及对环境的影响，因为无需乘车便可走遍全镇。该镇还坐落在两条铁道线路之间，从而很容易乘坐公共交通到达布宜诺斯艾利斯的其他地方。

资料来源：Almandoz, A. （2004） "The garden city in early twentieth-century Latin America." *Urban History* 31 （3）：438－452. Segre, R. （2000） "Cerdá en el Mar Caribe." *Ciudad y Territorio. Estudios Territoriales* 32 （125）：573. Segre, R. and Baroni, S. （1998） "Cuba y La Habana：Historia, población y territorio." *Ciudad y Territorio. Estudios Territoriales* 30 （116）：370. Hutchings, A. （2011） "Garden suburbs in Latin America：a new field of international research?" *Planning Perspectives*, 26 （2）：313－317.

延伸阅读指南

Allen, M. （2008） *Cleansing the City：Sanitary Geographies in Victorian London.* Athens, OH：Ohio University Press.

Beinart, W. （2005） *Environment and History.* London：Routledge.

Brimblecome, P. （1987） *The Big Smoke：A History of Air Pollution in London since Medieval Times.* London：Methuen.

Conan, M. and Wangheng, C. （2008） *Gardens, City Life, and Culture：A World Tour.* Washington, DC：Dumbarton Oaks.

Cronon, W. (1992) *Nature's Metropolis*. New York: W. W. Norton.

Hall, P. (2002) *Cities of Tomorrow. An Intellectual History of Urban Planning and Design in the Twentieth Century*. 3rd edition. Oxford: Blackwell.

McShane, C. and Tarr, J. (2011) *The Horse in the City: Living Machines in the Nineteenth Century (Animals, History, Culture)*. Baltimore, MD: Johns Hopkins University Press.

Meller, H. (2001) *European Cities, 1890 – 1930s: History, Culture and the Built Environment*. Chichester and New York: Wiley.

Melosi, M. V. (2005) *Garbage in the Cities: Refuse, Reform, and the Environment*. Revised edition. Pittsburgh, PA: University of Pittsburgh Press.

Melosi, M. V. (2008) *The Sanitary, City: Environmental Services, ices in Urban America from Colonial Times to the Present*. Abridged edition. Pittsburgh, PA: University of Pittsburgh Press.

Miller, B. (2000) *The Fat of the Land: Garbage in New York, the Last Two Hundred Years*. New York: Four Walls Eight Windows.

Mosley, S. (2001) *The Chimney of the World: A History of Smoke Pollution in Victorian and Edwardian Manchester*. Isle of Harris: White Horse Press.

Schenker, H. (2009) *Melodramatic Landscapes: Urban Parks in the Nineteenth Century*. Charlottesville, VA: University of Virginia Press.

Tarr, J. (1996) *The Search for the Ultimate Sink: Urban Pollution in Historical Perspective*. Akron, OH: University of Akron Press.

Tarr, J. (2003) *Devastation and Renewal: An Environmental History of Pittsburgh and Its Region*. Pittsburgh, PA: University of Pittsburg Press.

第二部分　当代城市环境

第四章　全球城市发展态势

　　我们正身处第三次城市革命。第一次城市革命于 6 000 多年前始于美索不达米亚最早出现的那些城市。这些新的城市与其说是农业剩余的产物，还不如说反映了组织复杂灌溉方案和大型建造工程的集中的社会力量。第一次城市革命在非洲、亚洲和美洲分别发生，使世人获得了一种新的生活方式。第二章中我们讨论了其对环境的一些影响。第二次城市革命开始于 18 世纪末，城市化与工业化共同促成了工业城市的诞生，使得城市发展与环境改变以前所未有的速度进行。这种改变的各个方面及其在人们思想和行为上所导致的变化在第三章中已经讨论过。如今我们正处于第三次城市革命，这场复杂的现象开始于 20 世纪，以城市人口大量增长、特大城市以及大都市圈的发展为标志（见图 4.1）。我们正处在改革的剧痛中，才刚刚开始去观察、命名和建立理论。一些新出现的描绘城市的词语——如"后现代"、"全球化"、"网络化"、"混合化"和"碎片化"——能让我们窥见这第三次城市革命高度的复杂性和深层的矛盾性，但要真正理解 21 世纪特有的新形态的都市现象，还有很多工作要做。[①]

　　[①]　本段大量参考了《The Urban Compendium》一书的引言部分。Hall, T., Hubbard, P. and Short, J. R. (ed.) (2008) *The Urban Compendium*. London: Sage.

本章我们将通过全球城市变革的三大方面来思考这场巨大变化对环境所造成的主要影响：这三个方面分别是快速的城市化、特大城市的出现，以及分散都市圈的发展。

图 4.1 韩国仁川市快速的大规模城市化
图片来源：照片为约翰·雷尼-肖特所摄

快速的城市发展

世界越来越城市化。1900 年时，全世界只有 10％的城市人口。到了 2010 年，城市人口比例已经超过 50％，而到 2050 年，地球上每 3 个人中将至少有 2 人生活在城市里。表 4.1 显示了 1950 年、2010 年以及预期的 2050 年城市人口比例。发展中国家城市人口增长更快。发达国家和发展中国家各自的绝对数值见表 4.2。世界城市人口越来越多地生活在发展中国家的城市中。

表 4. 1　城市人口比例，1950—2050 年

	1950	2010	2050
全球	29. 4	51. 6	67. 2
发达地区	54. 5	77. 5	85. 9
欠发达地区	17. 6	46. 0	64. 1

资料来源：Population Division of the Department of Economic and Social Affairs of the United Nations Secretariat，*World Population Prospects：The 2010 Revision* and *World Urbanization Prospects：The 2011 Revision.* http：//esa. un. org/unpd/wup/index. html（accessed May 12，2012）.

这种全球趋势呈现出多种不同方式。在发达经济体中，城市发展趋缓，因为其初始层次较高，正慢慢接近城市发展的极限。在澳大利亚，超过 90％的人口已经居住在 6 处城市区：阿德莱德（Adelaide）、布里斯班（Brisbane）、堪培拉（Canberra）、墨尔本（Melbourne）、佩斯（Perth）和悉尼（Sydney）。城市化在发展中国家发展更为迅速。1900 年时只有 10％的墨西哥人住在城市里，而这一数字到了 2010 年则为 77％。苏丹 1950 年时只有 6.8％的城市人口，而到 2010 年则超过三分之一。即便是发展中国家之间也有很大差别。表 4.3 突出了 4 个发展中国家的例子。阿富汗和肯尼亚相对较穷，经济发展受限；所以，尽管其城市发展也相当迅速，但按照这样的速率，到 2050 年城市人口还达不到 50％。而发展迅猛的巴西和中国，其城市化速率相当惊人，相比较而言已达到了很高的水平。大规模的城市化和快速的工业化继续齐头并进。

表 4. 2　城市人口，以 10 亿为单位，1950—2050 年

	1950	2010	2050
全球	0. 74	3. 55	6. 25
发达地区	0. 44	0. 95	1. 12
欠发达地区	0. 30	2. 60	5. 12

资料来源：Population Division of the Department of Economic and Social Affairs of the United Nations Secretariat，*World Population Prospects：The 2010 Revision* and *World Urbanization Prospects：The 2011 Revision.* http：//esa. un. org/unpd/wup/index. html（accessed May 12，2012）.

表 4.3 城市人口比例，1950—2050 年

	1950	2010	2050
阿富汗	5.8	23.2	43.4
巴西	36.2	84.3	90.7
中国	11.8	49.2	77.3
肯尼亚	5.6	23.6	45.7

资料来源：Population Division of the Department of Economic and Social Affairs of the United Nations Secretariat, *World Population Prospects*: *The 2010 Revision* and *World Urbanization Prospects*: *The 2011 Revision*. http：//esa. un. org/unpd/wup/index. html（accessed May 12, 2012）.

由于强大的经济和政治力量，城市仍在快速发展。城市，尤其是发达国家的大城市，提供了"密集市场"（thick market）（大量劳力储备和专业公司）、市场准入和公共货物储存。城市将货物在一地集中，从而提高了市场效率。城市中心的规模效应能够带来效率上的收益。而这种空间整体利益通过累积的因果效应又反过来促成了路径依赖型的发展（path-dependent development）。①

城市不仅仅通过高效的市场运作来影响发展，还借助于一些政治进程，比如经济活动者总希望拉近与政治领导人和管理者之间的关系，以及国家总是需要公共开支来满足城市居民。这两点一般分别被称为"生产率效应"（productivity effects）和"寻租理论"（rent seeking）。它们分别指的是收入的产生和分配，因而并不互斥。

城市也会付出代价，包括交通堵塞、污染以及会造成大量失业和不充分就业的农村-城市人口流动。代价和好处依城市规模而有所不同。欧振中（Chun-Chung Au）和弗农·亨德森（Vernon Henderson）认为，在实际收益和城市大小之间存在着一个倒 U 形的关系。收益先是增长，但随着代价超过益处而慢慢减少。他们对中国的城市做了实证研究，表明随着城市规模的增大，实际收益也迅速增长，只有当城

---

① Kim, Y. - H. and Short, J. R. (2008) *Cities and Economies*. London：Routledge.

市劳工数达到 50 万到 100 万之间时才会逐渐下降。他们从而得出一个有趣的结论，即中国的城市太小，不足以让增益最大化；而城市的蔓延由于政府对农村向城市的人口流动设限而受到阻碍。[①]

还有一些因素导致了发展中国家高速的城市化。战后（1950—1980）由世界银行部分资助的大规模开发项目常常用来为工业经济创建城市基础设施。这些开发项目集中于城市，包括建造供水和卫生系统、电力系统、道路、工厂和仓库、港口设施以及政府基础设施如法院和议会。尽管也有一些农村的开发项目如水坝和大型公路，但大笔的开发贷款和资金最终都集中在城市地区。许多发展中国家都把城市列为发展的首位，这也促进了选择性的城市中心的发展。最终的结果是促进了农村人口向城市的迁移。对生活在农村地区的人来说，城市是充满经济机遇的地方，而很多农村地区一直不通水电，也缺乏卫生设施，这也使得城市似乎更适宜居住。大规模的城市化对环境变化和环境管理都带来了重大的后果。一些较明显的环境变化包括显著的土地利用变化以及增加的环境影响，尤其是城市蔓延的边缘地带。保罗·杨克森（Paul Yankson）和凯瑟琳·高夫（Katherine Gough）考察了加纳的阿克拉市（Accra in Ghana）城市边缘发展区的环境影响。他们的调查记录下了森林覆盖率的减少、农业用地的短缺以及越来越多的腐蚀问题。随着人口增长，对自来水和充足卫生设施的需求也越来越多，但对这些需求的满足情况却各地不一。[②] 更加具体的变化还有城市热岛、不透水地表面积和径流污染的增加。快速而大规模的城市化给诸如空气、土地和水这些自然系统带来了额外的压力。在许多发展中国家城市，快速的城市发展过去常常并且现在仍然被认为是

---

① Au, C. and Henderson, J. (2006) "Are Chinese cities too small?" *Review of Economic Studies* 73: 549 - 570.

② Yankson, P. W. K. and Gough, K. V. (1999) "The environmental impact of rapidurbanization in the peri—urban area of Accra, Ghana." *Geografisk Tidsskrift* 99: 89 - 100.

在导致一个更加有害的城市环境。

现在有一大堆个案研究记录下了与快速城市化相关的大量变化，包括：

- 土地利用覆盖的变化；①
- 生态系统变化；②
- 生态系统破碎化；③
- 资源利用的增加；④
- 水质变化；⑤
- 全球气候变化的增加；⑥

---

① Deng, J. S., Wang, K., Hong, Y. and Qi, J. G. (2009) "Spatio—temporal dynamics and evolution of land use change and landscape pattern in response to rapid urbanization." *Landscape and Urban Planning* 92: 187 - 198; Su, S., Jiang, Z., Zhang, Q. and Zhang, Y. (2011) "Transformation of agricultural landscapes after rapid urbanization: a threat to sustainability in Hang—Jia—Hu region, China." *Applied Geography* 31: 439 - 449.

② Li, Y., Zhu, X. Sun, X. and Feng Wang, F. (2010) "Landscape effects ofenvironmental impact on bay-area wetlands under rapid urban expansion and development policy: a case study of Lianyungang, China." *Landscape and Urban Planning* 94: 218 - 227.

③ Shrestha, M., York, A. M., Boone, C. G. and Zhang, S. (2012) "Land fragmentation due to rapid urbanization in the Phoenix metropolitan area: analyzing the spatiotemporal patterns and drivers." *Applied Geography* 32: 522 - 31; Scolozzi, R. and Geneletti, D. (2012) "A multi—scale qualitative approach to assess the impact of urbanization on natural habitats and their connectivity." *Environmental Impact Assessment Review* 36: 9 - 22.

④ Huang, S. —L., Yeh, C. —T. and Chang, L. —F. (2010) "The transition to an urbanizing world and the demand for natural resources." *Current Opinion in Environmental Sustainability* 2: 136 - 43.

⑤ Paul, M. J. and Meyer, J. L. (2008) "Streams in the urban landscape." *Urban Ecology* III: 207 - 231.

⑥ Bulkeley, H. (2012) *Cities and Climate Change*. London: Routledge.

- 空气质量;①
- 对公共卫生的影响。②

许多分析家认为城市发展会破坏环境质量。许多研究都证实了这一发现。这一观点所隐含的假定是从农村向城市生活的转变本身就必然带来环境质量的下降，但却忽视了农业所带来的灾难性后果，哪怕是如刀耕火种的传统农业技术。城市化和环境恶化之间的联系并非既定；它在一个国家快速城市化的早期阶段特别显著，但会随着快速城市化背景下环境敏感意识被唤醒而得到减弱。人们对城市可持续性越来越多的争论一部分是因为意识到了快速城市化对环境的有害影响，同时也是重新构建与生态现实和长期可持续性相一致的城市化概念的结果。城市在建造停车场和工厂的同时也在创建公园和生态保护区。快速盲目的城市发展会破坏生态系统，但敏感而可持续的城市化却能保护和养育生态系统。城市化进程重新提出了可持续发展的问题。

我们可以描绘一幅快速城市化的三阶段模式图。在第一阶段，人口增长会给当地环境带来负面影响，常常会破坏传统上处理人与自然关系的方法，比如对卫生和废物的处理。经济发展和利益最大化压倒了对环境的担忧。接着在第二阶段，环境问题愈发显著，因为环境恶化以及各类利益相关者如社区团体、市民和活动家对空气、土地和水污染的政治反应所带来的风险越来越大。到了第三阶段，保持城市环境不再被视为经济发展的边缘问题，而是发展、平等和公正问题的核心。

经济发展和环境质量之间的关系有时可以用一条称为环境的库兹涅茨曲线（environmental Kuznets curve）的钟形曲线来表示（图 4.2）。之所以将形容词"环境的"放在专有名词之前，是因为另有一条库兹

---

① Martinez—Zarzoso，I. and Maruotti，A. (2011) "The impact of urbanization on CO2 emissions: evidence from developing countries." *Ecological Economics* 70: 1344 - 1354.

② Katz，R.，Mookherji，S.，Kaminski，M.，Haté，V. and Fischer J. E. (2102) "Urban governance of disease." *Administrative Sciences* 2: 135 - 47.

涅茨曲线用来描述人均收入和不平等性之间的类似关系。在经济发展的早期阶段，人均收入相对较低，人们追求经济总量的增长而无视环境影响，因而导致环境恶化。接下来随着收入增多，越来越多的人开始优先考虑环境质量。有证据表明并且证实收入与环境之间的这种动态关系。也有相反的观点，比如随着人均收入的增高，碳排放量也继续增长。此外，富裕地区和国家会通过将污染物运送到国外或将危害环境的经济活动转移至国外来输出高速发展的负面环境后果。贫穷国家和地区对环境质量的影响可能比曲线显示的要早得多，社会运动和政府都十分清楚就业与环境不可兼得这种口号的危害性和错误性。例如李磊（音）（Lee Lui）就展示了中国各地的生态社区是如何改善环境的，尽管其人均收入较低。①

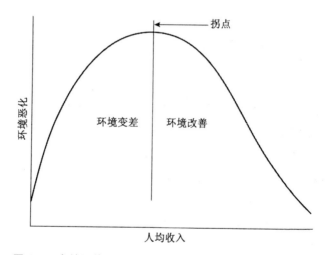

图 4.2　库兹涅茨环境曲线 （environmental Kuznets curve）
图片来源：http：//green. wikia. com/wiki/Environmental _ Kuznets _ curve

①　Lui，L.（2008）"Sustainability efforts in China：reflections on the environmental Kuznets Curve through a locational evaluation of 'eco—communities,'" *Annals of Association of American Geographers* 98：604－629.

快速且大规模的城市化增加了维持生态系统的压力，加速了全球环境以及气候变化，并引起了对可持续发展问题的论述。尽管快速的城市化带来了重大的环境问题，但也为可持续的城市化创造了需求和机遇。

大城市的兴起

第二个趋势是全世界的城市都在不断蔓延。1800 年时超过 100 万居民的城市只有两个——伦敦和北京；到了 1900 年，这样的城市达到了 13 个。如今人口超过百万的城市有几百个，其中居民超过 500 万的多于 35 个。预计到 2015 年时居民至少有 100 万的城市会达到大约 400 个。城市的平均规模显著增长。例如，表 4.4 就选择了之前表 4.3 中出现的国家的一些城市。这些城市的发展速度之快是显而易见的。全球的城市都在变大。全球城市化更显著的一方面是特大城市的兴起，即居民超过 1 000 万的城市群。它们是城市形态中的新事物。1950 年时只有纽约和东京人口超过 1 000 万，而如今，人口过千万的城市多达 26 个。拉各斯（Lagos）便是一个例子。1950 时，这座尼日利亚的城市人口只有 32 万。到了 1965 年超过了 100 万，而到了 2002 年则达

表 4.4　1950—2011 年的城市发展　城市人口（以百万为单位）

	1950	2011
喀布尔	0.12	3.09
里约热内卢	2.95	11.96
上海	4.30	20.20
内罗毕	0.13	3.36

资料来源：Population Division of the Department of Economic and Social Affairs of the United Nations Secretariat, *World Population Prospects: The 2010 Review* and *World Urbanization Prospects: The 2011 Revision*. http://esa. un. org/unpd/wup/index. html (accessed May 12, 2012).

到 1 000 万，成为撒哈拉沙漠以南第一个特大城市。拉各斯年人口增长率为 9%，是世界上发展最快的城市之一。到 2025 年它将会拥有多达 2 000 万的居民。表 4.5 是 2012 年的特大城市。表中的城市人口总数与联合国的统计数据有点出入，因为对城市地区的定义有所不同。

表 4.5　2012 年的特大城市

排名	特大城市	人口（以百万为单位）
1	东京	34.3
2	广州	25.2
3	首尔	25.1
4	上海	24.8
5	德里	23.3
6	孟买	23.0
7	墨西哥城	22.9
8	纽约市	22.0
9	圣保罗	20.9
10	马尼拉	20.3
11	雅加达	18.9
12	洛杉矶	18.1
13	卡拉奇	17.0
14	大阪	16.7
15	加尔各答	16.6
16	开罗	15.3
17	布宜诺斯艾利斯	14.8
18	莫斯科	14.8
19	达卡	14.0
20	北京	13.9
21	德黑兰	13.1
22	伊斯坦布尔	13.0
23	伦敦	12.5

排名	特大城市	人口（以百万为单位）
24	里约热内卢	12.5
25	拉各斯	12.1
26	巴黎	10.1

资料来源：derived from http：//www. citypopulation. de/world/Agglomerations. html. (accessed May 2012).

特大城市不仅仅面积庞大，而且是一种独特的新型社会组织空间形式，彻底改变了城市与自然的关系，其规模留下了巨大的生态足迹。特大城市会让环境付出沉重的代价。持续的城市发展带来了从乡村到城市巨大的土地利用变化以及相关的生态系统转变。人口的增加也对提供土地、空气和水的生物物理系统施加了额外的压力。

从特大城市的规模量级中可以反映出直接和间接的环境影响后果。例如，由于特大城市的规模，污染物的总量也很高，给数百万的居民带来危险。许多特大城市都沿海而建，比如东京、上海、雅加达、马尼拉、孟买、卡拉奇、伊斯坦布尔、纽约、布宜诺斯艾利斯、里约热内卢和拉各斯。沿海的特大城市对诸如沿海土地使用冲突问题，以及海岸侵蚀、海水倒灌、淡水缺乏和渔业资源减少等问题有着特别的影响。[①] 例如，雅加达快速的人口和经济增长就导致了水污染、海岸侵蚀、红树林被破坏和海水倒灌影响淡水供应的问题。在孟买，高污染产业，包括化工、肥料、钢铁和石化产业，将半处理或未处理的废料排入沿海水域，污染了海滩，影响了旅游业。在布宜诺斯艾利斯，未经处理的污水被倒入普拉特河（the River Plate）并最终流入大海，导致了严重的沿海环境问题。

空气污染在特大城市尤为严重。在所有的特大城市中，机动车都是空气污染的重要源头；在全世界几乎一半的特大城市中，这都是最

[①]　Haiqing，L. (2003) "Management of coastal mega—cities：a new challenge in the 21st century." *Marine Policy* 27：333－7.

最重要的污染源。发电时的排放物也是一个问题。中国的北京和上海硫污染很严重，因为这些城市将煤作为主要的发电能源。世界上 20 个空气污染最严重的城市有 16 个位于中国，而对矿物燃料（尤其是煤炭）的需求有增无减。然而，城市的发展未必总是会造成环境的恶化。也有积极迹象表明，发达国家和发展中国家也有一些城市极大地改善了空气污染问题。比如墨西哥城在迅速发展的同时也改善了其空气质量。1992 年时该市空气污染极其严重，每年导致 1 000 人死亡，而住院人数则达到这个数字的 35 倍。从那时起，公共交通得到了改善，包括免费自行车租赁系统、污染企业被搬迁，汽车排气系统也得到了改进。结果非常显著，空气中的铅减少了 90％，臭氧含量降低了 75％，悬浮颗粒物几乎减少了 70％。这就说明在造成污染的快速城市化背景下仍然能够改善环境。在许多较大城市如墨西哥城中，对环境影响的不断增加的认知促成了新的更加可持续的应对政策。2005 年引进的低排放城铁巴士系统年排放一氧化碳只有 8 万吨。改善空气环境的斗争还在继续，一方面，1992 年之后墨西哥城汽车数量翻倍，超过了 450 万辆；另一方面，为了进一步控制空气污染，墨西哥城拥有三座垂直花园（vertical garden），即巨大的绿色植生墙，上面的 5 万棵植物既能遮阴，又能吸收污染，为空气提供大量氧气。这些生机勃勃的雕塑是政府和私人合作的产物，体现了创建更加绿色的城市的公民意识。①另一个特大城市首尔长期遭受空气质量低下的困扰，于是市政府采取措施，创建了更多的绿地和更便宜的公共交通，更多使用节油车，并且一直在监控工厂、汽车和居民区的排放物。其结果是首尔的空气质量得到了极大的改善。

　　大城市既带来环境问题，也带来了革新性的解决方案。圣保罗（São Paulo）是巴西最重要的城市经济区。对排放的限制减少了许多工业源的污染。巴西政府鼓励使用乙醇燃料的汽车，如今圣保罗超过

---

　　① Cave, D. (2012, 10 April) "Lush walls rise to fight a blanket of pollution." *New York Times*, A4.

60％的车辆使用汽油醇——一种汽油和乙醇的混合物。这在一定程度
上减少了空气污染，尽管燃烧乙醇会产生乙醛。

特大城市消耗大量的能源。比如马尼拉和墨西哥城就消耗了大量
的水，已经危险地耗尽了其地下水源。除了作为污染者直接影响环境
外，特大城市还带来一些间接的后果。随着特大城市的发展，其外缘
不断扩大，占用了农业用地、森林和湿地。孟加拉国的达卡预计会在
2015 年时成为世界第五大城市，其未来 15 年的人口估计会增长 850
万。但达卡西面和南面紧邻恒河支流布里河（Burhi Ganga river）的冲
积平原，东挨巴鲁河（the Balu river）的冲积平原。这两块区域一年中
有四个月会被水淹没。冲积平原以上的土地是极佳的农业用地，但随
着达卡的蔓延而被迅速地转变为城市用地。墨西哥城也蔓延至周边地
区，1970 年到 1996 年间超过 1 万公顷的土地被转变为城市用地。这样
的蔓延减少了灌溉地区和森林覆盖的面积，并且向南一直延伸到高度
生态多样化的保护区。①

> 方框4.1
> ## 城市区
>
> 许多人曾尝试设计城市周围的土地利用模式。
>
> 早在 1826 年，德国的一名土地所有者约翰·海因里希·冯·杜
> 能（Johan Heinrich von Thunen，1783—1850）就提出了城市土地集
> 约模式。冯·杜能指出，城市周围的土地利用有模式可循：越靠近
> 城市，土地利用就尤其集约化。冯·杜能设想了在相同土地肥沃性
> 和运输成本的条件下，平原城市周围土地利用的一般模式。农民的
> 花费取决于土地和运输成本。离城市越近，农民所花的运输费用越
> 少，但土地成本却趋高。只有那些种植集约化作物、收益较高的农

---

① Aguilar, A. G. (2008) "Peri—urbanization, illegal settlements and environmental impact in Mexico City." *Cities* 25：133－145.

民才承受得起靠近城市的土地价格。这最终就形成了一种同心圆的分布模式，越靠近城市，农业就越加集约化。

环境史家威廉·柯罗农（William Cronon）进一步发展了这个模式，将其置于自然商业化的更大空间尺度中。在其 1991 年的著作《大自然的都市》（*Nature's Metropolis*）中，柯罗农考查了 1850 年到 1890 年间芝加哥与其腹地的关系。他在书中展示了随着粮食、木材和肉品生产将草原和林地转变为城市发展的物理基础，自然世界也变成了商业化的人文景观。商人、铁路老板和初级产品生产者将原先的"荒野"改造成人化的景观，作为城市骄人经济发展的基础。柯罗农的著作表明，城市经济发展从自然世界中汲取颇多。

冯·杜能提出的模型如今被广泛用来理解城市边缘地区土地利用和生态系统的变化。例如，安特耶·阿伦兹（Antje Ahrends）及其同事就用这个模型来分析坦桑尼亚达累斯萨拉姆（Dares Salaam in Tanzania）周围森林覆盖率的减少。

我们也可以想象一个全球性的模型，在其中心聚集着全球的城市中心。在这个城市化景观的周围是半边缘化的郊区，再往外是农业用地、森林和其他区域。我们可以将世界模型化，分为城市中心密布的庞大都市区、半边缘化的郊区和边缘的农村/荒野地区，三者之间的关系是流动连通的。这样我们就在全球的层次上重塑了冯·杜能的模型。

资料来源：Ahrends，A.，Burgess，N. D.，Milledge，S. A.，Bulling，M. T.，Fisher，B.，Smart，J. C.，Clarke，G. P.，Mhoro，B. E. and Lewis，S. L.（2010）"Predictable waves of sequential forest degradation and biodiversity loss spreading from an African city." *Proceedings of the National Academy of Sciences* 107：14556 - 14561. Cronon，W.（1991）*Nature's Metropolis：Chicago and the Great West*. New York：W. W. Norton. Von Thunen，J.（1966）*Isolated State*. Oxford：Pergamon（an English edition translated by C. M. Wartenberg，edited with an introduction by P. Hall）.

虽然特大城市对环境的影响是巨大的，但我们也要注意到许多小城市的环境恶化问题往往更严重。布莱克史密斯研究所（the Blacksmith Institute）的研究表明，全球污染最严重的 10 个地方包括乌克兰的切尔诺贝利（Chernobyl，Ukraine）、多米尼加共和国的艾纳（Haina，Dominican Republic）、赞比亚的卡布韦（Kabwe，Zambia）、秘鲁的拉奥罗亚（La Oroya，Peru）、中国的临汾（Linfen，China）、俄罗斯的诺里尔斯克（Norlisk，Russia）、俄罗斯的捷尔任斯克（Dzerzinsk，Russia）和印度的拉尼佩泰（Ranipet，India）。① 卡布韦是赞比亚第二大城市，居民人数达 25 万人，但数十年不加节制的采矿和冶炼危害了土壤和水资源。多米尼加共和国的艾纳铅污染非常严重，这是回收利用电池带来的后果，在发展中国家这个问题很常见。有的城市人口只有几十万，但污染物的浓度却很高，对人体健康造成极大威胁，也是死亡、疾病和长期环境破坏的主要原因。

对 21 世纪的特大城市来说，未来有两种可能的发展方向。有可能新的政策和政治会重新规划城市空间，使其更加宜居。也有可能它们会成为丧失其应有功能的不适合居住的处所，引起严重的本地、区域和全球的环境恶化。

有的时候财富的增长与污染的减少相关，但有时也会带来自身的问题。比如在德里（Delhi），私家车的增加以及公共交通不再作为最主要的出行方式都导致了能源消耗和排放的增多。使用私家车比公交车和轨道交通消耗的能源要多出 1/3 至 2/3。②

不过总的来说，当城市变得更加富裕，对污染的管控也就更好，

---

① The Blacksmith institute（2011）*The World's Worst Polluted Places*. New York：The Blacksmith Institute.

② Khanna，P.，Jain，S.，Sharma. P. and Mishra，S.（2010）"Impact of increasing mass transit share on energy use and emissions from transport sector for National Capital Territory of Delhi." *Transportation Research Part D. Transport and Environment* 16：65 - 72.

环境管理也愈发见效。纽约和东京这类特大城市环境良好，这与贫穷且管理不力的特大城市如雅加达和马尼拉是截然不同的。像上海和墨西哥城这些城市在改善城市环境方面正在接近纽约和东京的水平。有研究调查了亚洲特大城市的地下污染问题，发现较穷的城市如雅加达和马尼拉硝酸盐和微量金属对水面的污染非常严重，而较富的城市如首尔和东京则能建造必需的基础设施来处理污水。[①] 城市的富裕程度和规模都会影响其城市的环境质量。

即便是快速增长的特大城市也能够改善环境。上海是全球最大且发展最快的城市之一。1950 年时人口为 430 万，1960 年达到 680 万后开始逐步下降，因为中国采取了反城市化的政策，将人们强行搬离城市。之后的 20 年上海的人口总数持续下降；而当政府改变政策，开始在指定的几个城市大力发展工业时，上海就开始了快速发展。从 1990 年到 2011 年，上海人口增至 3 倍，从 782 万增加到超过 2 020 万，预计到 2025 年这一数字会超过 2 800 万（见图 4.3）。在快速发展的同时，大多数市民都能用上自来水和诸如垃圾回收和常规用电等公共服务。在发展早期水和空气污染较为严重，当时的重心在于经济发展而非环境治理。快速经济发展的负面效应是恶化的空气质量和水污染，以及更为有害的环境，至今该市的癌症死亡率仍是全国最高的。不过问题的存在总会促使人们去寻求解决方法，通过建造废物处理厂和整治流经市中心的苏州河（Suzhou Creek）等措施，水的质量已经得到改善。针对空气质量所采取的措施有创建大型公园以绿化城市以及将工厂和发电厂搬离城区等，空气和水的质量从而得到了逐步改善。环保意识现在已成为上海城市话语的重要一部分。2010 年上海举办了世博会，其主题便是"城市：让生活更美好"（Better City：Better Life）。有超过 7 300 万人参观了建在之前污染工业区之上的世博会场馆。这

---

① Onodera，S. (2011)"Subsurface pollution in Asian Megacities,"in *Groundwater and Subsulface Environments. Human impacts in Asian Coastal Cities*，M. Tanigucho (ed.). Dordrecht：Springer，pp. 159 - 85.

次世博会的重点在于绿色城市的理念：整个世博会都使用的是零排放的车辆，会展的电力来自于太阳能，而其主要水源则来自于收集的雨水。上海世博会向世人展示了一座绿色和可持续发展的城市。

图 4.3　全球最大且发展最快的城市之一——上海的高层住宅
图片来源：照片为约翰·雷尼-肖特所摄

　　从以上对特大城市的城市环境的简短调查中可以清楚地看到它们既是问题所在，也是对策所在。这些特大城市让我们格外注意到城市与自然之间的复杂关系。尽管其凸显出巨大的环境代价，但也让我们瞥见令人兴奋的环境改善。

巨型城市区的发展

全球城市发展的第三个趋势是巨型城市区的诞生。最近的许多研究表明大型城市区是国家和全球经济的新型构建模块。[1] 学者们已经找出了一些集中了大部分城市和工业发展成果的全球化城市区。地理学者彼得·泰勒（Peter Taylor）认为世界经济正是围绕着全球的城市群而构建的。[2] 这些城市区域是管控的中心，集中着高级的生产性服务业如银行业、广告业和商业服务。而在发展中国家，它们也是跨国公司的投资之处、新的生产技术所在以及服务业的中心。在亚太地区有三大城市区：曼谷（人口 1 100 万）、首尔（人口 2 200 万）和雅加达（人口 2 200 万），其吸收外国直接投资占到各自国家的 25%—35%，而其产出则占各自国家国内生产总值的 20%—40%。比如在中国，北京、上海和香港所属的三大城市区其人口仅占全国的 8% 不到，但却吸引了将近 75% 的外资，贡献了 73% 的出口额。与其说中国是一个国家经济，还不如说是三个大型城市经济。在北美，11 个大都市带区域形成了大城市的集群网络（图 4.4），占总人口的 67.4%，并且预计会占到 2010 年到 2040 年的人口和建筑增长的近 3/4 多。[3]

北美最大的城市区是城市化了的东北海岸，此地最初被让·戈特曼（Jean Gottmann）称之为"特大都市"（Megalopolis）。这个特大都市区从华盛顿特区稍南，经由巴尔的摩、费城和纽约一直延伸到波士顿北部，占到国内生产总值的 20%。1950 年的时候特大都市区人口约为 3 200 万，到了 2010 年已经增至 4 500 万。这块地区占地仅仅52 000 多平方英里，只占全国土地面积的 1.4%，却拥有全国 14% 的

① Short，J. R. (2004) *Global Metropolitan*. London：Routledge.

② Taylor，P. (2004) *World City Networks*. London：Routledge.

③ Nelson，A. C. and Lang，R. E. (2011) *Megapolitan America*. London：Routledge.

人口。尽管美国人口经历了重新的分布，但特大都市区仍然是全国人口的重要中心。人口增长的环境影响是巨大的：开车的人越来越多，所去的地点范围也更广；使用洗碗机、抽水马桶和淋浴的人越来越多；住房越来越多，也越来越大。特大都市区可能是美国对环境影响最大的地区之一，增加的人口日益增长的需求和欲望带来了持续上升的压力。①

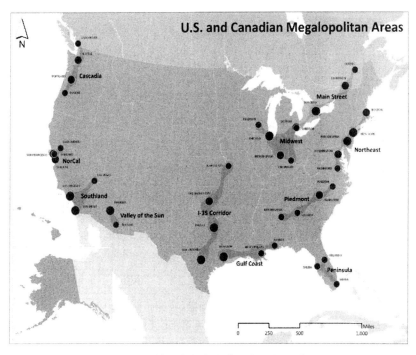

图 4.4　美国和加拿大的大都市带区域
图片来源：丽莎·本顿-肖特

① 　This section draws heavily on Short，J. R. (2007) *Liquid City：Megalopolis and the Contemporary Northeast*. Washington，DC：Resources for the Future.

想想汽车问题。根据一般的估算，1950年每5人有1辆汽车，2010年每2人有1辆汽车，由此得出1950年总共有640万辆汽车，2010年有2250万辆汽车。在相同的地表面积上，汽车的数量几乎翻了两番，这还不包括途经这块地区的巴士、小汽车和卡车，如今保守估计也有2400万辆车。这些车消耗燃料，排放尾气，需要更多的道路和停车场。人们不得不重新设计城市格局以给予车辆空间，让其更方便地穿越这块区域。

还有用水问题：1950年美国每日人均取水量为1027加仑，到2010年这一数字已上升至每人每天1300加仑。在特大都市区，不仅仅是人口增加了，而且每日人均取水量也增长了30%。

城市固体废物的产生也是类似的情况。2010年，每人每天产生4.4磅的固体废物，特大都市区每天大概产生10万吨的垃圾。比如纽约市每天产生大约12000吨的城市垃圾和相同数量的商业垃圾，由私人公司负责回收。2002年关闭斯塔顿岛（Staten Island）的福来斯基尔斯垃圾填埋场（the Fresh Kills landfill）后，纽约已经形成了一套转运和处理城市垃圾的精密系统。垃圾由550辆垃圾车收集并转运至纽约和新泽西州的中转站，再运至纽瓦克（Newark）进行焚烧，并送到宾夕法尼亚州、新泽西州甚至一直往南到弗吉尼亚州进行填埋。大量的垃圾车增加了交通堵塞，还使得所经之路如坚尼街（Canal Street）的污染程度增长了17%。在一些垃圾接受地区，从垃圾填埋公司所得的税收多达当地学校预算的40%。特大都市区是一个巨大的生产垃圾和处理垃圾的场所。

不管采用什么估算方法都能看出人口的增长虽然带来了更多财富，但其不断增长的消耗也总是留下了更多的环境足迹，给维持和养育生命的自然系统带来更大的压力。随着更多的人口涌入该地区，其造成的环境改变会付出惊人的代价。将近4500万人如今住在特大都市区，对环境的人均影响堪称史上最大。

方框 4.2

城市网

全世界的城市，尤其是大城市，都面临着相似的环境问题。城市间的互访会分享经验和政策选择，而信息的流通则是经由更为非正式的网络。有些城市网是特别设计用来分享信息、促进互相学习的。例如，"城市气候保护"（the Cities for Climate Protection）成立于 1991 年，如今在超过 30 个国家拥有 650 个会员城市。这是一个跨国城市网，致力于传播、采纳和贯彻气候变化减缓计划，以减少温室气体的排放。随着城市人口越来越多，这些跨国城市网的作用也益发重要。2005 年，当时的伦敦市长肯·利文斯通（Ken Livingston）发起了名为 C40 的倡议，以促进大城市之间的合作，应对气候变化。截至 2012 年，已有 59 个城市加入了 C40，包括亚的斯亚贝巴、曼谷、哥本哈根、纽约和里约。网址是 http：//www. c40cities. org/c40cities。

尽管有时为了各自利益的最大化，一些国家会违反国际协定，但追求共同环保目标的城市网却能带来实实在在的改变。C40 城市有能力通过引入更节能的建筑条例和照明规定来使 2030 年之前将碳排放减少 10 亿吨。大力追求共同政策的城市网其影响力不亚于国家之间的国际协定，后者反而常常条例不清、监管不力。

也有一些国家级的城市网如美国市长联盟，其中有超过 1 500 座城市签署了城市环境政策协议以减少温室气体排放、教育民众以及游说各州和联邦政府（http：//www. usmayors. org/climateprotection/agreement，htm）。

如密苏里州堪萨斯城和德克萨斯州奥斯汀的个别计划可以登录以下网址看到：http：// www. kcmo. org/idc/groups/citymanager/documents/citymanagersoffice/022729. p；http：//www. a usti ntexas. gov/department/austin-climate-protection-program

这些全球、国家甚至区域性的城市网可以共享最佳实践方法，是学习别的城市经验的好机会，也是进行扩展、教育及劝说进行环保活动的强大平台。新自由主义寻求掏空国家权力，而这些城市网则作为塑造政治、影响城市环境管理话语的更为民主、更为基层的力量而发挥着越来越重要的作用。

城市蔓延

　　如今大城市地区的特点是更为分散的城市发展形式。工作和住所逐步向郊区转移，使得城市区域从市中心进一步向外扩展。大城市地区可以分为中心城区和郊区。过去60年最显著的特点就是人口和经济活动的郊区化。以美国为例：1950年只有23％的美国人住在郊区，这一数字在2010年上升到了46.8％。越来越多的人住在大城市，而这当中越来越多的人是住在城市扩展出的郊区。这一现象在发达国家最为显著，但绝不仅仅限于发达国家的城市。看看上海的例子。1991年之后，在作为土地开发项目关键利益相关人的当地政府的支持和鼓励下，上海的城乡结合部兴建了新的住宅区和工业区，最终形成了更为分散的城市体系，土地开发东一块西一块，这些开发项目的出现是由于当地政府急于获得收益，而非理性的城市土地利用配置的结果。如今主要的社会-空间调整是市中心的翻新美化和郊区的不断蔓延，而更多低收入的家庭则被迁至更边缘的地方。新的大规模郊区开发与内环路网和外部的高速公路、新的地铁线路、隧道、桥梁和新型高铁一道将上海的城市范围大大地延伸了。如今的上海是一个多中心的城市，彼此间由高速公路、高铁和反差巨大的社区相连；最好的小区带有门禁系统，为富人所专享，而最差的小区则是处于社会边缘的民工们的居住地，像是城市中的一块飞地一样。

城市蔓延在之前密度较高的城市也是非常显著的。卢卡·萨尔瓦蒂（Luca Salvati）和他的同事们调查了意大利罗马城市区域的蔓延。[1] 之前罗马的特点是城市密度较高，紧紧围绕着城市中心形成，而自 20 世纪 80 年代之后，城市的发展形式更为分散化，更多的低密度开发项目远离市中心。多中心的分散化城市蔓延引起了土地覆盖的变化，特别是耕地和林地的消失与断裂、低质和高质农业用地的被破坏以及非农乡村景观的出现。这种新的混合景观也在对个别城市，包括雅典[2]、巴塞罗那[3]、伊斯坦布尔[4]和欧洲地区的调查[5]以及对全球城市的土地利用变化的度量中被发现。[6] 澳大利亚的都市区是世界上最为分散和郊区化的地区之一（图 4.5）。

① Salvati, L., Munafoc, M., Morelli, V. G. and Sabbi, A. (2012) "Low—density settlements and land use changes in a Mediterranean urban region." *Landscape and Urban Planning* 105: 43 - 52.

② Chorianopoulos, I., Pagonis, T., Koukoulas, S. and Drymoniti, S. (2010) "Planning, competitiveness and sprawl in the Mediterranean city: the case of Athens." *Cities* 27: 249 - 259.

③ Paul, V. and Tonts, M. (2005) "Containing urban sprawl: trends in land use and spatial planning in the metropolitan region of Barcelona." *Journal of Environmental Planning and Management* 48: 7 - 35.

④ Kucukmehmetoglu, M. and Geymen, A. (2009) "Urban sprawl factors in the surface water resource basins of istanbul." *Land Use Policy* 26: 569 - 79.

⑤ European Environmental Agency (2006) *Urban Sprawl in Europe: The Ignored Challenge.* Copenhagen: European Environmental Agency.

⑥ Schneider, A. and Woodcock, C. E. (2008) "Compact, dispersed, fragmented, extensive? A comparison of urban growth in twenty five global cities using remotely sensed data, pattern metrics and census information." *Urban Studies* 45: 659 - 692.

图 4.5　澳大利亚布里斯班的蔓延。注意从密集的城市中心往外密度是如何
降低的

图片来源：照片为约翰・雷尼-肖特所摄

　　城市蔓延是个难以捉摸的概念，它嵌于更深层次的话语之中，对
某些人来说，它意味着环境的恶化、社会的割裂和社群的消失。① 不
过最近也有一些人支持城市蔓延。罗伯特・布罗伊格曼（Robert
Breugmann）就为低密度和分散化的城市边缘区域的发展大加辩护。
他的著作《蔓延》（*Sprawl*）详细论证了蔓延一直是城市发展的一部
分，是有需者欲望的反映。他认为对蔓延的批评反映了知识精英的阶

---

　　① 　Kunstler，H. J. （1993） *The Geography of Nowhere*. New York：
Touchstone；Duany，A.，Plater—Zyberk，E. and Speck，J. （2000）*Suburban
Nation：The Rise of Sprawl and the Decline of the American Dream*. New
York：North Point Press；Putnam，R. D. （2000）*Bowling Alone：The Collapse
and Revival of American Community*. New York：Simon and Schuster.

级偏见。①

对社科文献的调查表明，城市蔓延至少具有 6 个主要定义：

1. 蔓延被定义为典型都市区域的实例，如洛杉矶、达拉斯或亚特兰大。

2. 蔓延被当作更广义、更普遍的城市发展模式的"审美判断"。

3. 蔓延引起"负面的经济外部性效应"（negative economic externalities），包括对汽车的依赖、工作和住所的空间错位、占少数的穷人集中于城市中心地区以及环境的恶化。

4. 蔓延是一种"自变量"的果或因，包括当地政府各自为政、排他性区划（exclusionary zoning）或规划决策不力。

5. 蔓延被定义为"至少一种或更多的现有发展模式"，其中一些模式有隔区域开发、低密度、工作和住所的分散以及沿公路商业区的开发。

6. 蔓延是一种随着地区发展而逐渐发生的"过程"。②

大卫·苏尔（David Soule）对城市蔓延的简洁定义正是以上述 6 个主题中的 3 个为依据的，他将蔓延描述成"在城市中心边缘发生的低密度且对汽车高度依赖的土地开发，通常与现有的密集开发节点错开"。③ 这里，我们用"蔓延"一词来指代分布较为疏散、依赖汽车以及彼此之间相对不太连通的开发模式。这一概念说起来简单，但具体却不太好操作。最近对蔓延度量的详尽研究表明了这个概念的复杂性。哈尔·沃尔曼（Hal Wolman）及其同事探讨了如何定义和度量蔓延的难题。他们的研究表明对蔓延的度量取决于哪块土地区域被用作分析

① Bruegmann, R. (2005) *Sprawl: A Compact History*. Chicago, IL: University of Chicago Press.

② Galster, G., Hanson, R., Ratcliffe, M., Wolman, H., Xoleman, S. and Freihage, J. (2001) "Wrestling sprawl to the ground: defining and measuring an elusive concept." *Housing Policy Debate* 12: 681–718.

③ Soule, D. (ed.) (2006) *Urban Sprawl: A Comprehensive Reference Guide*. Westport, CT: Greenwood Press, pp. xv.

的基础。即便是在一国之内，蔓延也有多种形式。例如，由于干旱、共有土地以及大陆坡的限制，美国干燥的阳光地带（the sprawl）的城市蔓延比别的地区密度要更高一些。①

城市蔓延如今被与许多负面的环境影响联系在一起，包括：伴随着低密度蔓延开发的农耕的减少；导致洪灾的不渗水地表面积的增加和超出排水系统负荷，破坏生态系统的大量排放的污水；导致空气污染严重的对汽车的大量使用以及全球变暖。不妨更加仔细地思考一下下列现象：露天休憩用地的减少、更严重的空气污染、更多的能源消耗、更多的暴发洪灾的可能性、生态系统的破碎化和生态多样性及物种的减少。②

在美国，1982年到1997年间每年有140万英亩的土地变成开发用地。1992年到2001年间年增长达到220万英亩。③绿地的减少在发展较快的地区尤为明显。占地3 000平方英里的华盛顿特区都市区在1986年至2000年间失去了50%的绿地，而在这短短的时期内开发用地的比例却从12.2%上升到17.8%。城市向外的蔓延不断要求更多的开发用地。紧挨华盛顿特区北部的蒙哥马利县（Montgomery County）的快速发展增加了交通流量。最初于20世纪70年代提出的新的县际互连计划终于于2011年开工。这项全长18英里、耗资24亿美元的项目将270号州际公路与95个溪流、湿地和其他生态敏感地区连接了起来。来自社会和环保组织的压力最终迫使政府在湿地和河滩上建设桥

① Wolman，H.，Galster，G.，Hanson，R.，Ratcliffe，M.，Furdell，K. and Sarazynski，A.（2005）"The fundamental challenge in measuring sprawl: which land should be considered." *Professional Geographer* 57：94 - t05；Lang，R. E.（2003）"Open bounded places: does the American West's arid landscape yield dense metropolitan growth?" *Housing Policy Debate* 13：755 - 778.

② Frumkin，H.，Frank，L. andJackson，R.（2004）*Urban Sprawl and Public Health*. Washington，DC: Island Press.

③ National Research Council（2008）*Urban Storm Water Management in the United States*. Washington，DC: National Academies Press.

梁，但对环境的影响仍未减弱。随着道路的建成，将会有进一步的城市蔓延。具有讽刺意味的是，现有的对蔓延的解决方案往往反倒会为进一步的蔓延创造条件。

蔓延这种发展形式往往太过分散，所以无法支持公共交通或徒步往返。对私家车的严重甚至完全依赖付出了空气污染的严重环境代价，也因修建道路和停车场而占用了大量土地。这种依赖价格高昂且时常波动的单一矿物燃料的既有交通形式是非常不稳定的，面临着长期可持续性的问题。马修·卡恩（Matthew Kahn）指出，美国郊区的家庭比市中心的居民对汽车的使用要多出35％，同时对土地的使用也超过2倍。不过他也指出，汽车使用得越多未必就会导致更严重的空气污染，毕竟对汽车尾气排放要求得更为严格了。也就是说，技术和法规可以减少城市蔓延的环境影响。①

城市蔓延形成了更多被铺砌过的地面。如果10％至15％的地表被铺砌，所增加的沉积物和化学污染物就会降低水质；如果这一比例达到15％至20％，溪流中的氧含量就会显著减少；达到25％的话许多生物体就会死亡。② 即便是在密度最低的郊区，不渗水的地表面积也达到了16％至19％。随着郊区不断向外蔓延，水质和流域卫生的恶化似乎也不可避免。

物种灭绝和生态系统破碎化的问题更为复杂。如果土地利用变化是从单一用地如绿草牧场或麦田转变为郊区，那么生态系统就会更加复杂化，公共和私人的花园会比单一作物提供更多的生态多样性，比如新的鸟类和动物物种会逐渐适应郊区的花园。所以有必要对城市边

① Kahn，M. E. (2000) "The environmental impact of suburbanization." *Journal of Policy Analysis and Management* 19：569 - 586.

② Volstad，J. H.，Roth，N. E.，Mercurio，G.，Southerland，M. T. and Strebel，D. E. (2003) "Using environmental stressor information to predict the ecological status of Maryland non—tidal streams as measured by biological indicators." *Environmental Monitoring and Assessment* 84：219 - 42.

缘地区的土地利用变化作出更为仔细的评定。假如我们想把郊区的园地变成一块玉米地，但这块玉米地采用了基因技术，通过施加大量化学物来保证高产，根据定义，这难道不是对环境质量的破坏吗？许多有关郊区化和城市蔓延的争论其实都是在"反郊区化"的语境中展开的。更多详细的案例研究才能得出合理的论述。

最近也有一些文献指出城郊的蔓延对公共健康有负面的影响，尤其是与不断增多的肥胖症有关。

越来越多的人选择开车的生活方式，使得体力运动减少，肥胖现象增多。杰米·皮尔斯（Jamie Pearce）和凯伦·威腾（Karen Witten）将造成高肥胖风险的环境称为"致胖环境"（obesogenic)。[1] 我们可以让城市变得更健康，让其易于步行和骑车，而不是只有长时间驾驶汽车才能方便出行。

总之，低密度的郊区化对环境的影响有生物栖息地的破坏、生态系统的减少和破碎化以及水和空气质量的恶化。总的结论是城市蔓延对环境影响巨大，付出了高昂的环境代价。即便拿城市中心与郊区相比较，其差别也是巨大的。艾德·格莱泽（Ed Glaeser）所作的一份详细研究根据美国 48 个都市区的抽样调查显示，市中心居民的碳排放要远远低于郊区。[2] 郊区居民的能源消耗要多出 50%，比市中心的居民要产生出更多的二氧化碳。

城市蔓延长期可持续发展的根本问题也不得不考虑。低密度郊区蔓延只有在燃料成本相对较低、不会对环境造成影响的情况下才是可能的。曾经推动郊区化运动的廉价汽油时代已经一去不复返了。例如在美国，一些郊区建立时油价为每桶 27 美元（2007 年的价格），2008年夏天一个月内就上升到超过 140 美元。2009 年 3 月正处于经济大衰

---

① Pearce，J. and Witten，K.（eds.）(2010) *Geographies of Obesity：Environmental understandings of the Obesity Epidemic*. Burlington，VT：Ashgate.

② Glaeser. E. k.（2011 ）*Triumph of the City*. New York：Penguin.

退中，当时的价格为每桶 43 美元，而石油输出国组织欧佩克的官员建议的理想价格则为 60 至 70 美元。在经济衰退期间价格一直较低，但随后往往就会上升。大型的石油储备所剩无几，当全球经济开始好转，价格必然会上升。到那时，那些严重依赖私家车出行的低密度郊区民众该怎么办呢？一般答案是：他们会处于非常危险的境地。低密度、高能耗、生态足迹严重的郊区蔓延，其长期可持续发展问题如今不得不认真加以思考。

延伸阅读指南

Blais，P. （2010）*Perverse Cities：Hidden Subsidies，Wonky Policy，and Urban Sprawl*. Vancouver：UBC Press.

Bulkeley，H. （2012）*Cities and Climate Change*. London：Routledge

Economy，E. （2010）*The River Runs Black：The Environ-mental Challenge to China's Future*. 2nd edition. Ithaca，NY：Cornell University Press.

Glaeser，E. L. （2011）*The Triumph of the City*. New York：Routledge.

Hanlon，B.，Short，J. R. and Vicino，T. （2010）*Cities and Suburbs*. New York：Routledge.

Jones，G. W. and Douglass，M. （2009）*Mega-Urban Regions in Pacific Asia：Urban Dynamic in a Global Era*. Singapore：Nus Press.

Maciocco，G. （2010）*Fundamental Trends in City Development*. New York：Springer.

Pieterse，E. （2011）"Recasting urban sustainability in the south." *Development* 54：309 - 316.

Seto，K. C.，Sanchez-Rodriguez，R. and Fragkias，M. （2010） "The new geography of contemporary urbanization and the environment. "*Annual Review of Environment and Resources* 35: 167 - 194.

United Nations (2012) *World Urbanization Prospects: The* 2011 *Revision.* http: //esa. un. org/unpd/wup/index. htm

Yanareila, E. J. and Levine, R. S. (2011) *The City as Fulcrum of Urban Sustainability.* New York: Anthem Press.

第五章　后工业化城市

随着西方许多城市的去工业化，有许多形式的对城市-自然关系的重新定位，包括重塑城市及其环境、构建后工业化的景观以及清理对环境有毒害的场所。本章将分别探讨这些方面。

去工业化是工业生产效率逐渐增加的结果，后者促使工作岗位减少，以及公司投资从北美和欧洲的老工业城市向发展中国家廉价劳动力城市转移。制造业的全球转移始于20世纪70年代中期并延续至今，导致新工业城市在一些地区如中国的兴起，以及在欧洲和北美工业城市的衰落。不妨举美国一些较老的工业城市为例。

过去的40年，美国城市开始从制造业向服务业经济转移。即便是像纽约这样一直非常成功的城市也面临着工业岗位大规模减少的问题。比如，2002年至2010年间，纽约市减少了将近50%的制造业工作岗位。不过纽约这样的城市就业基础广泛多样，比那些严重依赖于单一制造业的城市从工业转向后工业要更加容易一些。在匹兹堡、锡拉丘兹、水牛城、亚克朗、克利夫兰和底特律这类城市，当公司解雇或迁移员工、关闭工厂和搬离所在地区或国家时是没有什么后路的。这些城市从"工业城市"转变成了"铁锈地带"，最糟的情况是从充满活力的制造业中心变成了绝望的鬼城。即便是仍在发展的城市如洛杉矶和旧金山，也不得不极力应对制造业就业岗位减少所带来的社会和经济后果。制造业就业岗位的减少标志着北美经济的重大转型。迈克·摩尔（Michael Moore）1989年的纪录片《罗杰和我》（*Roger and Me*）记录了通用汽车总部所在的密歇根州弗林特（Flint，Michigan）大量的失业和工厂倒闭。1980年至1989年间，通用汽车公司解雇了40 000名员工，这个数字占到弗林特通用汽车员工总数的一半，也是美国历史上最大规模的解雇之一。通用汽车公司的工作岗位从1978年的76 000个下降到1986年的62 000个，一直到2002年的19 000个。到2012年，在这个通用公司的诞生地，员工数将不到3 000个。弗林特的萧条局面还在继续，2012年，其失业率约为13%，远高于全国平均水平。与密歇根州平均水平相比，弗林特处于贫困线以下的人口比率是前者的2.5倍，只有一半的家庭达到中等收入水平。对许多工业城市来说，高失业率持续影响着当地的经济。传统工业城市的政治和经济领袖们想尽办法通过引入其他经济门类如服务业和旅游业来弥补失去的就业和投资。

许多美国城市也在这段时期内失去了在经济和人口上的中心地位。当城市中心人口和就业减少时其中心地位就会不保，其所导致的严重后果是该市的课税基数减少，从而限制了该市用于社会服务、教育和基础设施的资金。这会引发一系列的恶性循环，人口减少导致税收减少，后者导致公共服务减少，公共服务减少又导致更多的人离开城市。城市居民和就业离开城市中心，前往郊区或其他都市甚至是非都市地区。美国中西部的工业城市就遭遇了这一困境。1950年时克利夫兰市人口为90万人，但到了2010年已降至396 815人。底特律曾是通用汽车和福特汽车总部所在地，被称为"汽车之城"和"摩城"，1950年时拥有180万居民，到了2010年其人口已降至不足714 000人。之前的工业巨人在去工业化时期都经历了巨大的命运逆转。和许多其他城市一样，弗林特和底特律经济的萎缩与人口的减少导致了城市财政危机，税收已经入不敷出。2002年至2004年间，弗林特由所在州委派的财政危机监管官员进行监管；2011年至2102年再次被监管，宣布为"地方政府财政紧急状况"，以进一步削减城市预算。

在底特律，随着高薪制造业岗位越来越少、失业率居高不下，许多居民丧失了之前用于抵押的住房或公寓的赎回权。底特律的不幸还在延续，据估计 2010 年该市三分之一的面积，合约 40 平方英里，已成为空城。有人开玩笑说底特律唯一还在扩展的业务就是拆迁业了，该市也是第一个回归草原的美国城市。自 20 世纪 90 年代以来，"再开发"成为了一个流行词汇，但再开发策略却收效不一。在 20 世纪 90 年代中期，市中心开了三家赌场。2000 年卡莫利加公园（Comerica Park）取代了历史悠久的老虎球场（Tiger Stadium），成为底特律老虎棒球队（Detroit Tigers）的主场，而在 2002 年美国橄榄球联盟的底特律雄狮队（Detroit Lions）则搬回到市中心的福特球场（Ford Field）。2004 年康博软件公司（the Compuware）的创立使得底特律市中心 10 年内出现了第一座新的重要的办公大楼。底特律举办了 2005 年的职业棒球大联盟全明星赛（Major League Baseball All-Star Game）和 2006 年的美国橄榄球总决赛（Super Bowl XL），这两项赛事都促进了市区的改善。如今底特律正在建造一座类似于底特律河（the Detroit River）正对岸加拿大安大略省温莎市公园的河滨公园，将数英亩的铁轨和废弃建筑变成绵延几英里的公园用地。但基础设施的重建未必会促进经济发展，底特律仍然是美国最穷的城市之一。2010 年该市超过三分之一的人口处于贫困线以下，废弃的房屋成为最为长期困扰该市的问题之一。2010 年总计有 78 000 个住宅单元空置或被遗弃，其中又有 55 000 个已经丧失了抵押赎回权。底特律在 20 世纪 80 至 90 年代已经深受房屋弃置的危害，而在 2008 年它又成为遭受房屋赎回权危机打击最严重的城市之一。

方框 5.1

萎缩的城市和都市农业

在许多老工业城市，从前的发展模式面临着人口减少和就业萎缩的现象。"萎缩的城市"（shrinking cities）这个词常常被用来形容底特律、利物浦和莱比锡这类城市的遭遇。城市萎缩所带来的问题之一是下滑的课税基数，而维持既有的基础设施和服务成本会导致财政危机和/或公共服务危机。在底特律，由于人们无法赎回抵押房屋或是弃家迁走，有三分之一的土地被收归公有，为这些地区提供公共服务需要花费 3.6 亿美元，而这些被遗弃的地区却不会带来任何税收。俄亥俄州的扬斯敦（Youngstown）在 2000 年至 2010 年间失去了几乎 20% 的人口，该市不得不弃置街道，关闭基础设施，将人口集中在少量的社区中。

也有一些环境问题与城市萎缩相关。一方面，一系列问题可能会出现：被遗弃的房屋和场所会滋生害虫和疾病，投资短缺会引起环境管理和社区维护变差。公园和绿地会缺乏维护和保养费用。另一方面，萎缩也意味着城市结构的破裂，在其中人们可以想象性地填入绿地、城市花园、露天场所以及对更具生态多样性的空间的回归。从被遗弃和边缘化的城市空间中出现了城市野景（wildscapes）。在某种程度上城市萎缩让人们得以看到不再发展的城市是什么样子，以及不再建立在不断发展理念之上的更加可持续发展的城市是什么样子的。传统的鼓励发展的重建策略似乎不太现实，这就为构建更为绿色和可持续的城市留下了想象的空间。

或许土地利用最显著的变化是都市农场的兴起。一些家庭和社区团体利用了小块的园地，可以提供本地营养而又廉价的有价值食物来源。也有一些规模更大更为商业化的农业经营。底特律的汉茨农场（Hantz Farms）就正在买下大片土地建造大型营利性都市农场。废置的房屋被买下拆掉，在其上种植树木和庄稼。有了这 40 平方英里的空地，底特律就具备了运营农场的最重要的要素——大片的土地。该市还在规划有机农场、一座都市农业研究中心以及展示馆，以展现废弃的城市土地如何能够成为多产的农业用地。城市化将农村土地变成城市用地；而城市萎缩则处于相反的转折点，将城市用地回复到农业用地。

资料来源：Colasanti，K. J. A.，Hamm，M. W. and Litjens，C. M. （2012）
"The city as an agricultural powerhouse? Perspectives on expanding urban agriculture
from Detroit，Michigan. "*Urban Geography* 33：348-369. Haase，D. （2008）"Urban
ecology of shrinking cities：an unrecognized opportunity. " *Nature and Culture* 3：1-8.
Jorgensen，A. and Keenan，R. （eds.） （2011）*Urban Wildscapes*. New York and
London Routledge. The website of an international study group on shrinking cities：
http：//www. shrinkingcities. org.

克利夫兰市也与去工业化带来的后果进行斗争，以在竞争更为激
烈的全球经济中重塑自身。重建克利夫兰的方案仿照了许多别的城市：
新的博物馆、体育馆和会展中心，将老工业仓储区翻新为住宅和零售
区，以及水滨的开发项目。有专家将这些措施称为"克利夫兰的复
兴"。其中最为成功的项目是于 1995 年对公众开放的摇滚名人堂博物
馆（the Rock and Roll Hall of Fame and Museum）。这座建筑位于伊利
湖滨，是克利夫兰滨水区域再开发计划中的重要一环。为职业球队而
建的新的市区体育馆也推动了城市的复兴。盖特威体育中心耗资 3.6 亿
美元，包括一座露天棒球场和一座室内篮球馆。如今，克利夫兰正在重
新开发伊利湖和凯霍加河沿岸地区以吸引外地和当地的游客。该市还利
用地区丰富的教育和医疗设施资源积极参与到地区和国家卫生服务当中
以促进经济发展。克利夫兰医学中心和克利夫兰大学医院都宣布投资数
十亿美元创建新的设施，比如医学中心的新心脏医疗中心以及一座癌症
中心和新的儿科医院。尽管有这些举措，但一些专家还是认为克利夫兰
的复兴计划停滞不前。克利夫兰遭受了美国最大比例之一的人口流失：
2000 年—2010 年间该市人口减少了 17.8%。此外，克利夫兰的许多城
郊地区持续衰落，城市总体的发展微乎其微。对底特律和克利夫兰的案
例研究表明，其重组和重振经济的努力收效不一。

重塑城市

纽约州的锡拉库兹市（Syracuse）是重塑工业城市的范例。这座位

于纽约州北部、拥有 145 000 人口的城市有着以盐业生产为基础的悠久工业历史，并发展出一系列制造业和金属产业。工业发展带来的主要后果就是对当地环境的污染，尤其是位于市中心的奥内达加湖（Onondaga Lake）。锡拉库兹对其以工厂和盐场为形象的工业基础颇为自豪。1972 年，当时的市长组织了一场设计大赛来重新设计取代已有 100 年历史的市徽。这场大赛遭到了社会抵制，直到 1986 年另一位市长才得以更换新的市徽。这个新的市徽描绘了一个清澈的湖泊以及看不到工厂烟囱的城市空中轮廓线（见图 5.1 和图 5.2）。

图 5.1　锡拉库兹市市徽，约 1848 年至 1987 年。该市徽颂扬了这座工业城市
图片来源：照片为约翰·雷尼-肖特所摄

发达国家的工业城市在全球竞争以及工业向更低成本地区迁移的时代处境艰难。被称为工业城市也就意味着老旧、污染和过时。像英国的曼彻斯特，美国的锡拉库兹、匹兹堡和密尔沃基（Milwaukee），澳大利亚的伍伦贡（Wollongong）在对外宣传时都极力重新包装自己，突出新的一面而非旧的一面，时尚的后现代性而不只是现代性，后工

业化而非工业化，消费而非生产，景观和乐趣而非污染与劳作。

对旧工业城市的品牌再造如今已是全球现象。以澳大利亚新南威尔士州（the New South Wales）海岸的伍伦贡为例，该市的经济以大型炼钢厂为支柱。

图 5.2　锡拉库兹市市徽，1987 年至今。该图展现了一座后工业时代的城市
图片来源：照片为约翰·雷尼-肖特所摄

这些炼钢厂从 20 世纪 80 年代初到 90 年代中期减少了 15 000 个就业岗位，而就业的快速减少仅仅是在澳大利亚人和投资者心目中该市负面形象的主要方面之一。该市官员决定重塑伍伦贡在公众心目中的形象，他们发起了一场围绕着"革新、创造和卓越"理念的形象运动。该运动的一个重要组成部分是让炼钢厂在其厂址上种植 50 万棵树，而市议会则筹款清理海滩、建设自行车道。该市的绿化如今已经成为其在摆脱冷硬的工业形象、转向柔和的后工业形象过程中不可或缺的一部分。[①]

---

① Kerr，G.，Noble，G. and Glynn，. I.（2011）"The city branding of Wollongong."in *City，Branding：Theory and Cases*，K. Dinnie（ed.）. New York：Palgrave，pp. 213 - 220.

创建后工业城市景观：以滨水区域开发为例

去工业化的进程有时也给城市改建提供了机遇，使其抛弃旧的工厂，让生产流通离开不再具有经济意义的陈旧码头和铁路。

滨水区域的开发始自 20 世纪 60 年代，经由 70 年代在 80 年代加速发展，成为创建新城市景观中普遍的过程。去工业化进程给许多这样城市的滨水地区留下了废弃的仓库和建筑以及闲置的港口设施。港口集装箱化的出现意味着许多陈旧的港口设施已经过时，不再适应新的技术了。于是城市滨水区域的再开发项目成为了 20 世纪 70 年代和80 年代城市改造的显例。① 美国、加拿大、欧洲、澳大利亚、新西兰和日本的城市纷纷将其滨水区域改造成充满生机的公共区域，吸引着本地市民和外来游客。波士顿、匹兹堡、多伦多和温哥华的滨水区成为了新的娱乐场所，到处都是体育馆、餐馆和宾馆。即便是一些小城市如奥斯汀、水牛城、查尔斯顿、克利夫兰、渥太华、萨凡纳、锡拉库兹和维多利亚也对其港口、湖泊和河边地区进行了改造。类似的趋势在世界各地都很容易找到。伦敦的旧码头区被改造成一个包括办公楼、商店、博物馆和居民楼在内的大型多功能空间综合体。这个项目从市区穿越伦敦东区，占地大约 5 500 英亩。图 5.3 是 20 世纪 80 年代滨水区沿岸的建设场景，而图 5.4 则是完工了的住宅项目。

尽管花费高昂，但滨水区域的改造确实展现了经济和环境方面城市复兴的戏剧性故事。除了新建宾馆和一座水族馆之外，波士顿的滨水区的改造工程还包括去除掉了 93 号州际公路老旧的高架部分。高速公路被拆除并移至地下，成为著名的"大挖掘"工程的一部分，由此产生的空地变成了名为"罗斯肯尼迪绿道"的带状公园。滨水区的再开发恢复了城市中心的经济、社会和生态健康。巴尔的摩的内港常常

---

① Gordon，D. (1997) "Managing the changing political environment in urban waterfront development." *Urban Studies* 34 (1)：61 - 83.

图 5.3 伦敦旧码头区的建设

图片来源：照片为约翰·雷尼-肖特所摄

图 5.4 伦敦旧码头区的住宅建筑

图片来源：照片为约翰·雷尼-肖特所摄

被引为美国滨水再开发计划的典范，这里聚集着国家水族馆、两座体育馆、宾馆、餐厅、博物馆以及高层公寓和酒店（图 5.5）。在巴塞罗那，为 1992 年奥运会而进行的城市改造包括开放旧码头，将其打造成带有步行道的滨海港口。在 20 世纪 80 年代中期之前，巴塞罗那对其海域不感兴趣，只将仓库和码头置于海岸边上。而在改造之后，港口成为了适宜休闲消费的地方，而不再是生产仓储场所。滨水区的开发不仅仅局限于富裕国家的城市，在北京，滨水开发也随着经济一起快速发展（见图 5.6）。

图 5.5　巴尔的摩的内港

图片来源：照片为约翰·雷尼-肖特所摄

　　当然，像伦敦旧码头区或巴尔的摩这样大规模的开发是要付出一定代价的。巴尔的摩内港的重建工程耗资 29 亿美元。此外还要付出社会成本。大量资金流向内港工程，这与该市公立学校资金不足以及诸多公共服务明显的落后形成反差。滨水开发往往是城市景观区域价格措施的一部分，可以提高房地产的收益，当然有时这是以牺牲社会福

图 5.6　北京的滨水开发

图片来源：照片为迈克・A. 贾德（Michale A. Judd）所摄

利为代价的。尽管巴尔的摩的内港区域繁荣兴旺，但市中心的许多社区仍然面临着高犯罪率、人口流失和房屋弃置的问题。

治理有毒环境

城市地区的工业生产过程中往往会产生有害废物。在 20 世纪大部分的时间里，有害废物的排放大都未受监管。20 世纪 70 年代和 80 年代，北美和欧洲的许多城市经历了工业生产的显著衰落。许多厂商倒闭、裁员或搬至劳动力成本更低或环境法规不那么严厉的国家而抛弃了原有的工厂，留下了一堆环境污染问题。

美国 1980 年的"综合环境反应补偿和债务法案（Comprehensive Environmental Response Compensation and Liability Act）"（简称 CER-CLA），俗称"超级基金"（the Superfund），设立了数十亿美元的联邦信

托基金（超级基金），以资助环境治理应急措施以及治理责任主体不明的污染地区。各地都有接受超级资金的地方，包括农村地区。许多超级资金资助地区位于城市或其周边长期遭受水或土地污染的区域。超级资金资助地区全部名单可以登录 http：//www. epa. gov/superfund/sites/index. htm. 查询。超级资金规定了接受资助的前提条件：污染者必须对治理工作负责，假如污染者不再从业或相关责任主体不明，则由联邦政府承担治理费用。此外，1986 年的超级资金修正案增设了一条社会知情权法案，要求工业部门公开其对超过 100 种有毒化学物质的使用和排放情况。这些信息必须在县级卫生部门（County Boards of Health）和公共图书馆可以查询到。这项修正案不仅提供了对减少污染的奖励措施，还使得那些不遵守环境管控标准的企业害怕被公开曝光。

美国环保署的超级资金官网介绍了所有接受资金地区的背景历史，比如其中之一是马里兰州黑格斯顿（Hagerstown）占地 19 英亩的中央化工区。20 世纪 30 年代到 80 年代，这里有一家化工厂生产农药和化肥，生产过程中的工业废料就地掩埋。人们在当地的土壤和地下水中发现了包括砷、铅、苯、艾氏剂、氯丹、狄式剂、DDT 杀虫剂和甲氧氟在内的化学污染物。1997 年美国环保署与该地业主达成一致，建造了一座围墙将人们与污染物隔离开。2005 年所有的旧建筑都被拆除，到了 2011 年通过了一项整治计划。这个故事反映出对危险化学废料的随意倾倒行为一直延续到 20 世纪 80 年代，而污染之后 30 年内该地区依然存在着较高毒性物质以及发现问题并在公众和私人利益的角力中逐渐就治理计划达成一致的这个过程非常漫长。

方框 5.2

拉夫运河（Love Canal）

19 世纪的最后 10 年，一个名叫威廉·T. 拉夫（William T. Love）的开发商计划开凿一条 6 英里长的运河，以连接纽约州北部尼亚加拉河的上下游。该计划在完成了一部分后不了了之。1920 年该地被拍卖，成为化学废料倾倒场，接受来自尼亚加拉市以及美国军方和私人公司的垃圾。1942 年至 1953 年间胡克化学公司（the Hooker Chemical Company）在此倾倒了多达 21 800 吨的包括二噁英和氯化苄在内的 82 种不同化学物质的混合垃圾，大都装在钢桶内。

20 世纪 50 年代该公司将此地部分卖给了教育委员会，后者又将一部分卖给了房产开发商。在此处对雨水管道和一条新的公路的建设破坏了被掩埋的有毒废料。腐蚀的钢桶渗出毒物，流入当地土壤和地下水中，有毒的污泥渗入当地房屋的地下室。到了 20 世纪 70 年代，当地居民的健康问题不断增多，婴儿畸形、癫痫、感染和流产率异常增高。民众们极度焦虑不安，最终在当地居民洛伊丝·吉布斯（Lois Gibbs）的推动下，该地区被纽约州宣布为健康危害区。拉夫运河地区被疏散，业主们都得到了赔偿。卡特总统宣布这是一个国家灾难，而对该地区的清理预示了 1980 年超级资金法规的出台。拉夫运河地区让人痛心的经历和住在有毒废物附近病患儿童的悲惨场景都推动了该法案在国会的通过。

资料来源：Gensburg，L. J.，Pantea，C.，Fitzgerald，E.，Stark，A. and Kim，N. (2009) "Mortality among former Love Canal residents." *Environmental Health Perspectives* 117: 209 - 216. Gibbs，L. and Levine，M. (1982) *Love Canal: My Story.* Albany，NY: SUNY Press.

另外一个地区是位于华盛顿州斯波坎市（Spokane）的通用电气公司斯波坎店。从 1961 年到 1988 年通用电气公司在此维修和清理变压器和电气设备，这一过程中产生的多氯联苯污染了当地的土壤和地下水。该地位于一块蓄水层上，而该蓄水层为半径 3 英里之内的 20 万居民提供水源。1990 年州政府拆掉了这里的所有建筑，移除了地表污染物。到了 1999 年，治理工作将大部分的污染淤泥固态化，而污染不那么严重的土壤则被移除。该地至今依然污染严重，对地下水的监控仍在继续。尽管问题已被发现，更多流动的污泥也被固定住，但此地仍然是位于地区蓄水层之上的有毒废物区。

美国环保署在全国首要工作清单（National Priority List，NPL）中列出了大约 30 000 个他们认为最具直接危害的地区，对这些地区将优先拨款治理。① 列入名单的地区都是经过审查程序的，首先要进行初步检查，以确定对人体健康和环境构成威胁的地区。任何个人或组织都可以发起这项初始检查。接下来环保署会采用危害评级系统进行评估，该系统基于以下三点：（1）该地区是否已经或有可能排放有害物质；（2）废物的毒性和数量；（3）受排放影响的人群和敏感环境数量。然后从地下水迁移、地表水迁移、土壤位向和空气迁移四个方面计算出分值。分值最高的地区就被列入首要工作清单。各州也有权指定一个优先地区，而不管其分值多少。

2012 年，加利福尼亚州洛杉矶县南盖特（South Gate）的南大道工业区被列入清单。该地位于工业-住宅混合区，居民为低收入的少数族裔。1972 年这里出现了生产地毯热熔胶黏剂的企业。县政府认为这些企业对三氯乙烯使用不当，也未能很好地处理油料和溶剂。2002 年环保署在当地地下水中发现了高浓度的三氯乙烯。企业老板和经营者拒绝合作，至今治理工作仍毫无进展。这个例子凸显了在私营业主和经营者的无为和不合作面前行动有效性所受到的限制。这与前述斯波坎的例子形成了对照，在那个案例中，大型跨国公司财力雄厚，也高度重视与公众的关系，所以很乐意也很容易拨款治理地区污染。而小公司和资金短缺的企业主显然没有足够的财力来治理污染地区。环保署的清单找出了高危地区，对其受污染的土壤和引用水源进行了全面检查，但却无法实施行动或确保治理。这仅仅是环境治理代价高昂的漫漫长路上的第一步。

---

① US EPA "Superfund." http：//www. epa. gov/superfund/sites/npl (accessed August 7，2012).

棕色地带

尽管超级资金意图是好的，但截至 20 世纪 90 年代中期，许多废弃地区仍未被清理干净或是未被列入超级资金清单的优先考虑。出现了一个新词用以描述这类污染地区：棕色地带。虽然棕色地带到处可见，但大都还是集中在有着生产制造活动的城市中。棕色地带的共同特点归纳在表 5.1 中。美国环保署对棕色地带给出了一个被广泛接受的定义，即"在扩建、重建或重新使用过程中会存在或潜在有害物质、污染物或致污物的不动产"。[①]

表 5.1　棕色地带的特征

工业遗留
城市结构的重要组成部分
真实存在或可见的污染问题
地区高失业率
市政收入减少
对城市生活有负面影响
需要外界介入以恢复到有益利用
提供发展而不侵吞现有绿地

资料来源：改自美国环境保护署

美国环保署估计美国总共有超过 45 万处棕色地带。未经处理（清理）的棕色地带会对诸如癌症、死亡率、生殖能力和慢性病发病率等健康问题造成影响。为了推动对这些城市地区的清理和重建，美国环保署制定了棕色地带立法提案（the Brownfields Initiative），作为超级资金的后续法规。该提案鼓励各个州和地区政府制定计划减免税额，

[①]　US EPA "Brownfields basic information." http：//www. epa. gov/brownfields/basic _ info. htm（accessed August 7，2012）.

并提供其他财政奖励措施如低息贷款以吸引私人投资。将有专项拨款用于制定棕色地带清单、环境评估和社区服务。也会为这些地区的清理提供贷款，并有职业培训拨款用以培训棕色地带社区的居民。许多贷款和拨款优先给予低收入和经济低迷的地区。

有些棕色地带面积庞大，需要大量的复原和净化工作，其花费也相当高昂。许多潜在的买家和开发者往往会担心自己要为清理工作负责，而原本造成污染的责任方却早已销声匿迹。于是联邦和州政府不得不努力减少重建的障碍，通过拨款、低息贷款和其他补助来资助再开发项目。美国环保署制定了一项拨款计划以帮助城市重建棕色地带。1995 年至 2004 年间美国环保署在棕色地带上的投资超过了 7 亿美元，给州、地方政府以及非营利性机构提供拨款。① 这些拨款用于棕色地带的污染排除和重建。此外，美国环保署还降低了对重建工作要求过高的环保标准。没有必要对重建的工业区执行和幼儿园一模一样的环境净化要求（图 5.7）。州和联邦政府试图让环境净化要求适应重建地区未来的功能。

2003 年，纽约长岛的巴比伦镇接受了 20 万美元的拨款用于评估邻近的三块用于停车、仓储和生产的占地 0.68 英亩的地产。该镇将这三块地方清理合并，拆除了已有建筑以为新建一个社区中心做好准备。环境整治是城市复兴和改善公共设施的重要一部分。

公共和私人合作重建棕色地带的成功范例之一是位于巴尔的摩东南部工业港地区中心的高地水运终点站②，在将近一个世纪的时间内，这里都是一座铜加工厂。

① Alberini, A., Heberle, L., Meyer, P. andWernstedt, K. (2004) "The brownfields phenomenon: much ado about something or the timing of the shrewd?" Working Paper, Center for Environmental Policy and Management, University of Louisville.

② Howland, M. (2003) "Private initiative and public responsibility for the redevelopment of industrial brownfields: three Baltimore case studies." *Economic Development Quarterly* 17: 367 - 81.

图 5.7　在巴尔的摩，开发商为原为宝洁公司工厂的棕色地带进行了重新设计。重建部分如今被称为"汰渍点"，由五座主要建筑组成，每座都由在原址曾经生产过的宝洁公司的产品命名，分别为 Joy 洗洁精、Cascade 洗洁精、象牙肥皂（Ivory）、多维洗碗液（Dawn）和汰渍洗衣粉（Tide）。旧的厂房被改造成办公室、幼儿园和餐厅

图片来源：照片为丽莎·本顿-肖特所摄

　　该地之前受到铅、砷、铍、铜、镍、银和硒的污染。作为巴尔的摩的第一批棕色地带项目，该处计划变成仓储区，因为这块地区仓库数量不足。重建协议中包括州政府的贴息贷款、贷款担保和来自市政府和州政府的 40 000 美元的财政补助。马里兰州还追加了 100 万美元的低息贷款。开发商将大约 10 万平方英尺的建筑夷平并清理了此地。这个项目建造或恢复了超过 70 万平方英尺的仓储区和 7 英亩的外部贮存区，现在已全部租赁出去。开发商们敏锐地指出，倘若没有棕色地带计划，环境问题很可能会阻止他们进行开发。几十年来清理和重建项目的成功表明，只要有奖励措施，开发商就会认为冒着风险去购买、清理和重新使用受污染的土地是有利可图的。

欧洲的城市也受到棕色地带的影响，被认定为棕色地带的土地数量难以估量。在德国，这一数量多达 362 000 处，占地 128 000 公顷；法国将近有 20 万处；英国大约 105 000 处；比利时大约 50 000 处，占地至少 9 000 公顷。① 环境污染不仅对环境本身造成了负面影响，还被认为严重阻碍了城市经济和社会重建。此外越来越多的证据表明许多城市棕色地带位于少数族裔和贫困线以下的家庭聚居区，这就对环境公正问题提出了重大质疑。

中东欧国家的城市污染的级别往往大于西欧国家，因为前者在从 20 世纪 40 年代至 1989 年的社会主义时期以环境为代价片面追求经济发展。前东德的城市污染程度要高于前西德。不过，德国人的财力和对改善环境的努力使其得以对此高度重视。比如在莱比锡，城外的煤矿区就被改造成了贝拉提斯（Belantis）主题公园。该公园于 2005 年开放，每年能吸引大约 50 万的游客。德国人还制定了宏伟的计划，打算建造 17 座相互连在一起的人工湖，希望到 2015 年让这块曾经的工业矿区成为吸引游客的游船码头、沙滩、草地、树林和湖泊。

大面积的棕色地带是前东欧集团国家城市的共同特征。比如波兰的克拉科夫在市区范围内就有 700 公顷的棕色地带。对这些地带的治理工作起步较晚，许多城市直到 1989 年东欧剧变之后才开始着手进行。捷克共和国大约有 10 000 处棕色地带，既有农业和军事用地，也有工业和城市用地。捷克最早的工业棕色地带治理项目直到 2002 年才开始。② 重建计划之所以问题重重，是因为一些土地所有权性质不明，以及大量的"公有"土地，其上的污染企业早已破产、倒闭和私有化。

---

① Oliver, L., Ferber, U., Grimski, D., Millar, K. and Nathanall, P. (2005) "The scale and nature of European brownfields." http://www.cabernet. org. uk/resourcefs/417. pdf (accessed August 7, 2012).

② Garb, Y. and Jackson, J. (2010) "Brownfields in theCzech Republic 1989—2009: the long path to integrated land management." *Journal of Urban Regeneration and Renewal* 3: 263-276.

只要土地市场运作良好，重新开发棕色地带就有多种方式：可以重新用于工业，也可以用于商业或居住，还可以改建成诸如公园、运动场、游径和林荫道之类的绿地。重建计划可以程度较小——比如重新利用单块地产，也可以规模庞大——比如重振整个萧条的街区。在美国，人们倾向于将棕色地带重建成能够迅速带来经济效益的地方，美国城市也更注重商业和居住功能。波林·道依茨（Pauline Deutz）在北美调查了被她称之为生态-工业园的地区，发现它们往往被当作是一种地产促销形式，其经济发展考量常常压倒了生态目标。①

　　而欧洲和加拿大的城市则更注重将废弃棕地转变为绿地。比如从1988 年至 1993 年，英国 19％ 的棕地变成了绿地。② 德比郡以前的马卡姆煤矿（Markham colliery）（煤厂）正在被改造成马卡姆谷（Markham Vale），后者是一座占地 200 英亩的种有柳树的商业-工业园。柳树最后会被采集作为附近商业建筑暖气锅炉的可再生能源。

　　克里斯托弗·德·索萨（Christopher De Sousa）调查了多伦多市几处棕地变成绿地的过程。③ 他发现许多大型棕地变绿地项目的地址都邻近或处于已有的稀树草原或河漫滩中。这些项目重新引入了土生树木、灌木、野花和植物，提高了该地区的生态完整性，改善了防汛和雨洪处理，并为许多公共设施不足的社区提供了娱乐机会。不过德·索萨也指出，所有这些项目都是公共部门承担的，私人资本则因为花费高昂和利润微薄而不愿涉足。德·索萨还研究了棕地对土地价值的影响，发现其正向溢出效应导致密尔沃基（Milwaukee）的房价净

---

　　① Deutz，P. (2004) "Eco—industrial development and economic develop-ment: industrial ecology or place promotion." *Business Strategy and the Environment* 13：347 - 362.

　　② De Sousa，C. (2003) "Turning brownfields into green space in the city of Toronto." *Landscape and Urban Planning* 62：181 - 198.

　　③ De Sousa，"Turning brownfields into green space in the city of Toronto. '"

增了 12 个百分点，而明尼阿波利斯则增长了 3 个百分点。①

　　总的来说，棕地的再开发显著改善了城市-自然关系。从积极的一面来看，棕地再开发是一种土地回收利用形式，能够恢复之前被废弃的和有毒害的城市区域。棕地重建方案与社区经济再发展和创造就业融合到了一起。据美国环保署估计，对棕地重建每投入 1 美元就会推动产生 18 美元的经济效益，并为美国总共产生超过 76 000 个新的就业岗位。重建项目还改善了作为社区复原重要组成部分的卫生和安全问题。棕地重建有效地重新利用了城市空间，以抗衡郊区蔓延的趋势。在老旧的工业城市中，将棕地重新纳入城市空间可以推动可持续发展。而从负面的角度来看，重建则是一种倒退，因为低收入的群体遭受污染最为严重，但从项目中却没能得到最多的益处。② 在治理棕色地带的过程中也出现了环境代价问题。治理技术产生了泛滥的废弃物，却并不总能去除掉污染物。棕地重建策略中往往总是以化学手段为主，以急于见到成效。许多研究者已经开始关注能够长期稳妥使用的治理技术。对快速见效的化学手段的倚重是由短期商业利益所推动和支配的，这样做有时会带来新的环境问题。③

　　"棕地"只是城市颜色分类地带的一种，其他的一些新词还有"红地"（redfields，见方框 5.3），指的是陷入财务困境的地区，以及"灰地"（grayfields），指的是处于绿地和棕地中间状态的地带（见图

　　① De Sousa，C.，Wu，C. and Westphal，L. M.（2009）"'Assessing the effect of publicly assisted brownfield development on surrounding property values." *Economic Development Quarterly* 23：95 - 110.

　　② Lee，S. and Mohal，P.（2012）"Environmental justice implications of brownfield redevelopment in theUnited States." *Society and Natural Resources* 25：602 - 609.

　　③ Lee，A. G.，Baldock，O. and Lamble，J.（2009） "Remediation or problem translocation：an ethical discussion as to the sustainability of the remediation market and carbon calculating." *Environmental Claims Journal* 21：232 - 246.

5.8）。彼得·纽顿（Peter Newton）就对灰地做了详细研究，开始关注澳大利亚旧工业城市的近郊。[①] 这些老化的郊区既是挑战也是机遇，能够将城市发展引入现有的社区，促进长期的可持续发展。

> ## 方框5.3
> ## 从红地到绿地
>
> 在许多城市，废弃的办公楼和工厂、停业或面临停业的购物中心以及抵押没收的商业地产都是巨大的财政消耗。城市还得继续为这些地方提供诸如消防和治安之类的服务，却不再能够从这些地方获得税收。因此，城市在这些地产上是处于"亏损"状态的。
>
> 由乔治亚理工学院和城市公园联盟组织的"红地变绿地"（Red Fields to Green Fields）运动试图将处于财政亏损困境的地产转变为绿地，比如说公园。"红地变绿地"运动要将非生产性的资产变成社区和城市中管理良好的绿地。始于2008年的金融危机帮助推动了红地计划，因为在金融危机中有众多的商业地产被抵押没收或被遗弃。
>
> "红地变绿地"联盟提议创建一个国家资助的土地银行资金，首批投资2 000亿美元。该银行将提供免息贷款，并为公私合作购买困厄房产和拆除建筑发放贷款。部分土地会被改造成公园，剩下的留待再开发以清偿贷款。
>
> 该方案的提议者将其看作是双赢策略。兴建公园会改善城市经济、环境和卫生，有助于形成更为宜居和健康的社区。同时，重建这些遗弃衰颓的区域也有助于通过移除银行账面上的不良贷款而避免许多银行和企业所面临的破产危机。此外，经济收益中还包括公园设计、施工和维护中所产生的新就业岗位。支持者还认为"红地

---

① Newton, P. W. (2010) "Beyond greenfield and brownfields: the challenge of regenerating Australia's greyfield suburbs." *Built Environment* 36: 81-104.

变绿地"的重建运动提高了建成公园附近商业和住宅区的价值。

有几座城市已经开始了此类项目，包括亚特兰大、克利夫兰、丹佛、迈阿密、费城和威明顿（Wilmington）。比如，克利夫兰拥有大量剩余商业地产和大约 17 000 个被抵押没收的闲置房屋。克利夫兰项目小组在计划中设想了一个位于市中心的公共广场，将道路和其他铺砌地表改造成一个特色公园，将纤道加长并添加最先进的划船设施。该计划投资 10 亿美元，打算划出 1 850 英亩的商业地产，建设 120 英里的连绵林荫道，恢复空气和水的质量，创造 8 000 个就业岗位，打造一个诱人的水滨区域以吸引更多的商机。

另一个提议来自亚特兰大。乔治亚州是美国银行破产最多的地方，而亚特兰大市则是美国房地产过度建造的城市之一。初步研究表明：

- 亚特兰大地区有 2 400 万平方英尺的闲置办公区域和空地，售价仅为每平方英尺 25 美分。
- 通过收购这些地产，亚特兰大市区可以获得 6 000 英亩的公园用地和 780 英里长的游径。
- 修建公园会产生 200 亿美元的经济发展、175 000 个临时施工岗位和 10 万个永久性就业岗位。
- 将这些地产改建为公园会
  ——让超过 10 万个人重新就业；
  ——将外围超过 22 000 英亩的不良地产移除；
  ——增加美国东南部银行系统资金的流动性，以刺激住宅地产开发和小企业经济发展。

"红地变绿地"的想法能否成功取决于诸多因素，但它确实提供了另一种方法上的范例，即人们可以创造性地将城市看作是问题的解决方法，而不仅仅是问题的起因。

资料来源：The Red Fields to Green Fields Organization at：http：//rftgf. org/joomla。

图 5. 8 澳大利亚的灰地郊区：南澳州的阿德莱德
图片来源：照片为约翰·雷尼-肖特所摄

延伸阅读指南

Adams，D.，De Sousa，C. and Tiesdell，S. （2010）"Brownfield development：a comparison of North American and British approaches. " *Urban Studies* 47：75－104.

BenDor，T. K.，Metcalf，S. S. and Paich，M. （2011）"The dynamics of brownfield redevelopment. " *Sustainability* 3：914－936.

Desfor，G.，Laidley，J. and Schubert，D. （eds. ）（2010）Transforming Urban Watelfronts：Fixity and Flow. London：Routledge.

Dixon，T.，Otsuka，N. and Abe，H. （2011）"Critical success factors in urban brownfield regeneration：an analysis of 'hardcore' sites in Manchester and Osaka during the economic recession （2009－2010）."

Environment and Planning A 43: 961 - 980.

EPA   websites: http: //www. epa. gov/superfund/sites/npl;
http: //www. epa. gov/brownfields/basic _ info. htm.

Hollander, J. B. and Nemeth, J. (2011) "The bounds of smart
decline: a foundational theory for planning shrinking cities. " *Housing
Policy Debate* 21: 349 - 367.

Power, A. , Ploger, J. and Winkler, A. (2010) *Phoenix Cities:
The Fall and Rise of Great Industrial Cities.* Bristol: Policy Press.

第六章　发展中国家的城市

　　与较易识别的工业城市和后工业城市相比，发展中国家的城市情况要复杂一点。比如，尽管发展中国家的城市都是工业生产地，但其发展程度不一，有的是在像越南之类国家中快速发展的工业城市；有的工业地区，如曼谷都市区正在增值链（the value-added chain）中上移，朝着更为先进的工业生产迈进；还有一些，如上海，正在向后工业城市转型，愈加注重服务业的发展。

　　简单地认为发展中国家城市普遍具有棘手的环境问题也忽视了一个复杂的事实，即尽管面临诸多环境问题，但也不乏许多创新性的解决案例。

　　本章将通过发展中国家四种类型的城市来探讨这种多样性的现象，这四种类型是特大城市、工业城市、绿色城市和穷困城市。现实中的许多城市都拥有部分或全部上述类型特征。

特大城市

　　本书已经对特大城市的兴起做出了评论。第四章中我们指出了一个重大的全球趋势，就是特大城市的发展，特别是发展中国家的特大

163

城市。特大城市的发展规模和速率是发展中国家城市发展的一个重要特征。比如 1980 年时中国的深圳市人口仅为 332 900 人。但随着对农村向城市人口流动限令的取消和快速的工业化，更多的人从农村移民到城市，经济以年均 30％的惊人速率增长。到了 2012 年其官方统计的人口数将近 1 000 万人，而有人估计实际人口高达 1 400 万人。这对生态系统的影响是巨大的。比如说淡水供应很快就因为需求量大和污染而消耗殆尽。世界上发展最快特大城市之一是尼日利亚的拉各斯，其人口估计将近 1 600 万人。非洲西部各地的人们都来到这座城市寻找工作，谋求发展。每周有超过 10 000 人来到这座城市，使得其人口数每年增长约 60 万人。该市每 4 人中就有 1 人住在散布在市区的贫民窟，这些贫民窟既有非法修建的永久性建筑，也有垃圾堆旁的临时棚屋。拉各斯面临着诸多的环境问题，包括淡水缺乏、洪灾、污水管理以及空气、水和土地的环境污染。越来越多的垃圾成为威胁公共卫生的主要问题，导致诸如伤寒和沙门氏菌伤寒之类疾病的增加。[1]

特大城市面临的生态问题是巨大的，比如深圳的淡水供应、达卡长期的洪灾以及北京的空气污染。但发展中国家的特大城市应对这些问题的能力却有显著差异。显然在一些中等收入国家，愈加严格的法规制度与公共和私人财富的增加使得环境问题得到了大力改善。中国和巴西特大城市的空气质量与发达国家相比虽然还有差距，但却在稳步提高。墨西哥城长期以来因其糟糕的空气质量而被嘲笑，但如今却已显著改善。而在另外一些特大城市，情况却逐渐恶化。比如印度加尔各答的空气质量就由于快速的工业化、高能耗和交通的增加（尤其是塞满街道的越来越多的私家车和摩托车）而下降。[2] 特大城市之间

① Aluko，O. (2012) "Environmental degradation and the lingering threat of refuse and pollution in Lagos state." *Journal of Management and Sustainability* 2：217 - 226.

② Central Pollution Control Board (．2010) "Study of urban air quality in Kolkata for source identification and estimation of ozone，carbonyls，NOx and VOC emissions." http：//cpcb．nic．in/upload/NewItems/NewItem 160 _ cups. pdf（accessed July 2012）

的环境状况分化愈发明显。比如看一下与空气污染有关的健康风险：圣保罗慢性肺病的发病率较低，而达卡和卡拉奇则较高，具体表现在圣保罗每年只有 50 人次因慢性肺部住院，而与之相比，在达卡和卡拉奇，这一数字则高达2 100人次。①

发展中国家特大城市环境质量如今有着显著的差异。巴西、中国和印度快速发展的城市起初随着快速工业化和压垮城市生态系统的能耗的增加而呈现出明显的环境恶化。但随着经济进一步发展，人们越来越认识到有必要加强环境监管以改善其质量。首尔空气质量的逐步提高是与其从低收入向高收入经济发展的过程同步的（图 6.1）。当一个国家迈入中等或中上等收入国家的行列，其环境改善也会相对更容易一些。当严厉的法规制度能够快速实施并得到有效监管时，环境治理也同样会更加容易。例如，中国、韩国和新加坡强硬的国家制度更加能够并愿意去实行环境法规。而在别的国家，如缺乏中央集权的印度，对严格环境监管的执行过程可能耗时更长，也没有采取那么强制的形式。而尼日利亚政府的管理无能则要对拉各斯的混乱状况部分负责，因为环境问题的产生不仅仅是因为人口激增，也要归咎于糟糕的土地规划、执法不力、拨款不足以及各部门缺乏协调一致。②

但发展中国家的城市还是有一些共同之处，尤其是在易受气候灾害打击这一点上。和许多沿海大城市一样，拉各斯容易遭受气候变化引起的海平面上升的影响。海浪和海洪会增加地方性洪灾以及海水对淡水和生态系统的污染。③ 那些面临洪灾风险却又缺乏对沿海防洪设

① Gurjar，B.，Jain，A.，Sharma，A.，Agarrwal，A.，Gupta，P.，Nagpure，A. and Lelieveld，J. (2010) "Human health risks in megacities due to air pollution." *Atmospheric Environment* 36：4606 - 4613.

② Aluko，O. (2012) "Environmental degradation and the lingering threat of refuse and pollution in Lagos state."

③ Fashae，O. A. and Onafeso，O. A. (2011) "Impact of climate change on sea level rise in Lagos，Nigeria." *International Journal of Remote Sensing* 32：9811 - 9819.

图 6.1　世界上的特大城市之一，首尔
资料来源：照片为约翰·雷尼-肖特所摄

施投入的地区的不断城市化进一步加剧了这个问题。亚历克斯·德·谢宾尼（Alex de Sherbinin）及其同事研究了三个沿海城市的防洪弱点，分别是孟买、里约热内卢和上海。假定 2050 年之前气温至少上升 1℃，海平面上升 50 厘米，他们的分析表明人口增长和洪灾所共同带来的压力会使得这三座城市在面对全球气候变化时极其脆弱，除非采取长期的适应措施。① 这个信息不仅仅只针对发展中国家，对危机的

<hr />

① 　Sherbinin，A. de，Schiller，A. and Pulsipher，A.（2007）"The vulnerability of global cities to climate hazards." *Environment and Urbanization* 19：39 - 64.

认识也再次提醒我们全球城市息息相关的共同命运。

工业城市

随着制造业的全球迁移，发展中国家出现了新兴工业城市。城市工业化的浪潮从 20 世纪 60 年代和 80 年代的日本、韩国一直延续到如今中国的沿海地区。这些新兴工业城市通常是在经济快速集中发展时期出现的，并没有受到环境法规的约束，或者即使有也往往执行不力。其结果是空气、土地和水污染达到了前所未有的程度。在许多方面，新兴工业城市类似于 19 世纪的工业城市，城市污染达到历史最高水平。

方框6.1

库巴唐和"死亡之谷"

20 世纪 50 年代巴西的政府规划者们将库巴唐（Cubatão）认定为该国新兴的炼油产业中心。库巴唐地理位置非常理想，位于靠近海岸的河边山谷中，石油和钢铁企业可以在此进口原料然后输出成品。大型国有企业如 COSPIA 钢铁公司和石油垄断公司"巴西石油"（Petrobras）在此建立了大型炼油厂以及邻近的化工厂和化肥厂。私营公司很快也接踵而至。该市成为工业生产高度集中的地方，而环境监管却几近于无。到了 1985 年库巴唐占到了巴西国内生产总值的 3%。环境监管的缺失导致每天产生数千吨的污染物。到了 20 世纪 80 年代初该市的婴儿死亡率为全国最高，当地三分之一的人口患有肺炎、肺结核和肺气肿。最让人触目惊心的两个案例发生在 20 世纪 70 年代末和 90 年代初。第一个是出现了几十个无脑新生儿，尽管研究者尚未能证实这些先天缺陷是由污染引起的。每 3 个新生儿中就有 1 个在周岁之前死亡。第二个是该市发生了好几例水土流失导致的山体泥石流。库巴唐因此被称为"死亡之谷"和"地球上污染最严重的城市"，甚至成为流行歌曲《库巴唐蜜月》（*Honeymoon in Cubatão*）的讽刺对象。到了 1983 年，州政府要求该地企业执行污染控制；许多企业响应要求，但也有一些公然无视。

过去 20 年库巴唐的空气质量得到了显著改善，呼吸疾病率仅为 1984 年的一半。过去容纳有毒废料的蓄水池得到了清理，变成了小湖；曾经的荒山也被重新造林。虽然库巴唐依旧是该州污染最严重的地区之一，但许多污染物的排放量都已降至世界卫生组织的建议值以内。不过虽然情况大为改善，但要彻底清理土壤和地下水却是不可能的。政府和工业家如今将库巴唐标举为环境恢复的范例，但环保团体和科学家则仍旧将它视为危险区域，其受污染的空气、土壤和水源还在影响人们的生活。2010 年库巴唐在"世界最可怕的九个地方"名单中位列第七，证明了其污染后果的持续性而不是其环境已有改善的现实。尽管对工业污染的管控有所加强，大量的污水仍然在污染着入海口。

库巴唐的教训突出了两个重要之处。第一，当发达国家在制定空气污染改革时，发展中国家的城市正在经历着法规或制度性措施不完备情况下的快速发展。第二，虽然早在 1972 年联合国制定的环境保护纲领（Environment Programme）就体现了对污染防治的全球共识，发展中国家的环境管理却往往要比北半球工业国家滞后 10—20 年。

资料来源："Nine Most Horrible Places in the World."http：//news. xinhuanet. com/ english2010/culture/2010－06/20/c ＿ 13359106 ＿ 7. htm（accessed July 2012）. Campos，V.，Fracacio，R.，Fraceto，L. F. and Rosa，A. H.（2012）"Fecal sterols in estuarine sediments as markers of sewage contamination in the Cubatão area，São Paolo，Brazil."*Aquatic Geochemistry* 18（5）：433－443.

1984 年 2—3 日印度博帕尔（Bhopal）联合碳化物公司旗下的一家农药厂的爆炸就是 19 世纪工业城市监管不力的翻版。这场爆炸中的一个储油罐释放出了 40 吨的异氰酸甲酯，毒气弥漫到工厂周围的贫民窟。致命毒气的泄露最终导致将近 4 000 人死亡，还有将近 12 万人因此致病。这场事故被归咎于安全系统的故障和不足、设备维护不良以及在专业工作中使用了不熟练的技工。[①] 事故印证了工业化早期最糟糕的情况：外资企业、监管体系不力以及对工人和附近居民健康与幸福的漠视。也许这可以算得上是世界上最严重的工业灾害了。

工业化的浪潮快速席卷了发展中国家，延伸到劳力成本最低的地方，将其由农业区转变为高薪就业区。先是日本，然后是韩国，接下来中国和越南的城市也相继成为工业生产的中心和新的中等收入群体地区。最近一些年中国崛起为无可匹敌的全球经济新力量，其国内生产总值翻了两番，许多城市的人均收入增长了三倍。

从 1979 年起中国开始实施经济改革，使得几个改革试点城市发生了巨大的变化。这些城市包括上海、北京和广州，被称作"自由市场特区"，鼓励外商前来投资。20 年的空前经济增长、膨胀的城市人口和来自汽车、工厂、家庭暖气、做饭以及垃圾焚烧的不加限制的气体排放使得中国的城市易于遭受空气污染。

看看首都北京在过去 20 年迅速发生的变化。集中在出口加工、零售和保险业的外资产生了更多的财富；此外，政府通过集中了几类经济功能的开发区来吸引工业。例如，北京东南方相对略小的城市天津已经成为了一座重要的国际港口城市；而北京东面的唐山市如今已经是重工业和煤矿业的重要中心。北京城外围环绕着一些重要的工业区，包括纺织厂、钢铁厂、机械厂、化工厂和生产重型机械以及电子设备的工厂。北京市中心则是一些大型商业/金融区、热闹的购物区和数以千计的新店铺和餐馆。人均收入的增加也使得住宅区和商业地产的建设日益兴旺，但同时也产生了空前的环境污染。火力发电以及汽车和污染企业数量的增加一起导致了该市糟糕的空气质量。北京被列为全

---

① Peterson，M. J.（2009）"Bhopal plant disaster：situation summary." International Dimensions of Ethics Education in Science and Engineering Case Study Series，University of Massachusetts，Amherst.

球空气和水污染最严重的十大城市之一。正如在中国大部分的城市那样，烟煤是主要的能源形式。对煤炭的严重依赖意味着要排放出大量的硫化物和氮氧化合物。呼吸道疾病成为中国最大的健康风险之一。每年几乎有 50 万中国人由于空气污染，特别是空气中大量的悬浮微粒物质而过早死亡。2010 年北京空气中所记录到的悬浮微粒含量比世界卫生组织标准超出了 600% 多。三分之二的中国城市未能达到中国政府制定的空气质量标准。

上海所有的家庭都能使用自来水、电和其他公共服务。但和北京一样，上海也主要依赖烟煤作为工业和住宅供热的能量来源，因而也遭受了严重的空气污染。此外，每天有大约 400 万立方米未经处理的人粪排入黄浦江。如今的上海城市区域是重工业、机械制造、纺织和钢铁业的重要基地。经济发展的不加节制与环境法规的执行不力所一道付出的代价使得城市急需污染管控。所以当你看到《时代》（Time）杂志所公布的全球污染最严重城市名单头两名临汾和田营都是中国的城市时，应该不会感到惊讶。①

从许多方面来说最近新工业城市的兴起跟 18 世纪和 19 世纪工业革命时期的焦煤城市非常相似，污染物遮天蔽日，卫生系统跟不上人口和消费需求的增加。而现在的新兴工业城市也和以前的城市一样，需要对空气、土地和水污染采取彻底全面的改革措施。

环境因素也会制约经济发展。中国 600 个城市中有 400 个缺水，而其中将近 100 个水缺乏已经到了非常严重的地步，环境问题从而阻碍了经济的持续发展。作为解决方案之一的南水北调工程代价巨大，不单会破坏环境，而且还要强制搬迁超过 30 万居民。"极速狂奔"在发展经济的同时对环境不加管控，这种危险的做法不仅会带来环境污染，而且会形成限制可持续发展的生态瓶颈效应。

---

① Time（2011）"The ten most polluted cities in the world." http：// www. time. com/ time/specials/packages/completelist/O，29569，1661031， 00. html（accessed May 15，2012）.

发展中国家工业城市的生态问题正在得到回应，许多因素已经在发挥作用。首先，人们意识到工业污染的代价。一项研究估计中国为污染所付出的代价要占到其国内生产总值的 2％到 10％，[1] 治理环境恶化所需要的花费占到国内生产总值的 9％。糟糕的水质耗费了印度6％的国民收入。而污染对人体健康的危害则成为一项政治议题，公众会掌握更多有关污染程度和影响的信息。其次，形象问题也很重要，尤其是对像中国这样希望在国际舞台上有所作为的国家来说，绝不能让糟糕的环境标准有损国家威望，这是一个民族自尊的问题。看看北京在 2008 年奥运会之前所采取的改善空气质量的大刀阔斧的措施。当一个城市成为国际重大事件的舞台，糟糕的空气质量就有可能让整个国家蒙羞。

中国城市正在将其政策重心从以经济发展为唯一成功标准转变为更明确地致力于环境改善和城市可持续发展。除了逐步提高环保标准之外，也有一些模式实验（图 6.2）。比如中新天津生态城就是中国与新加坡政府共建绿色城市的合作成果。生态城距离天津老城 40 千米，原本是一块污水池附近的非耕地。大运量客运系统的建设将会减少碳排放，而废物也会被回收再利用。超过 50％的水源供应来自于再生水和淡化海水。这将是霍华德花园城市的现代版。该生态城计划于 2012 年动工，于 2020 年完成，预计人口大约为 35 万人。[2]

中国无疑是个特例。中国政府具备组织和投入大量财力以改善环境的能力。而其他发展中国家，尤其是那些收入较低、经济规模小而薄弱的国家则缺乏财力或意愿来对环境做出重大改善。

从 20 世纪 70 年代起生产制造业就开始从发达国家向发展中国家

---

① Vennemo, H., Aunan, K., Lindhjem, H. and Seip, H. M. (2009). "Environmental pollution in China: status and trends." *Review of Environmental Economics and Policy* 3 (2): 209.

② 想追踪了解这座新城的发展状况，可参见网站 http://www.tianjinecocity.gov.sg (accessed May 15, 2012).

图 6.2　上海市中心的城市绿地公园。上海这座特大城市尽管仍然面临着环境问题，但对环境质量已经做出了极大改善
资料来源：照片为约翰·雷尼-肖特所摄

迁移。尽管仍然存在着被彼得·霍尔（Peter Hall）和曼纽尔·卡斯特尔（Manuel Castells）称为"世界技术城市"（technopoles of the world）的不断发展的新的工业创新中心，但制造业的重心却朝着发展中国家迁移，在那里，去技术化的生产过程、支持商业的政府、廉价的劳动力和运输成本都促成了新兴工业城市的诞生。[①] 到了 21 世纪的第二个 10 年，这个进程变得愈加复杂。随着制造业更加自动化，更多的工业就业岗位将回到发达国家的城市。发展中国家的城市经济也在向前发展，这一过程被彼得·丹尼尔斯（Peter Daniels）及其同行形容为从工

① Castells，M. and Hall，P. G.（1994）*Technopoles of the World*. London：Routledge.

业结构调整向文化的转向。① 在发展中国家如今有许多高附加值的工业中心，设计和创新在其中扮演着至关重要的角色。武黄男（音）（Vu Hoang Nam）及其同行调查了越南的钢铁产业集群，即便是在这种传统工业中人们也知道升级生产线、销售和管理的重要性。② 在发展中国家的新兴工业城市中，对廉价商品的简单制造正在被更为复杂的生产技术所替代，其结果之一就是从之前工业化的大量污染转向更为现代的技术，使得废物管理和污染管控成为工业生产整体过程中的一环。随着工业生产从早期简单技术转让阶段进一步发展成熟——这一过程通常由环保标准的差异所推动，因为污染企业会从管控体系较严的地区迁移到管控较松的地区——污染水平确实有可能由于生产改进和监管加强而有所下降。孟加拉国制衣业的快速发展就是一个例证，展现了这种从简单技术转让到将环境改善纳入其中的趋向成熟的转变过程。

在发展中国家城市还有工业郊区化的现象。城市中心的老旧工厂被关闭，工业转移到新规划的开发区。比如 20 世纪 90 年代，曼谷的厂商感受到了来自印尼、孟加拉国和中国低成本制造的威胁。于是曼谷在附加值产业链上前进了一步，将诸如家用电器和消费性电子产品的生产转移到该市北部和东部的城市边缘地带工业区，有的甚至离曼谷市中心 120 英里远。正如许多发展中国家城市一样，最新一轮的工业拓展都发生在特意建造的城郊工业区。在这个过程中城市中心被去工业化，而有的城市如曼谷和上海则演变成生产性服务业中心。随着生产转移至更为现代、污染可能性也更小的地区和产业，城市中污染

---

① Daniels，P. W.，Hoo K. C. and Hutton，T. A.（2012）*New Economic Spaces in Asian Cities*. New York：Routleage.

② Nam，V. H.，Sonobe，T. and Otsuka，K.（2009）"An inquiry into the transformational process of village—based industrial clusters：the case of an iron and steel cluster in northern Vietnam." *Journal of Comparative Economics* 37：568-581.

严重的老旧工厂纷纷被关闭。但由于城市边缘持续向外扩展，原先的农村地区发生了土地利用的变化和生态系统的改变。

绿化中的城市

目前流行的观点是将全球城市分为两类，一类是富裕国家的城市，环保法规完备；另一类是发展中国家的城市，环保法规不健全，城市环境要糟糕得多，并在不断恶化。绿色/非绿色城市的划分往往掩盖了发达国家和发展中国家之间的其他明显差异。然而，简单地将城市分为绿色、发达城市/非绿色、发展中城市，却往往忽视了一个事实，即许多发展中国家城市正在成为城市可持续发展新形式的试验地。这里我们遇到了一个有趣的悖论，即发展中国家城市反倒有许多可以给发达国家城市传授的经验。以循环利用为例，发展中国家的贫穷意味着其废物流无法简单地输出到国外，或是掩埋和焚烧了之，其对循环利用废物的边缘地区人群来说是种宝贵的收入来源。在垃圾场捡拾垃圾的人给其他人上了重要一课，让我们知道从垃圾和废物中是能够循环利用一些有价值的东西的。例如在拉各斯的主要垃圾场，有超过 5 000人在那儿捡拾垃圾。在此过程中废物流被循环利用，同时边缘地区人群也获得了收入和就业。

回到深圳的例子，该市计划利用废水来灌溉城中贫困区域的屋顶花园。① 该计划将生态学与为穷人提供收入来源的经济学结合起来，利用废水来推广在贫穷社区的房屋屋顶上生产藻类生物燃料。另一个中国生态城市廊坊也在计划利用作为主要发电来源的火力发电厂发电过程中产生的副产品来培养藻类以生产生物燃料。像中国这些国家快速的城市化既带来了巨大的风险和危害，但同时也提供了实践和构想

---

① http：//www. aecom. com/deployedfiles/Internet/Careers/Student％20Connections/Urban％20SOS/SOS ＿ Urbanriver. pdf （accessed July 20, 2012）.

城市生活可持续发展形式的机会。

有时发展中国家城市所面临的危机能给发达城市提供范例，因为它们的未来更不确定，廉价石油的预期供应也更少。艾玛·皮尔西（Emma Piercy）及其同行调查了古巴城市面对非常时期的反应，后者是指 1989 年前苏联援助突然中断，能源和食物进口大幅减少的那段时期。这些对更为紧缩的能源供应的反应创建了一个范例，告诉我们一个过了石油峰值期的城市是什么样子的。① 发达国家城市可以从发展中国家的危机和经历中学到一些东西，这些发展中国家所遭遇的资源短缺和限制既带来了困难，也为城市可持续发展的可能道路提供了创新模式。

方框6.2
激发对更佳环境质量的需求

印度古尔冈（Gurgaon）那些被告知其饮用水"肮脏"的家庭，其在接下来的 7 个星期中开始采取某种形式的家庭用水净化措施的可能性比没有收到信息的家庭要高出 11%。

每个样品花费不到 0.5 美元的水测试，可以为德里的许多非政府组织现成使用，家庭使用起来也非常简便。

研究表明，水测试对采取净化措施几率的影响要比学校一年专项教育高出 25 倍，比财富四分位值增长的影响要高出三分之二。该结果表明，集中传播卫生信息的公共项目是划得来的，在低收入国家也相对更容易实行。这些举措通过政治表达或增强人们支持改善环境的意愿来激发人们对更佳环境质量的需求。

World Bank (2008) *Poverty and the Environment*；*Understanding Linkages at the Household Level*. Washington，DC：World Bank，p. 36.

---

① Piercy，E.，Granger，R. and Goodier，C. I. (2010) "Planning for peak oil：learning from Cuba's 'special period.'" *Proceedings of Institute of Civil and Building Engineering. Urban Design and Planning* 163：169 - 176.

还有一些典型案例持续地激发了人们的广泛兴趣。巴西的库里蒂巴（Curitiba）是常常被引用的发展中国家城市可持续发展的显例之一，尤其是它的大运量客运系统启发了一些别的城市，如波哥大、危地马拉市、雅加达和吉隆坡。本书将在第十六章来探讨其对可持续发展的投入。库里蒂巴可持续发展的历史趋势令人印象深刻，但随着全球化的推进也出现了一些新的挑战。在最近的经济增长期，库里蒂巴的城市规划者设法将城市对环境的影响降至最低。尽管在 2010 年人口达到了 178 万人，但库里蒂巴成功地将人类与自然活动融为一体，避免了困扰其他城市的如交通堵塞、污染和缺乏露天空地等诸多问题。该市于 2010 年被授予全球可持续发展大奖以表彰其可持续的城市发展。然而杰伦·克林克（Jeroen Klink）和罗萨娜·德纳尔迪（Rosana Denaldi）指出，库里蒂巴在环境方面的成功来自于全球化的产业结构重组压力，这种压力使得当地政府重新调整规划，让该市取得了现有的高水平可持续性。他们暗示库里蒂巴当地政府引导发展的能力会由于自由市场的竞争和实力而逐渐减弱。①

贫民窟城市

"贫民窟"（也称陋屋区、临时住房或寮屋）一词指的是那些未经设计的、不合法的和非正式的住房。② 起初该词是指各地城市中破旧的区域，但最近一般用来指发展中国家城市中的非正式定居点。这些住房之所以不合法是因为居住者没有土地所有权，不纳税，并且其所

---

① Klink, J. and Denaldi, R. (2012) "Metropolitan fragmentation and neo—localism in the periphery: revisiting the case of Curitiba." *Urban Studies* 49: 543 - 561.

② 不同国家对贫民窟或寮屋有许多不同的叫法。委内瑞拉人叫作 "ranchos"，秘鲁人叫作 "pueblo joven"，巴西人叫作 "favelas"，菲律宾人叫作 "Barong—barongs"，缅甸人叫作 "Kevettits"。联合国用的是 "slum" 这个词，本书采用联合国用词。

盖的房屋不符合建筑规范。由于建筑非法，所以其居民也享受不到诸如排污、卫生设施或清洁饮用水等政府供给服务（图6.3）。

最近一次对全球贫民窟的调查结果由联合国于2003年公布。[①] 该调查估计大约有10亿人居住在贫民窟里。预计到2030年该数字会上升至20亿，因为迁移到城市的人越来越多，城市人口持续快速上升。

图6.3　越南胡志明市奢华住所旁的贫民窟

资料来源：照片为贝姬·巴顿所摄

贫民窟的数量之所以上升是因为正规市场和公共机构无力提供能让贫民买得起住得上的住宅，所以随着人口持续从农村迁往城市以及人口的自然增长，贫民窟的规模也越来越大。从某种意义上说它们代表了当地的贫困。例如拉各斯超过50%的人口生活在贫困线以下，而

---

① UN Human Settlements Program（2003）*The Challenge of Slums*. London：Earthscan.

在利比里亚的蒙罗维亚（Monrovia）其比例则接近 60％。据世界卫生组织估计，2000 年时有超过 6 亿发展中国家的城市居民享受不到清洁水、卫生设施和排水系统。尽管这个数字令人不安，但其实农村人口的状况更为糟糕。比如在尼日利亚，城市人口大约有 75％能喝上良好的饮用水；而农村人口则低至 50％。虽然贫民窟条件很糟，但很多情况下还是要比农村地区好一些；所以人们才会数百万计地从农村迁移到城市——迁移是为了改善生活条件，得到更好的工作和服务以及为子女创造一个更为光明的未来。

一些贫民窟经历了从建在最边缘地区的临时住处变成城市社区固定住宅的过程。以墨西哥城某社区为例，该地在过去 60 年吸引了大批农村移民。20 世纪 50 年代一些农村人口迁移到墨西哥城郊区的内萨瓦尔科约特尔城区（Ciudad Netzahualcóyotl），在征用土地上用其所能找到的材料为自己建造住宅。随着时间的推移，越来越多的人从农村迁移过来，该地进一步扩大，建造了更多的永久性建筑。规模扩大并且稳定下来之后，当地的居民就有了更大的政治影响力，他们要求得到更好的服务和法律地位。1963 年该地区正式建市，市民正式享用到诸如饮用水、路面铺砌、排水设备和电气照明之类的服务。到了 20 世纪 80 年代，医院和学校等公共建筑也建造完成。1995 年该地常住居民超过了 100 万人，容纳新来移民的临时住所变成了贫民窟，成为城市不可分割的一部分。

方框 6.3
加纳阿克拉（Accra）的非正式区

非正式区有 5 个地理特征：第一，会有大规模的贫民窟/寮屋区……因为移民和其他一些市民只住得起这些地方。这些地方为诸如食品行业和非正规建筑业提供了廉价劳力储备。第二，住房条件会极度恶化……人数增多，居民更为拥挤，这在经济上导致了一种非常规的建筑形式的繁荣，即大量增加房间/摊位和商铺用于出租。

第三，高档住宅区旁会有货摊和前后临时工房……第四，会有临时工房，主要用于住宅建设工地……第五，到处会出现服务和生产的小企业，沿着主街、专用道路和闲置地块聚集。

Grant，R. (2009) *Globalizing City*：*The Urban and Economic Transformation of Accra*，*Ghana*. Syracuse，NY：Syracuse University Press，pp. 115 - 116.

那些住在贫民窟，尤其是在达不到像内萨瓦尔科约特尔城区那样规模、永久性和政治权力的地区的人都面临着土地制度不稳定、风险较大以及缺乏政治话语权等问题。

贫民窟可分为几类。在科特迪瓦的阿比让（Abidjan），住在贫民窟的人占到城市人口的五分之一。当地有三种贫民窟：佐伊布鲁诺（Zoe Bruno）地区的建筑由永久材料建成，拥有一些基础设施，唯一区别于正式城区的是其土地所有权不合法。布林格（Blingue）地区的建筑由非永久性材料建成，基础设施条件很差。而在最差的区域，如奥利奥丹（Alliodan），临时建筑根本无基础设施可言。不同贫民窟之间差别很大。人们有时能够分辨提供集体服务的早期自助房和擅自非法占有土地建造的房屋。最差的贫民窟往往不得不建在危险地区，比如陡坡、容易遭受洪水和滑坡侵害以及其他环境恶劣的地方。条件最差的城市居民会面临着诸多环境和社会问题，包括：

- 缺乏供水、排污、供电和垃圾回收的基础设施；
- 空气、食物、水或土壤中影响人体健康的致病源（病原体）；
- 空气、食物和水中短期或长期影响人体健康的污染物；
- 交通堵塞；
- 物理危害，如意外火灾、洪灾、泥石流或滑坡。

本章接下来会更详细地探讨这些问题。

基础设施的缺乏是发展中国家的普遍现象。看看下列数据：在曼谷，有33％的人享受不到清洁水的供应；在加尔各答，有500万人喝不上干净的饮用水；在喀土穆（Khartoum），90％的人用不了城市排污系统；在印度的许多城市，超过三分之一的人口没有公共厕所，只能用桶来装粪便；在波哥大，每天有超过 2 500 吨的垃圾得不到回收。2000 年 7 月 11 日，马尼拉柏亚塔斯垃圾场一座垃圾堆的倒塌导致住在垃圾场下方贫民窟里的 218 人死亡、300 人失踪，困在腐烂的垃圾中。联合国一份报告指出："人们深夜里被埋在一座世界城市郊区的垃圾堆里，这样的悲剧象征了无数穷人每日的无形困境。"①

据估计，数以亿万计的城市居民没有自来水，只能使用污染水源或是质量得不到保证的水。比如在加蓬的利伯维尔（Libreville），只有60％的人口能用上清洁水。并不是说他们得不到水，他们其实可以得到。有的贫民窟地区有公用水管或公共喷泉，居民可以在那儿用桶或其他容器汲水；但是取水要耗费大量的时间，并且往往要走很长一段路。此外还有卖水给穷人的水商（通常是私营公司），但他们的收费往往是公用自来水的 5 至 10 倍。许多城市里的穷人买不起私营水，因此缺乏用水。在一项引人注意的研究中，基尔斯滕·哈肯布洛赫（Kirsten Hackenbroch）和沙哈达特·侯赛因（Shahadat Hossain）描述了居住在达卡贫民窟里的人是如何争取使用公共设施和供水权利的。他们将贫民窟居住者和当地政客之间不对等的相互作用称之为"对权势者有组织的侵犯"。②城市平民区本应当是扶贫的出发点，但如今却成了显示权势和体现不对等权力的地方。

许多住在贫民窟里的人只能使用他们所能得到的一切水源，通常这些水都受到了污染。水传播疾病，会对人体健康造成极大影响。每年大概有 7 亿人会得腹泻病，大部分跟污染水相关的婴幼儿的死亡都

---

① United Nations Centre for Human Settlements (2001) *Cities in a Globalizing World：Global Report on Human Settlements*, 2001. London and Sterling, VA：Earthscan, p. xxvi.

② Hackenbroch, K. and Hossain, S. （2012） "The organized encroachment of the powerful：everyday practices of public space water supply in Dhaka, Bangladesh." *Planning Theory and Practice* 13 （3）：DOI：10. 1080/14649357. 2012. 694265

是由它所导致的。贫民窟居民体内含有蛔虫的比率很高，蛔虫会引起剧痛和营养不良。世界各地的贫民窟中像肝炎和肺结核这样的疾病盛行。而在发达国家中早已销声匿迹的霍乱、伤寒和痢疾仍在这里肆虐。贫民窟居民的新生儿死亡率要比同一城市的中产阶级或富裕阶级高出 2 倍，呼吸疾病死亡率高出 6 倍，败血症死亡率高出 8 倍。贫困往往意味着婴幼儿并不总能有机会接种麻疹、百日咳和白喉疫苗，从而会患上那些富人们不会染上的疾病。贫民窟里的婴儿死亡率是北美或欧洲城市的 40 至 50 倍。

社会服务如学校的缺乏会影响其受教育程度。在德里贫民窟中，75％的男性和 90％的女性是文盲；有 40 000 名贫民窟的儿童被当作童工使用，30 000 人在茶室打工，20 000 人在汽修厂工作。

对于生活在贫民窟里的人来说，他们会遭受一种独特的污染，即室内空气污染。室内空气污染的主要来源之一是用木柴或粪便生火烧饭所产生的室内烟雾。大多数贫民窟缺乏风扇或排气系统，并且由于他们没有电或煤气，所以是用明火来煮饭。持续接触烟雾对人体健康的影响一直被低估，未曾得到充分研究，但我们知道烧煤、木柴和其他生物质燃料会引起严重的呼吸道和眼部疾病。研究表明，室内悬浮颗粒物的总密度是室外的 10 至 100 倍，长期接触会引起呼吸道炎症，后者又会增加急性呼吸道感染如哮喘、支气管炎和肺炎的几率。女性每天往往会在炉子前待上好几个小时，所以她们接触的机会最多；婴幼儿接触的机会也很多，因为他们一直待在母亲身边。

方框 6.4

曼谷孔提区（Klong Thoey）贫民窟的变化

想要上公立学校的小孩必须要有出生证明，但要给小孩办出生证明，父母必须住在登记的房产中；问题自然就在于没有哪个贫民窟的房产是登记在案或有可能登记在案的，因为只有拥有合法土地权才能登记房产。

孔提区的大部分居民都只能与忍受高犯罪率、卫生设施的缺乏和对被驱逐的持续担忧一样默认这个事实。不过普拉提普（Prateep）的母亲是个例外，她决心要让女儿至少接受初等教育，为此她愿意凑钱将女儿送到贫民窟边上学费低廉的私立学校上学。等她到了15岁时，她就已经存了足够的钱去上成人夜校了，在那儿两年半就能学完六年的学业……最后她拿到了文凭，将家中棚屋的一个小房间改成照看父母都工作的小孩的日托所，有些父母愿意为此支付一天1泰铢的托儿费……

港务局通知普拉提普和她社区的大约2 000个居民，说他们所住的地区——其官方名称是第12街区——将被"开发"，因此他们必须要搬迁……但即便这些寮屋居民已在此居住超过了30个年头，就像孔提区的许多人一样，他们在泰国仍然不享有合法权利。对此也没人加以关注，直到《曼谷邮报》（the Bangkok Post）的一名记者偶然听闻，觉得这是一个很好的新闻素材……

为了不被媒体进一步抹黑，港务局只得让步。第12街区的居民仍然要搬走，但他们可以搬到更偏远的未被征用的贫民窟土地。这次搬迁展现了贫民窟居民前所未有的团结。牵涉到的300多户家庭选举出代表来划分新区域的住宅区，在搬迁时互相帮助，拆掉原来的棚屋并在新地址重新搭建起来。新的区域预留出半英亩用来为如今被当作他们领袖的年轻教师建造一座实体学校。

Warren, W. (2002) *Bangkok*. London: Reaktion Books, pp. 134 – 136.

婴幼儿长期接触室内空气污染，再加上营养不良（这是常见情况），导致了慢性支气管炎更加盛行。

贫民窟居民必须处理的另一个室内/室外污染是排泄物和污水的移除和安全清理。虽然有些城市着力改善清洁水的供应，但少有城市能够妥善处理卫生问题。许多水传播疾病都与排泄物相关，比如血吸虫病、十二指肠虫病和绦虫病。贫民窟居住者用坑厕、桶厕或"飞厕"

（flying toilets）的方式来处理排泄物。"飞厕"指将粪便装到塑料袋中，再将袋子扔到水沟、阴沟、溪流、水渠或河流中，由于粪便未经处理，便会进一步污染下游的水源。图6.4展示了肯尼亚内罗毕马哈雷（Mahare）贫民窟的一块"飞厕"。

图6.4　内罗毕贫民窟一条露天下水沟里的"飞厕"
资料来源：照片为大卫·瑞恩（David Rain）所摄

　　高度拥挤和堵塞是贫民窟的标志。加尔各答市有大约1 500个贫民窟，平均大小6英尺×8英尺，却能容纳6至8人。这样高的人口密度促进了接触性疾病如流感、脑膜炎、肺结核以及饮食疾病的传播。接触的频繁度、人口密度以及城市人口中易感染人群的集中邻近度都促进了感染性生物体的传播。
　　贫民窟的城市规划加剧了风险。稠密的住所意味着道路和街道

（通常没有铺砌过）的狭窄，限制了车辆通行，导致救护车、消防车和警车在经过该区域时非常困难。通常也没有供儿童玩耍的娱乐场所或安全场所。本书第八章将关注贫民窟消防的特殊问题。

过去50年城市爆发式的发展使其不得不向更危险地带的新地区蔓延，比如陡峭的山坡、河漫滩或土壤条件不稳定的地区（图6.5）。许多贫民窟常常建在这类边缘性的土地上，因为标准合法的住宅早已占掉了城市中最好最安全的地块。穷人们往往只能在高危地带定居，危险地建在山坡上的贫民窟常常会被暴雨冲走，后者也会淹没河漫滩上的贫民窟。暴雨还会导致山体滑坡和山洪，但真正引起危险的原因是低收入群体根本找不到安全的地块定居，政府也没有能够确保一块更安全的区域或是采取措施让现有的地区更加安全。

图6.5　多米尼加的罗索市（Roseau）危险山坡上的临时住宅
资料来源：照片为约翰·雷尼-肖特所摄

贫民窟在面对如山体滑坡、火灾和地表侵蚀这样的灾害时是非常脆弱的。那些住在临时定居点里的人在意外火灾、地震、洪灾或暴风雨中丧生或受伤的几率比住在城市正式住宅区的人更高。贫民窟中火灾频发，因为其建筑材料易燃，而且大部分人做饭都是用的开放炉灶或明火。贫民窟不通电也意味着人们只能靠蜡烛或煤油灯来取暖照明。

对卡拉奇贫民窟居民受伤情况的调查显示，大部分都是由于跌倒、烧伤和割伤。[①]大部分烧伤者都是在做饭的女性以及意外烧伤或灼伤自己的幼儿。

贫民窟生活对妇女和儿童的影响尤为巨大。在大多数贫民窟，婴儿、儿童和妇女承受着最严重的空气和水污染，也最易遭受环境危险的伤害。

贫民窟能够为从农村迁移到城市的移民提供一个落脚的平台，但却要付出一定的代价。贫民窟意味着希望，也意味着绝望，二者之间的差异概括了贫民窟的益处和代价。贫民窟能让那些初来乍到、收入微薄的农村移民轻易享受到城市的益处。贫民窟社区也能提供互助的基础——贫民窟的居民往往来自同一地区或省份，这种社会关系网可以为谋生提供支持、引导和联系。然而付出的环境代价却也能形成多重贫困之网，牢牢罩住最为贫穷的居民。贫民窟的恶劣条件会加剧对人体健康的危害以及居民们遭受其他问题的风险。例如，缺乏一些必要的基础设施会增加病原体传播疾病的可能性，缺乏供水装置意味着火灾发生时很难对火势加以控制扑灭，而缺乏铺设路面会给紧急救援服务带来困难。发展中国家城市中的许多穷人都面临着综合贫困。比如最近一项对达卡贫民窟居民的调查凸显了那些卫生条件和住房质量最差、洪灾风险也最高的居民们的心理健康问题。[②]心理健康问题仅仅是贫民窟诸多未曾记录的代价之一，对处于社会最边缘地位的女性来

① Hardoy, J., Mitlin, D. and Satterthwaite, D. (2001) *Environmental Problems in Third World Cities*. London: Earthscan, p. 72.

② Gruebner, O., Khan, A., Lautenbach, S., Muller, D., Kramer, A., Lakes, T. and Hostert, P. (2012) "Mental health in the slums of Dhaka: a geo-epidemiological study." *BMC Public Health* 12: 177.

说尤其严重。

缺乏合法的所有权使得贫民窟特别容易遭到政府的清拆。2005 年 5 月 19 日，罗伯·穆加贝（Robert Mugabe）专制下的津巴布韦政府出台了一项新的城市政策，称为"穆拉姆巴茨维纳行动"，字面意义是"驱逐垃圾"。作为美化城市、消灭黑市、减少犯罪和破坏政敌支持基础的全国性运动的一部分，政府下令将大城市周围的棚户区推倒清理。这些棚户区居民长期以来就是穆加贝的主要反对者。这次行动拆毁了 70 万人的房屋，清除了为 40％ 人口提供生计的非正规经济，将近 240 万的穷人面临着日益严峻的经济困难。2012 年 7 月，尼日利亚拉各斯州政府采取行动驱逐了拥有大约 20 万人口的马可可（Makoko）贫民窟区的居民。许多贫民窟都是高高地建在危险的泻湖之上的。居民们被要求在 72 小时之内撤离，之后就要开始拆迁房屋了。政府公文指出贫民窟是一种环境危害，会阻碍滨水开发并破坏拉各斯的特大城市地位。政府官员觉得 2010 年的 BBC 电视纪录片《欢迎来到拉各斯》（Welcome to Lagos）讲述了马可可贫民窟居民的故事，这就呈现出整个国家和拉各斯市的负面形象。但该纪录片其实歌颂了城市贫民窟生活的创造性和活力。尽管片中也指出了洪灾频发、供电不足和环境状况糟糕等问题，但对处于经济边缘地位的贫民窟边缘群体的适应力和活力却是大唱赞歌。与其说该片描绘了拉各斯的阴暗面，还不如说它突出了贫民窟居民的惊人活力和积极的进取心。

小结

发展中国家快速的城市发展未必就会形成重污染的工业城市或极度脆弱的贫民窟——像巴西库里蒂巴之类的一些城市已经减缓了环境恶化。人们也在努力改善城市贫民的社会和环境质量。比如在巴西的贝洛奥里藏特（Belo Horizonte），一项名为"普罗法维拉"（PROFAVELA）的项目已经帮助贫民窟居民们获得了土地所有权，从而享受到了市政公共服务。秘鲁利马的一些贫民窟组织起了垃圾捡拾队，沿着贫民窟固定路线蹬着三轮车收集垃圾。

　　发展中国家城市的一个特征是其居民的适应力。即使是发展中国家的中等收入群体也会遇到电力不足、就业不稳定、公共服务缺乏以及环境状况糟糕的情况；但是在面临无法提供就业和住房的正规市场的情况下，穷人和边缘人口只能艰难度日，他们只能自己想办法谋求职业和住所。这并不是要将各地的贫民窟传奇化，而是要指出其居民正在通常极度骇人的条件下创造着充满梦想和希望的生活。

延伸阅读指南

　　Daniels, P. W. , Ho, K. C. and Hutton, T. A. （2012） *New Economic Spaces in Asian Cities*. New York: Routledge.

　　Davis, M. （2006） *Planet of Slums*. London: Verso.

　　Hackenbroch, K. and Hossain, S. （2012）"The organized encroachment of the powerful: everyday practices of public space water supply in Dhaka, Bangladesh."*Planning Theory and Practice* 13 （3）: DOI: 10. 1080/14649357. 2012. 694265

　　Hsing, Y. （2009）. *The Great Urban Transformation Politics of Land and Property in China*. New York: Oxford University Press.

　　Neuwirth, R. （2005） *Shadow Cities: A Billion Squatter; A New Urban World*. London: Routledge.

　　Power, M. （2006, December）"The magic mountain: trickle-down economics in a Philippine garbage dump."*Harper's Magazine*, pp. 57 - 68.

　　McGee, T. G. , Lin, G. C. S. , Marton, A. M. , Wang, M. Y. L. and Wu, J. （2007） *China's Urban Space*. London: Routledge.

　　Mitlin, D. and Satterthwaite, D. （eds. ）（2004） *Empowering Squatter Citizen: Local Government, Civil Society and Urban Poverty Reduction*. London: Earthscan.

Roy, A. (2011) "Slumdog cities: rethinking subaltern urbanism. " *International Journal of Urban and Regional Research* 35: 223 – 238.

The website for UN-Habitat is: http: //www. unhabitat. org/categories. asp? catid=9.

第三部分　城市物理系统

第七章　城市地点

我们要区分"位置"（location）与"地点"（site）的含义。位置指的是相对空间，即联系、层级、经济交易和社会关系的空间，是从实际地域中抽象出来的空间。相反，地点则是指城市所占据的绝对空间。在许多近来的城市地理学以及一般的城市研究中，位置的抽象空间确实是被探讨得更多的论题。

但仍有越来越多的研究明确关注城市的地点。这些研究的理论取向的范围从景观分析学派（the landscape analysis school）到政治生态学（political ecology）再到社会批判理论（critical social theory），应有尽有。

丽贝卡·索尔尼特（Rebecca Solnit）在其富于想象力的旧金山地图集中探讨了城市地点的独特性。[①]　其著作《无尽的城市》（*Infinite City*）中的一些章节展现了不同居住者是如何体验城市的。城市被描绘成各种交错、重叠和共存空间的拼合：女权主义者保留下来的绿地，蝴蝶的栖息地和鲑鱼的迁徙地，以及电影空间和街区地图。城市的各

---

① Solnit，R. (2010) *Infinite City. A San Francisco Atlas*. Berkeley and Los Angeles，CA：University of California Press.

种地址、风景和话语经由不同的视角、不同时间的不同分析尺度而得以显现。该书是艺术家、制图师和作家的合力成果。22 张地图揭示了城市作为由多重地点和多样共享经验所组成的特殊地址所具有的某种丰富性。

与之形成直接对照的是路易斯·贝当古（Luis Bettencourt）和杰弗里·韦斯特（Geoffrey West）从相对人口规模角度对城市的研究。[1]至少根据他们的计算，要是每个美国城市人口都翻倍的话，平均下来其创新力会提高 15％，财富会增加 15％，生产力也会提高 15％。对这两位科学家来说，城市是超量级发展而非线性发展的地方。他们的研究与索尔尼特诉诸情感的方法形成了对照：贝当古和韦斯特强调度量而非体验，注重将城市看作是用非线性标尺来度量的地方，而非情感、记忆和欲望的场所。索尔尼特地图集和贝当古与韦斯特的数据研究代表了理解各个城市地址方法的连续统的两个极端。

例如新奥尔良是许多研究的主题。文化地理学家皮尔斯·刘易斯（Pierce Lewis）研究了城市景观的形成，而克雷格·科尔滕（Craig Colten）则从政治生态学的角度讲述了城市如何出于征服自然的目的而形成的。[2]雷纳·班汉姆（Reyner Banham）也在对洛杉矶的呈现性经典构想中借鉴了城市自然地理学。他在其半社会半物理的城市模型中归纳出四种地点和角色，分别称之为海滩生态（surfurbia）、丘陵生态（foothills）、平原生态（plains of id）和高速公路生态（autopia）。[3]戴维·哈维（David Harvey）在其著作《巴黎：现代之都》（*Paris*：*Capital of Modernity*），尤其是在第二部分"具象化"

[1]　Bettencourt，L. and West，G. （2010）"A unified theory of urban living." *Nature* 467：912 – 913.

[2]　Colten，C. （2004）*An Unnatural Metropolis*；*Wrestling New Orleans from Nature*. Baton Rouge，LA：LSU Press；Lewis. P. F. （2003）*New Orleans*：*The Making of an Urban Landscape*. 2nd edition. Sante Fe，NM：Center for American Places.

[3]　Banham，R. （1971）*Los Angeles*. Harmondsworth：Penguin.

（Materializations）中采用了更为批判的视角来研究城市化自然与正在出现的社会关系之间的关联。① 而阿尔让·阿帕杜莱（Arjun Appadurai）则在其对孟买的研究中详细描绘了城市景观及其与金钱和资本的关联。他让人感受到一种"街头交通的宏大景观"，并展示了民族宗派主义如何引发城市清洁运动的。② 尽管这些研究往往关注其当地表意性的特例，但它们共同提醒我们地点在城市形成过程中的作用，以及城市地点的变化如何影响了自然和社会的关系。城市必然要占据地点，而这种占据既是限制也是机遇，会给这块地方带来物质文化以及对城市梦幻的想象。城市地点是经济运作的基础，是社会关系的场所，也是生成城市形象的背景。

城市的特定地点也是生态区域主义（bioregionalism）的一个重要元素，生态区域主义可以被定义为对地区在气候、文化和环境方面变化的敏感性。完全不同的生态区中具有相似的生活方式、技术和城市形态的现代消费者往往有着共同的特点。其结果会造成对房屋、社区和整个城市设计得不合理。以园林设计为例：古典英式园林适合英格兰凉爽潮湿的天气，但对炎热干燥的澳大利亚或美国大陆从生态的角度来说却最不适合。然而直到较近的时期之前英式园林却在澳大利亚和美国城市的园林历史上大量出现。现在人们更加清楚，城市的可持续发展性与其位置密切相关，应将城市适当地置于当地生态系统所提供的机遇和制约并存的空间中，给予城市在世界中所应当占据的位置，而不是仅仅成为当代全球资本主义同质化消费空间中的一个节点。当全球的人们有着相似的住房、社区和城市时，它们就可以相互连接，形成共同的消费文化或全球性资本市场，但却无法反映或体现当地的

① Harvey，D.（2003）*Paris：Capital of Modernity*. London：Routledge.

② Appadurai，A.（2000）"Spectral housing and urban cleansing：notes on millennial Mumbai." *Public Culture* 12：627 - 651. See also Mehta，S.（2005）*Maximum City：Bombay Lost and Found*. New York：Vintage.

环境。城市可持续发展的一个重要方面就是要让城市能够适合当地环境、温度变化、降雨量、海拔、经纬度和生物带。种植原生植被，促进本地物种的繁衍生息，以及根据当地生态系统消除外来物种和建筑并让城市与其直接环境更紧密地融为一体。城市生态区域主义突出了各个城市特定的位置与地点所带来的机遇和制约。比如，从当地农民那里购买粮食会减少交通费用，促进当地经济，增加食物的新鲜度并提高营养。虽然城市经济的发展很大程度上在于打通更广阔的市场，但从广义上来说，一个城市的健康却往往在于是否能够适应当地的生态系统，与其紧密关联。如今出现了一些生态村，即关注环境敏感性和城市可持续发展的社区，其形态多样，既有原生性的也有企业开发出来的，因为聪明的建筑商和开发商都在其设计、尤其是营销中采取了可持续发展策略和绿色主题。全世界的城市发展都在越来越多地参照当地环境。不再会出现之前接连不断的城市化了，因为如今的城市规划和设计更具生态区域的意识，对当地环境更为敏感，城市与其独特地点的联系也更加紧密。

斯蒂芬·格拉汉姆（Stephen Graham）和鲁西·休伊特（Lucy Hewitt）认为许多城市研究都专注于横向层面而非纵向层面。他们建议更多关注城市的纵向面，从三个维度来考察城市。① 威廉·迈耶（William Meyer）的论述更为详尽，比如他强调了美国城市早期发展过程中海拔高度所起的作用。有些城市避免建在高地上，因为那样的话很难将水抽到那里或是将马拉消防车拖到那里，因此会有更大的消防隐患。早期的公共交通形式也不适合走陡坡。后来，随着海拔高度不再是个问题，高地就成为精英人士的居住地，因为那里可以远离下

---

① Graham，S. and Hewitt，L. (2012，April 25) "Getting off the ground: on the politics of urban verticality." *Progress in Human Geography*. doi: 10. 1177/0309132512443147.

方的污染和肮脏。①格拉汉姆指出，在洛杉矶，海拔高度与社会-经济地位之间有着明显的关联，好莱坞山和克伦肖平原就是形成鲜明对照的例子。

高度在城市的（实际）生活中也扮演着更为普遍的角色。比如墨西哥城周围流行登革热，但该城却相对免遭其害，就是由于其海拔高度达到了 2 485 米。这种登革热是由被安第斯蚊子叮咬所导致的，这种蚊子无法在较高海拔生存，所以登革热在低海拔地区更为流行。例如在委内瑞拉，大多数城市海拔高度都要低得多，在那儿感染登革热的风险也更大。②

加上第三个维度有助于更好地理解城市。但要获得理解城市的多维观点，仅仅知道海拔高度是远远不够的。我们还要了解围绕、涵摄以及构造城市的环境背景。不妨先来思考一种环境背景，即河流。许多城市临河而建；它们依傍特定的河流发展起来，而城市的历史也在很大程度上是透过社会和经济棱镜所折射出来的与河流关系的展开与变化的历史。想要了解格拉斯哥、伦敦、佛罗伦萨、开罗、金边、都柏林或加尔各答，就必须要分别了解克莱德河（the Clyde）、泰晤士河、亚诺河（the Arno）、尼罗河、湄公河、利菲河（the Liffey）和胡格利河（the Hooghly）。比如伦敦城的演化只有通过其与泰晤士河的关系的变化才能了解；不仅能了解之前的特定码头区域如金丝雀码头，也能解释泰晤士河南北岸区域的社会地理。

特利西亚·库萨克（Tricia Cusack）探讨了哈德逊河、塞纳河、香农河（Shannon）、泰晤士河以及伏尔加河在民族和城市特色形成过程中所起的作用。这些河流是代表和理解地点、民族和文化特性的关

①　Meyer, W. B. (1994) "Bringing hypsography back in: altitude and residence in American cities." *Urban Geography* 15: 505 - 13.

②　Patz J. A, Martens, W. J, Focks, D. A. and Jetten, T. H. (1998) "Dengue fever epidemic potential as projected by general circulation models of global climate change." *Environmental Health Perspective* 106: 147 - 153.

键要素。①以泰晤士河为例，它反映了 19 世纪城市污染的现实与长期以来的爱国主义与宏伟壮观形象之间的不协调，泰晤士河的状况也因此被视为国家的脸面。此外，作为市政工程主要成就的泰晤士河堤岸也被认为配得上这座英帝国首都的面貌。即便是在那些河流并非直接可想可观的城市，城市-河流的关系也依然存在。布莱克·甘普雷赫特（Blake Gumprecht）为我们讲述了一个关于洛杉矶河的故事。在西方殖民者入侵之前，该河系养育了形成稠密定居网的当地美洲土著，后来它也成为新城选在这里的主要原因。该河能够提供饮用水和农场灌溉用水，柑橘林就是用河水来浇灌的。随着城市化沿着河岸的蔓延，季节性的洪灾造成了越来越多的破坏。19 世纪末和 20 世纪初一系列冬季暴雨洪水导致了对河流治理的更高要求，该河被导入 51 英里长的混凝土涵洞中。如今它已完全变成了一条城市河流，不定期地流经一个完全人造的渠道系统，就像是一条小溪在穿越城市的宽阔混凝土瘢痕中流淌。甘普雷赫特的书名为《生死与可能的重生》（*The Life, Death and Possible Rebirth*）。他认为对河流的挖掘以及对河岸的绿化会是生态复原、环境治理与城市改造的重要目标。②世界各地的发达国家城市都在重新评估河流与城市的关系，从以往狭隘地把河流看作是输送经济资源的必需品和垃圾倾倒场，转变为认为河流具有可持续性的多种休闲功能。我们可以从与河流的关系中得以了解城市。

　　本章接下来将通过对特定类型的城市-环境关系的一系列理论化案例研究来探讨城市地点这个宏大的主题。记住环境结构不会简单而一成不变地决定一个城市的发展，这一点很重要。

---

　　① Cusack，T.（2010）*Riverscapes and National Identities*. Syracuse, NY：Syracuse University Press.

　　② Gumprecht，B.（1999）*The Los Angeles River：The Life, Death and Possible Rebirth*. Baltimore，MD and London：Johns Hopkins University Press.

海滩之上

澳大利亚摄影史上最标志性的影像之一是马克斯·杜培（Max Dupain）于 1937 年拍摄的《日光浴者》（*Sunbaker*）。这张照片拍摄了海滩上一个年轻人的头部和肩部。他的头搁在前臂上，影子很短，暗示夏日的骄阳就在头顶上方。马克斯·杜培（1911—1992）是澳大利亚最有名的摄影师之一。他拍摄了悉尼的许多景色，包括街景、海滩和建筑，所有照片都展现出鲜明的现代风格。到了 20 世纪 70 年代，他的影像被公认为捕捉到了澳大利亚的精髓。而在其数以千计的照片中，这张海滩上日光浴者的黑白照片最广受好评。海滩日光浴者的图像成为澳大利亚和悉尼在澳大利亚人和全世界人民心目中的标志性形象。

最早定居在悉尼这块地方上的是伊奥拉人（the Eora people）。1788 年第一舰队（the First Fleet）的到来粗暴地扰乱了这些沿海居民捕鱼、农耕和狩猎的生活。博特尼湾（Botany Bay）和悉尼湾（Sydney Cove）先后成为大英帝国的遥远边陲。悉尼发展为澳大利亚最大的城市，到了 20 世纪末已成为澳大利亚的全球门户。

悉尼是从内港地区向四面八方发展起来的，既向内陆延伸，也沿着海岸蔓延，结果就将海滩景色融入了城市之中（图 7.1）。沿着海岸有大大小小的 38 处海滩，既有绵延 5 千米的克罗努拉（Cronulla）海滩，也有袖珍型的 70 米长的克罗夫利海滩（Clovelly）。它们从北边的棕榈海滩（Palm Beach）到南边的博特尼湾（Botany Bay）连成一线。在海港区以内还有 32 座海滩。

这些海滩非常迷人，有着美丽的金色沙子、澄净的海水、适合拍照的高浪以及呈优美新月弧形围绕海滩的砂岩岬地貌。海港区和海滩是悉尼市不可分割的一部分，为城市添加了光亮和空间，与大海的关联也更加紧密。悉尼以悠闲自在而著称，这在一部分程度上要归功于其不受拘束的城市空间。与内陆城市建筑所带来的压抑与限制感不同，悉尼与大海和开阔水域的广泛关系形成了一种空间感和开放感。

图 7.1 悉尼的海滩

资料来源：照片为约翰·雷尼-肖特所摄

海滩也是城市生活的重要组成部分。英国侨民亨利·吉尔伯特·史密斯（Henry Gilbert Smith）于 1857 年将渔村曼利（Manly）改造成海洋度假村。一开始海水浴受到限制。法律规定只能在晚 8 点和早上 6 点之间进行海水浴，这项禁令一直到 20 世纪初才有所松动。1902 年一名当地报纸的编辑第一个违反禁令，而警方也没有起诉他。很快人们就纷纷来到海滩游泳、晒日光浴和闲逛。游泳俱乐部、救生俱乐部以及后来的冲浪俱乐部让兴趣相同的人们聚集到一起，真的可以说是一种城市海滩文化了。男性救生员成为了澳大利亚男子气概的形象标志，冲浪成为一种年轻人的文化，而袒胸日光浴则是澳大利亚妇女解放运动中的重要方面，也体现出性道德的变化。在悉尼这座城市，海滩上的身体是城市经验的重要成分，透过海滩感官体验的棱镜反映和折射出了社会的变迁。

方框 7.1

悉尼和海滩

海滩体现了澳大利亚真正的民主……我们澳大利亚人的自由并非源于乔治王朝时代戴着假发的开国者及其刻有良好意愿的图章……我们在脱下衣服无所事事中找到了自由，多年来在使这种闲散状态优雅化并抬升至文化高度的过程中获得自由，这种休闲文化如今在最时尚的地方颇受推崇……不管种族主义者和希伯来先知耶利亚怎么说，过去种族主义严重的澳大利亚现在已经和谐地吸收了众多不同的文化，海滩及其生活方式就是其中重要的体现。如今在邦代海滩（Bondi Beach）上的大多是各种族移民的后代，救生员们有着意大利、希腊和土耳其的姓氏，冲浪的则是些越南人……这块海滩是他们的天下。

Pilger, J. (1989) *A Secret Country*. London: Jonathan Cape, pp. 10 - 12.

这么多的海滩其差别也是非常显著的。位于郊外的北部海滩，如Curl Curl 海滩比起更具年轻活力、各色人种汇集的邦代海滩来说显得有些安静。在规模更大、人气更高的海滩周围很快就兴建起了餐厅、旅馆、酒吧和商铺。海滩和海岸线也塑造了社会地理。悉尼的富人往往住在水岸边的内城区；穷人则更靠内，更加远离海滩。内城区的西郊相比于内城的双湾区更多的是蓝领阶级的聚居地。

海滩也日益成为争议之地。2005 年 12 月的民众骚乱沿着博特尼湾以南的克罗努拉海滩爆发，其总的事件背景不仅仅是 911 之后变化了的世界，也有 2002 年澳大利亚人所经历的巴厘岛恐怖爆炸案，这次事件导致 88 名澳大利亚人死亡，反伊斯兰的情绪由此高涨。骚乱的本地背景则是克罗努拉海滩的位置，它是通铁路的仅有的几座海滩之一，因此西郊的贫穷居民们更容易到达。西郊是悉尼盎格鲁-凯尔特族裔较多的郊区之一，较少受到悉尼大量外国移民的影响。因为从西郊很容易到达，所以克罗努拉海滩受到了贫穷的年轻移民的青睐。一周前黎巴嫩裔的年轻人刚刚袭击了这里的两位救生员。根据当地人提供的一些小道消息，这场冲突源于争夺海滩上年轻女孩的吸引。2005 年 12 月 1 日的那个周日，一群超过 5 000 人的白人暴徒沿着海滩行进，只要他们认为是黎巴嫩人的都加以攻击。这群暴徒是由右翼和新纳粹团体组织的，他们急切地想要宣示海滩只属于"真正的"澳大利亚人。

海滩在推销悉尼这座城市方面也起到了作用。海滩和大桥、阳光和悉尼歌剧院都是悉尼国际推广和宣传形象的一部分。悉尼之所以在与墨尔本竞争成为澳大利亚的首要全球门户中获胜，部分原因可以归功于其辨识度更高的城市形象以及诱人的海滩文化在成功推广城市国际形象方面所发挥的作用。悉尼拥有诸多最受国际认可的城市形象，如海港大桥、悉尼歌剧院和邦代海滩。海滩的快乐召唤着远近的来客。

沙漠中的城市

麦加和拉斯维加斯，两座本无可比性的城市被放到了一起；一座是宗教朝圣的目的地，另一座是博彩和娱乐业之城。但两座城市都位于沙漠中，而这样的位置则塑造了两座城市。朝圣的想法，无论是灵魂还是肉体上的，都由穿越沙漠到达绿洲的实际或比喻意义上的旅途感而得到加强。

麦加位于锡拉特山脉（the Sirat Mountains），距红海海岸 45 英里，气候干燥炎热，年降雨量少于 5 英寸，尽管冬季的洪水能够席卷通常干枯的易卜拉欣河床（the Wadi Ibrahim）。温度很高，夏季能达到 100 华氏度。麦加成为绿洲已经很久了，水井能挖掘到地下水源，其中一座被称为渗渗泉（Zam Zam）的水井被认为是上帝赐予亚伯拉罕（Abraham）及其妻子夏甲（Hagar）的礼物。将绿洲置于严酷的沙漠之中被人们看作是上帝有意为之。在罗马和拜占庭时期麦加是重要的贸易中心和朝圣中心。朝圣者来此瞻仰克尔白圣石（the Kaaba），这是一座 50 英尺高的立方体建筑，据说是亚伯拉罕和他的儿子以实玛利于公元前 4 000 多年所建，里面放着一块黑石，据称是亚当时期从上帝那里掉落下来的。先知穆罕默德大约于公元 570 年诞生在这座城市。他于 622 年被迫离开这座城市，但却在 8 年后回归，摧毁了异教的偶像，宣布麦加成为穆斯林信仰的中心。麦加是伊斯兰教最神圣的地方，也是穆斯林生活的中心。虔诚的穆斯林教徒每天会朝着这座圣城的方向祷告五次，并且一生中至少要去麦加朝圣一次，称作麦加朝觐（图 7.2）。

图 7.2　麦加的朝圣者

图片来源：http：//www. worldcity-photos. org/SaudiArabia/SAU-mecca-webshothai＝jj20012. jpg

伊斯兰教有 16 亿信徒，也是世界上发展最快的宗教。随着信众人数的增加，麦加朝觐的人数也在增长。1950 年时有将近 25 万人来到这个圣城朝圣，到了 2012 年这个数字已经超过了 280 万人。朝觐的最简单形式是朝圣者们于伊斯兰历的 12 月前往麦加，男性只穿着由两件白袍组成的简单朴素的服装。为了重现夏甲当年殊死寻找水源的情景，朝圣者们要在萨拉山（Sara）和玛瓦山（Mawah）这两座山之间来回走七趟，然后再逆时针围绕克尔白圣石七圈，前四圈要快，后三圈要慢一些。长一点的朝觐要先去米安城（Mian），然后再回到麦加。

招待这些朝圣者是麦加 1 300 多年来的主要产业。过去朝圣者们会徒步或骑着驴子或骆驼穿越沙漠汇集到麦加，这样会增强祈愿的感觉，穿越荒野的旅途会提升那种在神佑之下抵达圣地的感觉。如今，许多朝圣者直接飞到吉达（Jeddah）国际机场，乘一段汽车，然后再步行至围绕克尔白圣石的巨大清真寺。沙特阿拉伯政府投入了大笔资金以改善通往麦加的道路，为朝圣者提供交通、食物、住宿和卫生设施。据估计沙特政府在过去 25 年中总共花费了 140 亿美元，兴建了全世界最大的屠宰场以提供肉类，建设了一座能提供 5 000 万袋淡水的水厂，并且每年沙特航空会运送 50 万人至吉达。石油方面的巨额收入使得设施得到改善，到达麦加也更加容易。发生在 1990 年、1994 年和 1998 年的人群踩踏事件也推动了空间布局的变化，使得大量人群移动起来更方便，此外还在安全和监控方面增加了投入，以遏制原教旨主义者和持异见人士的暴力威胁和恐怖主义。

麦加以往的水源都来自周围向南延伸 20 英里、向北延伸 60 英里的溪流和连接渠道。如今政府靠石油致富之后可以自行生产水，用之不尽。

方框 7.2

给沙漠城市降温

全球变暖问题似乎往往只适合作为国际论坛和各国政策磋商的话题，但随着一些国家政府——尤其是美国——拒绝服从国际机制，一些地区、州甚至是城市更多地参与进来。2006 年，22 个全球最大城市共同宣誓要通过贯彻政策和共享技术来减少温室气体。美国一些较为进步的州已经建立了温室气体排放目标。有些州要求发电厂使用可再生资源来生产部分电力。在加利福尼亚州的带动下，已经有 11 个州采用了比国家标准更加严格的汽车尾气排放标准。

即便是小城市也能贡献自己的力量。在沙漠地区要想保持凉爽就必须要有巧妙的设计和精湛的技术，也需要一套创新机制。艾丽丝·斯普林斯（Alice Springs）位于澳大利亚中部，半干旱的气候使得夏天干燥炎热而冬天暖和。当地一项名为 desertSmart Cool Mob 的提案创建了一个能够节约用电用水、减少交通以及最大程度地减少垃圾、鼓励循环利用的计划。超过 500 户家庭已经签字同意过一种更加可持续的生活方式。家庭会被告知一些节能信息，有一系列旨在翻新旧房的优惠活动和培训班，并建造了更多环保的新型房屋，通过这些方式来追求积极的环境结果。

资料来源：http：//desertsmartcoolmob.org.

拉斯维加斯也是一座沙漠城市，不过它在旅游区和豪华的宾馆区展现出丰沛的水源以掩饰了其所在的干燥的地理位置。这座城市在现代时期由一座边远之地发展而来，本是前往别地的一个出发点。1905年它还是一个铁路小镇，但由于地理位置上佳，不难想象其日后的进一步发展。这座小镇位于莫哈维沙漠（the Mohave Desert）中部，远离人口中心，每年降水量少于5英寸，夏季温度能够高达100华氏度。在距离拉斯维加斯30英里远处的胡佛大坝（the Hoover Dam）——原名顽石坝（the Boulder Dam）——的建造在拉斯维加斯发展史上是一个重大事件。大坝建造工程始于1929年，动用了上千名联邦工人。尽管只有5 000个职位，却有几乎42 000人于失业率极高的1931年大萧条时期来此寻找工作。州议会意识到这是一个经济机会，于是将博彩业合法化。大坝最终于1936年建成，为丰沛的水源和廉价的能源打下了基础。联邦政府通过建立后来被称为内利斯空军基地——能容纳10 000人的飞行员训练基地——进一步促进了拉斯维加斯的发展。联邦政府为该市的经济发展打下了基础，但真正看到其潜力的却是黑帮人物毕斯·西里尔（Bugsy Siegel）。他的火烈鸟酒店（Flamingo Hotel）于1946年开业，开启了一个新的博彩时代。由有组织的博彩集团所投资运营的赌场使得拉斯维加斯成为更多人的旅游目的地。1950年当地常住人口还只有24 624人。当时政府对黑社会采取了一些措施。

1955年内华达州立法要求所有投资者必须获得许可，此举是要排除已知的黑帮成员。然而这项法案实际上反而荫庇了而不是去除了黑社会。在公司资本主义时代，大型金融机构将不得不对其数十万的投资者进行审批。这项要求直到1967年才被公司博彩法案（Corporate Gaming Act）所取消，该法案为拉斯维加斯的公司投资铺平了道路。

从 20 世纪 90 年代起，拉斯维加斯发生了一些变化，大型娱乐场所取代了原有的赌场。1989 年米拉奇（Mirage）酒店的开业标志着原先靠赌博业盈利的模式已经变成靠娱乐业来赚取更多的利润。尽管还有一些赌场存在，如金砖赌场（the Golden Nugget）、四皇后赌场（Four Queens）和霍斯舒赌场（the Horseshoe），其他一些如沙丘赌场（the Dunes）、金沙赌场（Sands）、阿拉丁赌场（Aladdin）和大庄园赌场（Hacienda）则被拆除，代之以酒店和娱乐会馆如百乐宫（the Bellagio）、威尼斯人（Venetian）酒店、巴黎人（Paris）酒店和纽约（New York）大酒店。单单看名字从沙丘赌场和金沙赌场变成威尼斯人酒店和纽约大酒店就反映出了其变化，从对沙漠的随意指称变成了全球后现代地区的幻象。这些主题化了的酒店和赌场暗示了一个梦幻的世界（图 7.3）。

图 7.3 拉斯维加斯的喷泉展示了该市对水奢侈挥霍的幻象
图片来源：照片为乔·戴蒙德（Joe Dymond）所摄

拉斯维加斯是座沙漠城市，年平均降雨量不到 5 英寸，但人均用水量却是美国最高的。到 2011 年该市人口已超过 583 000，人均用水量略多于 400 加仑。拉斯维加斯大部分的水源来自作为胡佛大坝蓄水池的米德湖（Lake Mead）。自 2000 年起该湖的水位下降了 100 英尺，导致水量减少了 5 万亿加仑。当地出台了节约用水计划，通过在高峰时段限制洗车和浇灌草坪来减少对水的需求。此外还有一项卓有成效的补贴项目，旨在减少草皮面积。该项目每去除 1 平方英尺的草皮就补贴 2 美元，去掉的草皮用旱地代替，使用少量的水来栽种原生植物。拉斯维加斯的水属南内华达水利署（Southern Nevada Water Agency）（SNWA）管辖，该署提议建造 327 英里长的管道来抽取内华达东部一个蓄水层里的水，每年可以为拉斯维加斯输送 175 000 英亩的水。该项目预计总耗资约 150 亿美元。

水在拉斯维加斯梦幻形象的呈现中发挥着极为重要的作用，包括壮观的酒店建筑如威尼斯人酒店模拟威尼斯蜿蜒的大运河，从精心设计的水喷头到泳池晶莹的水面，以及高尔夫球场浇水充足的繁茂碧绿的球道，这些都奢侈地展现出拉斯维加斯充沛的水源。拉斯维加斯对每年 3 500 万的游客展示着城市壮观的幻象，这是对其沙漠背景的反抗与否定。

在麦加，沙漠被用来通过艰难的朝圣之旅以增强纯洁感、高尚感和救赎感，这种苦行也许就呼应了伊斯兰教朴素的基本教义和对沙特瓦哈比教义（Saudi Wahhabism）的原教旨理解。这些都是为生活在恶劣环境中的人们所设定的强大法则。而拉斯维加斯永恒的主题却是对沙漠干旱的否定。那里的瀑布、池塘和郁郁葱葱的草木并不意味着对自然的征服，而是对自然的无视。空调房间不是要对抗干燥炎热，而是要忽略它。沙漠的意义仅仅在于其无声的沉默。

不过这两座沙漠之城也不无相似之处。它们都有一种行旅之感，即前往绿洲的旅途，以及改变生活经历的希望。两座城市都位于最不宜居的地方，但都对旅行者提供了一些事物：财富和救赎、精神共鸣或不义之财、开悟或娱乐。沙漠的地理位置公开或隐秘地展示出一座城市的特性和功能。

三角洲上的城市

新奥尔良市的起源、经济基础和可能的衰败根源都来自密西西比河。该市靠近世界第三大河流系统的河口处，这样的地理位置既滋养了这座城市，也有可能毁灭这座城市。新奥尔良的历史、地理和未来与它在三角洲上的位置密切相关。

与其说新奥尔良是对环境适宜性仔细评估之后所产生的结果，还不如说是地理政治权力斗争的产物。最初它是一座法国城市。早期法国人先是沿着圣劳伦斯河（the St. Lawrence）然后顺着密西西比河进入北美。法国人在1602年建立了魁北克之后开始沿着内陆的河道和水道前行，在一定程度上是被掌控毛皮贸易的前景所驱使。贸易商、耶稣会信徒和官员沿着密西西比河寻找毛皮、皈依者和同盟。他们贩卖烈酒、金属器具和毯子以交换毛皮、宗教皈依和政治联盟。1682年雷内·罗伯，即卡瓦利耶·德拉萨勒（Rene-Robert，Cavalier de La Salle）带领着40名法国人和印第安人从伊利诺伊河进入密西西比河地区，然后划船顺流而下，于4月到达了河口。4月9日，他们在此插上一个十字架，升起法国国旗，正式宣布占有整块河域。

法国政府于1717年授予一家商业公司对路易斯安那的管理权。这家公司被人们称为密西西比公司（the Mississippi Company），尽管其正式名称是西部公司（the Company of the West），该公司被法国政府授予25年的贸易垄断权，并受命带来6 000名自由定居者和3 000个奴隶。保留对海外领土的总体控制，但将开拓殖民地的花费和日常管理转交给商业公司是君主国家惯常的做法。新奥尔良市由商业公司于1718年建立。他们一直想在靠近河口的地方建造一座贸易城市，正好在这块地方发现了巨大的三角洲水地，一半是湿地，一半是淤泥，整个就像是一块长着各类植物的漂移着的湿软筏子。新奥尔良市离密西西比河在墨西哥湾入海口处120英里，位于河流靠近庞恰特雷恩湖

(Lake Pontchartrain）的弯曲处，在该地可以将货物从湖上搬运至市里。比起沿着水流不断变化的密西西比河逆流而上，将货物用船运至庞恰特雷恩湖再转运到市里要容易得多。

新奥尔良市地势相对较高，法国贸易商早已在那儿靠近美洲原住民小道的地方安营扎寨。所以该市部分来源于美洲原住民，部分来源于法国，其名字也明显反映出这种共同的起源。该市以奥尔良公爵（Duc of Orleans）命名，该公爵是 1718 年的法国摄政王和统治者。法国人本想把密西西比河命名为圣路易斯河，但后来还是沿用了美洲土著名称"密西西比"一直至今。法国人显然留下了很多东西，如密西西比河下游沿岸的许多法语地名，以及狭长形的土地利用模式。法国人把所拥有的土地划分为带有狭窄临河面的长带状。

新奥尔良是法兰西帝国的边远前哨，是其从美洲到非洲和亚洲的全球殖民网的一部分。北美的法国势力主要集中在圣劳伦斯河沿岸一带。新奥尔良处在最外围的边缘，是沿着圣劳伦斯河向南，穿越湖泊和河流，顺着密西西比河而下的长长行程的末端。沿着这条大河道的其他法国城镇还有魁北克、蒙特利尔、底特律、圣路易斯和巴吞鲁日（Baton Rouge）。新奥尔良也是法国对海湾滨海地区更大兴趣的一部分。海湾地区的其他城镇群落还有莫比亚（Mobile）和比洛克西（Biloxi）。

政府赠送了大片土地，吸引了来自法国、加拿大、德国和瑞士的几千名殖民者。美洲土著对侵入其家园的行为进行了抵抗，但被法国军队击败，随后许多人被运至圣多米尼克（St. Dominique）的法国殖民地为奴。密西西比河下游的殖民地很快发展出种植园经济，栽种甘蔗、大米、槐蓝属植物和烟草。由于劳动力短缺，所以从非洲引入了奴隶来干田里的活。新奥尔良就位于这块新殖民地的中心。

笛卡尔坐标式（Cartesian order）的规划——即格栅式布局——被引入用于北美的荒地。新奥尔良的布局呈一个矩形网格，由 44 块组成，其中 11 块沿着河边，4 块远离河边。城市周围建有防御工事。中心区域直面河流的部分有一个露天广场，称为"阿姆斯广场"（Place d'Armes），周围是政府和宗教建筑。这种街道格局至今依然是新奥尔良市法国区又称维尤科斯卡尔区（Vieux Carré）的标志性特征。

新奥尔良初期发展缓慢，该市 1764 年的地图显示有三分之一的区域空无人烟。即便到了 18 世纪末也不是市内所有的土地都被占用。过了很长一段时间当初的规划愿景才被实现。最初建造的都是木质建筑，随着时间的推移和财富的积聚逐渐被更坚固持久的砖石建筑所取代，后者常被刷成白色或黄色。房屋有柱子支撑，整个地面围有宽大的外廊；这样的设计使得在压抑的气候下空气得到最大程度的流通。地下水位较低给建造带来了困难，而密西西比河定期的洪泛也威胁着城市。

到了 1825 年，城市周围的防御工事被拆除，为建造宽阔的大道提供了机会。运河街（Canal Street）、北壁垒街（North Rampart Street）和滨海大道（Esplanade Avenue）都位于早期防御工事的开阔位置。随着城市的发展，沿河种植园的狭长土地被进一步划分为格状地带。露天广场、宽阔大街和网格状布局成为新奥尔良城市形态的显著特征。该市最早沿着河流发展，之后又向北朝湖的方向发展。最初的发展由于担心洪灾而局限在海平面以上的高地，但 20 世纪初泵水技术的提高促进了城市低洼地区的发展。

1763 年新奥尔良以及整个路易斯安那省都改旗易帜。随着法国在七年战争（the Seven Years War）（在北美是法国和印第安人的战争）中战败，该市领土为西班牙人所有。但实际上这并未带来多少变化，新奥尔良一直处于法国政府长长利益触角的最末端。而事实证明西班牙人是非常高效的管理者，他们在 1788 年毁灭性的火灾之后重建了该市，所谓法国区的建筑其设计更多地带有了西班牙的特色。但西班牙势力在此也未能维持多久。1801 年该地被重新割让给法国，两年之后又被美国人通过路易斯安那购地购买，成为一座美国城市，也更具战略性地位。随着定居者们西进来到密西西比河以及更西的地方，现在的新奥尔良处在了一个具有巨大经济生产力的河域口。内地的货物经由新奥尔良港沿河运输，同时奴隶、货物和商品也逆流而上运往内地。

蒸汽动力缩短了密西西比河巨大流域地区之间的距离，而经济的发展则增加了这个大型河流系统的交通运输流量，新奥尔良成为这个新经济地理区域的枢纽中心。19 世纪早期该市人口从 1800 年的约 10 000 人增长至 1840 年的 102 193 人，而它也成为人口规模仅次于纽约和巴尔的摩的美国第三大城市。从 1830 年至 1860 年新奥尔良是全美六大城市之一，也是整个美国经济最重要的出口中心，拥有全国最大的奴隶市场，并在美国内战爆发前达到了经济发展的顶峰，当时的技术革命和新的经济地理位置都将这座城市推向了至高的地位。之后的技术进步和经济地理进一步的变化却削弱了其战略地位。随着铁运取代河运，新奥尔良已不再是枢纽性的中心。经济重心进一步向西偏移，国家经济也从农业经济向制造业转变，新奥尔良也就失去了它的重要性。随着芝加哥地位的日益突出，其他的铁路城市逐渐衰落，而克利夫兰、水牛城和匹兹堡等工业城市的兴起也掩盖了被称为"新月城"（the crescent city）的新奥尔良的光芒。尽管新奥尔良的人口持续增长，但其相对地位却在下降。1900 年该市人口增至 287 104 人，但 20 世纪对新奥尔良来说却是一个漫长的相对衰落的过程，它从 1900 年的美国第十二大城市变成了 1950 年排名第十六、1990 年排名第二十四，一直到 2000 年排名第三十一，在经历了卡特里娜飓风之后更是下滑到了 2010 年的第五十一名。新奥尔良已经失去了其影响力和对于美国的重要性。工厂纷纷搬至别处，经济增长的浪潮也与之擦肩而过，而城市中的阶级和种族对立问题也非常严重。新奥尔良似乎错失了形成大量中产阶级的机会，它饱受相对衰落之苦。

方框 7.3

新奥尔良和密西西比河

"人们如果只是观察围绕着新奥尔良蜿蜒流淌的密西西比河（它在每个河段都是如此弯曲，而新奥尔良之所以被称作'新月城'也是得名于此），就很难理解当初为何将这座城市的地址选在这里。就这条河来说，也许更佳的选址是往上游 100 英里处或往下游 50 英里处……这里的地势很低，污水都从河中流来。城市后方就是一块低洼的沼泽，滋生着热病和其他疾病，也是当地卫生状况的秘密根源所在。整座城市就建造在这样的低地上。"

Kingsford, W. (1858) *Impressions of the West and South, During Six Weeks' Holiday*. Toronto: Armour, p. 54.

"随着沉积物沿着大陆坡滑下，河中也未建造适当的防滑凸角——这块三角洲地区逐渐萎缩，没有得到填充——沿岸的沼泽发生了水土流失，路易斯安那的一些土地逐渐消失。每年的净流失量超过了 50 平方英里……每 1 英里的沼泽可以减少沿岸 1 英寸的风暴浪涌。如果沼泽减少 50 英里，那么大浪就必然会增高 50 英寸。美军工程部队受命来处理这个问题，他们围绕新奥尔良建了一圈防洪堤，这样的布局被称为新阿维尼翁（New Avignon），因为它就像中世纪建有城墙的城市阿维尼翁一样，不同的是新阿维尼翁与跨越围墙的州际公路相连接。"

McPhee, J. (1989) *The Control of Nature*. New York: Farrar Straus Giroux, pp. 62 – 66.

"每秒流经巴吞鲁日和新奥尔良的 60 万立方英尺的平均水量在当地政府看来几乎能够将排放的污水消解到无害程度。州政府不仅认为密西西比河是一个无底的'污水池'，还大力鼓吹其大量的淡水资源未来可以吸引许多工厂沿河而建……州政府虽然对州里其他地方的污染问题加以监管，但在 20 世纪 60 年代之前却对密西西比河下游地区未采取实质性的环保执行措施。……从 20 世纪 60 年代中期的大量鱼类死亡事件，到 70 年代中期的癌症恐慌，密西西比河下游地区一直是公众对水质问题热议的焦点。"

Colten, C. E. （2000）"Too much of a good thing: industrial pollution in the lower Mississippi River," in *Transforming New Orleans and Its Environs*, C. E. Colten (ed.). Pittsburgh: University of Pittsburgh Press, pp. 141, 159.

给城市带来经济地位的河流也受到两方面的威胁致其毁灭。第一个是洪灾。新奥尔良的历史就是一个发生洪灾、应对洪灾并采取措施避免洪灾的过程。当广大河域上游的冰雪融化，并且雨水比平常更多时，河水就会淹没堤岸。新奥尔良最早就是在一次重大洪灾之后的几个月建造的，从那时起，洪灾就成为了该市历史的一个重要组成部分。新奥尔良于1731年和1752年遭受过洪灾，1816年则被淹了一个月。1828年的洪灾促使政府为修建防洪堤强行征税。1849年该市被淹48天。1850年的洪灾迫使联邦政府拨款来修建防洪堤。密西西比河的洪泛主要发生在1882年、1884年、1890年、1891年、1898年、1903年、1912年、1913年、1922年和1927年。1995年新奥尔良的降雨量达到20英寸，暴雨使得该市遭受了洪灾。

　　面对洪水的一个应对办法就是修建防洪堤来控制洪水。第一个防洪堤建于1722年，高4英尺，从那以后兴建防洪堤就成为面对洪灾威胁的主要应对手段，将河水控制在高高的渠道里是一个解决办法。19世纪一个较有影响的理论认为防洪堤不仅会拦住洪水，而且通过将水导入狭窄区域可以增加流量从而洗刷河床底部。然而1927年的大洪灾推翻了这个理论，当时有超过100万人的家被淹。从那以后人们就建造了泄洪道作为防洪堤的补充，用可控制的方式来排放洪水。

　　城市化使得洪灾的风险增加。随着城市以及整个密西西比河流域不渗水地表的增加，发生洪灾的几率也在增加。每建造一个新的停车场和住宅区就会减少能够逐渐吸水的可渗水地表的面积，从而增加了洪灾的可能性。

　　由于河流一直在积聚沉淀物，所以河的水位会上升，因而防洪堤只有不断加高才能起到作用。为了更加安全，防洪堤必须要建得更高，这就意味着当洪水来临时更多的人会处于河水水位以下。如今的密西西比河就像一条高架水路一样流经新奥尔良。城市里的雨水必须要泵出，这就使得该市逐渐下沉至海平面以下。城市下沉得越多，就更需要泵水，也更需要加高防洪堤。自由市场社会普遍存在空间分隔化的过程，住宅开发也不例外。有钱人住在最好的地段，而低收入群体只能住在不理想的地方。新奥尔良的权势群体占据了大部分的高地。所以说在海拔高度和阶级之间是有关联的。最穷的人住在像第九区一类的社区，这些地段低于海平面很多，最易受到洪水的侵袭。而地势较高的中央商务区和更高档的花园区和法国区即使在恶劣的洪灾来临时也安然无恙。租住在地势低洼社区的穷人和黑人在卡特里娜飓风之后的洪水中受灾最为严重。

防洪堤需要不断地维护和检查。然而防洪堤的维护却一直得不到政治支持，直到出事为止。正是防洪堤的崩溃导致了 2005 年卡特里娜飓风之后灾难性的洪水，使得 1 000 多人丧生，城市毁于一旦。

新奥尔良面临的第二个问题是密西西比河的动态性，将其比作一根巨大的软管是再合适不过的了。一旦水从中喷出，水管就会左右移动。长期以来密西西比河在积聚沉淀物的过程中位置一直在移动，从而形成了新的河道。随着地形的改变，以及在重力牵引作用下寻求最快入海的通道，密西西比河的流道一直在发生变化。倘若不加人为干涉，这条蜿蜒河流巨大的弯曲部分就会呈扇形流经一片广阔的区域。对河的分流开导可以让其处于原位，但这样做花费甚多。美国陆军工程兵团不得不在河口上游 300 英里处建造巨型大坝以使河水沿密西西比河道流下，而不是流入阿查法拉亚河（the Atchafalaya），后者坡度更大，是更快的入海通道。倘若不是人类工程系统的干预，河水就会转而流向西面和南面，那样的话新奥尔良就不再是一个河畔的城市了。旧河管制工程于 1954 年开始，目的是为了让河水以 70/30 的比率分别流入密西西比和阿查法拉亚河。该工程最终花费保守估计为 10 亿美元，包括建造土坝和复杂的洪水控制系统。要想控制自然，就必须花费巨大的代价，还要时刻保持警惕。

达卡：另一座三角洲城市

孟加拉国的达卡市也坐落在三角洲上，处于恒河-雅鲁藏布江三角洲地区的正中心。它位于河流纵横密布的低洼平原上，该平原处于一个巨大河流系统的中间。该河流系统蜿蜒曲折，在近海处分成不同的河道。达卡是一座水城，只比海平面高出 20 英尺，位于每年从阿拉伯海和孟加拉湾吹来的潮湿季风的通道上。从 6 月到 9 月，季风带来的暴雨将城市浇透。2000 年之后的平均季风雨量几近 79 英寸（合 2 000 毫米）。2010 年 24 小时内雨量曾达到 13 英寸。

达卡是全球贸易重要的枢纽，英国、法国和荷兰的客商都在此设立了贸易站点。在英国对印度次大陆的殖民统治期间它成为一个重要的行政市，在先后从英国和作为西巴基斯坦的一个州独立出来之后又作为孟加拉国的首都和最大城市得到进一步的发展。

有一类城市环境著作将一种确定性模式套用在发展中国家的城市上，认为其问题主要源于环境背景。这些城市的社会问题只有从其环境背景中才能得到理解。这种观点的基本假定是发达国家的城市能够超越环境限制，而贫穷国家的城市则总是受到环境制约。城市位于三角洲平原中，处于西南季风的正中心，这本身不是什么问题。河流系统形成了层层冲积土，为农业生产提供了理想条件。季风也带来了生机和繁茂。传统上人们欢迎季风的到来，把它看作是夏日酷热结束的标志，同时也是因为它会带来对稻米、黄麻和甘蔗等作物生长所不可或缺的雨水。人们会用吟诵和歌舞来庆祝季风季节的第一场雨。雨水让被夏日炎热灼干的植物和作物重获生机，也为被夏日高温晒干的土壤带来水分。茉莉等香花开始开放，使空气中弥漫着绿色复苏的味道。番石榴和菠萝则变得饱满多汁。

方框 7.4

达卡：两极分化的城市生活

富人和穷人之间有着鲜明的对比……一方面，大街上可以看到最新款的进口汽车，熙熙攘攘的购物广场和商铺中进口货物琳琅满目；另一方面，街头的残疾乞丐和流浪者却与日俱增。这些都鲜明地反映出该市不平等的一面……最贫苦之人住在贫民窟和露天街头的非人恶劣的条件是其他地方少有的。这类住处见于沟堤和湖泊、河流与下水沟边上，以及铁轨旁边……到处是垃圾，无人收集，任其腐烂，路边洞穴一般的茅草屋，铁路两边的棚户区，苦咸水域，没有街灯却有大洞的街道，露天排水沟和污水管，其恶臭的外溢常常流到大街上，显眼位置处的污浊水塘，长满了水葫芦，充斥着垃圾，达卡市大部分地区给我们展现的就是这样一幅阴暗的景象。在季风季节，大部分城市居民，尤其是那些住在贫民窟里的居民，其悲惨状况难以言表。另一方面，那些富人区豪华的建筑、崭新的汽车和摆阔的生活方式与该市整体普遍的贫困形成了鲜明对比。

Siddiqui, K., Ahmed, J., Siddique, K., Huq, S., Hossain, A., Nazimud-Doula, S. and Rezawana, N. (2010) *Social Formation in Dhaka*, 1985 - 2005. Farnham: Ashgate, pp. 14 - 15.

并不是城市位置本身，而是许多其他因素使得其变成了危险之地并缺少经济潜力。其中有两点值得关注：第一点是气候和环境变化加剧了城市问题。全球气温的升高增加了气旋活动，产生了更多风暴和降雨。孟加拉国整个国家海拔都接近于海平面，很容易受到气候变化的影响。上升的海平面和气温增加了季风洪水和风暴破坏的强度。作为河流源头的喜马拉雅山越来越多的雪融水也增加了暴雨径流和洪灾的几率。住在分汊河道和泥泞低地的居民尤其易受影响。

第二点，也是与第一点相关的因素，是农村移民大量涌入城市。每年有超过40万人从孟加拉国农村地区搬迁到达卡。许多人是环境难民，上升的海平面、洪水和暴风雨所造成的破坏夺去了他们的土地和生计，所以不得不背井离乡。即便是在较好的年份，这片广阔三角洲地区的大部分田地每年至少也会被淹一次。越来越多的降雨和风暴所造成的径流洪水冲走了田地和农场。孟加拉国处在气候变化的最前沿，而达卡则处于风暴的中心。孟加拉国是一个处于巨大三角洲地区的大部分地势低洼的国家，气候变化的影响使得其农村人口不得不迁移到城市，从而加剧了达卡的拥挤状况。作为孟加拉国的第一大城市，达卡吸引着被上升的海平面、强烈的暴风、洪水和经济边缘化逼迫着背井离乡的所有农村人口。持续的人口增长率已经超出了正规经济提供就业或住宅市场提供住所的能力，结果就形成了遍布城市的贫民窟。这种未经规划的自建住宅一方面证明了人类在面对巨大障碍时的创造性，另一方面也对城市生态造成了重大影响。湿地遭到破坏，绿地被建筑物覆盖，地下水也受到污染。1960 年至 2008 年间市内和周边地区有一半的湿地和三分之一的水域由于城市化而消失。这些湿地和水域本可以像海绵一样吸收暴雨水。而如今，季风降雨所带来的不仅仅是对酷热的缓解和水分，也带来了城市的洪灾。城市的水文系统已经无法跟上城市化的速率和规模。

达卡是世界上发展最快的特大城市之一，1950 年时其人口只有336 000 人，但到了 1980 年这一数字已经上升至 320 万人，2011 年时则高达 1 530 万人。城市规模从 1990 年到 2005 年翻了一番。预计到2025 年人口数将达到 2 000 万人。超过一半的市民住在贫民窟以及遍布城市边缘、空地、绿地和河漫滩的私建住宅区中。这些地区，尤其是临时贫民窟区的快速蔓延，使得城市绿地减少，不渗水地表面积以及在易受水浸影响地区的水浸现象和在建民居，这些都导致城市更易遭受洪灾。穷人们往往无处可去，只能住在极易遭受洪水危害的地区。

达卡如今洪灾频发，该市于 1998 年、2004 年和 2011 年都遭受了灾害性洪水。2004 年的洪水淹没了所有的道路，230 万人受困，商业活动中断将近一个月。超过 50 万人感染了水传播疾病。2011 年 7 月 19 日上午，达卡一场非常短暂的阵雨就带来了 1.3 英寸（33 毫米）的雨量，由于排水系统一小时内只能排掉半英尺（12 毫米）的水，结果形成了大面积的洪水。由于交通堵塞，人们只能趟过脏水去上班；人力车主也趁机抬价。所以《经济学家》（the Economist）杂志将达卡列为仅次于哈拉雷（Harare）的全球最不宜居城市的第二位也就不足为奇了。

延伸阅读指南

The city-site nexus is a major theme of the new urban environmental history. See articles in the journal *Environmental History*, as well as the 2012 special issue on "History of urban environmental imprint" in the journal *Regional Environmental Change* and the 2011 special issue on "Methods and contents in landscape histories" in the journal *Landscape Research*.

Melosi, M. V. (2010) "Humans, cities and nature: how do cities fit in the material world." *Journal of Urban History* 36: 3 - 21.

On bioregionalism and cities:

Berg, P. (2009) *Envisioning Sustainability*. San Francisco, CA: Subculture Books.

Gabor, Z. (2013) *The No-growth Imperative*; *Creating Sustainable Communities Under Ecological Limits to Growth*. New York: Routledge.

Thayer, R. (2003) *LifePlace*: *Bioregional Thought and Practice*. Berkeley and Los Angeles, CA: University of California Press.

The website of the global ecovillage network: http://gen. ecovillage. org.

There are many books on Sydney:

Connell, J. (ed.) (2000) *Sydney*: *The Emergence of a World City*. South Melbourne: Oxford University Press.

Falconner, D. (2010) *Sydney*. Sydney: UNSW Press

Noble, G. (ed.) (2009) *Lines in the Sand*: *The Cronulla Riots*, *Multiculturalism and National Belonging*. Sydney: Institute of Criminology.

Spearritt, P. (2000) *Sydney's Century*. Sydney: UNSW Press.

For a more recent update of environmental plans and policies, see the website of *Sydney 2030*, which is the city's plan to make the city more sustainable; it also gives an annual benchmark: http: // www. sydney2030. com. au.

On Las Vegas:

Ferrari, M. and Ives, S. (2005) *Las Vegas: An Unconventional History*. New York: Bullfinch.

Land, M. and Land, B. (2004) *A Short History of Las Vegas*. Reno, NV: University of Nevada Press.

Roman, J. (2011) *Chronicles of Old Las Vegas: Exposing Sin City's High-Stakes History*. New York: Muesyon.

Schumacher, G. (2010) *Sun, Sin and Suburbia: An Essential History of Modern Las Vegas*. Las Vegas, NV: Stephen Press.

Mecca as a pilgrimage site is covered by:

Hammoudi, A. and Ghazaleh, P. (2006) *A Season in Mecca: Narrative of a Pilgrimage*. New York: Hill and Wang.

Wolfe, M. (ed.) (1999) *One Thousand Roads to Mecca: Ten Centuries of Travelers Writing About the Muslim Pilgrimage*. New York: Grove.

On New Orleans, see:

Colten, C. (2004) *An Unnatural Metropolis: Wresting New Orleans from Nature*. Baton Rouge, LA: LSU Press.

Gotham, K. F. (2007) *Authentic New Orleans: Tourism, Culture. and Race in the Big Easy*. New York: New York University Press.

Lewis, P. F. (2003) *New Orleans: The Making of an Urban Landscape*. 2nd edition. Santa Fe, NM: Center for American Places.

Powell, L. N. (2012) *The Accidental City: Improvising New Orleans*. Cambridge, MA: Harvard University Press.

On Dhaka, see:

Byomkesh, T. , Nakagosshi, N. and Dewan, A. M. (2012) "Urbanization and green space dynamics in Greater Dhaka, Bangladesh. " *Landscape and Ecological Engineering* 8: 45 - 58.

Hossain, A. M. M. and Rahman, S. (2011) "Hydrography of Dhaka City catchment and impact of urbanization on water flows: a review. " *Asian Journal of Water, Environment and Pollution* 8: 27 - 36.

Islam, N. (2005) *Dhaka Now: Contemporary Urban Development*. Dhaka: Bangladesh Geographical Society.

Siddiqui, K. , Ahmed, J. , Siddique, K. , Huq, S. , Hossain, A. , Nazimud-Doula, S. and Rezawana, N. (2010) *Social Formation in Dhaka, 1985 - 2005*. Famham: Ashgate.

Sultana, M. S. , Islam, G. M. T. and Islam, Z. (2009) "Pre- and post-urban wetland area in Dhaka City, Bangladesh: a remote sensing and GIS analysis. " *Journal of Water Resources and Protection* 1: 414 - 421.

第八章 危害和灾难

在城市中，危害和灾难的可能性一直存在。每次电视中播放全球重大灾害或惨烈画面时我们就会意识到这一点，不管这些灾难是新奥尔良在卡特里娜飓风之后的洪灾，席卷印度洋沿海地区的海啸，2010年太子港地震所遭受的破坏，还是2011年日本太平洋沿岸的海啸。纵观历史，城市一直都是灾难的发生地。

有必要依次对一些术语作出定义："危害"（hazards）指一些极端事件如恶劣天气、地震和海啸。环境危害包括洪水、暴风、滑坡和其他许多危害，也有一些社会危害如火灾和核电危机。环境危害和社会危害之间的区分不是绝对的。在2011年的日本海啸中，地震引起的海啸是环境危害，但它引起了核辐射的扩散，后者则是社会危害。两个概念互相融合渗透，界限也不是那么分明。"风险"（Risk）指的是发生极端事件的可能性；也可以更详细地定义成人们遭受危害的结果及其预测、回应和从危害中恢复的能力。"易受性"（Vulnerability）度量的是遭受危害的可能程度。易受性可分为两类：位置性的和社会性的。有关于易受性的地理学研究。有些城市由于其地理位置而更易遭受某些危害——比如墨西哥城比纽约市更易遭受火山爆发的危害。表8.1列出了十大城市及其相关的危害。但危害的易受性也有社会构建的部分。糟糕的城市发展规划、乱砍滥伐和糟糕的医疗服务就是增加危害变灾难的可能性的诸多因素中的一些。许多城市，特别是住在这些城市中的穷人，容易遭受可能升级为灾难的环境危害。地理性和社会性易受性的这种关系凸显出社会-经济地位、财富和权力在危害经历中所发挥的作用。危害的易受性和风险程度在不同社会阶层也有所不同，穷人往往风险最大，最易遭受危害。许多学者采用了边缘化和不对等风险生成的观点，这都反映和体现了社会-经济的差异。① "灾难"（disaster）是指危害的负面影响。灾难由对危害的易受性所导致。城市中的风险往往最高，因为其人口和危害密度更大，危害种类也越来越多，不同危害之间也可能互相作用，比如洪水会引起疾病爆发，或是地震引起火灾等等。在应急措施和反应机制迟缓不足的城市，灾难的发生尤其常见。

有关 2005 年卡特里娜飓风编撰的一本书名为《根本就没有所谓自然灾害》（*There is No Such Thing as a Natural Disaster*），书名就恰如其分地反映了这样一个道理。② 用"环境灾害"这个词似乎要比"自然灾害"更恰当一点，因为灾害的影响中根本没有"自然"的一面，反而首先来自于社会方面。灾难反映出我们社会的问题所在，清楚地展现出我们的政治结构。有越来越多的文献研究城市、危害和灾难之间的关系，在对如何经历城市灾难和城市从灾难中的恢复力的探讨中提出了有关脆弱的城市、处于危险中的市民以及社会差异的问题。③

①　Wisner，B.，Blaikie，P.，Cannon，T. and Davis，I. (2004) *At Risk：Natural Hazards，People's Vulnerability and Disasters*. London：Routledge.

②　Hartman，C. and Squires，G. (eds.) (2006) *There is No Such Thing as a Natural Disaster*. New York：Routledge.

③　Eakin，H. and Luers，A. L. (2006) "Assessing the vulnerability of social-environ-mental systems." *Annual Review of Environment and Resources* 31：365 - 394；see also Cutter，S. L.，Baruff，B. T. and Shirley，W. L. (2003) "Social vulnerability to environmental hazards." *Social Science Quarterly* 84：242 - 261.

表 8.1　城市和危害

城　市	人口（2010 年） （单位：百万）	危　害
东京	36.67	地震、风暴、龙卷风和风暴潮
德里	22.16	地震、风暴和洪水
圣保罗	20.26	风暴和洪水
孟买	20.04	地震、风暴、洪水和风暴潮
墨西哥城	19.46	地震、火山爆发和风暴
纽约	19.43	地震、风暴和风暴潮
上海	16.58	地震、风暴和洪水
加尔各答	15.55	地震、风暴、龙卷风、洪水和风暴潮
布宜诺斯艾利斯	13.07	风暴和洪水
雅加达	9.21	地震和洪水

资料来源：United Nations Department of Economic and Social Affairs (2010) "Urban agglomerations，2010. " http：// www. unpopulation. org (accessed March 13，2012).

表 8.2　最近的重大城市灾难

城　市	日　期	危害类型	报告死亡人数
仙台市原市，福岛，女川	2011	地震和海啸	5 178
太子港	2010	地震	222 570
北川、绵竹、聚源、成都	2008	地震	87 476
缅甸仰光	2008	热带气旋	138 366
日惹	2006	地震	5 778
巴基斯坦穆扎法拉巴德	2005	地震	73 338
新奥尔良	2005	风暴潮	1 833
班达亚齐	2004	海啸	167 000
伊朗巴姆	2003	地震	26 300
巴黎	2003	热浪	14 800

资料来源："World Disasters Report 2010，OCHA. " http：//www. guardian. co. uk/ global-development/datablog/2011/mar/18/world-disasters-earthquake-data ♯ data (accessed May 12，2012).

20 世纪 80 年代有 1.77 亿人遭受了灾难的影响；到了 2002 年，由于人口增长、快速的城市化、环境恶化和气候变化，这一数字上升到了 2.7 亿，受影响人群中有 98％住在低收入国家。2005 年的 430 个环境灾难使得将近 90 000 人丧生，大都是低收入国家的公民。灾难对发展中国家城市最穷苦之人的影响最大，也导致了这些地区持续的贫困和阶级差异。① 2010 年的约 373 个灾难使得 296 800 多人丧生，影响波及将近 2.08 亿人，经济损失将近 1 100 亿美元。②在美国，灾难所导致的财产损失若以定值美元计算的话，每 10 年就要翻一番。2011 年日本所发生的灾难其经济损失估计为 3 000 亿美元左右。表 8.2 列出了最近一些年的重大城市灾难。

简单地说，城市环境灾难反映了城市对灾难的易受性。对危害和灾难及其对城市带来的后果之间联系的分析凸显出自然-环境关系中的重要一环。比如，全球变暖导致了降雨量的增多，后者又导致了洪水，使得贫民窟的居民受灾，这正是环境问题如全球变暖和社会公正等诸多关联之一。城市就处于环境和社会问题相互作用的节点上。

现在人们越来越关注城市面对环境和社会灾害的易受性。人们重新审视历史来细查灾难在城市演化中的作用，同时也调查了城市现在的风险级别、准备和应对状况。在这个更为焦虑的年代，城市作为灾难之地得到了重新审视。在全球发生的灾难如"911 事件"、海啸、卡特里娜飓风和地震等等之后，人们越来越明显地感受到生命的脆弱和城市文明的

---

① Chafe, Z. (2007) "Reducing natural disaster risk in cities," in *State of the World: Our Urban Future*. New York: Norton, pp. 112–129; see also, Bull—Kamanga, L., Diagne, K., Lavell, A., Leon, E., Lerise, F., MacGregor, H., Maskrey, A., Meshack, M., Pelling, M., Reid, H., Satterthwaite, D., Songsore, J., Westgate, K. and Yitambe, A. (2003) "From everyday hazards to disasters: the accumulation of risk in urban areas." *Environment and Urbanization* 15: 193–203.

② 数据来自 the Centre for Research on the Epidemiology of Disasters (CRED): http://www.cred.be.

不稳定性（图 8.1）。这种观点就形成了聚焦城市灾难的研究。

　　例如，在《恐惧生态学》（*Ecology of Fear*）一书中，作者迈克·戴维斯（Mike Davis）调查了持续危害洛杉矶都市区的一些灾难。从席卷洛杉矶盆地的来自太平洋的风暴，到夏季的森林大火，再到将豪宅冲垮到山谷或海中的山体滑坡，戴维斯为我们展现了一幅位于生态灾难区的城市图景。尽管不无夸张，但戴维斯的确指出了城市在地球表面常常脆弱的存在。[①]

　　马克·佩林（Mark Pelling）则调查了加勒比海地区城市的灾难地址。根据布里奇顿、乔治城和圣多明各的情况，他强调了社会易受性的问题，他还调查了城市在灾后重建的恢复能力。[②]

图 8.1　地震对海地太子港所造成的破坏

图片来源：Photo Marco Dormino/The United Nations：http：//en. wikipedia. org/wiki/File：Haiti _ Earthquake _ building _ damage. jpg

---

　　①　Davis，M. (1998) *The Ecology of Fear*. New York：Holt.

　　②　Pelling，M. (2003) *The Vulnerability 0/' Cities. Natural Disaster and Social Resilience*. New York and London：Routledge.

本章接下来将会讨论一些主要的城市灾难，包括火灾、洪灾和地震，然后再对一个案例进行更为详细的探讨，研究城市面对社会危害的脆弱性，比如对石油的依赖，最后我们会探讨弹性城市（resilient cities）的概念。

环境危害

火灾

伦敦大火发生于 1666 年 9 月 2 日。这是一个周日的早晨，大火始于普丁巷（Pudding Lane），席卷了整个城市长达 5 天，直到风势减弱并且使用火药爆炸来形成防火带。火灾在伦敦并非头一遭。之前 1133 年和 1212 年的火灾也造成了广泛的破坏。伦敦城内满是密集的木制建筑，市民广泛使用蜡烛，以及用木柴和煤炭生火取暖照明，这些都造成了火灾的隐患。

大火造成了重大损失：13 200 座房屋被毁，同样被毁的还有 87 座教堂和许多漂亮的公共建筑。超过 20 多万人无家可归。官方统计死亡人数只有 6 人，但还有很多未经确认的死亡，尤其是吸入烟尘所导致的死亡。火势蔓延到 436 英亩的范围，几乎烧毁了中世纪城墙内的所有建筑。[①]

大火也导致了对伦敦的规划和重建。在火灾结束之后新的建筑规范被引入。木制建筑被砖石建筑所取代。法律规定小巷里的建筑不得超过两层，大一点的街道上的建筑不得超过三层，并且要求街道建得更宽更直，以防堵塞，并且将来可以防止火势迅速蔓延。主要针对大火所制订

---

① Tinniswood，A.（2003）*By Permission of Heaven：The True Story of the Great Fire of London.* London：Jonathan Cape.

的改革也会形成更好的卫生条件，有助于将来控制疾病的爆发。①新的法律也要求业主投保，这使得新的保险公司意识到雇人去扑灭大火会减少其损失。私营消防公司随之成立，成为公共消防的先导。

建筑师克里斯多佛·雷恩（Christopher Wren）规划了伦敦众多地区的重建，建造了 51 座新教堂，包括其代表杰作圣保罗教堂（St. Paul's Cathedral）。从大火的灰烬中诞生出一座崭新的伦敦城，也是更为现代的伦敦城，这体现在其建筑设计、街道布局、卫生水平和公共服务如保险和消防上。

纵观历史，火灾一直是城市的危害。由木质建筑组成并且广泛使用火作为能源的城市是火灾最容易发生的地方。小规模的火灾经常发生，大规模的火灾则少见一些。1871 年秋天年芝加哥的一场小火却迅速扩展为大火。这场火灾始于 1871 年 10 月 8 日周日上午 9 时许，一直延续到 10 月 10 日上午一场小雨浇灭了残余的火焰为止。大火导致 300 人丧生，10 万人无家可归，市中心大部分被毁。

尽管这次火灾造成了极大的伤害，但却似乎根本未能阻止城市的发展。城市在 5 年之内得以重建，并在 1891 年举办了哥伦布展览（the Columbian Exhibition），展示了城市美化运动（the City Beautiful Movement），并庆祝了城市的重建。②

方框8.1
老书，永恒的主题

最近对城市环境灾难的聚焦只是对其长期关注的最新表现而已。1913 年美国中西部地区遭受了一系列的龙卷风、洪水、风暴和暴风雪。针对这些灾害事件，洛根·马歇尔（Logan Marshall）写了一本

---

① Bell，G. W.（1994）*The Great Plague of London*. London：Bracken Books.

② Sawislak，K.（1995）*Smoldering City. Chicagoans and the Great Fire*，1871 - 1874. Chicago，IL：University of Chicago Press.

主题早被写滥的杰作《我国的火灾、洪灾和龙卷风灾难》 （*Our National Calamity of Fire，Flood and Tornado*）。其详尽的风格带有时代的烙印，但所提出的问题却在之后一直引起回响：

> 人类依旧是大自然的玩物。他大声吹嘘能征服自然；大地却毫无畏惧，让人类的城市像一摊纸牌一样坍塌。……人类将水限制在大坝之后，用桥来束缚河流；河水暴涌，堤坝决裂，城镇被冲毁，数以千计的尸体漂在愤怒的激流之上……人类在地里挖掘财宝，但许多人找到的却是活生生的坟墓。

Logan，M. （1913） *The True Story of Our National Calamity of Fire，Flood and Tornado*. Lima，OH：Webb Book and Bible Co，p. 11.

火灾扑灭之后，如果城市规模很大并且经济足够繁荣，重建就不是问题。大火摧毁了中世纪的伦敦，但之后的重建却为现代的伦敦打下了基础。经历了 1871 年大火的芝加哥变得更大，比以往也更加自信。另外的一个变化是机制的重组，以减少火灾再次发生的几率。保险和消防公司得以创立，建筑规范被强制规划执行以避免悲剧的重演。

有时火灾可以启动重要的立法和新的政策。20 世纪初纽约城的工业迅速发展，在服装制造区许多工厂雇用女性移民劳工在恶劣的条件下工作。1911 年 3 月 25 日三角女衫厂一幢建筑的八楼发生的大火导致了 146 人死亡。尤为可怖的是，大多数年轻女工都被困在锁住的门后，从下面的大街上就能看到她们的困境，听到她们的呼救。第二天超过 10 万名哀悼者来到为死者设立的临时停尸房默哀。官方对公众广泛反感的回应是起诉了工厂主，成立了工厂调查委员会，后者在接下来的三年中为纽约制定了 36 项新的安全法规。在公众对火灾的强烈反应之后出台了新的法规形式和安全考量，这些很快就被美国其他城市所效仿。公众对重大灾难的反应往往是促成城市公共政策的关键所在。

灾难也会影响公众的观点和行为。1987 年一根被随手丢弃的火柴点燃了伦敦国王十字地铁站（King's Cross）一个木质电梯的杂物和油污，火势迅速蔓延，导致 31 人死亡。这次事件促使人们作出了应对改变——所有的木质电梯都被替换，并在上面加装了自动喷水淋头和感温探测器。而公众态度也发生了重大改变，两年前所倡导的禁烟政策响应者寥寥，但在这次火灾之后得到了更为严格的执行。在地铁站和地铁上，吸烟行为都已为社会所不能接受。

随着砖石和混凝土取代木头，以及使用更清洁的燃料来照明供电，火患也得到了控制，但工业源的火灾风险一直存在。化学火灾是某些工业区及化学物质运输过程中存在的隐患。2006 年 6 月 1 日，英格兰北部蒂赛德（Teesside）一家化工厂的爆炸声远在 20 英里之外都能听见，其引起的大火中混合着致命物质如氢、氮和氨。有两人受伤，道路被封闭，当地居民被警告要将门窗闭锁。这种化学火灾的风险一直存在。通过土地利用规划让危险设施远离人口中心可以减少火灾的危害。

火灾的另一个源头来自于城市/城市向农村和荒野地区的蔓延，这些地方很容易遭受火灾。丛林大火、灌木丛大火和森林大火一直是生态系统的惯有特征。闪电引起的大火是许多干燥和半干燥干旱生态系统常见的环境现象。这些大火自然发生，本是自然现象的一部分，但由于城市发展已经将定居点蔓延至这些有火灾风险的地带，因而其造成的破坏就被加大而带有了社会影响。像加利福尼亚和澳大利亚许多地区就面临着这样的情况。

方框8.2

洛杉矶的森林大火

美国西部为何又发生火灾了？我们该如何应对？对第一个问题，简单的回答是：美国西部之所以有大量的荒野火灾，是因为其广袤的荒野易于着火。对其规划政策很难制定，要求我们必须要了解其火灾史。

自然火灾的发生遵循气候湿润与干燥的循环规律：首先气候要足够湿润，可燃植物才会生长起来；然后气候要足够干燥，这些可燃植物才有可能燃烧。因此潮湿的森林通常在旱季才会着火，而沙漠则是在雨后。大火的发生也需要触发的火花，而在完全自然的环境中，这也就意味着要发生无雨情况下的闪电。美国东部只有有雨闪电，闪电时的雨水会浇灭大火；只有在佛罗里达才常常会同时出现雷暴日和闪电引起的火灾。美国西部的无雨闪电解释了为何在有人或无人情况下其大片地区会发生火灾。

火灾"问题"显然频发于西部。为什么呢？显而易见的原因是该地区本身容易着火。

更深层的原因则来自第二股力量：美国西部遭受了被历史学家称为"帝国"叙事的经历。19世纪国家出资支持的生态保护计划中有一片大部分清空了的土地，当地土著因为疾病的肆虐、战争和强制搬迁而纷纷离开。在这段历史真空期内，年轻的联邦政府得以在此建立"公共"土地，禁止进行农垦。这样就使得这片地区成为极易引起火灾的地方……

吸引公众和政治关注的问题是房屋燃烧的场面——相关机构称之为"荒地-城市交界处的火灾"，更好的叫法是"混合火灾"。它们所发生的地方在土地利用的生态意义上像炒鸡蛋一样杂乱不清，既有废弃的农业用地，也有公共保留地，其存在与带来的危害是不加管理的发展的直接后果：既有自然植被不受限制的生长，也有郊区不加约束的日益蔓延。荒地和城市已经成为美国景观中此消彼长的一对现象，当它们冲突碰撞时所偶尔产生的爆炸性效应并不足为奇。

Pyne，S. J.（2001）"*The Fires this time and next.*"*Science* 294（5544）：1005.

加利福尼亚奥克兰的奥克兰山被1991年的大火严重破坏。该地的木质构架住宅区位于一片干燥的茂密丛林地区。从一个车库蔓延出来的大火迅速扩展到像火绒一般的环境中；火焰夺去了25人的生命，摧毁了2 843幢房屋。加利福尼亚的许多沿海地区属于半干燥气候，极易发生火灾。随着郊区蔓延一路进入城市化程度较低、植被繁茂——

因此也更危险——的环境中，这些地区也就会发生城市危害。在夏季结束时，大量干燥的植物和圣塔安纳疾风的到来使得南加利福尼亚州特别容易发生火灾。2003年的10月下旬，大火烧灼了加州圣地亚哥县的部分地区，两场森林大火导致16人死亡并摧毁了2 427座建筑。①

澳大利亚是块干燥的大陆，1969年至1999年的火灾所导致的损失年均估计达到7 700万澳元。澳大利亚破坏性最严重的丛林大火发生在主要城市郊区的桉树林中。在干燥炎热的夏季桉树会产生一种易燃气体，很容易被点燃并迅速蔓延。丛林火灾是一系列由气体燃烧引起的轻微爆炸。树木非常适应大火，它们的树皮和叶子能够耐受高温，在丛林大火之后植物会重新生长。然而，随着郊区化，越来越多的人住得离丛林更近，这些大火对人类及其财产就会造成更大的损失。也有的情况是纵火犯故意点火，但"自然发生"的丛林大火继续存在。2003年1月澳大利亚首都堪培拉发生了由雷电引起的大火。干燥的植被和狂风为大火的发生创造了极为有利的条件，这场火灾先在城市周围的丛林中烧了将近一星期，并于1月18日蔓延至郊区，4人在火灾中丧生，816幢房屋被毁。官方研究建议使用更多"有计划的燃烧"以减少干燥植物的积聚以及丛林大火扩散的可能性。2009年2月一系列猛烈的丛林大火席卷了维多利亚州，高温、强风和可能的纵火行为都导致了火势的蔓延，超过100万只动物死亡，将近50万公顷的土地被烧焦，2 000座房屋被毁，173人丧生，墨尔本东北部的郊区带损失尤为严重。长期的干旱形成了干燥易燃的环境，狂风则加速了大火的蔓延。由于其破坏性和致命的影响，这场火灾被称为"黑色星期六丛林大火"。

随着郊区向更为干燥的环境蔓延，火灾的风险也在加大。从更长远的角度来看，有计划的燃烧可以防范火灾。但也许有必要重新考虑一下火灾风险区中住宅区的选址了；这就提出了一个更为棘手的政治难题，因为发展的利益以及住宅开发和城市发展的重要性往往被认为

---

① 火灾分布图可参见 http：//map. sdsu. edu（accessed June 13，2012）.

要超过消防安全的长期考量。在黑色星期六丛林大火之后，一个专家小组建议州政府禁止在火灾高风险地区兴建新的住宅。[①]重建的急切需要与在火灾高危地区重建的智慧达到了一种平衡。

在发展中国家城市的贫民窟，火灾也是一种主要的危害。这些拥挤的住房往往是用易燃材料建成的，对发展中国家的贫民窟居住者来说是一个时时存在的威胁。贫民窟地区发生的火灾会迅速失控，并危及更广大的地区。马尼拉的巴示戈（Baseco）贫民窟区经常发生火灾，2002 年的一场大火使得 15 000 位居民无家可归，2004 年的一场毁灭性火灾吞没了 20 000 户家庭的房屋，2010 年的一场大火则使得 4 000 人无家可归。密集的房屋、明火和火炉的广泛使用和消防设施的经常不足都导致了火灾的频繁发生。肯尼亚内罗毕贫民窟房屋的密集以及用木头和瓦楞铁皮造成的非正式住房使得火患一直存在。除了房屋质量低下以外，许多家庭还通过不安全的接线非法用电，而极度狭窄拥挤的通道也严重妨碍了消防员抵达火灾现场。每年内罗毕有数千人由于贫民窟的火灾而丧生或无家可归。[②]此外，许多人认为有时是开发商故意纵火，为的是清理出地皮以建造租金更高的永久性住宅。2011 年 9 月，一根从内罗毕贫民窟正中地下穿过的输油管燃烧爆炸，有 100 多人在爆炸和之后的大火中丧生。

贫民窟火灾在城市变革中也发挥着作用。罗家成（Loh Kah Seng）为我们讲述了新加坡快速城市化的过程。20 世纪 50 年代时城市周围是些低收入人群聚集的木质临时住所，被称为"村落"。那里火灾频发。当局的应对措施是形成国家强制力，志愿消防服务也促进了对公众的政治动员。罗家成指出——

---

① Rintoul，S.（2010，February 15） "Ban development in fire-prone areas，experts tell royal commission." *The Australian*.

② Otieno，Carren（2010）"Fire hazard in Kenyan slums." Slum stories，Amnesty International. http：//www. slumstories. org/episode/fire—hazard—kenyan—slums（accessed March 16，2012）.

在诸多火灾之后，越来越多的有组织的安置计划逐渐将这些家庭融入民族-国家的社会整体结构中。他们迅速搬到应急的公共住房，这也意味着这些家庭只有靠国家才能获得住所。在战略层面，这些火灾频发的地方成为了当局清除附近"村落"地区的重要跳板。①

洪灾

许多城市都依水而建。对这些城市来说，洪灾长期以来一直是个危害，不管是海水还是河水的泛滥。历史学家约翰·巴里（John Barry）为我们讲述了 1927 年密西西比河大洪灾的故事，这场洪灾的面积达到了 27 000 平方千米，淹没了将近 100 万人的家。该洪水部分是由之前几个月整个流域持续的降雨所引起的。从伊利诺伊州的凯罗（Cairo）到路易斯安那州新奥尔良长达 1 000 英里的河段都发生了洪泛。②

密西西比河一直存在泛滥现象。其河岸土壤之所以肥沃，就是因为河流入海河道在一直变化的过程中逐渐积聚了大量冲积土。因为其土壤肥沃，越来越多的人迁移到这个三角洲定居，洪水也因而成为了一种"城市"危害。为了管控河水，人们建造了防洪堤以有效引水，但也反过来使洪灾一旦发生便更加凶险。巴里揭示出对洪灾的反应措施具有重大的社会和政治效应。对洪灾的即时反应能反映出现有的社会和经济实力。密西西比河三角洲地区的许多黑人之所以疏散缓慢是因为白人种植园主们不相信那些往往债台高筑的黑人佃农还会回来。新奥尔良的一些商业领袖们甚至密谋炸毁了该市下游两个地区的防洪

---

① Seng. L. K. （2008）"Fires and the social politics of nation—building in Singapore." Asia Research Center. Working Paper 149，Murdoch University，p. ii.

② Barry，J. （1997） *Rising Tide：The Great Mississippi Flood of* 1927 *and How it Changed America*. New York：Simon and Schuster.

堤以保护他们的利益。对洪灾的应对措施不仅仅是要从以往只依赖防洪堤的河水管控方法转变为更多地使用溢洪道，同时也需要社会-经济的深刻变化，包括认识到联邦政府应当在其中发挥更为重要的作用。这最终带来了权力关系的变化。1927年洪灾发生不久，三角洲地区的大批黑人就开始向北方的城市迁徙，而在路易斯安那州，民粹主义者休伊·朗（Huey Long）的势力则推翻了旧有的贵族式统治方式。

　　洪水是很多河流生态系统常见的现象，但却会被快速城市化所导致的土地利用变化而加剧。韩国的首尔经常遭受汉江及其众多支流在暴雨和雪融之后的河水泛滥。在1960年至1991年间有131人死于洪灾。金基坤（音）（Kwi-Gon Kim）对洪灾的分析表明，绿地的减少导致了更多的洪水。首尔的人口从1960年的240万人增长到1990年的1 090万人，这样快速的发展意味着农业用地和森林的大量减少以及城市土地利用的增加。从可渗性地表向不渗水地表的转变增加了洪灾的风险。首尔不同地区之间在洪灾死亡人数和建筑破坏程度上相差31个百分点，而金基坤对绿地作用的分析就可以解释这一点。①

　　我们不妨比较一下位于同一流域却分居河流两岸的富国和穷国在整体环境风险以及在洪水这一项上的不同经历。蒂莫西·柯林斯（Timothy Collins）调查了2006年影响了美国-墨西哥边境城镇厄尔巴索（El Paso，美国）和华雷斯市（Ciudad Juarez，墨西哥）的洪灾。从2006年的7月17日到9月7日，诺特桥河（Paso del Norte）接受的降雨量达到了年平均值的两倍，由此产生了大面积的洪水。但由于两地的社会-经济差异，所遭受的影响程度也截然不同。柯林斯比较了华雷斯市非正式居住区的居民与厄尔巴索富裕社区居民差异巨大的遭遇。前者遭到普遍破坏，公共反应措施也很有限，而后者则避免了严重损失，并且获得了全面的公共服务。这个有趣的案例研究说明风险

---

　　① Kim，K.‐G.（1999）"Flood hazard in Seoul：a preliminary assessment，" *Crucibles of Hazards：Mega—cities and Disasters in Transition*，J. K. Mitchell（ed.）. Shibuya—ku：United Nations University Press.

产生的不对等性能够反映出收入、财富和政治实力的差别。①

有时国际性发展机构会对发展中国家城市提供援助。哥伦比亚的波哥大就接受了由世界银行部分资助的 2.5 亿美元资金以减少洪灾。波哥大河全长 370 千米，穿越了哥伦比亚中部，并且流经首都波哥大，后者人口约为 950 万人。自 20 世纪 50 年代以来的快速城市发展不仅导致河水水质恶化，也引起了河水的渠道化，湿地的面积也从 50 000 公顷降至 2009 年的不到 1 000 公顷，这都使得发生洪灾的可能性更大，而一旦发生，其危害性也会更大。沿河的低收入社区尤其易受洪水的侵害。世界银行的波哥大河环境恢复项目和防洪项目将生态规划融入了洪水管控中，不仅仅是通常所做的挖深导流河水和增高河堤，而且还要恢复曲流，形成河岸带，并且保持与周围湿地的连接作为滞洪措施。②

在发达国家城市中，洪灾危害尽管未被根除，但已通过大量花费高昂的防洪措施以及有序的救援和恢复系统而减少到最低程度。而贫穷国家的城市却往往不具备这样的条件。孟加拉国首都达卡位于冲积平原上，城市大部分地区仅高于海平面几米。达卡处于恒河三角洲布里甘加河（Buriganga River）北岸，其人口从 1951 年的大约 335 926

① Collins，T. W. （2010）"Marginalization, facilitation, and the production of unequal risk: the 2006 Paso del Norte floods." *Antipode* 42: 258 – 288.

② The World Bank（2010，November 1 1）"Project appraisal document on a proposed loan in the amount of US $ 250 million to the Corporación Autónoma Regional de Cundinamarca with a guarantee from the Republic of Colombia for a Río Bogotá Environmental Recuperation and Flood Control Project."

http: //www—wds. worldbank. org/external/default/WDSContentServer/WDSP/IB/2010/12/01/000333038 20101201222814/Rendered/PDF/543110 PADOREPL10BOX353792B01public1. pdf （accessed July 20，2012）; see also Corporación Autónoma Regional de Cundinamarca（2006）"Plan de Ordenación y Manejo de la Cuenca Hidrográfica del Rio Bogotá: Resumen Ejecutivo." http: //www. car. gov. co/? idcategoria= 1375 ♯ （accessed June 13，2012）.

人一直增长到 2010 年的将近 1 500 万人。孟加拉国是世界上最穷的国家之一，2010 年人均国民总收入仅为 610 美元。而瑞士、美国、英国和荷兰的 2010 年人均国民总收入分别为 67 700 美元、44 999 美元、35 980 美元和 46 954 美元。洪灾在达卡经常发生，尤其是从 6 月到 9 月的季风季节，而其危害也愈发明显，因为达卡地势较低的地区被开发成了住宅和商业区。此外，该市的许多穷人在陡坡和山腰或是城市地势较低的地区建造了棚户区。落后的排水系统和暴风雨经常导致城市低洼地区被淹。当季风雨下得特别大时，排水系统就会不堪重负。有时也会发生泥石流，冲走处于危险位置的棚户建筑。1988 年的一场洪水淹没了达卡 78％的面积。2004 年 9 月达卡包括主干道在内的一半市区被淹。国际援助方创立了达卡市防洪和排水项目，主要依靠西方工程解决方案，包括兴建造价高昂的河堤和泵站。该项目的运作费用对这么一个穷国来说是一个沉重的负担。因此导致达卡持续洪灾的是如下原因：城市向易受洪灾的低洼地区无计划地蔓延；住在劣质房屋的人数众多，使得穷人更易受到洪水、泥石流和火灾的危害；国家贫穷，无力承担建造有效防洪系统的费用，而这些防洪系统在像荷兰这样的富裕国家是很常见的。

季风季节的洪水也影响到了孟买跻身全球都市的能力。该市 150 年历史的陈旧排水系统在 2005 年以及 2006 年的严重洪灾中不堪重负。2005 年的洪灾导致 1 000 多人死亡。2006 年季风季节的降雨量奇高，使得整个城市的基础设施瘫痪，航班延误，公路和铁路交通停滞。在满潮时孟买会关闭雨水沟以防海水涌入城市；即使季风雨量一般，孟买也常常被淹，因为雨水无法排泄。2012 年 6 月 28 日的降雨量达到 75.4 毫米（将近 3 英寸），导致了大范围的交通堵塞，因为地铁被淹，公路交通也极为缓慢。应对季风洪水的无力给孟买想成为全球商业金融网络中心的雄心泼了冷水。

地震

1755 年 11 月 1 日，葡萄牙的里斯本市发生了里氏 8.5—9.0 级的大规模地震，震中位于大西洋，水下地壳运动引起的海啸席卷了该市。大火很快吞没了城市。这场大灾难毁掉了里斯本的大部分，原本275 000人的城市有将近90 000人丧生。虽然之后得以重建，但里斯本再也未能恢复到它之前在全球城市网中的重要地位，这当然部分也是由于葡萄牙作为强大帝国的衰落，但里斯本地震证明了地震的破坏力量和城市随之衰落的可能性。

旧金山则为我们展示了一个城市的恢复能力。1906年4月18日的早晨，一场里氏8.25级地震使得整个城市晃动不已，25 000座建筑被毁。煤气总管破裂，输电线也纷纷掉落。大火在整个城市肆虐了三天三夜，超过700人丧生，25万人无家可归。但旧金山从地震破坏中的恢复还是很快的，几年之内就得以重建。但由于该市位于圣安德烈亚斯断层的不稳定板块边缘上，所以地震的威胁仍然存在。2006年，在旧金山大地震发生正好100年之际，研究者模拟了类似强度震动的后果。模拟场景预测最糟的结果会有3 500人丧生、13万幢建筑被毁、70万人无家可归。1906年地震时旧金山人口为40万人，而如今在整个旧金山湾区生活着超过700万人。令人害怕的事实不是大地震是否会发生，而是"何时"发生？[①]

方框8.3

灾难的级别

三种主要灾难——飓风、龙卷风和地震都有等级来度量比较。

萨菲尔-辛普森飓风级数（the Saffir-Simpson hurricane wind scale）根据风速将飓风分为五级。该分级由赫伯特·萨菲尔（Herbert Saffir）和鲍勃·辛普森（Bob Simpson）于1971年制订，标明了风暴可能的破坏程度。

[①] http：//www. 1906eqconf. org/mediadocs/BigonestrikesReport. pdf（accessed July 2006）.

级别	风速 （每小时英里）	风暴潮高 （英尺）	破坏性
一级	74—95	4—5	对牢固建筑基本没有破坏
二级	96—110	6—8	破坏植被，引发一定程度洪水
三级	111—129	9—12	引发侵入内陆15英里的洪水，造成财产损失，低地居民被迫疏散
四级	30—156	13—18	造成大范围的财产损失，内陆6英里内的居民被迫大规模疏散
五级	2 157	＞18	内陆10英里内的居民大规模疏散

　　改进型藤田级数（the Enhanced Fujita scale）根据估计风速和对破坏的评估将龙卷风分为六级。该分级最早由泰德·藤田（Ted Fujita）于1971年制订并在2007年进行了修改。新级数的改进之处在于在评估破坏性时考虑了建筑的结构材料。

级别	风速（每小时英里）	破坏性
EF0	40—72	对牢固建筑基本没有破坏
EF1	73—112	轻微破坏
EF2	113—157	屋顶被掀
EF3	158—207	墙壁倒塌
EF4	208—260	建筑被吹倒
EF5	＞261	建筑被吹移

　　查尔斯·F.里赫特（Charles F. Richter）于1934年设计了以他名字命名的级数。该级数度量的是最大地震波的振幅，其值按照对数级数分为从1到10十个等级。每增加一个等级数就意味着多释放出31.6倍的能量。

震级	TNT 爆炸当量（公吨）	破坏性
1.0	0.000 48	无感觉
2.0	0.015	无感觉
3.0	0.48	有时能感觉到，无破坏
4.0	15	室内物品会摇晃，基本无破坏
5.0	475	轻微破坏
6.0	15 023	对人口较密集地区造成破坏
7.0	475 063	严重破坏
8.0	15 022 833	大型地震，造成严重破坏
9.0	475 063 712	大型地震，造成毁灭性破坏
10.0	15 000 000 000	大范围毁灭性破坏，该级地震从未有过记录

　　城市震后的重建能够反映出社会和政治问题。黛安·戴维斯（Diane Davis）记录了墨西哥城在 1985 年 9 月 19 日震后的重建过程。[1]这次地震为里氏 8.1 级，而第二天又发生了强度近似的余震。官方统计有 5 000 人丧生、14 000 人受伤、100 万人暂时无家可归。该统计数字严重偏低，事实上有数十万人永远失去了他们的住房。最严重的破坏发生在市中心的行政区，15 万名公务员被迫将其工作永久转移至该市其他地区。戴维斯对震后应对措施的研究反映出一种复杂的情况。尽管重建工作修复了 240 多座公共建筑，但许多私人建筑，尤其是在私人租住区的建筑好多年都未得到修缮，特别是在中下收入人群的居住地。政府想要打消投资者的疑虑，保持其合法性，而市民们却想要

---

　　[1]　Davis, D. (2005) "Reverberations: Mexico City's 1965 earthquake and the transformation of the capital," in *The Resilient City: How Modern Cities Recover From Disasters*, L. J. Vale and T. J. Campanella (eds.). New York: Oxford University Press.

恢复他们的城市，重获尊严并要求问责。地震揭露出一些违反建筑标准的行为，也反映出明显的政府腐败。震后的建筑重建与公民想让城市变成更具民主话语权之地的努力是紧密相连的。环境灾难既反映了建筑的瑕疵，也揭示出政治体系的缺陷。墨西哥城的地震使得政府威信扫地，导致了市民的草根运动，选举出新的也更为民主的市长。正如戴维斯所指出的："简而言之，地震的影响长久而又深远，远远不止建筑环境这一块，而是延伸至城市的社会和经济生活中。"①

对地震的应对并不一定总会带来更多的民主，也有可能反而会加强中央集权。1976 年 7 月 28 日的早晨，中国城市唐山发生了里氏 7.8 级地震，四分之三的工业建筑和几乎所有的住宅建筑被毁。官方统计的死亡人数为 24 万人。这个没有什么高楼的工业城市几乎全部被毁，然而在 10 年之内该市得以重建。1976 年的整体规划构想了一个更加抗震的现代城市。在中国政府的中央集权管理下，一个更有规划的城市被重新建造出来，绿地面积增加，土地利用管理也得到了加强。该市的重建成为"展示共产党政权政治权威的舞台"。②

> 方框 8.4
>
> ## 特大城市和地震
>
> "特大城市是地球上的新生事物，而地震则古已有之。这两者的结合是致命的，正如最近在太子港所发生的那样……下一场大地震也许就会发生在东京、伊斯坦布尔、德黑兰、墨西哥城、新德里、

① Davis, D. (2005) "Reverberations: Mexico City's 1965 earthquake and the transformation of the capital," in *The Resilient City: How Modern Cities Recover From Disasters*, L. J. Vale and T. J. Campanella (eds.). New York: Oxford University Press, p. 276.

② Chen, B. (2005) "Resist the earthquake and rescue ourselves: the reconstruction ofTangshan after the 1976 earthquake," in *The Resilient City: How Modern Cities Recover From Disasters*, L. J. Vale and T. J. Campanella (eds.). New York: Oxford University Press, p. 251.

加德满都或加利福尼亚圣安德烈亚斯断层附近的洛杉矶和旧金山。或者地震也许会摧毁达卡、雅加达、卡拉奇、马尼拉、开罗、大阪、利马或波哥大。可能发生地震的特大城市不胜枚举……下一次大地震也可能发生在巴拿马地峡，那里的巴拿马城离4个世纪以来都未断裂过的主断层只有6英里……或者也许下一次灾难会发生在委内瑞拉的加拉加斯，那里有数百万穷人住在两块地壳构造板块的交界处，其中一块就导致了海地的断层断裂……另一个地震中心是墨西哥城，该城的地质条件最为糟糕，那里的一个干湖床能够加强地震波。该城还位于山谷盆地中，实际上会让地震波无法扩散而只能集中于此。1985年导致10 000人死亡的毁灭性地震主要集中在数百里之外，但却给墨西哥城敲响了警钟……虽然纽约城很少被认为处于地震带，但该地区经历过许多小震，表明大震也并非不可能。好消息是6级地震一般670年左右才会发生一次……坏消息是有大量基础设施在建造时没有考虑到防震……而城市化一直在稳步推进，未来的50年全球会增加50亿人，建造约10亿个住宅单元……问题是这些人是否会住在具有防震设计的建筑中。"

Achenbach，J.（2010，February 23）"The deadly plates under the world's megacities." *The Washington Post*，A1，A9.

2010年1月24日下午即将5点的时候，海地首都太子港发生了里氏7.0级地震，震中就位于该市以西16英里处。该地震造成了毁灭性的破坏。估计超过23万人死亡，伤者不计其数，超过100万人无家可归。政府功能失效，因为许多公职人员丧生，重要的公共服务如水电和排污系统遭到破坏。太子港是海地的最大城市，拥有370万人口，占全国人口的将近一半。由于地震破坏了城市的大部分地区，因而也就给这个国家造成了严重破坏。与外界的联系也被切断。电话线中断，海港闭港整整一周，机场停用，直到成立了新的调度中心。这次地震之所以是毁灭性的是因为其规模较大——破坏了25万处住宅和3万座商业建筑，同时也是因为国家的贫穷。一旦首都在各个方面陷入瘫痪，这个国家在国内就没有什么财力物力可以使用了。国际援助到达并启用需要一段时间，而救灾工作的重点是对临时住宅和吃饭问题的紧急援助。地震一年之后仍然有将近 100 万人住在帐篷里。许多援助都未协调到位。很多在当地具有重要社会关系并且非常熟悉当地情况的救济官员都在地震中丧生。缺乏经验的援助机构对当地情况不甚了解，所以花了很多时间才得以了解了当地问题的深度、复杂性和严重性。地震两年之后，仍有 50 万的灾民无家可归。承诺的援助只有不到 50％得到兑现。而国家内在的贫困、大量援助机构的工作计划没有协调一致以及许多援助机构不愿相信海地政府，因为后者长期以来的腐败和任人唯亲是出了名的，所有这些都使得问题更加严重。美国政府在 1 490 个援助项目合同中只有 23 个是与海地公司签订的。虽然这样做可以避免当地的腐败，但也意味着当地的技术和知识很少被利用到。太子港的例子凸显出社会贫穷且政府无能情况下重大城市灾难的问题，以及面对巨大困难时不同的援助机构如何协调一致的问题。太子港的恢复进度极为有限，估计要 10 年才能恢复到一个首都城市的正常水平，该市的重建过程缓慢得令人难以忍受。①

城市与灾难：对卡特里娜飓风的个案研究

我们来更详细地看一个案例，这样也许就能了解城市环境危害之间更为微妙的联系。

2005 年 8 月 25 日周四这天，一个热带风暴抵达弗罗里达海岸。其风速超过每小时 73 英里，升级成为飓风，如今官方将其命名为卡特里娜飓风。飓风快速穿过弗罗里达最南端，然后进入墨西哥湾，在那里吸收了墨西哥湾暖流后风力进一步增强。8 月 28 日周日上午 11 点，风

---

① Oxfam (2012) *Haiti：The Slow Road to Reconstruction*. http：//www. oxfamamerica. org/press/publications/haiti—the—slow—road—to—reconstruction (accessed April 15，2012).

速超过了每小时 170 英里。卡特里娜已经发展为不折不扣的 5 级飓风，能够带来惊人的破坏和巨大的损害。

图 8.2　2004 年的伊万飓风（Hurricane Ivan）。在对加勒比海地区尤其是格林纳达岛（the island of Grenada）造成巨大破坏之后，伊万飓风又朝美国本土移动（又见图 8.3）
图片来源：http//images. google. com/imgres? imgurl ＝ http：//www. nnvl. noaa. gov/hurseas2004/ivan 1945zB－040907－1kg12. jpg&-imgrefurl＝http：//www. nnvl. no-aa. gov/cgi-bin/index. cgi％3Fpage％3Dproducts％26category％3DYear％25202004％2520Storm％2520Events％26event％3DHurricane％2520Ivan&-h＝1199&- （public do-main）

　　飓风并非罕见。湖底沉积物的地理学证据表明其经常性的发生至少已经有 3 000 年的历史了，甚至还要久远得多。它们是加勒比海地区环境不可分割的一部分，在古代玛雅人的象形文字中就有记载。大部分古代玛雅人的住处都远离海岸：他们了解飓风，因此相应来安排其定居点，城市也建造在远离海岸线危险的地方。人类的活动顺应自然，这是对风暴和自然灾害的力量和强度应有的认识。与玛雅人相反，现代人却沿着海岸建造了更多的住处。海岸房产和海滩位置成为最佳

图 8.3　伊万飓风对地面的影响
图片来源：照片为约翰·雷尼-肖特所摄

居住地，吸引着人口和投资汇聚到此进行开发和发展。我们采取了比
玛雅人更傲慢的自然观，而不是顺应自然系统。大自然将被征服、约
束和管控，而在很大程度上我们已经取得了非凡的成功。我们将红树
林变成海滩度假地，将沼泽变成城市，将海岸变成郊区。对飓风带的
沿岸开发是对社会-自然关系更深更广的重新定位的又一体现。我们沿
着地震断层带修建房屋，在不稳定的山顶进行开发，在飓风带的中心
兴建城市，这些都不是对自然的顺应，而是对自然的嘲弄。我们对可
预测的环境危害了解更多，但却不加重视，只考虑短期利益，而不顾
可能付出的长期代价。这种做法部分反映了一种内在而又普遍的感觉，
即环境不是我们要去适应的事物，而是要去征服的事物。这在富裕的
西方世界被认为是一种合理的观点。过去的 200 年中科技引起了环境
变革。人类已经克服了许多环境的限制。电力将黑夜变成白昼，空调
让湿热的空气变得凉爽干燥，暖气让冰冷的空气变得温暖。我们拥有

了更大的能力，可以超越我们生活的世界所施加的限制。我们生活在一个受到人为改变的环境中。城市人口越来越多，他们从杂货店购买食物，从电视上获取天气信息，因而逐渐地不再觉得大自然是一种限制因素。尤其在富裕国家，人们大部分时间和环境体验更多的是在家中、办公室和购物商城这类社会建构的环境中，在这些环境中气候是可控的，温度也是恒定的。从这个角度来看，天气类型成了从车窗内或电视上所见的外部事件，甚至飓风也只是偶尔带来不便而已，并不能决定人们对居住地的选择。玛雅人倾听自然声音之处往往被现代人所忽略。

　　卡特里娜飓风的移动路径之前已被准确预测出来。早在 8 月 26 日周五的时候，人们就已经知道飓风会在路易斯安那州南部的新奥尔良市附近登陆。对新奥尔良来说飓风并不少见。1887 年之后至少有 34 次飓风和 25 次热带风暴曾经经过该市 100 英里范围之内。1960 年之后也有 17 次飓风曾在 100 英里范围之内经过，但新奥尔良都幸免于难。2003 年 9 月的伊西多尔飓风（Hurricane Isidore）临近新奥尔良时风速已减至每小时 63 英里，降级为热带风暴。1998 年 9 月的乔治飓风（Hurricane George）经过波多黎各时风速达到每小时 110 英里，但在穿越了海湾向新奥尔良移动时风速却降至每小时 57 英里。对新奥尔良市民来说飓风没什么大不了的。这样就出现了一个悖论：大型飓风虽是极端事件，但总会在某个时间发生；其间歇的时间越长，人们就会越发麻痹大意，飓风灾害发生的可能反而会更大。想象一个平均每 100 年才发生一次的事件。虽然你知道 100 年之内肯定会发生，但却不知其确切的时间。随着时间的流逝，该事件仍未发生，人们就越有可能忘记或忽视它。但时间的流逝在让人们自以为事件不会发生时也意味着其发生的概率更大了。我们总是以为明天跟今天和昨天一样。

　　飓风主要造成三种形式的破坏：雨水、大风和洪水。特别是移动缓慢的大型飓风 30 小时之内就能产生多达 25 英寸的降雨量。狂风会将建筑和其他结构体吹得移位，任何没有牢牢固定的物体（哪怕是牢牢固定住）都会被风吹得到处乱飞，甚至非常牢固的建筑物也会遭到狂风的破坏。狂风还会激起巨浪。狂风引起的风暴潮可以达到海平面以上 20 多英尺高，引发大规模的洪水。洪灾严重困扰着大多数的沿海城市，对位于海平面以下的城市来说则是个潜在的灾难。而新奥尔良大部分地区都位于海平面以下。

卡特里娜飓风于 8 月 29 日周一凌晨 6 时 10 分在新奥尔良东部登录，风力已降至每小时 145 英里，所以使城市遭到巨大破坏的并不是猛烈的飓风本身，而是其所引起的风暴潮冲垮了城市的防洪堤。当第十七大街和工业运河的部分防洪堤被冲垮之后，新奥尔良就被洪水淹没了。80% 的市区被淹，有时洪水深达 20 多英尺。估计有 1 000 人丧生，大部分是被水位急速上升的洪水淹死的。城市的大部分在飓风之后的洪灾中被毁。

什么样的灾难才是自然灾害？乍一看卡特里娜飓风似乎属于自然灾害。飓风是自然的力量，但这种自然力量的影响和后果是被社会-经济力量结构和安排所调节过的。城市被淹是由于防洪堤设计缺陷，无法承受住可预见的风暴潮。引起洪水的并非卡特里娜飓风，而是劣质的工程、糟糕的设计和对重要公共工程的资金投入不足。新奥尔良人对风暴潮并非不了解，也不是无法预测。但防洪堤的建造质量却非常低下，其地桩竟然打在不稳定的土壤上面。这些防洪堤本应能够抵御 15 英尺的巨浪，但很多却只能抵御高于海平面 12 至 13 英尺的浪潮。

由于湿地的消失，使得风暴潮本身也十分猛烈。之前 20 年海湾滨海地区的湿地以每年 24 平方英里的速度消失。湿地对风暴具有缓冲作用，因为它们能吸收风暴所带来的许多能量和水分。估计每 3 英里的沼泽地就能减少通过其上的风暴潮达 1 英尺。新奥尔良周围湿地的减少是可预测和可知的，这进一步增加了风暴潮的威力。市区和市郊的设计景观加剧了风暴潮，将更多的水引入市区中。密西西比河湾通道建于 1965 年，目的是为了缩短从城市到河湾的航行距离。虽然其很少被使用，但却产生了长期的生态效应。它使得咸水能够进入湿地，从而破坏了 25 000 英亩的沼泽，将风暴潮直接集中到市区内。和湿地的消失一样，密西西比河湾通道对环境的影响也是可预测和可知的。

新奥尔良市长于 8 月 27 日周六宣布市民可以自愿疏散，第二天则宣布进行强制疏散。有车的人能够离开城市，但对弱势群体几乎没有任何援助，没有私家交通工具的人只能被遗弃在城市中。富人们得以离开，而穷人、残疾人、老人和体弱多病的人则被困在市区中。当飓风来袭、防洪堤崩溃时，留在城市的人数在 5 万到 10 万之间。有人设法进入超级穹顶（the Superdome）和会展中心，截至 8 月 31 日周三，这两处已经容纳了 3 万人到 5 万人。这些人在那儿待了好些天，这是对社会和种族不平等的最残酷最凄惨最令人震惊的控诉。

卡特里娜飓风对城市的影响是由社会和种族方面的因素所决定的。洪水对城市最贫穷社区的影响是最大的。而富裕的白人社区，如法国区和花园区则由于地势较高而未受洪水的破坏。被淹的地区 80% 是非白人居住区。受灾最严重的是非白人区，而大多数特困地区都被淹没。城市种族和收入的差异通过洪水破坏的形式残酷地反映了出来。从这种意义上说，所谓"自然"灾害细细分析一下其实是社会灾害。正如一份国会两党联合报告所指出的："卡特里娜飓风是国家的失败，国家没有尽到最庄严的义务，为公共福利服务。"①

2012 年，在卡特里娜飓风发生 7 年之后，飓风的破坏仍然体现在废弃的房屋、四散的业主、空荡的店面以及对如何重建城市无休无止的争辩上。虽然美国的其他地方早已不再着重关注新奥尔良的新闻，但新奥尔良的重建却远未结束。好消息是将近 15 万名居民回到了这个城市。作为新奥尔良经济重要组成部分的旅游业已经恢复到接近风暴之前的水平。而最重要的旅游区，即法国区，则逃过了洪灾。截至

---

① Select Bipartisan Committee to Investigate the Preparation for and Response to Hurricane Katrina (2006) *A Failure of Initiative: Final Repost of the Select Bipartisan Committee to Investigate the Preparation For and Response to Hurricane Katrina*. Washington, DC: US Government Printing Office. http://www. gpoacess. gov/congress/index/html（accessed April 15, 2012）.

2011 年新奥尔良人口为 343 829 人，相比于 2000 年的 484 674 人，新奥尔良的人口仍然只有卡特里娜飓风来袭之前的三分之二。下九区的一个个街区仍然空无一人，杂草丛生，原来为住宅的地方如今空留下几块混凝土板（图 8.4）。由于对最贫困市民困境的公共反应迟缓无力，非营利性机构也参与到重建计划中。由演员布拉德·皮特（Brad Pitt）创建的"重新归位"路易斯安那州新奥尔良基金会致力于为工薪家庭重建廉价的绿色住宅。到 2012 年，该基金会已经重建了 50 多座环保型住房，使 200 多人得以重返此地居住。

图 8.4 卡特里娜飓风几年之后，下九区的广大区域仍未恢复，依旧空无一人
图片来源：谷歌地图

社会灾害和易受性

对洪水、地震和飓风的强调不应当让我们忽视这样一个事实，即城市也容易受到一些慢性危害如气候变化的破坏。这个话题很重要，所以要用整整一章来对其进行讨论。这里我们的探讨仅限于石油依赖、

恐怖主义威胁和基础设施故障所带来的危害。

现代城市以炭燃料为基础，依赖煤和石油的大量供应来照明、取暖、制冷和为交通工具提供动力。然而我们正处于一个所谓"石油峰值"的时代。

需求永无止境，而供应却总是有限。要估计石油的储量是很困难的。总是有可能发现新的未知的石油蕴藏，但是长期的前景却并不乐观。石油现在的开采速度是发现速度的两倍。对石油供应何时达到峰值的预测从 2010 年到 2015 年各不相同。

如果石油供应在未来某个时候达到峰值会带来什么城市-环境后果呢？比如美国许多地方的郊区化是建立在低廉稳定的油价基础上的。所有这些郊区的家庭住宅、郊外的购物中心和长途的通勤都是在油价稳定低廉的时代出现的。但随着油价的上升多变，这种严重依赖私家车的郊区化就像是建立在一去不复返的低油价之上的幻景。这样依赖一种前景不稳定且价格高昂波动的矿物燃料的既有做法面临着长期可持续的问题。低密度、高能耗、重生态足迹的郊区的长期可持续问题如今值得我们深思。

雅各·多德森（Jago Dodson）和尼尔·西普（Neil Sipe）调查了石油价格波动对澳大利亚城市造成的影响。澳大利亚城市一个显著的特点是一些最富裕的地区位于市中心，而许多中等收入家庭只能住在郊外。澳大利亚城市 80% 的出行都是靠私家车，这使得市民们很容易受到油价波动的影响。多德森和西普创建了一个有趣的 VAMPIRE 指数（对抵押贷款、汽油、通货膨胀风险和支出的易受性评估，Vulnerability Assessment for Mortgage，Petrol and Inflation Risks and Expenditure）用来计算阿德莱德、布里斯班、黄金海岸 、墨尔本、佩斯和悉尼的家庭容易遭受这些混合成本影响的程度（petrol 这个词指的是美国人所说的 oil 和 gas）。他们将这些指数相互比对，找出了四种不同的城市区域。受影响程度中等和最低的区域是市中心的高收入社区，内环近郊受影响程度较高，而远郊受影响程度最大。中低收入的广大外郊地带被归为最易受影响的地区。他们所得出的主要结论之一是要发展公共交通来抵消郊区居民受油价影响的程度。①

另外两种社会危害是恐怖主义威胁和城市基础设施的薄弱。特别是在电视播放了"911"恐怖袭击的骇人画面之后，对选定城市的炸弹或恐怖袭击的威胁如今已被认为是最亟需解决的社会问题，导致了对城市空间的重新布局和监控。对城市区域实行警戒的问题不是最近才出现的，早在19世纪就已全力实行。然而如今的警戒在公共空间的历史上却尤其不同一般。对恐怖主义的恐惧引起了在安全、监控、建筑的防卫性、自我保护心理和区域管控方面的大量改变。就像以前的堡垒有实体边界如城门和城墙一样，现在的城市不单如此，还往往用隐蔽的监控设备如闭路电视来监视城市街道、公园和设有大门的小区。2001年的"911事件"以及随后对恐怖主义发动的全球战争改变了全球城市对安全的定义和对私人及公共空间的保护。许多论述都认为未来的城市生活中隐私将得不到保护，因为面对恐怖主义威胁，"国家安全"问题将凌驾于所有的公众自由出入和公共空间的问题。

恐怖分子之所以以城市为目标是为了吸引全球媒体的报道。而自2001年9月11日之后，很显然一些象征性的目标，如纪念碑、纪念馆、地标性建筑和其他重要的公共空间遭受恐怖袭击的风险越来越大，对此人们采取了高级别的反恐措施。评论家们讨论了在面对真实或可能的恐怖威胁时采取反恐措施的代价和好处。直到20世纪90年代初，许多城市尚未采取全面的安全和防卫策略；直到发现了针对一个个特定目标的恐怖袭击计划，而且往往是当某个事件引发了对安全脆弱性问题的关注，或是直接发生了恐怖袭击之后，人们才引起重视。对恐怖主义的恐惧引起了新的高调反恐措施。有作者将其称之为新的军事化的城市生活。②

----

① Dodson，J. and Sipe，N.（2008）*Shocking the Suburbs：Oil Vulnerability in the Australian City.* Sydney：UNSW Press.

② Graham，S.（2011）*Cities Under Siege：The New Military Urbanism.* London：Verso.

城市的现代性中有一些薄弱之处。随着城市所依赖的基础设施越来越复杂，这些基础设施也就越有可能出现故障，带来更为严重的后果。对那些习惯了正常电力供应的城市居民来说，突然断电的影响是很大的，暖气或空调会无法运作，电灯无法点亮，电气设备也会令人失望地停止运行，一声不响。只有这时我们才意识到我们是多么地依赖电力，一旦停电就会受到极大影响。而电网很容易受到攻击而瘫痪。2003年美国东北部许多地方的电网就发生了系统崩溃，导致5 000多万人在黑暗中度过了36小时。仔细调查显示这次电网瘫痪是由监管不力所引起的多个故障所致，监管不力导致了投资减少，造成的后果也更为严重。这个案例凸显了地区电网系统瘫痪扩展为更大区域电力系统故障的连锁反应。像交通运输网、互联网和银行一类系统的互联性使得一个很小的问题都会通过联结更为紧密的系统而造成连锁反应。比如2010年冰岛埃亚菲亚德拉火山的喷发就引发了一连串的事件，使得全球人流和物流受到阻碍和影响。许多欧洲和飞越大西洋的航班停飞了6天。一个小小岛国的火山喷发就波及到了全球，这就凸显出连接全球城市的航空体系的脆弱性。城市之间相互连接的通路极易中断。随着基础设施越来越复杂，在全球范围内连为一体，其故障通过互联体系而得以升级扩大的可能性也就越大。那些脆弱或具有高度联结基础设施的城市很容易受到攻击而瘫痪。同时我们也要注意到在发展中国家，城市基础设施的不安全和不稳定是常见的现象，在那里电力供应和其他公共服务很可能经常中断而不是稳定提供。所以我们再次看到财富和政治实力的差异也同样体现在获得供电和其他服务的不均等上。

方框8.5

福岛：管制俘获（regulatory capture）导致自然灾害变成了灾难

2011年3月11日，在日本东京东北方向230英里处的海底发生了里氏9.0级地震。地震产生的海啸波冲击了海岸，摧毁了城镇和乡村。2万多人丧生，总的经济损失估计为3 000亿美元。

然而这场自然灾害同时也变成了一场核灾难。地震当天，在东京以北 150 英里处，位于太平洋海岸的福岛第一核电站，6 个动力反应堆中的 3 个已经关闭以进行例行维护。其余的 3 个在下午 2 时 46 分第一次地震波来临时也自动关闭。41 分钟后第一次海啸波袭来，但并未越过 33 英尺高的防波堤。

　　之后不到 10 分钟，77 英尺高、速度达到每小时 500 英里的第二波巨浪轻易地冲破了防波堤，撞入核电站，破坏了供电和用来给核燃料棒降温的应急柴油发电机。燃料棒高温所产生的蒸汽驱动涡轮发电。核反应堆产生了大批热量，却没有动力源使其冷却。当晚核电站人员决定释放污染蒸汽以避免大爆炸。之后爆炸产生的辐射泄漏范围达到 700 平方英里，10 万人被迫疏散。

　　日本很早就依赖核电站来供电。长期以来监管机构被核工业所收买，导致对风险估计过于乐观，没有能够有效地监管。"管制俘获"这个词指的是全世界都有的一种现象，即本应监管企业的机构最后反而纵容甚至支持违规行为，或是对违规行为睁一只眼闭一只眼。这是导致 2008 年财政危机的背后因素，当时监管机构未能监控、评估和阻止银行业的风险行为；它也是导致 2011 年墨西哥湾漏油事件的原因之一。在核泄漏事件发生之后，人们立即就日本对核电过于依赖的做法进行了反思批评。德国决定在 2022 年之前逐渐停用核电站。奥地利、意大利和瑞士也在重新思考其对核能的依赖性。

　　福岛第一核电站的所有者——东京电力公司（Tokyo Electric Power Co.，TEPCO）鼓吹这场无法预测的大型海啸才是罪魁祸首，然而由日本议会和国会（the National Diet）2012 年共同发布的官方报告则得出了不同结论。报告指出，这次事故是政府、监管机构和东京电力公司所共同造成的。监管机构和运营商都忽视了安全风险和早期的警报。早在 2009 年就有两位资深的地震学家警告说该核电站很容易受到海啸的袭击。

　　报告还批评了东京电力公司和政府的应急反应。权力界限不清，管理混乱，疏散的时机也把握不准。

第一核电站所释放出的放射物会持续存在好几年，而日本也永远不会再像以前那样放心地依赖核电了。这种对核电的依赖无视日本多震的历史，这就有力证明了那些无视历史的人终将重蹈覆辙。欧逸文（Evan Osnos）报道说，海岸地区海啸巨波的幸存者"又找到了一些粗糙的石碑，其中一些已有几百年的历史。这些石碑是古代祖先们竖立在岸边精确位置上的，用来标示之前海啸的高水位线。碑上的铭文告诫后来人不要再依水而建。其中一条碑文写道：'无论多少年之后也不要忘记这个警告'"。

资料来源：National Diet of Japan（2012）*Report of Fukushima Nuclear Accident Independent Investigation Committee*. http：//naiic. go. jp/en（accessed July 16，2012）. Osnos，E.（2011，October 17）"The fallout."*The New Yorker*，46–61.

弹性城市

城市是具有恢复力的，在经历环境灾难后能够最终摆脱其影响。"弹性城市"是城市规划师劳伦斯·韦尔（Lawrence Vale）和托马斯·坎帕内拉（Thomas Campanella）所造的一个词。他们描述了城市在灾难之后继续存在的能力，将其归纳为一个四阶段的演化模式：①

1. 应急反应（Emergency responses）：可能会持续数天至数周，包括一些救援行动；日常活动中止。

2. 恢复（Restoration）：需要 2 至 20 周，包括重建主要城市公共服务以及灾民的返回。

---

① Vale，L. J. and Campanella，T. J.（eds.）（2005）*The Resilient City：How Modern Cities Recover From Disasters*. New York：Oxford University Press.

3. 更新和重建（Replacement and reconstruction）：需要 10 至 200 周，城市恢复到灾难之前的水平。

4. 发展性重建（Development reconstruction）：需要 100 至 500 周，包括一些保留和改善措施。

在这个总体描述框架内，各个城市因其各自的受灾后果而有不同的遭遇。在受灾城市的重建评估中，哪个城市需要推倒重建，哪个城市需要保留原貌发展是非常重要的问题。建筑师阿里雷扎·法拉希（Alireza Fallahi）在一项有趣的研究中调查了伊朗城市巴恩（Barn，Iran）在 2003 年地震之后的重建，这场地震造成了 32 000 人死亡，将原先的城市夷为平地，将近 20 000 座住宅被毁。临时安置所往往搭建在原先房屋的基址上，可以让这些家庭在有家可住的同时得以重建住宅。法拉希指出，无家可归并不一定意味着就不能参与到重建中。他描述了"专家"们如何学习当地人重建城市的过程。重建过程既可以像唐山那样从上到下严格地组织管理，也可以像巴恩市那样让市民更多地参与进来。①

韦尔和坎帕内拉提出了一些城市恢复的原则：

· 对恢复过程的记述是一种政治需要；

· 灾难能够反映出政府的适应力；

· 对恢复过程的记述总是遭到质疑；

· 地区的恢复力与国家的恢复力相关；

· 恢复过程总是被局外人轻描淡写；

· 城市重建代表了人类的恢复力；

· 回忆可以帮助恢复；

· 之前投资的保留有助于恢复；

---

① Fallahi, A. (2006) "Mobilization of local and regional capabilities through community participation in the process of recovery after the Barn earthquake in Iran." Paper presented to the International Geographical Union Conference, Brisbane, Australia, July 5.

· 恢复需要利用地方力量；

· 恢复需要将投机转变成机遇；

· 各地的灾难不同，所以恢复也要因地制宜；

· 恢复不仅仅是重建。

有些城市能够迅速从灾难中恢复。1995 年的一场地震使得日本港口城市神户的许多地区成为废墟，64 000 多人丧生，30 万人无家可归，经济损失超过 10 亿美元。但不到一年神户就恢复到了世界第六大港的地位，15 个月内制造业产值就达到了震前水平的 98%。[1]马克·斯基德莫尔（Mark Skidmore）和户井秀树（Hideki Toy）发现灾后的城市经济会升级更新基础设施和技术，能够迅速达到灾前的经济活动水平，因为现在他们有了更新更好的条件。[2]然而在发展中国家的贫穷城市这一效果却不明显。海地在地震之后的 15 个月内仍是一片废墟，经济也仍然处于崩溃状态。当然也有一些发展中国家做得不错，比如印度比西亚。2005 年印度洋一场里氏 9.0 级的地震引发了百年一遇的海啸。虽然整个印度洋海盆都受到海啸的影响，亚齐岛和纳斯岛（the islands of Aceh and Naas）却是受打击程度最大的。光是在亚齐岛上估计就有 17 万人丧生，11 万座房屋被毁，另有 50 万人无家可归。校舍被毁（2 000 座），医院遭到破坏（8 座），道路中断（3 000 千米），形成的垃圾之多令人震惊（5 765 000 立方米）。联合国环境规划署 2007 年的一份报告断定印尼重建与恢复机构没有足够重视环境问题，进行中的重建工作时常会破坏已经非常脆弱的生态系统。重建的建筑使用的是不可持续性的材料。虽然住房有所保证，但对必要的供水系统和卫生设备却重视不够。报告认为环境监控必须被

---

① Horwich，G. (2000) "Economic lessons of theKobe earthquake." *Economic Development and Cultural Change* 48：521-542.

② Skidmore，M. and Toya，H. (2002) "Do natural disasters promote long—run growth?" *Economic Inquiry* 40：664-687.

纳入恢复过程中。①从 2007 年起这方面的具体方案被纳入到沿海生态系统的恢复中,并且鼓励对环境改善进行国家监控。

从 2005 年到 2009 年印尼接受到的外国援助达 135 亿美元,政府用这些资金创建了一个特别重建和恢复计划,重点支持以社区为基础的开发活动体系。印尼政府给每户家庭提供了多达 3 000 美元的资金以帮助其重建家园。该援助对于启动重建工作至关重要,最终为成功恢复打下了基础。亚洲开发银行在海啸发生 5 年之后的 2009 年发布报告概述了恢复进程。②重建恢复的成果令人瞩目,截至 2009 年 4 月,有将近 14 万座永久性房屋建成,950 多所学校得到修复或重建,修建了3 000多千米的道路,重建或创立了 730 多个卫生设施,近 100 千米长的沿海地带得到复原。报告认为在印尼市民、国家政府和国际金融机构的共同努力下,5 年恢复计划总体是非常成功的。

城市的恢复也提出了政府职能的问题。公共政策往往会突出救援和修复而非预防。比如世界银行就认为在现有基础设施如学校和公共建筑中提供灾难应对装备是一种非常节约成本的预防措施。然而公共政策倘若不严加管理的话也会促成危险行为的发生。富裕国家由政府支持的洪水或灾区居民的保险政策往往有违初衷,意味着个人的危险行为要由公共财政买单。在美国,这样的政策导致对在飓风区域建造海滩住宅的富人们提供纳税人救助。这个例子中的恢复力是由公共财政为个人危险行为后果买单所达成的。比如布莱斯·麦克伦南(Blythe McLennan) 和约翰·汉德摩尔(John Handmer)指出,澳大利亚调查黑色星期六丛林大火的皇家专门调查委员会就认为责任在于

---

① United Nations Environment Program (2007) "Environment and reconstruction in Aceh: two years after the tsunami." http://postconflict. unep. ch/publications/dmb _ aceh. pdf (accessed July 2012).

② Asian Development Bank (2009) *Indonesia: Aceh—Nias Rehabilitation and Reconstruction*, pp. 21 - 25). http://www. adb. org/Documents/Produced—Under—TA/39127/39127—01—INO—DPTA. pdf (accessed July 2012).

政府而不是由危险社区自己承担。是政府来对此负责，而不是由那些自己将住址选在危险地带的人负责。①

我们还了解到当生物物理系统被用来减少危险而非被破坏从而阻碍经济发展时，城市的恢复力就会得到加强。新奥尔良湿地的破坏增强了卡特里娜飓风最终冲垮防洪堤的风暴潮。在荷兰，河流现在被放任在河漫滩流淌，而不是人为地强加引导。与其让大型洪水导致决堤，还不如接受定期流过河漫滩的小型洪水。该政策在荷兰语中大体表达为"宁可湿脚也不要湿头"。人们越来越意识到自然世界可以用来保护人类社会。

小结

城市易受危害，是灾难经常发生的地方，既有大型灾难也有慢性危害，如石油依赖和全球气候变化。城市容易遭受的有旱涝灾害、热浪和严寒、地震、火山喷发以及恐怖袭击和基础设施崩坏。在这些灾害中被毁的城市在历史上不胜枚举，如庞贝古城（Pompeii）、里斯本和加尔维斯顿（Galveston）。所有人都会记得太子港地震或南亚海啸中夹满杂物和泥土的巨浪将人卷入致命急流中的画面。这些画面残忍地提醒我们可能会给我们城市和生活带来危害的无法预知的力量。灾难是一种社会事件，对贫穷城市和穷人的影响要比富裕城市和富人大得多。危害正是经由经济差异和社会不公才演变成灾难的。

但城市同时也具有恢复力。城市的恢复体现在灾难面前希望和机会的力量。城市像凤凰一样从灰烬中涅槃，证明了城市脉动的生命力。作为最为人性的发明，城市也表现出最为人性的情感——即面对困境时的希望。

---

① McLennan, B. and Handmer, J. (2012) "Reframing responsibility—sharing for bushfire risk management in Australia after Black Saturday." *Environmental Hazards* 11: 1-15.

延伸阅读指南

Arnold, M. (eds.) (2006) *Natural Disaster Hotspots: Case Studies*. Washington, DC: The World Bank.

Bankoff, G. , Lubken, U. and Sand, J. (2012) *Flammable Cities: Urban Conflagration and the Making of the Modern World*. Madison, WI: University of Wisconsin Press.

Blakely, E. J. (2011) *My Storm: Managing the Recovery of New Orleans in the Wake of Katrina*. Philadelphia, PA: University of Pennsylvania Press.

Centre for Research on the Epidemiology of Disasters (CRED): http: //www. cred. be.

Graham, S. (ed.) (2010) *Disrupted Cities: When Infrastructure Fails*. New York: Routledge.

Graham, S. (2011) *Cities Under Siege: The New Military Urbanism*. London: Verso.

Hartman, C. and Squires, G. (eds.) (2006) *There is No Such Thing as a Natural Disaster*. New York: Routledge.

Heinrichs, D. and Krellenberg, K. (2012) *Risk Habitat Megacity*. Heidelberg: Springer.

McQuaid, J. and Schleifstein, M. (2006) *Path of Destruction: The Devastation of New Orleans and the Coming of Age of Superstorms*. New York: Little, Brown and Company.

Oxfam (2012) *Haiti: The Slow Road to Reconstruction*. http: // www. oxfamamerica. org/press/publications/haiti-the-slow-road-to-reconstruction.

Peiling, M. (2003) *The Vulnerability of Cities: Natural Disasters and Social Resilience*. London: Earthscan.

Pelling, M. and Wisner, B. (eds.) (2009) *Disaster Risk Reduction: Cases from Urban Africa*. London: Earthscan.

Redclift, M. R. , Manuel-Navarrete, D. and Pelling, M. (2011) *Climate Change and Human Security: The Challenge to Local Governance under Rapid Coastal Urbanization*. Northampton, MA: Edward Elgar Publishing.

Rozario, K. (2007) *The Culture of Calamity: Disaster and the Making of Modern America*. Chicago, IL: University of Chicago Press.

Smith, K. and Petley, D. N. (2008) *Environmental Hazards: Assessing Risk and Reducing Disaster*. 5th edition. New York: Routledge.

University of Delaware's Disaster Research Center: http://www. udel. edu/DRC.

Vale, L. J. and Campanella, T. J. (eds.) (2005) *The Resilient City: How Modern Cities Recover from Disasters*. New York: Oxford University Press.

Wisner, B. and Pelling, M. (eds.) (2009) *Disaster Risk Reduction: Cases From Urban Africa*. London: Earthscan.

Wisner, B. and Uitto, J. (2009) "Life on the edge: urban social vulnerability and decentralized, citizen-based disaster risk reduction in four large cities of the Pacific Rim," in *Facing Global Environmental Change*, H. -G. Brauch (ed.). Berlin: Springer Verlag, pp. 217 – 234.

第九章　城市政治生态

　　最近一些年从传统上各自独立的"城市"和"生态"领域中出现了一个新的研究和关注领域。之前大多数的"城市"研究往往聚焦于社会方面而忽略了城市生态，尽管 20 世纪 20 年代的芝加哥学派（Chicago School）曾经在对城市的理解中使用过诸如"入侵"（invasion）和"演替"（succession）之类的生物学术语，而这一系的社会生态学研究也确实延续至今。然而，这些术语却成了隐喻，更多的是一种类比而非完的理论概念。而大多数传统的"生态"研究则往往聚焦于尚未高度城市化的区域。生态科学源于要一种理解"自然"进程的主要愿望，重点关注与人类有着最少关联的生态系统。早期的研究模式主要参照原始生态系统。从 1995 年到 2000 年期间，在 9 种最核心生态学期刊的 6 157 篇论文中只有 25 篇（占 0.2%）讨论到城市。新出现的城市生态学将城市看作生物物理过程的发生地，与社会进程相互交织成复杂的人类-环境关系网。我们用"城市生态学"这个词来指代城市的生态，而不仅仅是研究处于城市中的生态。一些特定期刊如《国际城市可持续发展期刊》（*International Journal of Urban Sustainable Development*）、《城市生态系统》（*Urban Ecosystems*）和《城市生态学》（*Urban Ecology*）都刊发这个令人兴奋的新兴领域的各类文章。城市生态学的研究者既提出一般理论模型，也进行具体个案分析。这里我们从数量急速增长的丰富的研究著作中先挑选 3 个例子。比如玛丽·卡德拉索（Mary Cadenasso）和她的同事论证说，巴尔的摩都市区是一个生物物理、社会和建成成分的复合体。他们应用标准的生态学方法如生态系统、分水岭和缀块动态（patch dynamics）来回答 3 个常见的问题：城市生态系统的整体结构是什么样的？能量、物质、人口和资金在这个系统中是如何流动的？生态信息和环境质量之间是一种什么样的反馈性质?[①] 米兰·施雷斯塔（Milan Shrestha）及其同事的研究则更为具体，他们表明凤凰城都市区土地细碎化（land fragmentation）的时空模式是如何受到快速城市化的影响的。[②] 尼科斯·格奥尔基（Nikos Georgi）和 K. 扎费里阿迪斯（K. Zafiriadis）调查了公园树木对城市微气候的影响。他们通过对希腊塞萨洛尼卡的研究表明树木能够降低夏日温度、增加相对湿度并能带来整体降温的效果。[③]

此外还有城市政治生态学，这是从传统上有关人类对环境影响的论述中发展出来的一门学科。该学科的经典奠基之作是 1955 年的《人类在改变地球面貌中的作用》（*Man's Role in Changing the Face of the Earth*）。该书探讨了人类对自然越来越强的主导性，调查了如乱砍滥伐、城市化和能源消耗之类的问题。这本著作影响了几代地理学者去检测和度量人类行为对环境的影响，包括栖息地的破坏、土地利用变

① Cadenasso，M.，Pickett，S. T. A. and Grove，M. J. （2006）"Integrative approaches to investigating human-natural systems: the Baltimore ecosystem study." *Natures Sciences Sociétés* 14: 4 - 14.

② Shrestha，M. K.，York，A. M.，Boone，C. G. and Zhang，S. （2012）"Land fragmentation due to rapid urbanization in the Phoenix Metropolitan Area: analyzing the spatiotemporal pattern and drivers." *Applied Geography* 32: 522 - 531.

③ Georgi，N. J. and Zafiriadis，K. （2006）"The impact of park trees on microclimates in urban areas." *Urban Ecosystems* 10: 195 - 209.

化、生态多样性的消失、水土污染以及最近的全球变暖和气候变化。许多学者后来都使用这种被称为"政治生态学"的方法来更清晰地找出环境变化与政治进程和经济体系之间的关联。该词最早使用于 20 世纪 30 年代，但直到 20 世纪 80 年代才为人熟知。比如皮尔斯·布莱基（Piers Blaikie）就调查了发展中国家的土壤侵蚀问题。其对尼泊尔进行的研究表明与其说土壤侵蚀是人口过剩和管理不当的结果，还不如说是由特定人群的边缘化和贫困所导致。土壤侵蚀并非由于农民对土地经营不善，而是反映了他们在商品市场中的不稳定地位。[①]政治生态学将土地利用放在其社会-经济背景中来看待。许多早期的政治生态学研究聚焦于发展中国家社会和农村土地利用的变化；而最近的著作则拓展了研究范围，将城市也纳入研究视野。城市政治生态学借鉴了众多领域的理论话语，包括后结构主义、行动者网络理论和女性主义。[②]例如亚法·特鲁勒夫（Yaffa Truelove）在探讨德里的用水不公时就使用了女性主义的城市政治生态学方法。[③]她得出结论说女性受影响程度最大，每天要花好几个小时去取水。城市政治生态学如今是一门富有活力的学科，其理论前提是城市环境并非一个中性背景，而恰恰是权力在其中展现、争夺与执行的场所。

本章其余部分将从流通传播、新的城市生态构想、城市足迹、自然资产、生物物理循环、生物群落和城市地区生态模型等方面来考察城市政治生态的主要特征。

---

① Blaikie，P. M.（1985）*The Political Economy of Soil Erosion in Developing Countries*. London：Pearson.

② Elmhirst，R.（2011）"Introducing new feminist political ecologies." Geoforum 42：129‐132；Perkins，H.（2007）"Ecologies of actor—networks and (non) social labor within the urban political ecologies of nature." *Geoforum* 38：1152‐1162.

③ Truelove，Y.（20I 1）"(Re-) conceptualizing water inequality in Delhi，India through a feminist political ecology framework." *Geoforum* 42：143‐52.

城市作为流通传播

阿贝尔·沃曼（Abel Wolman）的经典论文引入了城市新陈代谢的概念。他将城市想象成一个以百万人口区域为单位的能量、水、物质和废物在其中流通的实体。[①]

能量的流动能给城市提供动力。我们可以把城市想象成各种能源——包括人力、电力、核能和风能——为其提供基础能量如暖气、照明、电力和运输的地方。不同的城市在不同时期（古代更倚重人力）和空间（地方特点如荷兰的风车）使用不同的能源。在城市历史上长期以来发生了从人力向依靠矿物燃料作为能源的重大转变。现代城市如今已经成为炭燃料文明的重要一部分；对矿物燃料的严重依赖以及随之产生的大气中碳化气体的增加都影响了全球气候变化。在稍后的章节中我们会详细研究气候变化与城市的关系。图 9.1 是一张纽约皇后区雷文斯伍德发电厂的照片，该厂于 1965 年运行，现在产电量超过 2 480 百万瓦特，主要是通过燃烧天然气的蒸汽轮机发电。该厂刚好能够满足纽约市超过 20％的电力需求，同时也排放出大量污染物。尽管纽约州监管机构认为雷文斯伍德发电厂对减排技术进行的投入使其氮氧化合物、二氧化硫和一氧化碳的排放量符合标准，但该厂还是在 2012 年被归入臭氧污染物排放严重不达标的企业。

城市经济随着能源的增加或减少而相应变化。从早期工业化英国的产煤城镇到现代对电力和石油大量需求的城市，城市一直是在被其所使用的各种能源所塑造，而它们对能源日益增长、持续不断的需求也反过来促成了对能源的寻找。

能源的使用随着城市位置和富裕程度而有所不同。比如气候极冷或极热的发达国家以汽车为主要交通工具，往往会消耗大量能量。如果一

[①] Wolman，A. (1965) "The metabolism of cities." *Scientific American* 213：179 - 190.

图 9.1 纽约皇后区长岛市的雷文斯伍德发电厂

图片来源：Author Harald Kliems；http：//commons. wikimedia. org/wiki/File：
Ravenswood _ power _ plant. jpg

个国家的交通体系以私家车为主，那么能源需求和随之产生的环境污染
也就越发明显。富裕国家城市比贫穷国家城市要消耗更多的能量。

对城市作为能量流通的聚焦更加鲜明地凸显出城市的效能问题。
我们可以在不同类型城市的关键能源审计中形成一个更具生态意义的
城市研究，以及在不同类型的城市环境中开发新型燃油效率的更具城
市化的生态环境研究。这样的方法会提出许多问题，比如，公共交通
是否比私家车更节能？某种建筑形式或建成形态的空间布局是否比其
他方式更具能源效率？如果步行或骑车取代汽车——尽管只是在短距
离内—— 除了节能之外是否还有其他好处？步行更多的人一般来说是
否更加健康，从而使得医疗支出减少？

克里斯托弗·肯尼迪（Christopher Kennedy）及其同事对原先沃
曼的论文进行了修正，调查了全球正在变化的城市的新陈代谢，包括
布鲁塞尔、东京、香港、悉尼、多伦多、维也纳、伦敦和开普敦。[①]他

① Kennedy，C.，Cuddihy，J. and Engel—Yan，J.（2007）"The changing
metabolism of cities." *Journal of Industrial Ecology* 11：43‑59.

们重点关注水、物质、能源和营养素的流动。各个城市的数据并不具有完全的可比性，因为它们是在不同时期用略有差异的方式收集到的；它们反映的更多是一种整体趋势而非精确测量。其结果表明从 20 世纪 70 年代到 90 年代水流和污水量有所增长，但之后就因为工业消耗减少而一直在下降。物质流在减少但却出现了新的废物流。电子垃圾大量增长。电子垃圾如今已成为城市内部和城市之间物质流的重要成分。能耗增加的同时营养素循环却并不明显。研究者也发现了一些威胁到城市可持续性的新陈代谢过程，包括地下水的枯竭、有毒物质的积聚、夏季热岛效应和营养素的不规则累积。

城市政治生态学不仅仅可以解释城市流通水平的变化。这些流通重新分布的结果是其首要的研究目标。不妨举一个例子，比如水的流通是很多研究的主题。马修·甘迪（Matthew Gandy）将印度孟买供水问题放到殖民主义后果、快速城市发展和中产阶级利益凌驾于大多数穷人需求之上的背景中。[1]埃里克·史温吉道（Erik Swyngedouw）重点关注了厄瓜多尔的瓜亚基尔（Guayaquil）。他表明水的流通与权力和影响力密切相关。[2]安东尼奥·洛里斯（Antonio loris）研究了秘鲁利马水荒的政治因素，[3]其原因不仅仅是当地缺水，供水问题其实是由对低收入家庭的歧视所造成的。在执政党选举目的的影响下，投资和用水管理机构的技术治理性质将许多当地社区彻底排除在外。水荒不仅源于供应问题，也是一种排斥性的政治过程。利马将供水私营化，而不是提供承诺的解决方法，这就导致了如举债筹资、不平等用水权和对环

① Gandy，M.（2008）"Landscapes of disaster：water，modernity and urban fragmentation in Mumbai." *Environment and Planning* A 40：108 - 130.

② Swyngedouw，E.（2004）*Social Power and the Urbanization of Water*. Oxford：Oxford University Press.

③ Ioris，A. A. R.（2011）"The geography of multiple scarcities：urban development and water problems in Lima，Peru." *Geofrum* 43：612 - 622.

境质量的忽视等更多问题的出现。①

方框9.1
城市生态系统的长期研究

美国国家科学基金资助属于长期生态研究网络的24个长期生态研究项目，其中只有两个是专门研究城市系统生态学的。一个在马里兰州的巴尔的摩，另一个在亚利桑那州的凤凰城，为研究城市生态过程和趋势提供了信息。该项目汇聚了来自生物、物理和社会科学的研究者们。巴尔的摩生态系统研究旨在将巴尔的摩都市区看作一个生态系统。亚利桑那中部的凤凰城的长期生态研究聚焦于旱地生态系统的城市区域，研究城市发展对索诺兰沙漠（the Sonoran Desert）以及生态条件对城市发展的影响。

Visit these websites for updates on research projects：Baltimore Ecosystem Study（http：//www. beslter. org）；Central Arizona-Phoenix Long-Term Ecological Research（http：//caplter. asu. edu）.

城市政治生态方法的使用拓展了城市中流通的概念。例如詹森·库克（Jason Cooke）和罗伯特·刘易斯（Robert Lewis）调查了1909年至1930年芝加哥密歇根街大桥的建造过程。②他们提出将资本主义经济看作资本流通的代谢系统的想法。商界精英的权力形成了城市中新的流通模式。大桥的建造使得芝加哥河两岸往来更加迅速便捷。大桥开放了该市的交通和资本流通，使得密歇根大街沿街的土地增值。该桥是芝加哥交通和资本流动增加的载体。

---

① Ioris，A. A. R. (2012) "The neoliberalization of water in Lima，Peru." *Political Geography* 31：266‐278.

② Cooke，J. and Lewis，R. (2010) "The nature of circulation：the urban political ecology of Chicago's Michigan Avenue Bridge，1909‐1930." *Urban Geography* 31：348‐368.

随着能量、水和交通流经基础设施网，城市中也确实出现了可见的流动现象。比如图 9.2 展现了首尔市夜间的交通流量。许多学者使得人们开始关注这些城市基础设施网络所起到的作用。最近一份由斯蒂芬·格拉汉姆（Stephen Graham）收集编辑的研究突出了这些基础设施的脆弱性。①比如由西蒙·马文（Simon Marvin）和韦尔·梅德（Will Medd）所撰写的一个章节揭露了城市下水道堵满了废弃脂肪和油脂的问题。他们追踪了废弃的油脂肪从家庭、餐馆和快餐加盟店一路进入下水道的过程，给城市的代谢和流通问题带来了新的意义。②如今美国每年有 30 亿加仑的废弃脂肪和油脂被倒入下水道。

约亨·蒙施塔特（Jochen Monstadt）指出了基础设施网络和城市生态之间的关联。③他建议在城市政治生态学和技术研究之间进行有益的互动。能量、水、污水和交通之间的互联流动既是城市生态学的重要组成部分，也能维持和改变城市生态。

将城市想象成食物的流通之地突出了城市与人化农业景观的互动。对城市居民日常卡路里消费包括从零售场所的食物购买一直到初级生产者的追踪，使我们重点关注了不断变化的农业耕作方法与城市居民对食物不断变化需求联系起来的流通互联网络和关系。这些食物流通网络经过了经济、文化和社会等复杂因素的中介。追踪这些甚至能够将最简单的行为如早上购买咖啡互相联结起来的物理和社会关系可以让我们知道城市消费者是如何与分销商和制造商连成复杂关系的。对这些食物流通及其不断变化的结构、规模和特点的建模是理解处于生

---

① Graham，S. (ed.) (2010) *Disrupted Cities*：*When Infrastructure Fails*. New York and London：Routledge.

② Marvin，S. and Medd，W. (2010) "Clogged cities：sclerotic infrastructure," in *Disrupted Cities*：*When infrastructure Fails*，S. Graham (ed.) New York and London：Routledge，pp. 85 - 96.

③ Monstadt，J. (2009) "Conceptualizing the political ecology of urban infrastructures：insights from technology and urban studies," *Environment and Planning* A 41：1924 - 1942.

图 9.2　韩国首尔的夜间交通
图片来源：照片为约翰·雷尼-肖特所摄

态过程、产业循环和食物供需变化模式之联系中的人与环境关系的新
方式。食物供应业反映出社会的不平等。研究者们使用了环境术语
"荒野"来指代得不到足够营养食物的城市地区。尼尔·里格利（Neil
Wrigley）对英国城市"食物荒野"的研究表明这些地区反映了社会排

斥现象，也是导致健康差异的重要因素。①

对城市厨余垃圾流动情况的追踪也能反映出一些有趣的联系。例如朱利安·耶茨（Julian Yates）和尤塔·古特贝勒特（Jutta Gutberlet）就调查了位于巴西圣保罗都市区边缘的城市迪亚德玛（Diadema)的厨余垃圾流动情况。该市有一半人口处于贫困线以下，四分之一住在贫民窟，许多人食不果腹。该地区将近60％的垃圾由可生物降解的厨余垃圾组成。2004年该市对那些非正式垃圾回收者协会、公共菜园计划、社区食物银行和百姓餐馆予以官方支持。其积极的结果是产生了新的流通方式，即可生物降解的厨余垃圾从垃圾场转移至社区菜园作为种植水果和蔬菜的堆肥。一个新的社会-生态空间由此创立：另一种城市代谢方式被构建起来。当然这个转变也有局限之处。该项目并未处理城市用水生产问题，或是将"垃圾回收者"边缘化的权力关系问题。不过当地人构想了一个全新的城市生态图景。正如作者所指出的——

> "垃圾回收者"和城市园艺师在与当局进行正式政治协商的同时也在通过其对厨余垃圾内在价值再生和再利用的日常实践来积极重新构想城市环境，他们正在为环境舒适性的更均匀分布及其好处而做出贡献。②

新的城市生态想象图景

迪亚德玛的"垃圾回收者"重新构想了新的厨余垃圾流动路径，

---

① Wrigley，N. (2002) "Food deserts in British cities: policy context and research practice," *Urban Studies* 39: 2029 - 2040.

② Yates，J. S. and Gutberlet，J. (2011) "Reclaiming and recirculating urban natures: integrated organic waste management in Diadema，Brazil." *Environment and Planning* A 43: 2109 - 2124; quote is p. 2120.

并在此过程中创建了新的城市政治生态学。对新城市政治生态的重新想象与权力关系和主导性构想紧密相关，虽然迪亚德玛的例子提醒我们改变也可以自下而上地发生。

主导性的想象业已发生了改变。基恩·德斯福尔（Gene Desfor）和卢西安·维萨隆（Lucian Vesalon）以 20 世纪初多伦多港口工业区为例，描述了被他们称之为社会-自然形式的工业生产。[1]大型基础设施所构建的中央滨水区形成了一个工业景观。这是个典型的时代产物，在快速工业化时期由商业精英控制着政治体制，唯利润与增长是图。而在几乎同一时期的加拿大太平洋沿岸，另一个城市在形成工业社会-自然时却重新考虑了与自然的关系。1855 年加拿大太平洋铁路公司在被称为福溪（False Creek）的水湾购置了一片土地，在那里建造了铁路车场和车间，福溪的浅滩处填满了碎石和工业废料以形成更多平坦空间用来建造铁道-工业联合生产中心。1986 年随着工业早已从严重污染地区撤出，该地被政府买下，成为 1986 年世博会所在地。一家房地产公司买下了 66 公顷的土地建造公园和住宅。对这块地区的治理工作仍在继续。有些土地被还给城市作为公共用地，在该市的东南部还建造了 2010 年冬奥会的奥运村。原来的棕色地带变成了绿色的海岸线。[2] 100 年来该地对社会-自然构建的新型想象收到了成效。

有时城市生态的再想象是由深入的经济变革所推动的。例如去工业化包括了制造业就业岗位的减少，对那些依赖工业基地的城市来说也可能会产生经济衰退和城市萎缩。这些都是实实在在的问题，因为就业机会的减少，尤其是对蓝领工人来说可能会对家庭生活水平造成

[1] Gene Desfor, G. and Lucian Vesalon, L. (2008) "Urban expansion and industrial nature: a political ecology of Toronto's Port Industrial District." *International Journal of Urban and Regional Research* 32: 586 - 603.

[2] Ley, D. (2012) "Waterfront development: global processes and local contingencies in Vancouver's False Creek," in *New Urbanism: Life, Work and Space in the New Downtown*, I. Helbrecht and P. Dirksmeir (eds.). Farnham and Burlington, VA: Ashgate, pp. 47 - 60.

极大的破坏。不过去工业化也会带来一些机遇，有可能会将废弃的工业景观改造成更为绿色的区域。比如德国的莱比锡以前的煤矿区现在变成了一个主题公园。该公园于 2005 年开放，现在是一个由 17 个湖泊相连形成的娱乐休闲区。老的矿区被重新规划和建造成娱乐游玩区，不再有污染和工业了。虽然失去了高薪工作，但这些工作却具有危险性，会伤害矿工的肺部以及周围地区的环境质量。

另外两个例子来自纽约市：第一个是长岛市的龙门广场州立公园。从 19 世纪中叶起一直到 20 世纪 60 年代，铁轨车由船渡运过哈德逊河，再由巨型龙门起重机从船上吊起。当铁轨过时后该地就处于废弃状态。1998 年该处 10 英亩的地皮上建造了一个州立公园，种上了原生草种和植物，作为带有绿地和游乐场地的公共步行道开放。2009 年公园扩建至 12 英亩，绿地对公众开放。哈德逊河不再是对经济运行的阻碍；随着之前的工业地址被重新规划为公园，如今它已成为更宜居城市的源泉（图 9.3）。

纽约市的第二个例子是高架轨道。1934 年曼哈顿地区开通了一条高架轨道以将货物和材料运送至工厂和仓库。轨道全长 13 英里，途经切尔西区（Chelsea）和肉类加工区。当仓库和工厂关闭之后，轨道也不再运行。最后一次运货是在 1980 年，之后狭窄的铁轨就空空荡荡。1999 年地区规划协会在铁轨线所有者 CSX 铁道公司的委托下提出将铁轨线改造为步行道。2009 年第一块带状步行公园开放。沿路栽种了本地的原生植物，让其在旧的铁轨旁生长，这个设计极受当地人和游客的欢迎。将废弃铁轨改造成城市公共散步用地是在从工业向后工业转变过程中最成功的变化之一（图 9.4）。① 2009 年的夏天，亚特兰大环形地带一块 17 英亩的工业空地上开始建造一个新的公园。这个耗资 5 000 万美元的改造工程在旧工业地址上创造出公园、湖泊和慢跑步道等后工业景观。

也有对最近的社会-自然的重新想象。高速公路曾被认为是现代性

① 高架轨道的官方网站是 http：//www. thehighline. org

图 9.3　纽约龙门广场州立公园
图片来源：照片为约翰·雷尼-肖特所摄

最合适的象征。它们让人想起无限移动、四通八达的概念以及机动化
未来的美好前景，但近来却被认为是对景观的破坏。在后现代城市生
态中它们被隐藏在新的城市形态下。在马德里，沿着原先 6 英里长、
而现在已埋入地下的高速公路上新建了马德里绿色之链公园。在被掩
埋的高速公路之上是带有绿地和游乐场所的新的带状公园，新栽着树
木，更为绿色也更易进入，而以往这块社区的人长期以来都没有公园

图 9.4 纽约市的轨道
图片来源：照片为约翰·雷尼-肖特所摄

和绿地。在密尔沃基（Milwaukee），公园东区高速路被拆除以为兴建的公园和住宅区让路。高速公路时代的决策必须考虑到替换更新。一种可能是通过掩埋高速公路创建开发新的区域，将高速公路改造成林荫大道，作为重新构想的城市生态的一部分，这个新的城市生态比 20 世纪中叶城市现代性破灭了的希望更为绿色、更为合理，也更为可持续。这个过程不仅仅限于富裕国家，巴西也在计划拆除被称为"大虫"

(the Big Worm）的穿越圣保罗的 2.2 英里长、每天流量达到 80 000 辆汽车的高架公路。①

许多城市生态文献更多是在调查权力如何被施加而不是如何被抵制。而对城市政治生态的重新想象则是进步和再分配性的，不仅会改变生态、创建新的社会-自然，也会调整权力关系，改变城市中的自然和城市性质的本质含义。

城市足迹

城市会对周围环境施加影响。最近一些年出现了各种各样的城市足迹。主要有三种重要的足迹：生态足迹、碳足迹和水足迹。

生态足迹

生态学家提出生态足迹的概念以指代支撑一个生态系统所需的所有生产性土地。生态足迹测量的是生产某处人口所消耗的资源并吸收其废物需要多少陆地和水域。②它是以全球人均公顷为单位进行度量的。城市地区的生态足迹包括支撑一个城市资源需求和废物产出所需的所有土地。全球平均值约为 2.6 gha。伦敦的生态足迹值为 4.54，比英国平均值 4.64 略低。伦敦使用公共交通工具的人比几乎所有其他英国城市都多，使得足迹规模相对减少。伦敦总的生态足迹为 3 400 万 gha，是城市规模的 200 倍。图 9.5 是伦敦各个区镇的差别。足迹水平最高的是更富裕的区镇，如里奇蒙镇、肯辛顿区和切尔西区。相对较

① Forero，J. (2011，October 16) "Hit the highway，São Paulo is told." *The Washington Post*，A12.

② Kitzes，J. and Wackernagel，M. （2009）"Answers to common questions in ecological footprint accounting." *Ecological Indicators* 9：812 - 817；see the websites：http：//www. footprintnetwork. org/en/index. php/ GFN；http：//www. footprintnet-work. org/en/index. php/GFN/page/foot- print _ for _ cities.

穷的区镇如陶尔哈姆莱茨、纽汉和哈克尼区的足迹水平较低，因为当地居民房屋较小，私家车拥有量也不多。

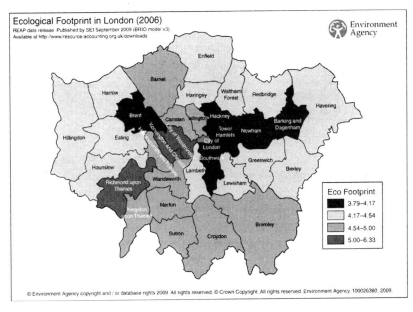

图 9.5　伦敦的生态足迹

图片来源：http：//www. environment-agency. gov. uk/static/images/Research/Figure-1＿sustainability. jpg

　　足迹也有空间上的差别。拉斯维加斯迅速的城市发展使得对水的需求增加。该市的水源主要来自科罗拉多河，但该河的水量是固定有限的。拉斯维加斯正在计划在北部修建一条 250 英里长的管道以接入地下水。但农场主和农民们也使用同样的水源。环保主义者认为这样做是"牺牲了数千平方英里地区的利益"①。

　　对一个城市生态足迹的测量可以凸显出这些溢出效应，更准确定义一些概念，如生态耗竭和不断变化的承载能力，更好地度量长期可持续

---

①　Geis，S. (2006，August 15) "Northern Nevadans don't want to gamble with their water." *The Washington Post*，A3.

发展的理念。发展城市生态足迹的理念需要比用于单个家庭或全球人口的简单模型更精确的生态统计。城市中有一些共同的商品和服务，能够将不同的消费方式整合起来以最大和最小化共同足迹。例如更依赖私家车而非公共交通的城市对能源的需求更多，因而足迹水平更高。城市中的个人和国家足迹相互作用，共同产生了明显的城市区域效应。

城市巨大的生态足迹不仅仅局限于紧邻的周边地区，还会扩展到整个国家甚至全球。追踪单个城市足迹随时间的变化是将历史与生态联系起来的极佳方式。

方框9.2

减少碳足迹：三城记

全球城市都在发展政策、制定策略并践行理念，以通过减少温室气体（GHG）排放来降低碳足迹水平。下面的三个例子展示了众多的政策方案。

圣保罗的远大策略

2009年圣保罗市制订了一个雄心勃勃的目标，决定在2012年之前将2005年的温室气体排放量减少30％。该计划旨在让所有的公共交通车辆都使用清洁能源和可再生技术。该市在城市垃圾填埋场处建造了沼气发电厂，提高了公共建筑的能效，安装了采用LED技术的街灯，建立了快速公交系统，发展出自行车道的道路网。全面车辆检验系统的建立减少了超过41 000吨的一氧化碳排放量。自2009年起，所有带3个以上浴室的建筑都要使用太阳能来提供水加热所需能量的至少40％。

费城和能源效率

费城能源工程是一个低息循环性贷款计划，旨在为提高能效以达到减少全市能耗10个百分点的目标提供资金。能源工程可以为一些改善能效的措施如门窗安装、升级取暖和制冷系统以及安装隔热材料提供高达 15 000 美元的贷款。

伦敦的低碳区

2007 年第一个伦敦气候变化行动计划制订了雄心勃勃的计划，要在 2025 年之前将 1990 年水平的二氧化碳排放量减少 60%。计划指定了 10 个低碳区。划定低碳区的目的是要帮助居民和企业降低碳排放、减少浪费以及节约能源。"绿色医生"（Green Doctors）和"社区防风"（Community Draughtbusters）计划帮助居民安装了一些节能设施。比如布里克斯顿低碳区于 2010 年 3 月启动，该地主要是中低收入社区，拥有大约 3 500 座房产。

资料来源：Bulkeley, H.（2012）*Climate Change and the City*. London and New York：Routledge.

碳足迹

一个城市的碳足迹指的是其所产生的所有温室气体的总量。这些温室气体包括二氧化碳、甲烷、氢氟碳化物、全氟化合物和六氟化硫。碳足迹基本单位为千克，如果是二氧化碳则以吨计。全球平均值为人均 1.19 公吨。本杰明·索瓦库尔（Benjamin Sovacool）和玛丽莲·布朗（Marilyn Brown）测量了 12 个城市的碳足迹，分别是北京、雅加达、伦敦、洛杉矶、马尼拉、墨西哥城、新德里、纽约、圣保罗、首尔、新加坡和东京。[①]他们找出 4 个碳足迹来源：来自私家车和公共交通的排放，建筑和工业使用的能源，来自农业的排放，以及来自垃圾

---

① Sovocool, B. K. and Brown, M. A.（2010）"Twelve metropolitan carbon footprints：a preliminary comparative global assessment." *Energy Policy* 38：4856 - 4869.

的排放。从这 4 种可能的排放中，他们发现了来自都市区的直接排放、产生于都市区但却在别处被消耗的排放、来自都市区以外的排放源以及途经的排放如货运交通。他们专门分析了前两种排放源。表 9.1 列出了这些城市的碳足迹，其中有 4 个城市的碳足迹小于全球平均水平 1.19，可能收入水平起到了部分作用，富裕城市的碳足迹也比全国平均水平要低。这些数据还表明相同收入水平的城市群之间也有较大差异。有关公共政策较为乐观的信息是合理适当的政策可以减少碳排放。也有某些特定的城市形态能够降低碳足迹，包括紧凑的城市发展、更加可持续的交通运输、更多的大众公共交通以及对更清洁、更加可持续能源的更多使用。

表 9.1　碳足迹

都市区	碳足迹（人均公吨）	国家碳足迹（人均公吨）
德里	0.70	0.27
马尼拉	1.14	0.48
圣保罗	1.15	2.44
北京	1.18	1.00
伦敦	1.19	2.07
雅加达	1.38	3.28
首尔	1.59	2.71
东京	1.63	2.59
墨西哥城	1.85	1.21
纽约	1.94	5.37
新加坡	2.73	2.73
洛杉矶	3.68	5.37

资料来源：after Sovocool, B. K. and Brown, M. A. (2010) "Twelve metropolitan carbon footprints: a preliminary comparative global assessment." *Energy Policy* 38: 4856-4869.

玛丽莲·布朗及其同事测量了美国100个最大都市区的碳足迹。[①]
他们用标准化数据测量了每个都市区居民和交通的碳排放量。表9.2
列出了碳足迹分别最高和最低的5个都市区。作者的结论是最大的都
市区比非都市区碳足迹水平更低，碳足迹最高的都市区位于美国东南
部和中西部，西海岸都市以及东北部的老城市碳足迹要低一些，而稠
密的都市区碳足迹最低。地理上的差异指的是密度和冬天取暖及夏天
空调所需的燃料。最后的结论出人意料，美国都市区人均碳足迹要低于
非都市区平均值。天气以及供热制冷需求意义上的地理位置与城市密度
都对城市碳足迹有着重要的影响。密度较高的城市碳足迹会更低一些。

这些研究成果对政策的制定影响重大。部分减碳项目就是要增加
城市密度，建立更多的公共交通，实行如提高能效之类的减碳计划以
减少对矿物燃料的需求，促进对可再生能源的更多使用。

表9.2　美国碳足迹最高和最低的城市

都市区	碳足迹（人均公吨）
肯塔基州列克星敦	3.45
印第安纳州印第安纳波利斯	3.36
俄亥俄州-肯塔基州-印第安纳州辛辛那提	3.28
俄亥俄州托莱多	3.24
肯塔基州-印第安纳州路易斯维尔	3.23
爱达荷州博伊西	1.50
纽约州-新泽西州纽约	1.49
俄勒冈州-华盛顿州波特兰	1.44
加利福尼亚州洛杉矶	1.41
夏威夷州火奴鲁鲁	1.35

资料来源：after Brown, M. A., Southworth, F. and Sarzynski, A. (2009) "The geography of metropolitan carbon footprints." *Policy and Society* 27: 285 - 304.

---

① Brown, M. A., Southworth, F. and Sarzynski, A. (2009) "The geography of metropolitan carbon footprints." *Policy and Society* 27: 285 - 304.

水足迹

水足迹（WF）指的是商品和服务消费中所使用的淡水总量。制造一条牛仔裤需要使用将近 500 加仑的水，这个数字包括了种植、加工棉花和给棉花染色所需要的水量。当人们变得富有、对商品需求量更大时就会消耗掉惊人的水量。我们能够测量出许多事物的水足迹。一个产品的水足迹可以被计算出来。比如生产一瓶 2 升的苏打饮料需要耗费 132 加仑的水。企业也能测出其总共的水足迹。那些啤酒公司比如 SABMiller 估计其每生产 1 升的啤酒就要消耗 41 加仑的水。计算一个城市的水足迹跟计算其生态足迹和碳足迹一样复杂，需要使用在不同时期通过不同方式收集来的非精确数据。计算城市的水足迹需要测量出生产该市消费的所有商品和服务所需的淡水量。水足迹分为蓝、绿、灰三个部分。蓝色水足迹是指所消耗的来自地表和地下的淡水量。绿色水足迹指消耗的雨水量。灰色水足迹是指用来稀释城市所有商品和服务生产过程中所产生污染物的淡水量。

美国的人均每日户内用水量为 64 加仑（242 升）。一些节水措施如用少一点的水冲厕所以及提高人们的节水意识确实能起到一定作用。一项研究表明，假如不采取节水措施的话，北美 12 座城市的每日人均总用水量为 145.5 加仑（551 升）；而采取节水措施后，包括将草坪改为土生植物，单个家庭的人均使用量则降至每日 38 加仑（144 升）。[1]赵盛楠（音）（Shengnan Zhao）及其同事计算出中国丽江市（Lijiang City）每年人均水足迹为 215 300 加仑（815 000 升）。他们还计算出一个水分胁迫指数（water stress index）。其最终结论是该市的用水效率很低，具有长期不可持续性。[2]

---

① Novotny，V.（2010）"Urban water use and energy use from current use to cities of the future." *Proceedings of the Water Environment Federation* 23：118 - 140.

② Zhao，S.，Lin，J. and Cui，S.（2011）"Water resource assessment based on the water footprint for Lijian City." *International Journal for Sustainable Development and World Ecology* 18：492 - 497.

方框9.3

反思纽约市的环境足迹

"是曼哈顿而不是郊区才是真正环保的地方。那些住在树木和草地环抱的数英亩房产上自称热爱自然的人实际上消耗了大量的空间和能源。如果郊区家庭的平均环境足迹相当于一个15号的步行靴的话，那么纽约一栋公寓的环境足迹则相当于一个周仰杰细高跟鞋。800万的纽约人只占据了301平方英里的土地，人均还不到四十分之一英亩。即便是被认为非常绿色环保的俄勒冈州的波特兰，人均土地占有量也超过纽约市的6倍。

纽约对环境最大的贡献在于不到三分之一的纽约人开车去上班。而在全国范围内每8人中就有7人开车上下班。超过三分之一使用公共交通上下班的人住在五大行政区内。由于汽车不多，马修·卡恩（Matthew Kahn）在其有趣的著作《绿色城市》（*Green Cities*）中估计纽约绝对是全美都市地区人均汽油使用量最少的地区。美国能源部（The Department of Energy）的数据证实，由于纽约市的存在，纽约州的能源消耗量排在全国的倒数第二。

……如果在曼哈顿而非拉斯维加斯这样的地方扩建也就意味着会节省汽油、保护土地。曼哈顿每建一座新的摩天大楼就在一定程度上减少了全球变暖。每建一幢新的住宅高楼就意味着从属于石油输出国组织的那些不友好国家少买了几桶石油。

……自身阻碍发展的最大问题在于美国的发展几乎是一个零和博弈（zero-sum game）。人们不得不建造新的住宅来满足日益增长的人口的需求。如果在某些地区停止建造，在别的地区就肯定会建造得更多。如果纽约停止发展，也就意味着在美国一些城市远郊会建造更多的住宅。"

Glaeser，E.（2007，January 30）"The greenness of cities."*New York Sun*. http：//www.nysun.com/article/47626（accessed April 6，2007）.

虽然三种类型足迹的估算和校准都存在问题，但还是能够相对度量出人类对环境的影响。它们能够共同标记出对可再生资源的需求基准，测量出人类对温室气体排放的作用，并分析用水情况。[1]更普遍的是它们还提供了对我们利用稀缺资源效率的测量，创建了迈向城市更加可持续发展进程的度量标杆，引发了关于资源使用不公平分布的争论。它们突出了城市在更有效更公平利用资源方面可以起到的重要作用。

自然资本

近些年来生态学家开始使用诸如"生态系统资本"或"自然资本"之类的术语。[2]该术语用来强调人类像使用有价值的商品和服务那样来利用生态系统。生态系统资本是财富之源，能够带来收入。这样来使用"资本"一词突出了对生态系统的经济利用。2011年一项名为"生态系统和生物多样性经济学"（Economics of Ecosystems and Biodiversity）的联合国研究将人们的注意力吸引到生态系统的经济利益上来。[3]将自然理解为一套生态系统服务可以让我们对经济活动进行成本核算。该报告估计2008年破坏自然所付出的经济代价在2万亿美元到4.5万亿美元之间。这个大概的估计更多的是总体的标示而非精确测量。尽管不是很精确，但对生态系统服务的测量还是让我们至少在最广泛的意义上得以估算出使用生态系统服务的成本。

自然资本不仅仅是一种固定资产，比如雨林或泛滥平原；它也是

---

① Galli, A., Wiedmann, T., Ercin, E., Knoblauch, D., Ewing, B. and Giljum, S. (2012) "Integrating ecological, carbon, and water footprints into a footprint family of indicators." *Ecological Indicators* 16: 100-112.

② Kareiva, P. M., Tallis, H., Ricketts, T. H., Daily, G. C. and Polasky, S. (2011) *Natural Capital*. New York: Oxford University Press.

③ 该项研究的网址为 http://wwww.teebweb.org.

能提供一系列好处的一组服务。联合国认定了四种类型的生态系统服务：

1. 供给：提供木材、小麦、鱼类等；
2. 调节：处理污染物，贮存碳；
3. 文化：圣地、旅游业，享受田园风光；
4. 保持：养护土壤和植物。

菲利克斯·艾根布罗德（Felix Eigenbrod）及其同事测量了英国城市化增长对生态系统服务可能带来的影响，尤其是三个方面：农业生产、土壤中的碳储量以及防洪。城市化的增长减少了农业生产，增加的城市建设也影响到土壤，必须除掉土壤中所储存的碳。对防洪的测量更是问题多多。他们做了很多不同类型城市化的情景设计，发现城市化最有效的形态是高密度，因为其占用农业土地较少，却有足够的绿色空间为人们带来效益并减少洪水的威胁。[1]

将自然和社会-自然视作资本和一套生态系统服务可以让我们估算出城市化的成本，指出一种更高效更节约成本的城市生活方式。

"资本"这个词不仅仅是指对自然环境的经济核算模式，它首先是一种社会关系。将自然环境看作不同人群经由资本和服务流中介所形成的社会关系，这样的一种更具批判性的理论观点会给城市生态学研究带来活力，推动其进一步发展。使用"资本"这个词不仅是为了提供合理使用资源的标准，也是为了给对资源社会性使用的批判性观点提供基础。

生物物理循环和社会进程

传统生态学的一个重要主题是建立生物物理循环模型。一般认为

---

[1] Eigenbrod, F., Bell, V. A., Davies, H., Heinemeyer, A., Armsworth, P. R. and Gaston, K. J. (2011) "The impact of projected increases in urbanization on ecosystem services." *Proceedings of the Royal Society B: Biological Sciences* 278: 3201.

有三种主要的循环：碳循环、磷循环和氮循环。这些循环具有共同的特征——它们都服从基本的牛顿原理，即物质并无生灭。循环发生于总量守恒的封闭系统中。

碳原子在空气中存在于二氧化碳，在水中存在于碳酸氢盐。植物通过光合作用和新陈代谢来吸收碳。人类对碳循环的干预最明显地体现在对矿物燃料的使用上。通过燃烧矿物燃料以提供城市所必需的能源，人类极大地干涉了碳循环，增加了空气中二氧化碳的含量。目前的二氧化碳含量处于历史最高水平，导致了地球变暖。我们可以通过减少使用矿物燃料、更高效地使用能源以及开发核能、潮能、风能和其他新能源形式来减少矿物燃料的气体排放量。

尽管相对不太明显，但城市也影响到碳循环。城市中的植被是碳的重要贮存地。城市中的土壤，尤其是住宅区的土壤，储藏有大量的有机碳。

磷循环是一种矿物质营养素循环。岩石和矿物质中的磷被植物吸收，流入食物链。人类对磷循环的影响包括对矿物质的开采，将其用作肥料和清洁剂。为全球城市供应食物的农业严重依赖磷的使用，而磷会滤入水中。养分过多的水会产生藻花，从而减少溪流、湖泊和其他水域中的氧含量。城市在这个过程中起了很大作用，不仅是因为其对食物的巨大需求导致大量使用磷，而且城镇里的草地和花园也离不开对肥料和含磷营养强化剂的大量使用。城市郊区的草地之所以碧绿茂盛，正是因为大量使用了磷，与所谓的草地-化学经济及其对环境的影响密切相关。①

氮存在于空气中。细菌在被称为"固氮"的过程中可以将氮转变为铵。豆类植物是重要的固氮者。植物利用矿物形式吸收氮，然后通过食草动物和食肉动物进行分解。人类也能固氮。哈布二氏法（The Haber-Bosch process）能将氮气转化为铵。在矿物燃料燃烧的过程中，

---

① Robbins，P. and Sharp，J.（2003）"The lawn—chemical economy and its discontents." *Antipode* 35：955 – 79.

氮被氧化成氮氧化合物。由于大量种植豆科植物如黄豆、大豆和苜蓿，使用含氮量较高的肥料以及燃烧矿物燃料，固氮的速率极大地增加。多余的氮滤入土壤中，成为导致河流和海洋产生死区的主因。城市化和土地利用的变化也改变了氮循环。城市和郊区的水域氮流失的速率要远高于草木丛生的水域。[1]

这个简单的观点表明城市在改变生物地化循环中所起到的重要作用。[2]这些循环的早期模型很少包括人为的生物地化控制，如不透水地表的增多、对水流路径的引导、对景观美化的选择以及不同水平的人口密度、规模和增长率。人们正在研究新的模型，以尝试去解释城市生物地化循环中的复杂的人类-环境关系。南希·格林姆（Nancy Grimm）及其同事指出了城市和生物地化循环相互作用的复杂关系，例如城市的空气污染会影响营养素的再循环，而城市河流中的营养物含量是地球生物地化循环的主要推动力。城市逐渐积聚了氮、磷和金属。[3]

生物物理过程和社会-自然行为之间存在着复杂的关系。以一块城市土地为例，很显然对物理过程的了解会影响市场的选择和政策。举个明显的例子，容易遭受洪灾的土地会被开发商所避开，或是受到法律的保护。诸如开发某块地皮之类的市场选择将部分由政策框架决定，部分由当地生物物理过程所带来的机遇和制约决定。换句话说，有一套复杂的决策系统将生态和经济、社会和政策联系在一起。通过更清

① Groffman, P. M., Law, N. L., Belt, K. T., Band, L. E. and Fisher, G. T. (2004) "Nitrogen fluxes and retention in urban watershed ecosystems." *Ecosystems* 7: 393–403.

② Kaye, J. P., Groffman, P. M., Grimm, N. B., Baker, L. A. and Pouyat, R. V. (2006) "A distinct urban biogeochemistry?" *Trends in Ecology and Evolution* 21: 192–199.

③ Grimm, N. B., Faeth, S. H., Golubiewski, N. E., Redman, C. L., Wu, J., Bai, X. and Briggs, J. M. (2008) "Global change and the ecology of cities." *Science* 319: 756–760.

楚地理解生物物理过程可以改善土地利用模式，而更清晰地去思考社会-经济过程则可以改进生态模式。

作为生物群落的城市

传统生态学很重要的一点是把生态系统看作是动植物的生物群落。我们可以从现在开始将生态系统看作是独特的生态类型，而非被不恰当地比作原始地带的烦扰之地。城市发展最初会增加当地物种的灭绝率和本地物种消失的速率。一般会用非本地物种来取代本地物种。而成熟的城市环境则会形成各种不同的生态和栖息地。城市包含有着不同植被覆盖和栖息地的空地和建筑地址。更准确地说，城市可以被描述成各种生态的混合体，而不仅仅是单一的类型。

对生态系统旧有的观点是将其看作是一系列形成稳定极峰的演替，如今这种观点已经被新的更加动态的观点所取代，后者视变化为常态。生态极峰（ecological climaxes）总是暂时的，有时非常短暂。更合适的方法是将生态系统看作是动植物种类的全体集合，这些动植物一直在适应环境，有时是很长一段时间内的小规模变化，有时则是较大极快的变化。变化的具体形式取决于一系列的环境因素。环境变化会造成特定物种数量的改变。

城市化最初往往会减少物种的多样性。而迈克·麦金尼（Michael McKinney）对大量文献进行的综述表明郊区的植物群落多样性在不断上升，只是无脊椎动物种类有一定程度的减少，而非鸟类脊椎动物种类减少则比较明显。[1]这些影响超出了城市的范围——南半球候鸟的减少与北半球城市化的增多和土地利用变化有关。不过城市也为鸟类以及边缘物种提供了各种环境，成熟的城市和郊区花园提供了各种类型的栖息地。以种子和昆虫为食的食谷鸟比仅仅以昆虫为食的鸟类更容

---

[1] McKinney, M. (2008) "Effects of urbanization on species richness: a review of plants and animals." *Urban Ecosystems* 11: 161 - 176.

易存活。城市形成了新的生态群落，因为城市中不再有一些动物的天敌存在。美国许多郊区鹿的数量之多是殖民时代以来从未出现过的，这是由于花园所带来的食物充足的环境以及鹿的天敌的减少。适应城市的动植物正出现在这个被城市主导的新世界。

城市混合环境提供了各种各样的生态区位（ecological niches），为不同物种带来了发展的机遇和制约（图 9.6）。欧洲的狐狸和美国的土狼已经展现出其适应城市环境的非凡能力。那些分布广泛、数量众多、遗传变异程度更高、繁殖能力较强的物种往往更容易适应和生存下来。城市正在给生物群落带来可见的变化，这对某些生物是有利的，对另一些则不然。例如克里斯蒂娜·布鲁伊特（Christina Blewett）和约翰·玛兹鲁夫（John Marzluff）调查了华盛顿州西雅图洞巢鸟的分布，他们发现郊区土地覆盖高度分散的地形中黑冕山雀、五子雀、扑动䴕和绒啄木鸟的分布密度较高，而森林覆盖更多的郊区地貌中旋木雀、栗背山雀、红冠啄木鸟和毛发啄木鸟的分布密度较高。[1] 罗伯特·布莱尔（Robert Blair）在对加利福尼亚和俄亥俄州的研究中发现与禁猎保护区相比，住宅区的物种丰富性和多样性是最高的。郊区各种类型的栖息地使得其物种比许多划定的保护区更为丰富。这项研究表明会利用城市的鸟类能够成功地繁衍，进入当地，孵化多个鸟窝，而总是避开城市的鸟类则无法在此繁衍。[2]

我们能够识别出特定的城市生物群落。例如城市中的植物比相应农村地区的植物受到更多的污染物、更高的温度、更多的二氧化碳和氮沉降的影响。某些种类的树木能够忍受严重的空气污染并存活下来，比如伦敦的英国梧桐就在伦敦被污染的空气中茁壮生长。同样，在美

---

① Blewett，C. M. and Marzluff，J. M.（2005）"Effects of urban sprawl on snags and the abundance and productivity of cavity-nesting birds." *The Condor* 107：678 – 693.

② Blair，R.（2004）"The effects of urban sprawl on birds at multiple levels of biological organization." *Ecology and Society* 9：1 – 21.

图 9.6 城市生态系统的混杂：意大利罗马的郊区
图片来源：照片为约翰·雷尼-肖特所摄

国东北部，枫树和沙果树比其他树种更能忍受空气污染。吉莉安·格雷格（Jillian Gregg）及其同事分别在城市和农村地区栽种了同样的杨木（cottonwood），发现城市的生物量是农村地区的两倍，主要原因是臭氧会抑制杨木的生长，而城市中大量的氮氧化物恰恰能降低臭氧的水平。[1]

城市是人为设计的景观。例如城市的植物群落既反映了传统的生态因素，也反映出社会-经济和文化因素。文化倾向与自然物理因素互相关联。除了海拔与土地利用史外，像家庭收入和住房这样的因素也能解释凤凰城的植物多样性。人为变量如家庭喜好和家庭收入如今也

---

① Gregg, J. W., Jones, C. G. and Dawson, T. E. (2003) "Urbanization effects on tree growth in the vicinity of New York City." *Nature* 424: 183–187.

和生物因素一道塑造了住宅区植物群落的形态。[1]

城市生物群落也可以加以人为设计。如今人们普遍意识到在建筑周围栽种树木和灌木能够降低夏天的炎热程度。对中国城市哈尔滨的一项研究比较了 28 种树木的除尘能力，结果显示大叶朴和杜松是理想的除尘针叶树，而银中杨、金银木和斑叶稠李则是理想的除尘阔叶树。这些树种在其叶表有很深的稠密毛槽，对于除尘非常有效。作者认为在选择城市所栽种的树木时除尘能力可以作为一个重要的判断基础。[2]

将城市重新想象成生物群落可以让我们探讨将城市视为重要的生态类型的想法，在这类生态中生长着动植物，新的生态区位随着城市化的发展和变化而开放或关闭。城市化已经改变了全球的生态系统，促进了更加适应城市的植物、动物和鸟类新生命形态的发展。

我们生活在一个城市化的世界中，这个社会-自然体是社会-政治和生态过程相互作用的结果。比如公园就代表了一种形式的社会-自然，即对景观加以设计以适应各种变化着的自然模式。从启蒙时期花园严格的几何图形到回归浪漫主义的连续曲线，再到 19 世纪设计为城市"绿肺"的城市公园，一直到如今以活动为主题的游乐场所，公园并不是代表了对自然的发现，而是对所偏好的社会-自然理念的塑造和再造。在对西班牙加泰罗尼亚巴塞罗那都市区菜园的详细研究中，埃琳娜·多米尼（Elena Domene）和大卫·索西（David Sausi）描绘了蔬菜生产的阶级性质。[3]他们着重记述了退休工人的菜地，这些菜地对

---

① Hope, D., Gries, C., Zhu, W., Fagan, W., Redman, C., Grimm, N. B., Nelson, A. L., Martin, C. and Kinzig, A. (2003) "Socioeconomics drive urban plant diversity." *Proceedings of the National Academy of Sciences of the USA* 100: 8788 – 8792.

② Chai, Y., Zhu, W. and Han, H. (2002) "Dust removal effect of urban tree species in Harbin." *Ying Yong Sheng Tai Xue Bao* 13: 1121 – 6.

③ Domen, E. and Sauri, D. (2007) "Urbanizationand class—produced natures: vegetable gardens in the Barcelona metropolitan region." *Geoforum* 38: 287 – 298.

这些人来说是一个社交场所,是供养家庭的方式,同时对许多农村移民来说也是与过去农村生活联系的纽带。这些栽种菜地的人占据着城市的边角地区,其菜地一方面体现了城市可持续性的一种形式,另一方面也代表了与城市公共和私家园林相比不那么被政治认可的城市绿化形式。高尔夫球场则是另一种社会-自然形式,在许多城市中,它还传达着财富、权力和社会特权的信息。即便是野生动物廊道也远非自然客观事实,而更多的是社会产物和政治操纵形成的社会-自然体。在对英国伯明翰的个案研究中,詹姆斯·伊文思(James Evans)表明划定的野生动物廊道是社会与自然的混合体,是对政治合法性的要求。对生态的评估是一个高度紧张的政治过程。①与其说人们发现揭示了自然,还不如说是制造加工了自然。自然更多的是充满了政治性而非自然性。理解自然的最佳方式是将其看作一个社会-自然混合体。

一个典型城市区的生态

在城市研究中使用生态模型并不新鲜。在 20 世纪前三分之一的时间里,芝加哥学派(the Chicago School)的理论家罗伯特·帕克(Robert Park)和 E. W. 伯吉斯(E. W. Burgess)研究出了城市结构和社会变化的模型,使用了一些生物学术语来描述城市和不同时空的社会分化过程。虽然后来的批评家指责他们是一种赤裸裸的社会达尔文主义,但他们对生物学的借用更多是一种修辞和比喻,而非具有逻辑上的必然性。通过借鉴其著作,我们可以得出以下一些简单的城市政治生态模型,包括商业区、近郊的老郊区、更新的郊区以及城乡结合部。②

---

① Evans, J. P. (2007) "Wildlife corridors: an urban political ecology." *Local Environment* 12: 129-152.

② 更多有关芝加哥学派背景的介绍可参考 Short, J. R. (2006) *Urban Theory*. Houndmills and New York: Palgrave.

流经这些地区的资本改变了城市生态。以美国为例，人们对大都市进行了深刻的价值重估。从二战刚刚结束一直到 20 世纪 80 年代左右，人们对城郊边缘地带进行了大规模的公共和私人投资，对郊区景观的资本投资以房屋、道路、工厂、商店和基础设施的形式固定下来。从 20 世纪 50 年代到大概 70 年代中期，美国大城市发展的主要动力来自向郊区的迁移。但 20 世纪 70 年代以后人们对这种发展与衰落、蔓延与萎缩并存的复杂模式的新城市样态进行了重新的价值评估。这个动态过程包含了至少 4 次投资/撤资的浪潮：对选定市中心的再投资；对某些近郊的撤资；新一轮对富裕社区的住房投资；以及随着尤其是新建郊区房地产市场的崩盘，之前繁荣郊区的衰落。

方框 9.4

城市梯度

生态学家经常用城市梯度（urban gradients）来调查样本地区。按照梯度变化来选取样本地区可以让研究者能够估算出城市化的影响。这里有一张由玛尔兹鲁夫（Marzluff）等人制定的剃度表，其分级较为粗略，如果是做更为局部的研究，其分级需要更精细一些。

区域类型	建成百分比	建筑密度	人口密度
荒地	0—2	0	< 1/ha
农村/远郊	5—20	<2.5/ha	1—10/ha
近郊	30—50	2.5—10/ha	>10/ha
城市	>50	>10/ha	>10/ha

资料来源：Marzluff, J. M., Bowman, R. and Donnely, R. (eds.) (2001) *Avian Ecology in an Urbanizing World*. Norwell: Kluwer Academic; see also Boone, C. G., Cook, E., Hall, S. J., Nation, M. L., Grimm, N. B., Raish, C. B., Finch, D. M. and York, A. M. (2012) "A comparative gradient approach as a tool for understanding and managing urban ecosystems." *Urban Ecosystems* 1 - 13, doi: 10.1007/s 11252- 012- 0240- 9.

如果我们把城市构想成由中心商业区、向外密度逐渐降低的内环市中心平民住宅区和非城市土地被转变为城市土地利用的郊区边缘地带所组成，那我们就得出了一个能够表明重要生态区域过程的简单结构。图9.7、图9.8和图9.9一起为我们展示了从市中心经由内郊再到边缘郊区的样区照片。这些生态需要与投资和撤资的波动以及政治地理的变化联系在一起，因为空间、地点和自然既是作为生活体验也是作为政治进程而被创建和论证的。

图 9.7　城市样区 1：韩国首尔市中心
图片来源：照片为约翰·雷尼-肖特所摄

中心商业区最主要的特点是大量的投资和可能的撤资，这里汇聚了密集的建筑和人造地表与城市土地利用。由于不渗水地表的大量存在，洪灾的威胁最为突出，城市热岛效应也最为严重。只有通过复杂的人工排水系统来应对排水量的陡然激增，才能对洪水加以遏制。城市热岛是城市地区与农村地区相比明显的升温。例如在美国一般的都市区，城市区域要比周围的农村区域热 2 至 10 摄氏度。空地和水域的存在可以减少热岛效应，而高密度的城市建筑则会加剧热岛效应。越靠近密集的市中心温度也会越高，这不仅是因为没有了树木和植被，也因为高楼大厦和狭窄的街道限制了空气流通，导致滞留空气温度上升。实际上有两种热岛：底层的冠层热岛（canopy layer）和高层的边界层热岛（boundary-layer heat island）。最近对巴尔的摩市冠层表面温度的测绘显示当地的林区和城市地区温度相差 8 摄氏度，在市中心存在着明显的热岛效应。在市中心也有温度相对较低的区域，这是由高层建筑的遮阴所形成的。这些被建筑所遮蔽的区域温度要比城市其他地区低 5 至 10 摄氏度。①

图 9.8　城市样区 2：内城区，纽约皇后区
图片来源：照片为约翰·雷尼-肖特所摄

---

　　① http：//www. umbc. edu/ges/research/sohn％27s ＿ res ＿ info/sohn ＿ figure3. htm（accessed July 2006）.

图 9.9 城市样区 3：马里兰州安娜兰多县城郊
图片来源：照片为约翰·雷尼-肖特所摄

用植物覆盖建筑屋顶可以减少热岛效应，同时还能提高空气质量。比如芝加哥市就积极地通过对开发商和建筑商采取补助、减税和其他经济诱导措施来鼓励其在商业建筑楼顶栽种植被。

城市处在不断变化的过程中。伯吉斯模式（the Burgess mode）只假定了一个转变区，即住房设施恶化的区域。但其实我们可以找出各种不同的转变区，包括对老旧住宅的遗弃、工厂工业区的去工业化以及新建筑和高档住宅区。在所有这些区域中都创建出新的城市生态。

以前工厂区为例，制造业的衰落，尤其是在老旧的内市区形成了工业所遗留下来的棕地，带来了土壤污染的问题。从工厂到棕地再到绿地的转变轨迹，不仅仅是一个社会过程，也是一种生态转变。

在住宅区内也存在着各种各样的生态过程。城市在蔓延时使得自然植被碎裂化，同时也产生了新的生态。最为明显的例子之一是园林中人为设计的绿地的建造。这个过程包括了施肥、增加土壤中的氮磷含量和水流量。许多城市正在提倡更为"自然"的园林，尤其是在干旱气候地区，在那里只有不断浇水施肥才能让草地葱翠茂盛。不过从积极的一面来说，城市园林也可以保护濒危物种。许多城市园艺师有意栽种一些能吸引濒危鸟类和昆虫的植物。家庭花园在生态变化和创建新生态区位中的作用常常被忽略和低估。城市郊区是由建成形态和绿地所组成的复杂系统，能够为各种各样的动植物提供庇护所。①

在城市边缘，主要的生态变化是遍布原先非城市土地利用区域的建成形态的创建。读者可以登录网站 http：//biology. usgs. gov/luhna/hinzman. html 了解巴尔的摩-华盛顿走廊地带 200 年来的土地利用变化史。变化的速率在 20 世纪后半叶突然加快。在 http：//pubs. usgs. gov/circ/2004/circ 1252/2. html 这个网站上可以清晰地看到波士顿地区 1973 年至 1992 年间的蔓延。红色区域是已开发土地，围绕着海岸线发展并向内陆延伸，从 515 平方英里一直扩展到 764 平方英里。借助于卫星的地表测绘技术记录下了更近一些年的变化。从 1986 年到 2000 年，美国中大西洋地区的已开发土地数量从大约 60 万英亩上升到超过 100 万英亩。卫星图像显示将近 20％的地表已被开发，按照这样的速率，到 2030 年这个数字将会上升到 180 万英亩，占该地区地表面积的 36％。蔓延带来了一些好处，能让中等收入家庭在紧俏的住宅市场中买得起各种类型的安全住房，而就业、零售和商业更为分散的

---

① 有关澳大利亚塔斯马尼亚岛霍巴特（Hobart，Tasmania）花园的最新研究可参见 Kirkpatrick，J. B.（2006）*The Ecologies of Paradise：Explaining the Garden Next Door*. Hobart：Pandani Press.

遍布也将经济机遇传播到整个都市区域。但蔓延也要付出代价，第一个代价就是对以汽油为基础的私家车交通方式的依赖。蔓延的发展形式密度太低，不足以支撑公共交通。对私家车交通方式的严重甚至有时是完全依赖付出了沉重的环境代价，如空气污染以及空间越来越多地被用于道路和停车等。矿物燃料成本高昂，价格波动，而建成形态对矿物燃料的危险依赖带来了诸如可持续性和可承受性的问题。①绿地长期的持续性益处尚未得到完全了解。原本混合型的土地利用转变成郊区景观，使得一些物种的栖息地消亡。即便是这些绿地得以保留，它们也是呈孤岛形态，无法作为真正的生态区位发挥作用。

在城市发展过程中，不渗水地表取代了可渗水的土地。铺设地表越来越多，意味着可以让水进入土壤的区域更少了，导致更多的水进入相对较少的排水系统，从而增加了侵蚀力和输沙量。用柏油路面来取代可渗水土地会带来诸多问题，从洪水频发到导致地下水毒素积聚的增高的径流量。对美国马里兰州非潮水流的一项研究发现当一个区域10%至15%的面积被铺设之后，增多的沉积物和化学污染物就会降低水质；如果15%至20%的面积被铺设，水流中的氧气含量就会显著降低；而当铺设面积达到25%，许多生物体就会死亡。诸多研究都明确记录了城市土地利用增加对当地水流的破坏。②

尽管以上对城市不同区域典型生态过程的描述非常简短，但却足以表明创建城市新模型的可能性，这个模型既包括生物物理过程也包括社会-经济过程。将生态融入城市模型以及将城市融入生态模型中将会极大地丰富这两块传统研究领域。

---

① Cielsewicz, D. (2002) "The environmental impacts of sprawl," in*Urban Sprawl: Causes, Consequences and Policy Responses*, G. Squires (ed.). Washington, DC: Urban Institute Press.

② Volstad, J. H., Roth, N. E., Mercurio, G., Southerland, M. T. and Strebel, D. E. (2003) "Using environmental stressor information to predict the ecological status of Maryland non—tidal streams as measured by biological indicators." *Environmental Monitoring and Assessment* 84: 219-242.

延伸阅读指南

Alberti, M. (2009) *Advances in Urban Ecology*. New York: Springer.

Douglas, I. , Goode, D. , Houck, M. and Wang, R. (2011) *The Routledge Handbook of Urban Ecology*. New York: Routledge.

Galli, A. , Wiedmann, T. , Ercin, E. , Knoblauch, D. , Ewing, B. and Giljum, S. (2012) "Integrating ecological, carbon and water footprint into a 'Footprint Family' of indicators: definition and role in tracking human pressure on the planet. " *Ecological Indicators* 16: 100 –112.

Goldman, M. J. , Nadasdy, J. P. and Turner, M. D. (eds.) (2011) *Knowing Nature: Conversations at the Intersection of Political Ecology and Science Studies*. Chicago, IL: University of Chicago Press.

Grimm, N. B. , Faeth, S. H. , Golubiewski, N. E. , Redman, C. L. , Wu, J. , Bai, X. and Briggs, J. M. (2008) "Global change and the ecology of cities. " *Science* 319: 756 – 760.

Kareiva, P. M. , Tallis, H. , Ricketts, T. H. , Daily, G. C. and Polasky, S. (2011) *Natural Capital*. New York: Oxford University Press.

McDonnell, M. J. , Hahs, A. K. and Breuste, J. H. (2009) *Ecology of Cities and Towns: A Comparative Approach*. Cambridge: Cambridge University Press.

Niemela, J. (2011) *Urban Ecology: Patterns, Processes, and Applications*. New York: Oxford University Press.

Peet, R. , Robbins, P. and Watts, R. (eds.) (2010) *Global Political Ecology*. New York: Routledge.

Richter, M. R. and Weiland, U. (eds.) (2012) *Applied Urban*

Ecology: A Global Framework. Oxford: Wiley-Blackwell.

Robbins, P. (2012). *Political Ecology: A Critical Introduction.*
2nd edition. Chichester: Wiley-Blackwell.

Shulenberger, E. , Endlicher, W. , Alberti, M. , Bradley, G. ,
Ryan, C. , ZumBrunnen, C. , Simon, U. and Marzluff, J. (2008) *Urban Ecology: An International Perspective in the Interaction Between Humans and Nature*. New York: Springer.

Stefanovic, I. and Scharper, S. B. (eds.) (2012) *The Natural City: Re-envisioning the Built Environment*. Toronto: University of Toronto Press.

Wackernagel, M. (ed.) (2009) "Methodological advancements in footprint analysis. " *Ecological Economics* 68: 1903 – 2178.

Wright, R. T. and Boorse, D. (2010) *Environmental Science: Towards a Sustainable Future*. 11th edition. Boston, MA: Addison Wesley.

On urban footprints: the EPA has posted interactive "footprints" for several US cities. You can view them at: http: //www. epa. gov/water-train/smartgrowth/02animation/chspk. htm

第四部分　城市环境问题

第十章 环境革命：简单的背景

本书第二章和第三章指出了城市长期以来面临着诸如污染、疾病和侵蚀之类的环境问题，这些城市也采用各种政策、污染公告和其他立法措施来应对这些问题。而在20世纪70年代则发生了一场深刻变化，即对环境的关切被法律化和制度化。环境保护和管理不再无关紧要或是被市政当局偶尔关注，而是纳入了主流的公众意识和公共政策中。第十章至第十六章的主题只有在现代环保运动的背景下才能得到最好的理解。本章将简短地概述一下美国的环保运动，虽然我们也会引用世界其他国家的例子。

在监管背景方面的主要变化是新的环保意识的产生。在这之前已经出现了具有远见卓识的环保倡导者和零星的法律条款，但直到20世纪70年代之后环境保护和污染控制才成为主流，并与国家和国际事务相关联。最重要的是，城市中的环境恶化最终促进了环保运动的形成。

运动的诱因

1948年，在宾夕法尼亚州的多诺拉（Donora），将近40人死于一段时期的空气污染转化物。这起事件被称为"毒雾惨案"（smog tragedy），将人们的注意力集中到城市地区越来越严重的空气污染问题上。另一场类似的烟雾灾难发生在 1966 年的纽约市，造成 80 人丧生。在 20 世纪 50 年代，众多海滩由于水污染被迫关闭。到 20 世纪 60 年代早期，新墨西哥州的阿里马斯河（the Animas River）的水中据报道含有放射性物质，而新泽西州的帕塞伊克河（the Passaic River）也被严重污染，导致数千条死鱼被冲上岸边。科德角海滩（Cape Cod beaches）和弗吉尼亚州的约克河（the York River）都被石油泄漏所污染。

1969 年似乎是多灾多难的一年。伊利湖被宣布成为"死湖"——因为该湖污染太过严重，湖中已经没有鱼类和水生生物了。华盛顿特区的波托马克河（the Potomac River）塞满了蓝绿色的藻花，既破坏景色，也威胁到公众健康。美国首都的河流跟露天的排水沟几乎没什么两样。加利福尼亚的圣巴巴拉市（Santa Barbara）的近海海岸有好几英里的海岸线被大规模石油泄漏所污染，导致海獭、鸟类和其他海洋动物丧生，电视报道组还拍摄到了志愿者们拼命地尝试去将濒死动物和鸟类身上的油污洗去的镜头。6 月 22 日，铁轨上的火星引发了克利夫兰凯霍加河（the Cuyahoga River）上的大火。河水充斥着汽油、煤油、碎片和其他可燃化学物质，被 5 层楼高的火焰所吞噬。大火整整燃烧了 5 天，凯霍加河成了城市水污染的代表，也使政府意识到有必要参与到清理和管理工作中来。凯斯西储大学法学副教授乔纳森·H. 阿德勒（Jonathan H. Adler）在谈到凯霍加河留给我们的思考时说道：

> 凯霍加河大火是地球遭到破坏、环境危机不断加深的有力象征，一直到今天也是如此。一条河会污染严重到能够着火的程度，这证明了国家进行环境管理的必要性。之前已有几本畅销书对一些生态灾难和其他备受瞩目的事件如圣巴巴拉石油泄漏提出了警告，而紧随其后的 1969 年凯霍加河大火更是促进了国家全面环保法规的制定。凯霍加河大火调动起整个国家的环保意识，成为促

使"清洁水法案"（the Clean Water act）得以通过的号召力量。[1]

克利夫兰市被称为"湖水造就的错误"，一系列的火灾被环保运动视为典型的反例。令人久久不能释怀的 1969 年大火促成了 1972 年清洁水法案的制定。

美国各地的这些事件成为号召现代环保运动出现以及促成 1969 年国家环境政策法（National Environmental Policy Act）通过的力量。这个具有里程碑意义的法规成立了美国环保署来研究污染并提出新环保政策的建议。美国环保署的建立只是那 10 年中通过的许多进步法律之一，其他的法律还有民权法案（the Civil Rights Act）、联邦医疗保险法案（Medicare）、联邦房屋公平租赁法案（Federal Fair Housing）、职业安全与卫生条例（OSHA）、教育法修正案第九条（Title 9）和医疗补助计划等。

从 1969 年至 1973 年，美国开始了显著的立法和管理变革，这是一个意义深远的时期，快速觉醒的公众意识表达出对不同观点、政策和行为的呼求。面对强烈的政治和社会压力，政府迅速作出反应，通过了许多环保政策，创立了新的机构如美国环保署，将之前分散在众多管理机构和项目中的环保责任集中起来。在国家、各州和各个城市的级别上负责环保的部门、机构和厅局迅速增多，国会也通过了大批相关法律。在环保署建立（1969）之后的几年内，国会通过了清洁空气法案（1970）、清洁水法案（1972）以及濒危物种保护法案（1973）。这三个法案构成了现代环境管制的基础。表 10.1 列出了重要环境法规的出台时间。20 世纪 70 年代是政府职能转变的重要时期，人们一致认为环境问题是公共问题，不能仅仅通过私人行动和不加调控的市场体系加以解决。

环境政策和管理也受到出现的众多环保组织的影响，这些组织如

[1] Adler, J. H. (2004, June 22) "Smoking out the Cuyahoga fire fable: smoke and mirrors surrounding Cleveland." *National Review*, n. p.

今都已参与到正规政治中来。

表 10.1 美国环境革命年表

日期	事 件
1969	国家环境保护法案（National Environmental Protection Act，NEPA），创建美国环保署（EPA）
1970	数百万人参加第一个地球日（Earth Day）活动
1970	清洁空气法案（Clean Air Act）
1972	清洁水法案（Clean Water Act）
1973	濒危物种保护法案（Endangered Species Act）
1974	清洁饮用水法案（Clean Water Drinking Act）
1976	资源保护和恢复法案（Resource Conservation and Recovery Act，RCRA）
1976	有毒物质控制法案（Toxic Substances Control Act，TSCA）
1977	清洁水法案修正案（Clean Water Act Amended）
1980	综合环境反应、补偿和责任法案（Comprehensive Environmental Response，Compensation and Liability Act，CERCLA）。成立超级基金计划（the Superfund program）
1986	饮用水安全修正案（Safe Water Drinking Act Amendments）
1986	超级基金修正案和重新授权法案（Superfund Amendments and Reauthorization Act，SARA）
1987	水质法案修正案（Water Quality Act Amended）
1989	针对减少臭氧化学物质的蒙特利尔议定书（Montreal Protocol）开始生效
1990	清洁空气法案修正案（Clean Air Act Amended）；建立新的汽车尾气排放标准，使用低硫汽油
1990	1990 年石油污染法案（Oil Pollution Act of 1990）
1994	第 12898 号总统令（Executive Order 12898）对环境公平（Environmental Justice）作出了定义
1996	饮用水安全法案修正案（Safe Water Drinking Act Amended）
1997	签署京都议定书（Kyoto Protocol），但未获批准生效

方框 10.1

公众知情权

环境管制最重要的进步之一就是信息的自由流通，或赋予公众知情权的法律。在公开透明的民主制度中，这些法律能让公众了解关于污染物类型以及社区污染责任者的信息。"知情权"法律有两种形式：社区知情权（环境）和工作场所知情权（健康和安全）。每种形式都赋予公民特定的权利。

真正促使美国通过知情权法律的其实是发展中国家。1984年印度博帕尔（Bhopal）联合碳化物公司杀虫剂制造厂的泄漏事故形成了致命的异氰酸甲酯（MIC）气雾，最终导致将近4 000人丧生，12万多人受伤。除了博帕尔，联合碳化物公司只在西弗吉尼亚州的卡纳瓦峡谷（Kanawha Valley）生产这种异氰酸甲酯。1985年8月11日，仅仅在该厂完成安全改进方案几个月之后，500加仑的剧毒异氰酸甲酯从工厂中泄漏。虽然无人死亡，但工厂附近有134名居民到当地医院接受了治疗。这些事故都凸显了这些国家产业工人和社区民众对危险物质拥有知情权的必要性。公共利益和全国的环保组织促进了将有毒化学物质信息公开的要求，认为这些信息不应当被封锁，而是应当为工厂以外的人所了解。这些事件促成了1986年《紧急计划和社区知情权法案》的通过。该法案委托美国环保署要求工厂和其他企业制订计划防止剧毒化学物质的事故性泄漏。

《紧急计划和社区知情权法案》的主要目的之一是赋予公民对其所在地区有毒化学物质排放的知情权。法案的第313条要求环保署和所有的州每年从工厂收集关于特定有毒化学物质排放和转移的数据信息，并将数据公之于众。

该法律的通过是为了让公众更多地了解各个工厂的化学物质，获知这些物质是如何被使用并排放入环境的。各个州和社区与工厂合作，可以用这些信息来提高化学物的安全性，保护公众健康和环境。以下列出了美国环保署提供给公众的一些信息：

- 紧急计划和社区知情权法案（EPCRA）；
- 关于有毒物质和排放的信息；
- 社区环境问题；
- 1996 年食品质量保护法案；
- 空气污染；
- 水质；
- 含有铅污染的项目；
- 有害废物。

最广泛采用的是毒物排放清单。毒物排放清单是一个数据库，包含了来自数千个美国工厂的超过 650 种有毒化学物质的处理和排放数据，以及有关这些工厂是如何通过循环利用和能源回收来处理这些化学物质的信息。在知情权法律被创建之后，人们有了更多获取信息的方式，而之前这些信息都是被污染物超标的公司所隐瞒的。每年发布一次的"百家污染企业榜"列出了美国污染空气最"严重"的工业企业，按照其产生的污染物数量及其毒性来进行排名。

其他许多国家也努力让公众获得知情权。2005 年英国与《信息自由法案》一道通过了《环境信息法规》。这两部法律阐明并扩展了之前的环境信息知情权。英国环境署这样说道：

我们一贯秉持这样的理念，即获取信息在实现我们目标的过程中起到了至关重要的作用。这种对信息的获取对我们监管职能的可信度而言极为重要。既然我们需要依靠公众的力量和影响来帮助实现持续的环境改善，我们将确保公众能得到最新的环境信息。公众有权了解公共机构和其他一些组织所掌握的环境信息。

加拿大和澳大利亚也有环境知情权法规。欧盟 1998 年的《奥尔胡斯国际公约》（the Aarhus International Convention）确立了三个重要的公众知情权：一是只要要求就能获取公共机构所掌握的环境信息；二是能够参与到环境决策中来；三是能通过法院获得公正。

2000年欧盟设立了欧洲污染物排放登记法，这是欧洲范围内第一个对排入空气和水中的工业排放物进行登记的法案，在2006年之后扩展至包括更多的排放设施，并要求上报更多的物质，涵盖范围更广，公众参与度也更高。

公众知情权法律使得公众和非政府组织团体能够在环境保护中发挥重要的作用。团体和个人都可以举报违法行为、收集信息、经营项目和教育民众其权利和义务。知情权法律是环境监管的重要手段。

资料来源：UK Environment Agency（2012）"Your right to know."http：//www. environment-agency. gov. uk/aboutus/35684. aspx（accessed June 2012）；US EPA（2012）"Learn about your right to know."http：//www. epa. gov/epahome/r2k. htm（accessed June 2012）.

一些组织如塞拉俱乐部（the Sierra Club）和自然资源保护委员会（Natural Resources Defense Council）在国家、区域、各州和地方各个级别的环保游说中都起到了有效作用。

环境革命也改变了文化价值。自从20世纪70年代现代环保运动出现之后，大多数美国人都将环境问题视作一个需要严肃对待的问题。

即使当环境保护与经济发展相矛盾，环境管理仍然得到了有力的支持。这可能是因为对环境危害和污染的经常性报道继续使美国公众相信人类生命和福祉正受到潜在和实际的威胁。

经济结构的变化如去工业化给美国许多城市留下了废弃的仓库、工厂和有毒废物场所。许多商业精英、市民团体和民间领袖都一致认为这些问题的解决对城市的经济复苏至关重要。即使是在情况良好、经济繁荣的城市，环境质量问题也关系到能否吸引更多的商业投资。城市经济发展和衰落如今与环境质量问题息息相关。

全球环境革命

现代环境运动不仅仅局限于美国。20世纪70年代环保运动也同时在世界许多国家发生。比如加拿大就于 1971 年创建了环境部，其职责与美国环保署类似。和美国一样，加拿大也通过了一些重要法律，包括《加拿大环境评估法案》《害虫防治产品法案》《加拿大航运法案》《北极水域污染预防法案》和《渔业法及危险物运输法案》。其他国家也设立了类似的法律，如今英国有环境署，瑞典有环境部，中国香港则有环保部。

一些发展中国家也制定了环境法规，创建了国家或联邦级别的环保机构。1972 年墨西哥创建了环境和自然资源秘书处。1973 年巴西创建了环境部（当时被称为"环境特别秘书处"）负责协调、监督和管控《巴西环境政策法案》。巴基斯坦也有自己的环保署，埃及则有环境事务署。中国于 1984 年通过了国家法律，创立了如今被称为环保部的部门。如今即使不是大多数，但也有许多国家的国家机构负责全国的环境保护和管理事务。同样，大多数国家都有关于污染和环保的法律。

和美国不一样的是，在许多别的国家，正规的绿色政治（green politics）在决策中发挥着更为重要的作用。如澳大利亚、新西兰和德国，在其具有比例代表性的政治制度中，绿色政党已经取得了一些成功。

由于污染不分疆界，所以使得国际法成为环境法规中重要的一方面。许多具有法律效力的国际条约其适用范围非常广泛，涵盖了从陆地、海洋和大气污染到野生动物和生物多样性保护的诸多问题。除了国家级别的法规，各国还同意就各类环境议题共同探讨并制定国际条约。

方框 10.2

国际环保年表

1968 年　全世界的专家第一次汇聚在巴黎的联合国生物圈大会上，探讨全球环境问题，包括污染、资源消失和湿地破坏等问题。

1972 年　由来自 25 个国家的经济学家、科学家和商业领袖组成的罗马俱乐部发表了题为《发展的极限》（*The Limits to Growth*）的报告，预测按照现今的人口增长、资源耗竭和污染产生速率，地球将在 100 年内达到极限状态。

1972 年　来自 114 个国家的代表在斯德哥尔摩参加联合国人类环境大会。只有一个国家派出的是环境部长，因为大多数国家尚未成立环保机构。代表们采纳了 109 条有关政府行动的建议，要求创建联合国环境计划。

1973 年　濒临绝种野生动植物国际贸易公约通过，该公约最终限制了大约 5 000 个濒危动物种类和 25 000 个濒危植物种类的贸易活动。该公约涵盖范围较广，但执行不力，使得交易额达 10 亿美元的野生动植物黑市仍旧活跃。

1979 年　《远程跨界空气污染公约》获得通过，该公约旨在帮助应对酸雨并管控跨越国界的污染。后来的议定书又进一步对氮氧化合物、硫、重金属、持久性有机污染物和其他严重污染物的排放进行了控制。

1982 年　《联合国海洋法公约》为海洋利用制定了全面框架，并大致规定了有关海洋保护、污染预防以及物种种群保护和恢复的条款。

1983 年　美国环保署和美国国家科学院发布报告说，二氧化碳的积聚和其他地球大气层中的"温室气体"会导致全球气候变暖。

1987 年　《关于消耗臭氧层的物质的蒙特利尔议定书》获得通过，该议定书支持逐步淘汰若干破坏臭氧层化学物的生产。

1987 年　环境和发展世界委员会发布《我们共同的未来》[*Our Common Future*，即《布伦特兰报告》（The Brundtland Report）]，认为保护环境、应对全球不公和消除贫困有利于可持续发展，从而会促进而非阻碍经济发展。

1989 年　《巴塞尔公约》获得通过，该公约旨在控制有害垃圾跨越国界的流动，防止"有毒物质交易者"将有害垃圾从发达国家航运至发展中国家。

1992 年　大多数国家和 117 位国家元首参加了于里约热内卢召开的具有开创性意义的联合国环境和发展大会（又称"地球峰会"）。与会者通过了《21 世纪议程》(*Agenda 21*)，这部篇幅较长的计划书规划了可持续性的发展，呼吁改善地球的生活质量。

1997 年　《京都议定书》(*The Kyoto Protocol*) 进一步强化了 1992 年的《气候变化公约》，规定工业化国家必须在 2008 年 12 月之前将 1990 年的二氧化碳排放水平降低 6 至 8 个百分点。但该议定书颇受争议的排放交易体系以及对发展中国家作用的争论都给其前景蒙上了一层阴影。

2002 年　104 个国家领导人和数千名代表参加了在约翰内斯堡举办的可持续发展世界峰会，就减少贫困和保护环境的有限方案达成一致。

2012 年　里约热内卢"20＋"峰会标志着 1992 年联合国环境和发展大会在里约热内卢召开 20 周年。大会聚焦两个主题：（1）如何建立绿色经济以实现可持续发展和脱贫，包括对发展中国家的支持，以帮助其寻找到发展的绿色途径；（2）如何改善可持续发展的国际协调能力。7 个首要主题包括适当就业、能源、可持续发展的城市、食品安全以及可持续的农业、淡水、海洋储备和灾难应对。

资料来源：WorldWatch：http：//www. worldwatch. org/brain/features/timeline/ timeline. htm（accessed July 2012）.

如今对环境的监管和关注已经涉及地方、国家直到全球的各个层级。许多国家的环保法律比国际标准还严格，但也有一些国家离国际标准还有一段距离，尚需努力。

方框 10.3

千年发展目标

2000 年，在 10 年间重要的联合国大会和峰会的基础上，各国领导人齐聚纽约联合国总部，通过了《联合国千年宣言》（*the United Nations Millennium Declaration*），承诺各自国家会参与到新的全球合作中以减少极端贫困，开始实施一系列的限期目标——期限为 2015 年——这些目标被称为"千年发展目标"。

8 个千年发展目标其范围包括将极端贫困人口减半、阻止艾滋病的传播和普及初等教育等，所有目标的期限都是 2015 年。这些目标激发了前所未有的满足世界最贫困人口需求的努力。

这 8 个目标是：

1. 消灭极端贫困和饥饿；

2. 普及初等教育；

3. 促进性别平等，赋予妇女权利；

4. 减少儿童死亡率；

5. 改善孕产妇健康；

6. 应对艾滋病、疟疾和其他疾病；

7. 确保环境的可持续性；

8. 建立发展的全球合作关系。

有几个千年发展目标是与城市直接相关的，比如减少儿童死亡率的目标即包括疫苗接种计划，也着重关注了对饮用水源的改善，这个话题将在第十一章详细讨论。同样，实现可持续发展的目标重点也在于改善城市环境质量，尤其是对那些贫民窟居住者来说。该目标要实现以下几点：

• 将可持续发展的原则纳入国家政策和计划，扭转环境资源减少的现象；

• 减少生态多样性的消失，在 2010 年前大幅降低消失率；

• 在 2015 年前将不能稳定得到安全饮用水和基础卫生设施的人口数量减半；

• 在 2020 年之前大幅改善至少 1 亿贫民窟居住者的生活。

一份 2012 年的报告指出关于贫困、贫民窟和饮用水的三个重要目标已经比原定的 2015 年提前三年实现。享受到改善水源的人口比例已经从 1990 年的 76% 上升至 2010 年的 89%，这也就意味着超过 20 亿人如今可以用上改善的水源如自来水或受保护的井水。报告还指出发展中国家城市居民住在贫民窟中的比例已从 2000 年的 39% 下降到 2012 年的 33%。超过 2 亿人得到了改善的水源和卫生设施或更持久且不那么拥挤的住房。这个成就在 2020 年期限之前超额完成的话，可以大幅改善至少 1 亿贫民窟居民的生活。然而报告也承认贫民窟条件的改善并未跟上城市穷人增长的速率。即使在过去 10 年居住在贫民窟的城市人口比例有所下降，但发展中国家贫民窟居住者的绝对数量却在增加，并且在未来一段时间内还会继续增长。如今住在发展中国家贫民窟的城市居民数量估计约为 8.28 亿人，而 1990 年时则为 6.57 亿人，2000 年为 7.67 亿人。

千年发展目标的实现已经取得了巨大的进步。全球贫困人口数量持续下降，能够上小学的儿童比以往更多，儿童死亡率极大地降低，更多的人能喝到安全饮用水，而对疟疾、艾滋病和肺结核的针对性投入已经挽救了数百万人的生命。2000 年时所设定的宏伟目标已经实现，证明国际社会有能力帮助城市应对最紧迫的环境和社会挑战。

资料来源：United Nations（2012）"Millennium Development Goals."http：//www.un.org/millenniumgoals（accessed July 2012）；United Nations（2012）*Millennium Development Goals Report 2012*. New York：United Nations Press. http：//www.un.org/millenniumgoals/pdf/MDG% 20Report% 202012.pdf（accessed July 2012）.

从城市的规模来看，必须在诸多环境问题上遵守州或联邦法规。例如在美国，城市必须遵守所有的联邦法规，服从美国环保署的管理。然而城市也处于超越联邦层次的网络系统中。比如许多美国城市加入了国际地方环境行动委员会。该委员会是一个地方政府以及国家和区域地方政府组织的联盟，致力于可持续发展。2012 年该委员会成员包括来自 70 个不同国家的 1 220 多个地方政府。美国城市借鉴了世界其他城市的许多最佳做法。比如洛杉矶的南海岸空气质量管理区就对空气质量进行了严格控制，是展示美国如今所追求的以城市为基础的减排措施的典型例子，尽管城市的措施也离不开州和联邦政府的整体政策。①

绿化城市

发达国家和发展中国家的城市及其居民每天都面临着环境问题，在国家法规尚未触及的地方都有一些环境政策在实际发挥着作用。比如早在 1972 年《清洁水法案》出台之前，美国城市就有了针对水污染的法规，虽然许多法规并不像最终的联邦法案那样影响深远。环境法规并不是造成烦扰的权宜之计，而是许多社会永远存在的一部分。城市的环境运动获得了极大成功，普遍而又深入，因而完全有理由说是"绿化"了全球的城市。这种绿化以许多种方式进行。

• 监管改革。包括清理和预防污染。针对空气污染、水污染、土壤污染和毒害的国家或联邦监管对城市有着直接的影响。对城市的清理如今被看作是良好的经济、生态和公共关系的体现，城市经济发展和衰落的问题如今也与环境质量问题紧密相关。

---

① Mazmanian，D.（2006）"Achieving air quality：theLos Angeles experience." USC Bedrosian Center，Working Paper. http：//www. usc. edu/schools/price/bedrosian/private/docs/mazmanianairquality. pdf（accessed July 2012）.

• 环境组织的发展。从 20 世纪 70 年代起，成百上千的环境组织在地方、国家和国际各个层面涌现。全球层面的两个例子有联合国环境规划署和国际气候变化委员会。有些环境组织制定了国际议程，如世界观察研究所或自然保护协会。其他一些组织聚焦国家或地区事务，如切萨皮克湾基金会或阿第伦达克山脉俱乐部。在城市的层面上，具有影响力的环境组织包括国家或地区组织（通常在重要城市拥有分会）或主要关注地方事务的组织如"凯西树"（Casey Trees），这是一个非营利性组织，其使命是恢复、改善和保护华盛顿特区的树冠覆盖。与之类似，"特区绿色工程"致力于引领新兴的绿色屋顶、雨水花园和其他生态保留技术产业，并与特区低收入社区合作安装绿色基础设施。城市政策常常会受到这些不同组织使命的影响。环境组织也能结成联盟，形成一股强大的政治力量，为城市政策和优先事项的制定出谋划策。

• 可持续发展的城市。朝着可持续发展迈进是对城市真正的改革。这里，城市环境保护主义是涵盖诸多社会问题的其他社会运动不可缺少的一部分，包括社会公正和种族平等。对焚化炉、废物处理场和污染性工厂的抗议包含了社会公正和环境质量的问题。有时通过在废弃区域建造城市农场和花园，沿着主要道路和在公园栽种树木，创建绿色屋顶和其他形式的绿色基础设施可以"绿化"城市，以完成对可持续性发展的推进。而在别的一些情况下，推动可持续发展所要求的不仅仅是改革，而是社会甚或是经济的变革。

阻力

尽管过去 40 年环境运动强势盛行，但也遇到了一些阻力。有人认为过去 20 年出现了针对美国环境法规的对抗性行为。他们引证了罗纳德·里根总统第一届任期内试图取消美国环保署的行为，副总统丹·奎尔的"美国竞争力协会"和 1994 年的"美利坚契约"都削减了美国环保署的预算并加以裁员。这类对抗性行为在 21 世纪最初 10 年也很明显，比如退出了 1997 年《京都议定书》的签署，否认气候变化的也大有人在。这是一个令人不安的趋势：2010 年美国环保署的治水预算只比 1990 年的预算略高，而 2012 年一份对美国年轻人的调查显示，他们并不像其父母 30 年前那样强烈支持环境保护。

环境运动的成功也好，遭到的抵制也好，很多都是来自于不断重复的可怕预言。对环境灾害的想象已经在我们脑海中萦绕了几十年了，环保行动和关注往往是由对环境恶化和社会崩溃的预想所推动的。有人在质疑这些预言，并且充满讽刺意味的是随着环境清理和管控让最可怕的预言无法实现，人们越来越容易产生质疑。格雷格·伊斯特布鲁克（Gregg Easterbrook）在其著作《地球一刻》 （*A Moment on Earth*）中认为许多污染问题都已解决，媒体对环境灾难过于夸大其词，而科技的发展并不会带来更多的问题，只会用来解决问题。他认为政治话语应该对环境更为乐观。有些反对者批评现有的环境法规阻碍就业的发展，浪费财力并增加债务。这类批评的大背景是认为政府"过于臃肿"并且是"问题所在"。那些批评环境法规的人将其视作另一个自由主义阴谋和永不知足地要求政府更多干预的例子。他们认为现有的法规代价巨大、效率低下，我们应该交给市场，让市场来提高环境质量。尽管存在这些极端的想法和对环境法规的抵制，美国公众对环境法律法规要比对政府几乎所有的其他职能更加认可。

在 40 年的环境监管制度化之后，许多城市尽管几十年来人口增加，但水质和空气质量都得到了改善。更为严格的法规、更先进的技术和更强有力的执行共同使得环境质量得到改善。另一方面，气候变化如今正在成为许多城市所面对的严峻挑战。尽管许多城市都采取了环境监管并努力去达到更高的标准，还是有一些国家尚未通过或实施环境法规。在环境革命开始 40 年之后，一些城市仍然面临着水污染、固体废物、空气污染和气候变化的诸多挑战。有些污染物减少了，另一些却增加了，更新的污染物又出现了。在城市制订可持续发展计划和重新构想其未来时，这些问题依然非常重要。

延伸阅读指南

Benton, L. and Short, J. R. (1999) *Environmental Discourse and Practice*. Oxford: Blackwell.

Benton, L. and Short, J. R. (eds.) (2000) *Environmental Discourse and Practice: A Reader*. Oxford: Blackwell.

Fiege, M. (2012) *The Republic of Nature: An Environmental History of the United States*. Seattle, WA: University of Washington Press.

Kline, B. (2011) *First Along the River: A Brief History of the U. S. Environmental Movement*. 4th edition. New York: Roman & Littlefield.

McNeill, J. R. and Kennedy, P. (2001) *Something New Under the Sun: An Environmental History of the Twentieth-Century World*. New York: W. W. Norton.

Shabecoff, P. (2003) *A Fierce Green Fire: The American Environmental Movement*. San Francisco, CA: Island Press.

Simmons, I. G. (2008) *A Global Environmental History*. Chicago, IL: University of Chicago Press.

Steffen, A. , McKibben, B. and Jones, V. (2011) *Worldchanging: A User's Guide for the 21st Century*. Revised and updated edition. New York: Abrams.

Uekoetter, F. (ed.) (2010) *Turning Points of Environmental History*. Pittsburgh, PA: University of Pittsburgh Press.

第十一章　水

　　稳定的淡水水源对维持生命，支撑社区、经济和环境的健康发展至关重要。每个城市都存在着两大类水问题（图 11.1）：供水和水质。这两者都依赖于水利基础建设。就供水而言，水利基础设施包括输水系统（引水渠和水管）。水质则与污染和清除污染或脏水有关。就水质而言，水利基础设施包括排水系统和净化设施。本章将对供水和水质这两个方面的问题进行研究。我们首先会以美国城市为主，看一看发达国家的水问题。接下来我们会考察一下发展中国家的这类问题。

发达国家城市的水问题

供水

　　饮用水来自于地表水或地下水。这些水进入水处理设施，按照一定的标准加以净化。城市中的地下水管道将饮用水输送到享受公用自来水系统服务的家庭和企业。

　　美国有将近 155 000 个公用自来水系统，规模有大有小，小的为几百个人供水，而那些规模超大的能为 10 万多人供水。美国的水厂每天供应将近 340 亿加仑的水。供水商采用各种处理方法来去除饮用水中的污染物。这个过程包括凝结、过滤和消毒。有些供水系统还采用了离子交换和吸收技术。水厂会选择最适当的组合方式来处理特定系统水源中的污染物。水厂必须经常检测水中的特定污染物并将检测结果上报州政府。如果供水体达不到最低标准，供水商有义务通知其用户。许多供水商如今也被要求给用户提供年度报告，网络的普及也让公众得以更好地获取信息。

联邦政府和州政府都对提供安全用水负责。1974 年国会通过的《安全用水法案》旨在通过对国家公共饮用水供应的管理来保护公共健康。美国环保署也规定了饮用水中 90 种化学物、微生物和其他物理污染物的含量标准。该法案于 1986 年和 1996 年两次修订；一般来说，对原有法律的修正总是会提高而非降低标准。修正案要求城市和各州加强对饮用水以及水源的保护，包括河流、湖泊、水库、泉水和地下水井。

虽然发达国家的大多数居民都认为享受安全饮用水是理所当然的，还是会有一些威胁到饮用水安全的可能。可能的污染物包括铅、砷和铬。未经适当处理的化学物、人畜粪便、流入地下的废物和天然物质也有可能污染饮用水。处理或消毒不当，以及流经维护不当的输水系统的饮用水也会带来健康风险。在"911 事件"之后，全世界的饮用水厂都发现自己面临着新的责任，这种责任来自于对供水系统安全性和对基础设施遭到恐怖主义破坏的担忧。

美国人平均每天在家使用约 90 加仑水，而每个美国家庭每年使用将近 107 000 加仑的水（与之相比，欧洲人平均每天使用 53 加仑水，撒哈拉沙漠以南的非洲国家的居民平均每天使用 3 至 5 加仑水）。[①]如今每提供 1 000 加仑清洁水的成本是 2 美元，相当于每户家庭每年将近

---

① US EPA Office of Water（. 2009）"Water on tap: what you need to know." http: //water. epa. gov/drink/guide/upload/book _ waterontap _ full. pdf (accessed June 10, 2012).

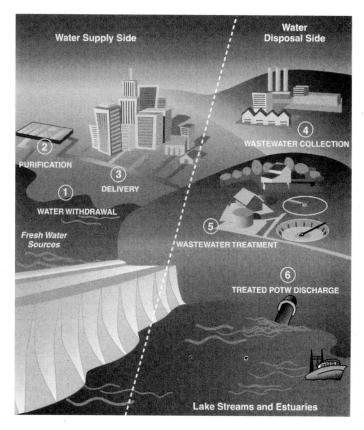

图 11.1　供水和水处理系统图示

资料来源：EPA Office of Water（2004）"Primer for municipal wastewater treatment systems." http：//water. epa. gov/aboutow/owm/upload/2005 08 19 _ primer. pdf

300 美元。尽管与汽油费用相比这不算多，但保证用水安全的成本持续上升。在美国、加拿大和许多其他发达国家，许多现有的饮用水基础设施（地下水管网、净化厂和其他设施）都是在 19 世纪末卫生革命时期修建的。这些基础设施现在已有 100 多年的历史，在很多情况下由于人口增长或水管泄漏老化而无法满足要求。美国环保署最近所作的"饮用水基础设施需求调查"估计美国城市需要在 20 年的时间内投资 1 509 亿美元,以确保安全饮用水的水源开发、贮存、处理和输送能够继续维持下去。①在大多数发达国家城市,清洁安全的饮用水被视为理所当然,但在保护供水和升级扩建基础设施的需求方面还面临着挑战。

供水问题往往高度政治化。以纽约市为例,该市的供水系统已有很长的历史了。纽约市 90% 的水都来自城市以北 100 英里处的卡茨基尔山(the Catskill Mountains)。这块集水区拥有 19 个蓄水池和 3 个控制湖,总蓄水量达到 5 800 亿加仑。供水系统每天将 10 亿加仑的水输送给纽约市居民。该市所提供的水是全美国质量最高的饮用水之一。但如此高质饮用水的获得也不无争议。纽约市的供水系统设计于 20 世纪最初几年,当时许多城镇和社区被迫疏散或拆除,以便在峡谷中给建造新的水库腾出地方。纽约市与该集水区居民的纠纷已经存在很长时间了。最近几次纠纷是因为一些集水区社区认为供水产业对该地区的娱乐业和旅游业造成了负面影响,而后者恰恰是这些社区赖以生存的经济产业。

方框 11. 1
回归自来水?

曾经有一段时期像依云(Evian)和毕雷(Perrier)这样的矿泉水品牌塑造了纯净而又奢华的形象。瓶装水如今已成为新的常见事物,同时也是一个庞大的产业。2010 年可口可乐公司的高端品牌"达沙尼"(Dasani)卖出了 2.93 亿箱,而其竞争对手百事可乐的"阿夸菲纳"(Aquafina)则卖出了 2.91 亿箱。瓶装水的最大厂商是雀巢,旗下拥有"波兰山泉"(Poland Spring)、"泽夫希尔斯"(Zephyrhills)和"纯净生活"(Pure Life)等品牌。

但现在有人反对瓶装水。批评瓶装水的人指出饮用瓶装水会带来一些经济、管理和环境问题。就经济方面而言,使用 1 000 加

---

① US EPA Office of Water(2004)"Drinking water costs and federal funding." www. epa. gov safewater(accessed June 11. 2012).

仑的自来水其成本只有10美元，而消费1000加仑的瓶装水则需花费1000美元。国家科学研究开发公司（NRDC）最近的一份报告指出，其研究发现大约有25％或更多的瓶装水其实只是装在瓶中的自来水。尽管供水基础设施方面的投资尚有230亿美元的缺口，美国城市每年却要花费4200万美元来处理大量聚酯胺塑料水瓶。此外，由于约25％至30％的"瓶装水"实际来自城市水源，瓶装水商从资金不足的公共用水系统中获利颇多。

　　就管理方面而言，美国环保署要求城市向用户公开饮用水状况，而瓶装水供应商则未被要求将其饮用水质量告知消费者。尽管每加仑的瓶装水价格可能会比自来水贵10000倍，但实际情况是自来水比瓶装水的质量标准更为严格，而有些牌子的瓶装水只是将自来水改头换面而已。例如，美国管理饮用瓶装水的不是环保署而是美国食品及药物管理局。虽然大多数消费者都以为瓶装水至少跟自来水一样安全，但饮用瓶装水还是存在可能的风险。尽管被要求达到与公共用水同样的安全标准，但瓶装水并未经过像净化设备那样的检测和报告。在同一州装瓶和销售的瓶装水根本就不受任何联邦标准的约束。有人指出早在塑料被普遍使用之前城市供水系统一直在输送高质量的用水，然而瓶装水生产商却设法让人错误地觉得他们的产品比自来水更纯净更安全。

　　瓶装水会付出诸多环境代价。批评者认为瓶装水极其浪费，也造成了垃圾填埋场的垃圾越来越多。瓶装水厂商通过营销手段将其塑造成一种生活必需品，从中获利数十亿美元，而消费者原本可以满足于使用厨房自来水或公用饮水机的水的。美国人每年要购买大约300亿塑料瓶装水。这些塑料瓶中的90％并未回收利用，而是堆在垃圾填埋场，这些塑料要经过数千年才能分解。制造这些塑料瓶要使用将近150万桶石油——足以让10万辆汽车开一整年的了——而运输这些瓶子还要消耗更多的石油。瓶装水产业的发展也增加了装瓶工厂附近水的抽取量，导致缺水现象，对周围的用水者和农民造成了影响。除了在生产塑料的过程中会消耗数百万加仑的水以外，每净化1加仑的瓶装水还会浪费2加仑的水。

2009年的一部电影《瓶装水》（*Tapped*）调查了瓶装水产业所扮演的角色及其对人体健康、气候变化、污染和石油依赖所造成的影响。越来越多的城市和环境及公共卫生组织如今都联合起来倡导"回归自来水"。

塔博尔特（Taplt）是一家位于纽约的非营利性组织，成立于2008年，致力于推广使用自来水以取代瓶装水。他们鼓励餐馆让顾客自带可反复使用的瓶子以免费续杯自来水。他们还与数百所美国高校合作，安装被称为"水站"的公共饮水机，让学生得以用水瓶反复装水而无需购买新的瓶装水（这些饮水机龙头很高，可以让较高的瓶子也能充上水）。有的校园甚至禁止出售瓶装水。水站也在机场、公园、办公大楼和餐厅大量出现。2011年，盐湖城当地40家餐饮企业签约成为正式的塔博尔特合作伙伴，保证向观众免费提供自来水。同年，哥伦比亚特区和塔博尔特在特区内招募了60多家小饭馆，为自带可反复使用水瓶的顾客提供免费续杯服务。塔博尔特代表了能跟互联网、社会媒体和手机相抗衡来推动社会变革的草根组织。塔博尔特还推出了苹果手机应用程序和移动网站，并在合作的餐馆玻璃上张贴了该组织的宣传广告。

资料来源："Tapped" film：http：//www. tappedthemovie. com；for more information on Taplt, go to http：//www. tapitwater. com；EPA Office of Water（2009）"Water on tap：what you need to know."http：//water. epa. gov/drink/guide/upload/book _ waterontap _ full. pdf（accessed May 2012）.

同样，由于离大河道较远，亚特兰大也面临着越来越多的用水问题。该都市区1990年时的人口为290万人，2012年为520万人。人口的增长影响到了其每天对水库的抽水量；1990年该市消耗了3.2亿加仑的水，到了2010年则为5.1亿加仑。预计到2030年人口还会增加

200 万人，而用水也预计会增长到每天超过 7 亿加仑。① 2007 年一场严重的旱灾使得亚特兰大的供水达到了崩溃的边缘。官方承认供应亚特兰大的淡水储备只够维持 3 个月。许多西部城市如洛杉矶、拉斯维加斯和丹佛都采取了节水措施——包括提供节水奖励、安装高效节水厕所和低流量淋浴头，并增加用水大户的每月水费单——然而亚特兰大在制定这类政策方面却慢了一步，它没有去减少用水量，而是集中力量去增加供水。从 1956 年起，亚特兰大的主要水源就是拉尼尔湖 (Lake Lanier)。但亚特兰大受到了州政府的限制，后者力图控制对该湖湖水的抽取量。该河流系统也为阿拉巴马州和佛罗里达州提供水源，这些州担心亚特兰大对上游水越来越多的抽取会危害它们的生态系统。2009 年一位联邦法官宣布亚特兰大将拉尼尔湖作为其饮用水源是非法的。2011 年 6 月，在第 11 次上诉巡回法院后该判决终被推翻，宣布亚特兰大有权提取拉尼尔湖的湖水。2012 年年初佛罗里达州和阿拉巴马州提请最高法院重新审理该案，解决拉尼尔湖泊系统的用水问题。② 目前案件仍在审理中，但如果亚特兰大不被允许使用该湖湖水，其供水量就将大约减少 40%。我们往往认为"争水大战"只会发生在干旱的西部，但这个例子表明即便是在雨量充沛的地区，对用水增多的需求也会上升成为政治问题。

水质

在 19 世纪和 20 世纪初，欧洲、澳大利亚、加拿大和美国的许多城市都建造了收集污水的污水管道系统和污水处理设施。然而，人口

---

① Jarvie. J. (2007，November 4) "Atlanta water use called shortsighted." *Los Angeles Times*. http：//anicles. latimes. coml2007/nov/04/nation/na_drought4 (accessed February 15，2012).

② Fox. P. (2012，February 13) "Alabama，florida appeal water ruling to High Court." *Atlanta Journal Constitution*. http：//www. ajc. com/news/georgia—govenment/alabama—florida—appeal—water—1348441. html (accessed February 14，2012).

的增长意味着到了21世纪污水和暴雨水的总量已经超出了大多数污水处理厂的承受能力，在遇到暴雨时尤其如此。

合流污水径流（combined sewage overflow，CSO）指的是对未经处理的污水临时的直接排放（图11.2）。合流污水径流最常发生在拥有合流下水道系统的城市，该系统能够收集来自各级水管的污水、生活废水和暴雨水径流，这些水然后再流入单个处理设施。在美国，合流下水道系统为约772个社区的4 000万居民服务。大多数拥有合流下水道系统的社区（因此也就有合流污水径流）位于东北部和五大湖地区以及西北部沿太平洋地区。

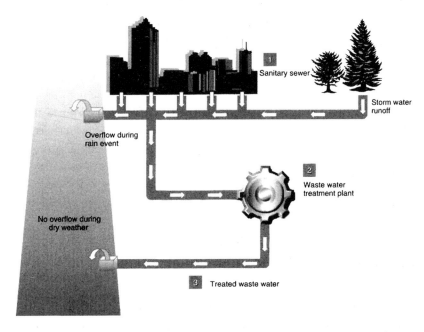

图 11.2　合流下水道系统。在拥有合流下水道系统的城市，来自雨水的暴雨水径流与污水在同一管道系统内汇合，一同在未经处理的情况下被直接排入河流、小溪或河口。排放物中含有大量的污染物和未经处理的污水及杂物

图片来源：该图为丽莎·本顿-肖特所绘

在干燥气候条件下，合流下水道系统能将污水直接输送到污水处理厂。然而雨水或城市的暴雨径流并不是单独流动的，而是与家庭垃圾和工业废弃物混合在一起。遇到下雨，很少有处理厂能够应付得了水量的激增，结果过量的污水、清洁水和暴雨水未经处理就被排入河流、湖泊、支流和海洋中（图11.3）。

图11.3　辛辛那提岸边有一块告示提醒当地居民俄亥俄河正在受到合流污水径流的污染
图片来源：照片为丽莎·本顿-肖特所摄

正如一个笑话所说：合流污水径流（CSO）也不妨理解为"排出的垃圾"，虽然这不是其原本的意思。合流污水径流包括来自家庭、企业和工业未经处理的污水，以及暴雨水径流和冲刷着街道或流入雨水沟的所有的杂物和化学物质。这种形成毒物的径流极为讨厌也相当危险。合流污水径流含有未经处理的人类粪便、需氧物质、氨、农药（如马拉硫磷，在城市喷洒以消灭西尼罗河病毒）、营养素、石油产品（来自加油站、汽修店和汽修厂）以及其他潜在毒物和与人类疾病与排泄物污染有关的致病微生物。在排入合流污水径流的未经处理的污水中已经发现了 40 种致病病原体。

2010 年，将近 8 500 亿加仑未经处理的污水被从合流污水径流排入美国的水域中。此外，大约有 5 100 万磅的有毒化学物从城市中的污水处理厂流出。仅仅在纽约港每年就有超过 270 亿加仑的未经处理的污水和污染暴雨水从 460 处合流污水径流排出。①尽管纽约港和整个哈德逊河口的水质在过去数十年得到了极大改善，然而在下雨后，许多滨水地区和岸滩仍然不是进行娱乐活动的安全之地。降雨量只要达到二十分之一英寸就已经超出了排水系统的负荷能力。主要原因是老旧的下水道系统，这种系统无法将来自建筑的污水和来自街道的肮脏暴雨水分流。除非增加投资用于大幅减少合流污水径流，否则根据美国环保署的预测，到 2025 年污水污染将会超过 1968 年的水平——后者是美国历史上污水污染最严重的时期。

合流污水径流是导致海滩关闭和水生贝壳类生物减少以及饮用水污染的主因之一。这些城市的居民常常在暴雨过后连续几天被警告要避免接触河水或海滩水。

2012 年全国资源保护委员会发布报告指出，美国的海滩水持续遭受人类垃圾和动物粪便的严重污染。结果是美国海滩在 2011 年达到了报告历史上被关闭或被警告数量的第三高，仅次于一年前即 2010 年第二高的数据。②

在洛杉矶、纽约、新泽西、伊利诺伊和路易斯安那都能找到许多最糟糕的海滩。南加利福尼亚的海滩也在致力于改善水质，其水质恶化主要也是污水污染的结果。全国资源保护委员会的一项研究发现，

---

① Riverkeepers （n. d. ）"Combined Sewage Overflows （CSOs）." http：//www. riverkeeper. org/campaigns/stop—polluters/sewage—contamination/cso（accessed July 2012）.

② Natural Resources Defense Council （n. d.）"Testing the waters：a guide to water quality at vacation beaches." http：//www. nrdc. org/water/oceans/ttw（accessed July 2012）.

洛杉矶和奥兰治县海滩的粪便性污染每年会导致 627 800 起到 1 479 200 起肠胃疾病。在路易斯安那，始于 2010 年 4 月 20 日深水地平线钻探台爆炸并于 2010 年 7 月 15 日以油井被覆盖为结束标志的英国石油公司漏油灾难仍在持续影响着路易斯安那的墨西哥湾、密西西比河、阿拉巴马和佛罗里达。即便是在漏油封闭、警告和通知被解除的海滩，漏油检查和清理工作也贯穿了整个 2011 年并一直延续到 2012 年。

欧洲的情况要好一些。欧洲环境署 2012 年的一份报告指出 91％ 的沿海水域、河流和湖泊都达到了水浴要求的最低标准，比 20 世纪 90 年代的情况大为改善。虽然英国还有约 22 000 个合流污水排水口，但在升级基础设施的投入方面要比美国做得更好。到 2008 年年底，总共超过 6 000 处高危径流得到改善、重建或去除。2000 年时只有 24 处海滩达到了最高质量标准，到 2008 年该数字已上升至 82 处。污水处理公司承诺将在 2010 年至 2015 年间投资超过 10 亿英镑用于排污设施的不断改善。然而也有一些欧洲城市如威尼斯仍然在遭受着水污染问题（见图 11.4）。

2011 年一个英国的公民团体"反污水冲浪者联盟"推出了由公众提供信息制作而成的"污水警告服务"地图，用于在未经处理污水经由合流污水径流排入海水中的时候实时告知海滩游客。[1]给海滩游客提供污水泄漏信息的警告是英国一些最受青睐的海滩公开信息改善服务的重要举措，也体现出新的科技在通知和促进公共信息流通方面的强大力量。

另一个主要的公共下水道类型是卫生下水道系统，20 世纪初就有一些城市开始建造，但几乎只是在 20 世纪 70 年代后才装配使用。卫生下水道系统收集污水和暴雨水的管道是分开的。但是当下雨时过多的暴雨水会超出系统的负荷，从而未经处理就被排放（见图 11.5）。虽然这样至少会防止污水的排放，但最近的研究发现在最初的降雨时

---

[1]　Surfers against sewage campaign：http：//www. sas. org. uk/campaigns/sewage—and—sickness (accessed June 5，2012).

图 11.4　由岛屿和运河组成的威尼斯城从未修建过大型下水道系统。
因此威尼斯老城区所产生的很大一部分垃圾向来都被直接排入运河中。
如今威尼斯的水质实在堪忧
图片来源：照片为丽莎·本顿-肖特所摄

期，城市暴雨水中的污染物浓度相当于甚至会超过污水处理厂和大型
工厂，成为破坏性污染物产生、海滩关闭和水生贝壳类生物减少的
原因。[1]

　　[1]　Lee，J. H. and Bang，K. W. （2000） "Characterization of urban storm-
water runoff." *Water Research* 34 （6）：1773—1780；see also Gromarie—Mertz，
M. C.，Garnaud，S.，Gonazalez，A. and Chebbo，G. （1999） "Characteristics of
urban runoff pollution in Paris." *Water Science Technology* 39 （2）：1-8.

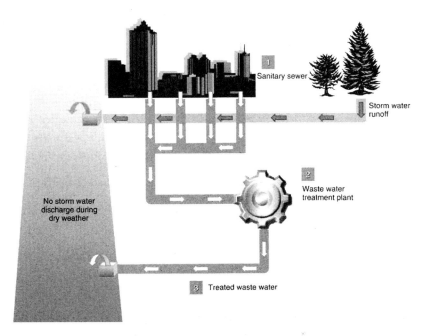

图 11.5　分离式卫生排污系统。在拥有分离式卫生和暴雨水系统的城市中，下雨期间的暴雨水径流会被下水道系统分开收集。暴雨水径流不会进入污水处理厂，而是不受处理排入河流、小溪或河口

图片来源：该图为丽莎·本顿-肖特所绘

废物处理基础设施

　　当污水到达处理厂之后，会经过物理过程将生物固体与污水分开。滤网或滤器会网住未经处理的污水和杂物，将其导入污泥池，在那儿有机材料会被细菌分解。干后的污泥会被运至垃圾填埋场。

　　早在 20 世纪初就有一些城市开始安装二级处理装置。二级处理包括曝气和更精细的过滤，能够更好地控制细菌生长以分解生物固体。二级处理能够将 95％ 的疾病携带细菌从水中消除。表 11.1 概括了如今污水处理所面临的一些挑战。

表 11.1　污水处理所面临的挑战

许多污水处理和收集设施如今已经非常陈旧破损，需要进行改进、修缮或更换，以维持效用。

如今带来问题的污染物性质和数量要远比过去面临的挑战复杂。

人口增长让现有的许多污水处理系统不堪重负，需要兴建新的处理厂。

城市化的发展带来了更多不受污水处理控制的污染源。

最新进展的三分之一来自于分散系统（例如化粪池系统），因为众多人口迁移到越来越远离都市区域的地方（尤其是城市远郊）。

资料来源：EPA Office of Water (2004) "Primer for municipal wastewater treatment systems." http：//water. epa. gov/aboutow/owm/upload/2005 _ 08 _ 19 _ primer. pdf (accessed May 12，2012).

美国的城市正在实行计划以减少河流污水径流，并且在 20 世纪 90 年代之后有所见效。在 1990 年之前，每年在密歇根州东南部未经处理流入湖泊、河流和溪流的合流污水数量估计超过了 300 亿加仑。2005 年，在投入了 24 亿美元暴雨水整治项目预算中的 10 亿美元之后，每年未经处理的排放减少了 200 多亿加仑。该项投入使得合流污水径流减少了 67％，投入项目包括许多由地方和区域政府建造的下水道分离系统、合流污水径流贮存和处理设施以及对污水处理厂的更新升级。其他许多城市也实施了类似的项目以应对合流污水径流，但这些项目耗资达 10 亿美元，许多城市在建造这些大型基建项目时不得不向州和联邦政府寻求资金援助。

虽然许多城市在升级污水处理厂方面财政困难，但大多数北欧和中欧的污水厂现在都安装了三级处理系统。在欧洲其他地方，尤其是在东南部，配备一级和二级处理系统的比例更高。

水质立法：1972 年的美国清洁水法案

截至 20 世纪 60 年代，美国许多州都已批准适当的项目，但各自确立了不同的标准。尽管各州都在努力，但进展并不迅速。此外，由于水在流经溪流、河流、湖泊和河口时不受政治界限的限制，因此更广范围的国家保护至关重要。之前已有一些保护水质的立法先例，包括 1948 年的《联邦水污染控制法案》、1956 年的《水污染控制法案》和 1965 年的《水质法案》。这些是国家对清洁水问题的第一批全面法律表述，但人们对污染治理工作的缓慢愈发失望，公众对环境保护也愈发关注，这都为 1972 年的法案创造了条件。大多数环境专家认为 1972 年的《联邦水污染控制法案修正案》（一般被称为"1972 年清洁水法案"）为过去 40 年的水污染政策设定了框架。清洁水法案（CWA）是美国地表水质保护的基础。（要记住的是该法案并不直接处理地下水或水质/分配问题——这些归各州管控。）如今，许多发达国家和一些发展中国家也制定了类似的法规和宏图。

清洁水法案之所以意义重大有以下几个原因。它是处理美国地表水污染的主要法律。第一次由一个独立的联邦机构来负责水污染问题，从各州接手了一些管理权，并设定了基本联邦标准，所有的州都必须遵守。清洁水法案还提供了技术手段和财政援助用以处理水污染的诸多根源。该法规的另一个革命性之处在于它要求上报排放信息并将其公之于众。这就让公众在水资源保护中发挥了非常重要的作用，并为其提供了手段。在今天的信息经济中，公众通过互联网能够了解到污染排放和毒物释放信息，甚至能获悉更多有关许可文件、污染管理计划和检验报告等等的信息。

提供公共信息也让公众能够采取行动（或起诉）以执行清洁水法案。事实证明这在治理水污染的进程中起到了至关重要的作用。

清洁水法案目标远大，其主要目标是要消除水污染物的排放，将水质恢复到"适合钓鱼和游泳"的水平并且彻底去除所有有毒污染物。如今 1972 年清洁水法案的这些远大目标尚未实现，但它们继续为联邦政府（以及各个城市）如何应对水污染提供了框架。

清洁水法案有两个部分直接影响到城市。第二章和第六章允许联邦对市政污水处理厂提供财政支持，并对工业和市政污水排放单位设立管理要求。这两项对理解城市和水污染改革之间的关系非常关键。有了联邦的援助，许多城市就能够升级污水处理厂，增添二级或三级处理设备或增加处理厂所能处理的污水量。法案第六章主要适用于工业和市政排放，形成了对点源污染的管控计划，其结果是工业点源污染有所减少。

清洁水法案在当时的确具有革命性。它规定在没有特许的情况下任何点源——即污染的特定来源——将污染物排入水中都是非法的。

40 年后再来评价清洁水法案

2012 年是清洁水法案通过 40 周年。该法案有得有失，我们对城市污染的数量和类型有了更全面的了解，但实施结果却好坏不一。工业来源的点源污染有所减少。在许多河流和湖泊中，由于有机废物被过滤掉，氧含量得到了恢复。有些污染物数量下降，但也有一些有所上升。1972 年有三分之二的湖泊污染严重，无法在其中游泳或钓鱼；到了 2012 年则有三分之二的湖泊、河流和水道可以安全地游泳和垂钓。1970 年超过 70％的工业排放物根本未经处理，如今 99％都得到了处理。伊利湖在 1969 年被称为"死湖"，如今也已恢复正常。凯霍加河曾是美国河流污染困境的鲜明代表，但现在青鹭又飞回来了，该市也以沿河步行道边的游船码头和高档露天咖啡馆为荣（见方框 11.2）。

方框 11.2

火灾发生 40 年之后的凯霍加河

1969 年 6 月，克利夫兰市的凯霍加河发生火灾。河中充满了煤油和其他易燃材料，大火很可能是途经的火车引起的火花所致。虽然大火只持续了 30 分钟，但这起事件以及河流着火的著名照片却在新兴环境运动中发挥了关键性作用。《时代杂志》（*Time Magazine*）将凯霍加河形容为"一片泥污而非流动的河水"，一个人要是落入河中，"只会在那儿腐烂而不会被淹死"。令人难以释怀的 1969 年大火推动通过了一些法规如《五大湖区水质协议》（*the Great Lakes Water Quality Agreement*）以及 20 世纪 70 年代的清洁水法案。联邦政府调

拔了大量经费，处理了一些工业污染源并将法规付诸实施。如今凯霍加河已步入正轨，变得越来越干净。

这条100英里长的河流分为上游的半段和下游的半段（靠近克利夫兰）。如今，河的下半段不再像1969年那段糟糕时期一样是个易燃物的下水道了。工业排放得到了显著控制。然而该河仍然会被排放入一些暴雨水、合流污水径流和来自公园上游城市区域的未彻底消毒的污水。面源污染是城市化所导致的结果，更确切地说是克利夫兰都市区郊区化的结果。人们纷纷迁入原本是空地和农田的郊区。随着人们移居郊区，像屋顶、车道、停车场、人行道和草坪之类的不透水表面也会增加。

虽然远比40年前更加干净，但凯霍加河的部分河段离卫生仍有很大差距。大部分的河段由于大肠杆菌浓度过高依然不适合进行娱乐活动，而大肠杆菌的多少能够反映出河流中粪便性污染的状况。污染物和细菌的数量仍旧很高，雨后尤其如此。下面概括了该河中持续存在的一些问题：

- 垃圾
- 毒物
- 细菌
- 鱼肿瘤
- 缺乏水生生物多样性
- 海滩的关闭。

由于这些原因，美国环保署最近将凯霍加河水域部分河段划入43个五大湖区重点关注区域之一。

关于凯霍加河也有一些乐观的方面。2009年一位水质分析师成为半个多世纪以来首位在凯霍加河污染河段发现存活淡水蚌类的人。这些淡水蚌类不知怎的竟然在上世纪凯霍加河污染最严重的时期存活下来，并且其数量还在不断增加。

资料来源：Adler，J. H. （2004）"Smoking out the Cuyahoga fire fable：smoke and mirrors surrounding Cleveland. " *National Review*， June 22. http：// old. nationalreview. com/adler/adler200406220845. asp （accessed July 2012）；Scott， M. （2009，April 12）"Scientists monitor Cuyahoga River to adhere to Clean Water Act，" *Cleveland. com.* http：//www. cleveland. com/science/index. ssf/2009/04/sci-entists _ monitor _ cuyahoga _ ri. html （accessed July 2012）

  然而要做的工作还有很多。美国几乎一半的水域依然处于被破坏状态——即污染过于严重，无法作为饮用水源或良好地养育鱼类和野生生物。由于污染和开发，湿地面积持续减少。如今，面源污染——来自农场和城市的径流——成为水污染的主因，但清洁水法案在这一方面的立法还远远不够。表 11.2 比较了 1972 年和 2012 年清洁水法案的事项优先级别。1972 年的清洁水法案处理了最为明显以及被看作与公共卫生风险更加相关的一些问题；然而 40 年后，我们清楚地看到尽管取得了一些进展，但一些被法案所忽视的更加复杂的问题如面源污染正在成为 21 世纪最紧迫的问题。

表 11. 2 **1972 年和 2012 年清洁水法案事项优先级别比较**

1972 年法案所涉及到的事项	1972 年法案未涉及，但被视作 21 世纪重大问题的事项
点源污染	面源污染
对可航水域的重点关注	面积更小的不可航水域问题
地表水	地下水
水质恶化：污染	饮用水：供应/数量

  20 世纪 70 年代只有 8 500 万美国人拥有污水处理厂。到了 2008 年则有 2.264 亿人接受集中采水和污水处理服务（超过美国人口的 74%）。[①]然而每年在暴雨和洪灾期间仍有超过 15 座大城市继续排放出

---

① US EPA （2008） "Clean water needs survey 2008，Report to Congress，" EPA—832—R—10—002，p. ix. http：//water. epa. gov/scitech/ datait/databases/cwns/upload/cwns2008rtc. pdf （accessed February 21，2012）.

大约 8 500 亿加仑的未经处理的污水和径流。一些城市因为下水道老化从而跟不上人口增长需求结果导致海滩被关闭的数量有所增加。虽然释放的有毒污染物〔尤其是汞和双对氯苯基三氯乙烷（DDT）〕总量有所减少，但仍有超过 47 个州由于汞、多氯联苯（PCB）、二噁英和 DDT 的污染而贴出了鱼类消费警告。

清洁水法案在控制点源污染方面的成功与其在处理面源污染方面的失败形成了对比。由于面源污染不在清洁水法案的许可要求之内，并且原有的法律也未着重涵盖这一方面，所以面源污染如今已成为水污染的主因。根据美国环保署的统计，截至 2010 年有 43％的湖泊和 37％的河口由于面源污染和城市污水排放而遭到破坏。处理面源污染的资金依然短缺。自 1990 年起，美国环保署已经花费了大约 900 亿美元用于治理水污染，但其中只有 44％是用于面源污染的。此外，虽然美国环保署未来几年为治水工程留出了 80 亿美元的预算，但只有 2 亿美元用于治理面源污染。安德鲁·卡尔沃宁（Andrew Karvonen）为我们揭示了那些往往被认为"与政治无关"的工程师其实在基础设施建设方面拥有不小的权力，而参与其中的市民则政治悟性不足，无法找到别的解决方法。他指出，尽管人们往往是从专业技术和环境管理角度来谈论城市径流，但其实后者也包含了许多非技术问题如土地利用、生活质量、审美和社区特色。①如今，关于如何应对城市面源污染的争论已经成为涉及面更广的争论的不可缺少的一部分，这些争论包括土地利用规划、城市发展和可持续性。

方框 11.3

点源污染和面源污染

水污染主要有两个来源，即点源污染和面源污染。点源是指那些有着明显排放机制的设施如污水管或排水口。根据美国环保署的

---

① Karvonen, A. (2011) *Politics of Urban Runoff: Nature, Technology, and the Sustainable City*. Cambridge, MA: MIT Press.

文件，点源污染是指任何"可以察觉的密闭或离散的传输，包括但不局限于管道、沟渠、河道、导水管、水井、离散裂隙、容器、轨道车辆、集中动物饲养或其他排放或可能排放污染物的船只或浮动艇筏"。这些固定设施可以用来测量污染排放的数量。城市主要的点源污染是工业和市政设施。水的点源污染相对容易监控。全国污染排除系统是清洁水法案的许可程序，其结果是自从实施了清洁水法规之后，美国的点源污染大幅减少。

面源污染是指任何不是来自点源的污染排放。城市中的面源污染主要有两类：第一类是城市径流，该词是指土壤中和道路上积聚的各种污染物在洪水或暴雨期间被冲入下水道系统的现象。当雨水流经道路、停车场和其他城市结构时会汇集各类污染物。美国环保署指出，城市径流如今已成为河口和海滩的最大污染源。第二类面源污染包括来自居民区的垃圾和污水。这些垃圾在更大的污水管道系统中汇集，很难搞清楚其来源。这些污染物也更难管控和减少。此外，面源污染经常间歇性发生，并且会扩散开来，这也导致很难定量分析其单个的污染程度。1997年清洁水法案修正案第319项要求各州各地区都要制订计划来处理面源污染。美国环保署已经拨出3.7亿美元的资金来实行对面源污染的控制。

点源污染（主要是工业废物）

油和油脂

重金属

有机化学物

酸和碱

盐

溶剂

有机物质

悬浮固体

高温/热污染

面源污染

　　盐

　　油

　　汽油

　　防冻剂

　　可漂浮物和杂物（塑料、罐头、瓶子）

　　农药和化肥

　　有机物质（包括人和动物粪便）

　　微生物致病体

　　固体和沉淀物

　　污水

　　重金属（铬、铜、铅和锌）

资料来源：US EPA（2012）"What is nonpoint source pollution?" http：//water. epa. gov/polwaste/nps/whatis. cfm（accessed July 2012）. US EPA（2007）"Polluted runoff（nonpoint source pollution：managing urban runoff，"Document EPA841-F-96-004G. www. epa. gov/owow/nps/facts/point7. htm（accessed March 2007）. EPA（2006）"Polluted runoff：nonpoint source pollution：the nation's largest water quality problem."www. epa. gov/owow/nps/facts（accessed March 2007）.

　　过去 40 年中美国花费了大约 3 350 亿美元用于改善饮用水质，另有 3 000 亿美元用于卫生基础设施，包括约 13 000 座污水处理厂。据美国环保署估计，在这段时期约有 220 亿吨水域中的污染物得到了清除，排放得以减少。这是一个重大的成就，但要真正实现"零"排放的目标还有很长一段路要走。

　　另一个令人担忧的趋势是水处理基础设施的状况。2011 年美国土木工程师协会的一份报告将美国水处理基础设施评级为 D－。这是所有基础设施的最低等级——哪怕交通基础设施的评级都比它高。报告指出，如果不大幅度提高对基础设施的投资的话，到 2020 年这些问题环生、效率低下的水处理设施会让美国的生产付出 4 160 亿美元的代价并减少 7 000 个就业岗位。①

清洁水法案所带来的或好或坏的结果反映出几个事实。首先，新的技术使得我们可以越来越精确地测量污染程度。科学家能够记录精确到百万分之一甚或十亿分之一的污染数据，而之前根本无法做到这一点。此外，我们也更加了解了污染对人体和环境健康的影响，从而会在"污染物"名单上加上新的种类，对与污染物被允许的接触标准进行调整。美国环保署现在已经登记了将近 80 000 种化学物，这些化学物很少经过了全面检测，许多不可分解，还有一些会积聚在脂肪组织中。另一个事实是美国环保署往往注重于"管末处理"的解决方式——也就是说注重对污染源排放的管理而非鼓励对"前端"的管控或预防性措施。美国环保署在鼓励减少废物形成这个源头上做得还不是很成功。在开发和采用技术性解决方案方面可以使用数百万的资金，而那些鼓励减少或再利用源头污染物的计划所获得的拨款却少得多。这一点让人失望，因为即使美国环保署也承认预防要比治理成本更低，在保护清洁水源方面每投入 1 美元，城市就可以节省约 27 美元，但实际情况是在保护清洁水方面投入的资金少得可怜。

从 2000 年起，美国环保署就建立了一套联邦政策和鼓励措施以减少城市暴雨水径流，并帮助小城市（人口少于 10 万人）发展足够的污水处理设施。此外，1987 年的清洁水法案修正案也要求各州制订和执行面源污染管理规划。法案的第 319 项规定各州可以使用 4 亿美元的拨款用于评估面源污染对水质的破坏程度并制订和执行对面源污染的管理计划。

为了应对水污染问题的新现状，美国环保署于 2012 年宣布在未来将着重关注以下方面：

· 城市用水；

---

① American Society of Civil Engineers（2011）"Failure to act: the economic impact of current investment trends in water and wastewater treatment infrastructure." http：//www. asce. org/Infrastructure/Failure—to—Act/Water— and—Wastewater（accessed July 2012）.

·用于减少污染的绿色基础设施；

·城市雨水管理的整体规划；

·为治水工程提供资金；

·重新关注代表性水域：墨西哥湾、切萨皮克湾、普吉特海湾、大沼泽地和五大湖区；

·山顶采矿；

·水力压裂（天然气的水压致裂法）；

·适应气候变化。

不妨先来看看这些 21 世纪重大问题中的两个：绿色基础设施和整体规划。

针对城市雨水径流的绿色基础设施和整体规划

清洁水法案已经从以往对单个项目、污染源和污染物的处理方法转变为以水域为基础的更为整体的策略。这种整体水域策略对维护水域的洁净和恢复受破坏的水域都同样地重视。这就启发人们重新思考如何以更为全面系统的方法来应对面源污染。一些城市如费城正在实现这种可能性。

费城的两条河流——斯古吉尔河（the Schuylkill）和特拉华河（the Delaware）是该市的饮用水源，同时也接受该市的雨水径流和合流污水径流排放。费城有大约 160 处污水流出口，和许多拥有老旧基础设施的东北城市一样，费城大量的暴雨水也导致了合流污水径流，违反了清洁水法案所规定的城市防径流责任。

2011 年费城水务部门的"绿色城市，清洁水源"计划获得通过。该计划"将会刺激旅游业、娱乐业和滨河区域的发展，同时获得经济利益并推动就业。更为清洁的河流会让滨河区的市民更具自豪感，也会让房地产升值并吸引对滨河区有价值项目的更多开发"。①该计划要

---

① Philadelphia Water Department（2012）"The CSO long term Control Plan Update." www. Phillyriverinfo. org（accessed June 5，2012）.

求费城将每年的合流污水径流排放减少近 80 亿加仑。①其目的是要减少过量径流和合流污水径流排放问题，做到这一点不仅要改进现有的排污基础设施，还要重塑城市与自然的关系。②费城已承诺将在未来 25 年在这方面投资 12 亿美元。

该计划受到了环保组织和其他方面的称赞，因为它提出了一个创新性的"土地-水-基础设施"的方法以达到管理水域和控制合流污水径流的目标。其中一个方法是注重绿色基础设施建设和对水生生物栖息地的物理重建。2006 年费城通过了旨在促进新发展和再开发的暴雨水管理法规，要求在雨水刚下尚未达到 1 英尺时就能将其排走，通过过滤手段和/或将流入下水道的径流率控制在最小水平来减少污染物的含量。鼓励开发商和规划者利用与土地相关的方法，如将径流从不渗水表面导入绿地，生态滞留（亲水植物）和洼地，地下储存，绿色屋顶和树冠覆盖。这些绿色方法会减少对排污基础设施的需求，另一个好处是能够保护空地。预期 25 年的"绿色城市，清洁水源"计划 70％的预算都将用于绿色工程。这些资金将鼓励绿色基础设施的建设，同时又能实现将不渗水表面面积减少三分之一的目标。③

除了这些基于土地的绿色工程，费城还在采取基于水域的改进措

① Natural Resources Defense Council （2011）"Rooftops to rivers Ⅱ：Philadelphia，Pennsylvania—a case study of how green infrastructure is helping manage urban stormwater challenges," p. 4. http：//www. nrdc. org/water/pollution/rooftopsii/files/RooftopstoRivers_Philadelphia. pdf （accessed March 2012）.

② Philadelphia Water Department （2011）" Green City，Clean Waters （GCCW）：program summary，p. 12. http：//www. phillywatersheds. org/what_were_doing/documents_and_data/cso_long_term_control_plan （accessed June 2012）.

③ Philadelphia Water Department （2012）"Green Stormwater Infrastructure Programs." http：//www. phillywatersheds. org/what_were_doing/green_infrastructure （accessed Februav 2012）.

施。该市计划重建并加固河床河堤，创建水生生物栖息地，清除积水潭，改善鱼类通道，互通泛滥平原。对这些水道的恢复会将其从"受破坏水域"的名单上去除，更加符合清洁水法案的要求。

最后，费城也在采用一些传统的方法来减少合流污水径流。这类工程建造项目包括了在合流污水收集和处理系统范围内传统的贮存、输送和处理措施。这些传统措施包括安装充气水闸、地下污水储存库和暴雨水径流减流渠。但计划的重点却在于绿色基础设施而非灰色基础设施。与之形成对比的是华盛顿特区的例子，后者在处理合流污水径流时首先想到的是工程项目和花费高昂的基建投资（方框11.4）。与采用成本高昂的高科技污水处理机制的做法不同，费城的计划是首先要防止雨水进入下水道系统。

纽约市也在效仿费城采取更为平衡的方法。2012年纽约市宣布将投入24亿美元用于绿色基础设施建设，另有14亿美元用于灰色基础设施以处理合流污水径流排放。纽约市计划增加绿色屋顶、扩建低洼区域的绿带、栽种树木、安装绿色交通线并增添更多的渗水性人行道，所有这些措施的目的是为了促进对雨水的吸收。纽约市相信如果安装了绿色基础设施就可以节省出建造人工贮水池的数十亿美元的费用。

方框11.4

灰色还是绿色解决方案？

和发达国家的其他许多城市一样，华盛顿特区也面临着水道面源污染的挑战。华盛顿特区处于清洁水法案规定的适用范围之内，并且由于它也是切萨皮克湾水域的一部分，所以改善该湾水质的计划也同样适用于它。

特区所有的下水道理论上都通向位于城市南端的蓝色平原污水处理厂。幸运的是，特区三分之二的地区拥有分离式排污系统，但这意味着仍有三分之一的地区还在使用建于1870年至1910年的合流排污系统。半英寸的降雨量就能让这些合流排污系统的污水溢流至阿纳卡斯蒂亚河（the Anacostia）与波托马克河（Potomac Rivers），然后再汇入切萨皮克湾。特区总共约有 53 处河流污水径流排水口，其中许多都位于老旧的街区。合流污水径流能将细菌和垃圾带入水中，从而对水质造成负面影响。水中大量的有机杂物也会导致水中溶解氧的含量较低，从而使鱼类难以呼吸甚至死亡。在 20 世纪 90 年代中期，特区年均合流污水径流量约为 32 亿加仑。包括升级管道和现有地道在内的改进项目帮助将合流污水径流减少到约 20 亿加仑。但即使这样仍然达不到清洁水法案的要求，美国环保署已经下令要特区在 2015 年之前将此问题加以解决。

人们对应当用何种方法来解决雨水径流问题展开了争论：到底该用灰色基础设施还是绿色基础设施呢？

灰色方案是对面源污染问题更为技术化的人造解决方式。以华盛顿特区为例，提供给它的灰色方案提议建造三个大型混凝土地道用来容纳暴雨水径流。这些地道可以容纳来自相连的众多下水道中的水流。由于几个排水口可以共用一个地道，所以就能减少特定数量排水口贮水所需的总的空间体积。这些地道可以贮存合流污水但不能对其加以处理。暴雨结束后，这些污水就被泵出地道送到污水处理厂。建造三个地道预计需要花费 25 亿美元。其中两个地道直径达到 23 英尺，能容纳 1.57 亿加仑的雨水径流；另一个则要小一些。但投资 25 亿美元来建造混凝土贮水库真的是一个明智的解决方案吗？

另一种可能是绿色方案。绿色方案会在雨水进入城市合流排污系统前对其加以控制。这种方案包括各类调动一切资源阻止和延缓雨水进入排污系统的方法。比如生态滞留或雨水花园，这些都能贮存和过滤雨水。栽种有亲水植物的雨水花园无需很大——比如可以就在后院中、公园里或林荫路两旁。其他小型绿色基础设施还有雨桶，适合在家中或其他建筑中用来贮存溢出排水沟的雨水。还有生态湿地。生态湿地利用已有的低洼地区来滞留住雨水。最后，绿色屋顶也能滞留和贮存雨水。绿色基础设施最主要的理念并不是消除雨水径流，而是要减缓雨水、滞留雨水，并在很长一段时间内慢慢将其释放，从而让现有的排污基础设施在暴雨停止后能够处理这些雨水。

不过使用绿色基础设施的困难在于城市需要在许多不同地区采用各自不同的方法。这也是为什么建造大型混凝土地道的简单方法更具吸引力的原因。但是雨水管理绿色方案的好处是可以与别的措施互通，比如新的建造绿色建筑的要求。对于管理雨水来说，在绿色基础设施而非大型地道和滞留池上投资是个更为明智的选择；这样做可以节省城市财政，同时还可以改善城市的绿地和美观。

图 11.6　华盛顿特区的雨水花园有助于滞留雨水径流。护树方槽可以贮水；花槽和花盆种满亲水植物，而地面铺砌的地砖使得雨水能够从间隙中渗入地下，被砂砾吸收并贮存于地下水池中

图片来源：照片为丽莎·本顿-肖特所摄

发展中国家的水问题

供水

和发达国家一样，发展中国家也面临着供水问题。但与发达国家相比，发展中国家供水问题的范围更广，程度也更严重。一个主要问题是水的缺乏。在许多发展中国家城市，尤其是特大城市或首位城市，供水系统建设未能跟上持续快速的人口增长的步伐。许多城市不仅在面对如此高的人口增长率时未做好准备，而且也缺乏足够的经济、技术或管理能力。这些城市在建造和妥善管理供水和污水处理系统方面远远落后。[①]

持续的城市人口增长意味着给已经不足的资源带来巨大的压力，同时还加剧了基础设施投资的社会和经济挑战。为安全用水和适足卫生设施而奋斗仍然是个未实现的梦想。联合国于 2000 年出台了"千年发展目标"，其中之一便是增加能享用到清洁水的人数。新的目标是在2015 年之前将缺乏清洁饮用水的人数减少一半（但要指出的是，由于种种原因，"千年发展目标"并未包括任何卫生设施目标）。在这方面已经取得了一些进展，目标也即将达成。2000 年时有 1.7 亿城市居民缺乏安全饮用水。2010 年世界卫生组织估计全世界有 7.8 亿的城市居民卫生设施未得到改善，有 1.41 亿城市居民所使用的饮用水源未得到改善。[②]缺乏安全饮用水的人口总数在减少，但仍然较高。

不安全的饮用水继续成为超过 80% 的疾病和发展中国家 30% 的人

---

① Biswas，A.（2010）"Water for a thirsty urban world." *The Brown Journal of World Affairs*. Volume 17 (1)：146 - 62.

② World Health Organization（2010）"Progress on sanitation and drinking water update," pp. 16 - 18. http：//wwav. who. int/water _ sanitation _ health/publications/9789241563956/en/index. html (accessed June 5，2012).

口死亡的原因。①无论何时都有将近一半的发展中国家人口（超过 30
亿人）正在遭受一种或多种与水相关的主要疾病，如痢疾、霍乱、肠
热病、几内亚龙线虫病和沙眼。有些专家认为过去 15 年中饮用水和污
水妥善处理情况正在逐步恶化而不是得到改善。②

　　全世界发展中国家城市居民每天都依靠各种不正规且通常是违法
的技术和手段来获取用水和卫生设施。虽然大多数城市都有供水基础
设施，但这些设施常常不能稳定运行。供水时断时续，或者水压不稳
定或不足，可能会遭受污染，供水系统也有时会突然瘫痪，使得供水
一次能中断几天甚至一周。这尤其会影响城市的穷人和居住在贫民窟
里的人，他们很多都不能合法地使用自来水。他们是供水问题的最大
受害者。于是穷人们不得不每天花上许多时间去获取用水和卫生设施，
可能要放下工作去取水，走上几英里去寻找卫生设施或清洁水，以及
从非法和非正规途径买水。此外还有人会非法盗用供水。这些用水行
为主要来自于女孩和妇女，因为打理家庭的责任往往落在她们的肩上。
比如有时候女孩子会不去上学而去帮忙运送水罐。由于许多城市将盗
接水管的行为定为犯法，贫穷女性就更加容易受到供水问题的影响。
因此发展中国家的用水问题不仅仅事关水本身：在取水上耗费太多时
间会减少做其他事情的时间，如创造收入或接受教育。取水行为本身
也具有风险性。

　　城市用水短缺和水质问题已经吸引了越来越多的关注。在讨论城
市用水问题时，有人认为供水私营化是为所有人提供清洁水的解决办
法。另外一些人则关注他们所见到的情况，认为对此问题缺乏讨论实
在堪忧，指出供水公司似乎支配着全球的用水制度，发挥着巨大的影
响力。他们还指出，尽管人们倾向于将用水缺乏视作物理现象如降雨

----

　　①　Uitto，J. and Biswas，A. (eds.) (2000) *Water for Urban Areas：Challenges and Perspectives*. Tokyo and New York：United Nations University Press，p. xiii.

　　②　Uitto and Biswas，*Water for Urban Areas*，p. xiii.

量小或地下水的耗竭，但研究表明这也是贫困和社会不公所导致的结果。城市政治生态学家的研究揭示了用水问题是如何与城市社会权力问题息息相关的。不公平的用水分配通常是歧视、错误政策和不平等所导致的后果。

城市政治生态学在反对那些供水私营化解决法案方面非常重要。城市政治生态学揭示了水及其与不光是自然或科学因素，还有政治、权力和身份等联系在一起的方式的意义和后果。埃里克·史温吉道（Eric Swyngedouw）对厄瓜多尔瓜亚基尔市（Guayaquil）的研究表明，用水行为的意义和后果会塑造城市中的权力、权利和公民身份。他指出社会-环境过程会造成城市的用水不公，这常常与整个城市的供水管理，也就是与供水政治联系在一起。马修·甘迪（Matthew Gandy）对孟买水问题的研究表明该市已被中产阶级的利益所支配，他们想要建造高架公路和新的信息技术来对孟买加以"现代化"，而同时城市中的穷人及其对清洁安全用水的需求则被忽视。[1]类似的问题也存在于秘鲁的利马，安东尼奥·洛里斯（Antoinio Ioris）发现那里对低收入居民的歧视行为加剧了水缺乏问题。[2]他还指出供水服务的改善往往集中在高收入地区。秘鲁接受了供水私营化，但平均下来贫穷家庭得将其收入的48%用于食物和饮用水上。女权主义政治生态学家亚法·特鲁勒夫（Yaffa Truelove）的研究表明，在印度的德里，用水问题与性别、阶级和健康密切相关。她指出用水不公也是由性别和阶级差异所产生的日常用水行为所导致的结果，妇女和女孩受到用水缺乏的影响要远远大得多。

---

① Gandy, M. (2008) "Landscapes of disaster: water, modernity, and urban fragmentation in Mumbai." *Environment and Planning* A40: 108 - 130.

② Ioris, A. (2012) "The geography of multiple scarcities: urban development and water problems in Lima, Peru." *Geoforum* 43 (3): 612 - 623.

金边：一个成功的案例

東埔寨的金边为我们提供了一个可能的范例。金边位于湄公河沿岸，人口为 200 万人。1993 年时其供水状况还很糟糕，有 83％的供水由于泄漏和非法盗接而丢失。1993 年时只有 25％的人口能够用上自来水。与水有关的疾病占到了所有住院病因的 30％，腹泻病非常的普遍。除了因为東埔寨当时正在从红色高棉和越南占领所造成的破坏中恢复，政府部门普遍存在的腐败和低效也导致多年以来忽视了供水问题。金边水务局腐败无能，濒临破产。据估计当时有 80％的员工每天工作时间少于 2 小时。

随着新领导人的上任，到了 2000 年，供水损失已经减少到约 35％，到 2009 年则减少至约 6％。所有人用水都得付钱，金边水务局的年利润也因此大幅上升。在一次采访中，接替金边水务局局长的陈艾速（Ek Sonn Chan）说道："根本问题不在于水资源的缺乏，也不在于资金短缺，而是缺乏良好的管理。"在 20 年的时间内，金边的供水问题得到了改善，水务局也完全扭亏为盈，其年均水产量增加了 437％，输水网增加了 557％，供水系统水压增加了 1 260％，用户数量增加了 662％。到 2011 年，有 92％的金边家庭用上了自来水。除了供水服务大规模的升级和扩展，大多数家庭都支付水费并装有水表。未计费用水（来自泄漏的水管或非法盗接）如今已低于 7％。

金边的水务机构已经成功消除了腐败，其管理体系和伦敦与纽约一样透明公开。尽管其管理和技术专业水平还不如其他许多发展中国家如巴西、埃及或印度，并且也没有私营部门来将一些特定活动外包，但它却实现了为不分贫富的所有居民提供合理价格的清洁水的目标。金边为我们示范了在发展中国家城市如何通过好的管理形成更好的结果。它还强调了水缺乏不仅仅是自然现象，也与造成供水管理、分配和使用不公等问题的社会-政治力量紧密相关。如果金边可以实现清洁用水，别的发展中国家也可以做到。

资料来源：Biswas, A. (2010) "Water for a thirsty urban world." *The Brown Journal of World Affairs* 17 (1)：146-162；Biswas, A. and Tortajada, C. (2010) "Water supply of Phnom Penh: an example of good governance." *International Journal of Water Resources Development* 26 (2)：157-172；Gifford, R. (2011, June 2) "Phnom Penh's feat: getting clean top water flowing." *National Public Radio.* www. npr. org（accessed February 2012）.

水缺乏除了是用水不公所导致的结果，也是供水无法满足需求所造成的。以墨西哥城为例。

墨西哥城：正在下沉的城市

许多人知道墨西哥城是因为其声名狼藉的空气污染问题，但其供水问题也同样紧迫。墨西哥城将近72％的用水来自其地下蓄水层。[①]墨西哥城正是建造在大片地下蓄水层的上面。墨西哥盆地峡谷14处蓄水层中有4处被过度开发。一项研究报告说，墨西哥峡谷2010年的人均可循环用水为163立方米，而预计到2030年这一数字只有148立方米。[②]墨西哥城每秒钟要消耗掉至少60 000升水，其中80％是地下水。[③]

地下蓄水层是很好的清洁水源，因为当水流经土壤和岩石时很多

---

① Pezzoli, K. (2001) *Human Settlements and Planning for Ecological Sustainability.* Boston, MA：MIT Press，p 59.

② Engel, K., Jokiel, D., Kraljevic, A., Geiger, M. and Smith, K. (2011) *Big Cities, Big Water, Big Challenges：Water in an Urbanizing World.* Berlin：WWF, pp. 18-24. http：//www. wwf. se/source. php/ 1390895/Big％20Cities _ Big％20Water _ Big％20Challenges _ 2011. pdf （accessed February 2012）.

③ Sletto, B. (1995) "That sinking feeling." *Geographical* 67 (7)：24.

污染物都被过滤掉了。但是蓄水层补水的速度很慢。现在对蓄水层采水的速度是其补充更新速度的两倍，结果就造成了墨西哥城严重的地面沉降问题。据估计在过去一个世纪，墨西哥城一些地区沉降程度多达 10 米。①20 世纪 70 年代之后，墨西哥城市中心的沉降速率约为每年 6 厘米，虽然各处数值并不一样——有的区域每年能下沉多达 40 厘米。这些地方许多都是城市贫民区。

地面沉降会动摇建筑和其他基础设施的地基，还会破坏水管和污水管道。地下水管会因此破裂或形成轻微漏水。据估计有 30% 的水在抵达用户之前由于水管漏水而损失掉——这些水足够供应超过 400 万人。②漏水的污水管道也会因为其中含有的重金属和微生物而污染地下水。

地面沉降还会引发峡谷中的洪水，尤其是在暴雨之后。特斯科科湖（Texcoco Lake）水位原本比墨西哥城市中心海拔要低 9 英尺（3米），但如今该湖水位反倒比墨西哥城要高出 6.5 英尺（2 米）。③人们修建了堤坝来限制暴雨水的溢流，并使用水泵将城市地下污水抬升至排水沟的高度。此外，由于地面沉降，仅凭重力已经无法将污水和径流排至大运河处了；墨西哥城不得不安装水泵来将污水移至特斯科科湖。将水泵入、泵出墨西哥盆地或在盆地中转移所需的花费每天将近 90 万美元。④

——————————

① Ezcurra, E., Mazari—Hiriart, M., Pisanty, I. and Aguilar, A. G. (1999) *The Basin of Mexico: Critical Environmental Issues and Sustainability*. New York: United Nations University Press.

② Tortajada—Quiroz, C. (2000) "Water supply and distribution in the metropolitan area of Mexico City," in *Water for Urban Areas." Challenges and Perspectives*, J. Uitto and A. Biswas (eds.). Tokyo and New York: United Nations University Press, p. 120.

③ National Research Council (1995) *Mexico City's Water Supply*. Washington, DC: National Academy Press, p. 14.

④ Ezcurra *et al.*, *The Basin of Mexico*.

由于供水不规律，很多家庭都使用储水罐，一般置于屋顶。这些储水罐通常不加盖，也不定期清洗，从而导致细菌大量繁殖。

墨西哥城还有相当一部分人口没有污水处理设施。墨西哥城约30％的居民没有厕所，多达93％的污水未经处理就被排放。[1]约75％的市民能够使用城市现有的污水处理系统，包括单层污水沟、下水道、河流、水库、泄湖、泵站和深层排水系统。在雨季，当生活污水和工业废水与暴雨径流混合到一起，会有超过150万吨的这些合流污水在未经处理的情况下流经城市的排污系统。[2]建造污水处理厂的计划因为资金短缺而中断，而自20世纪90年代之后还从未有过兴建新处理厂的正式提议。结果墨西哥城对峡谷中来自工业和农业生产的大量废水无法循环利用，而假如能循环利用的话，可以大大减轻对淡水的需求。[3]

和其他许多发展中国家城市一样，墨西哥城也面临着与水管理相关问题的挑战，这些问题处理不当就会引起社会矛盾。墨西哥城的富裕人口比穷人要多消耗40倍的水量。更糟的是城中许多最贫困的区域不仅仅其用水水质让人无法接受，他们还得忍受轮流配水制度的种种不便，不管是通过水网还是油罐车输送。[4]穷人们付给私营水商的钱平均要占到其每日收入的6％至25％。对自来水水质普遍的不信任导致大多数人会去购买饮用水，2009年墨西哥成为第三大瓶装水消费国。

水质

虽然发展中国家城市的供水状况已经取得了很大进步，但其供水

---

① Tortajada—Quiroz，"Water supply and distribution in the metropolitan area of Mexico City，" p. 113.

② Ezcurra *et al.*，*The Basin of Mexico*.

③ Barkin，D. (2004) "Mexico City's water crisis，" *NA CLA Report on the Americas*. July/August，pp. 27 - 28.

④ Barkin "Mexico City's water crisis."

的水质仍然是一个严峻、重大，但却多少有些被忽视的问题。和供水一样，对污水管理的重视也远远不够。未经处理或只是部分处理的排污极大地污染了发展中国家城市及其周围的水源，从德里、拉各斯、开罗一直到墨西哥城都是如此。水专家阿西特·比斯瓦斯（Asit Biswas）认为未来十年全世界真正面临的水危机并不来自绝对的物理缺乏，而是来自普遍的水污染。[①]

发展中国家许多城市水的面源污染问题要比发达国家城市严重得多，因为其很大一部分人口居住地都没有下水道、排水沟或固体废物回收站。在一些地区，针对点源污染比如来自工业生产的环境法规并不总能得到实行——因此发展中国家也面临着严重的点源污染。恒河就是一个很好的例子，说明了水质问题在发展中国家所造成的极其不同的影响，以及简单引进西方的技术并不总能奏效。

恒河蜿蜒 1 500 英里，穿越印度的北部，从喜马拉雅山一直到印度洋，流经 29 个城市，总人口超过 10 万人。恒河又被称为母亲河，被奉为女神，其纯洁能够清除信徒的罪恶，帮助死者通往天堂。印度教徒相信如果自己的骨灰撒入恒河中，他们就能顺利地转世或脱离轮回。据说只要一滴恒河水就能消除一生的罪孽。在恒河沿岸城市中，沐浴恒河水是信徒们每天的重要仪式。许多这些沿岸城市都是朝圣地。

尽管有着重要的宗教意义，但恒河的物理水质却明显恶化。虽然恒河的污染一部分来自于工业污染物，但大部分还是来自于有机废物，如污水、垃圾、食物、人粪和动物尸体。如今有将近 5 亿人居住在恒河流域，超过 100 个城市将未经处理的污水直接排入河中。有些污染物的测量值是允许数值的 34 万倍。所以水传播疾病成为常见的致死因，造成印度每年 200 万儿童死亡也就不足为奇了。

在印度最古老最神圣的城市之一瓦拉纳西（Varanasi），每年要举行约 40 000 场火葬；那些付不起传统葬礼费用的死者家属往往就将尸体倒入河中。此外，被印度教徒视为神圣的牛，其死后的尸体每年有

---

① Biswas "Water for a thirsty urban world," pp. 150 - 153.

数千具被扔到河中。该市每天还向河中排入约 2 亿加仑的污水废物。[1]
但仍有数以千计的印度教徒继续来到瓦拉纳西朝拜恒河。

恒河是一个非常有趣的案例研究。因其为圣河，所以每天吸引了数以万计的朝圣者前来举行沐浴仪式，使得大量的人接触到未经处理的受污染的水。正如有人评论说：

> 我内心充满了斗争和困惑。我想在恒河水中沐浴，这样我才能活下去。如果没有圣浴，这一天就等于没过。但同时我也知道 B. O. D 是什么意思，以及什么是粪便大肠杆菌。[2]

据估计经常在恒河中沐浴的人 40% 会得皮肤病或肠胃病。

1985 年印度政府启动了恒河行动计划，通过在特定地区建立污水处理厂来治理河水。2012 年世界银行的一份报告发现恒河主河道沿岸城镇所产生的污水只有三分之一得到处理；流入河中的污水有 20% 来自未经处理或处理不当的工业废水。2011 年印度宣布了耗资 15 亿美元的国家恒河流域治理项目，其中 10 亿美元来自世界银行的资助。[3]
该项目将有力地支持成立于 1999 年的国家恒河流域管理局的工作。国家恒河流域管理局将投入重要资金（如兴建污水处理厂和排污管道等）

[1] Wolf—Rainer，A. "Megacities as sources for pathogenic bacteria in rivers and their fate downstream." *International Journal of Microbiology* 2011. doi：10. 1155/2011/798292.

[2] Stille，A.（1998，January 19）"The Ganges' next life." *The New Yorker*，pp. 58 - 67. B. O. D. 是生化需氧量（biochemical oxygen demand）的缩写，是衡量生物降解过程中微生物消耗氧气的指标。河流或水体中 BOD 值较高的话会危害水生生物，而如果 BOD 值特别高就可能会让鱼类和其他海洋生物窒息。

[3] World Bank（2012）"India National Ganga River Basin Project." http：//www. worldbank. org/en/news/2012/05/31/india—the—national—ganga—river—basin _ project（accessed July 2012）.

用于减少恒河污染，但更重要的是，该项目将增强城市级别的服务提供商运营这些设施的能力，使其管理体系更加现代化。

有人仍然在质疑这项新的计划以及花费数百万美元的西方式处理厂。印度政府从 1985 年至 2000 年间在污水处理厂上花费了将近 5 亿美元，但却收效不一。许多污水处理厂不起作用，设计不当或清除不了污水中的过量细菌。此外，腐败和无效的监管也导致了问题的产生。对采用西方技术来解决发展中国家问题的批评越来越多。西方技术往往花费高昂，要求维护保养设备的工程师和工人训练有素，并且需要长期稳定的电力供应。而且西方式的污水处理厂是为那些没有季风雨并且其居民不直接引用源水的国家设计的，很少有设计者会考虑到印度人使用河水完全不同的方式。

作为对高科技处理厂的替代方案，印度教牧师同时也是一名土木工程师的韦尔·巴德拉·米斯巴拉（Veer Bhadra Misbra）与加州伯克利大学的工程师威廉·奥斯瓦尔德（William Oswald）合作开发出一种非机械式的低技术污水处理方案。该方案更加适合印度的气候，用一系列能贮存污水的水池所组成的污水氧化池系统来代替高科技解决方案，并使用细菌和藻类来分解废物，净化水质。这种水池能让废物在水中自然分解。细菌在污水中繁衍并将其分解；藻类则吸收细菌释放出来的营养素，在水中产生氧。这种处理方法无需电力供应，但要靠阳光来加速分解。而水池系统比使用机器的污水处理厂成本要小得多。

关于治理恒河采用西方技术还是低成本方案的争论凸显了发展中国家治理污染方法的一般论题。这些国家的政府在 20 世纪 80 年代和 90 年代对高科技解决方案进行了大规模投资，但却收效甚微，这使得很多人去寻找更适合当地情况且成本也更为合理的替代方案。最近无论是发展中国家还是发达国家的专家都主张解决方案必须适应当地需求并且尽可能的简单、稳固和廉价。低成本低技术含量的解决方案如水池系统或冲水厕所甚至是改进型的坑厕都取得了一定成效。污染管理的一个重要因素就是公众的角色参与。当地社区和家庭的参与是通向成功所必不可少的组成部分。

小结

在一些城市中，某些类型的污染物大幅减少，但另外一些种类却有所增加。有些城市已经成功实现了污染相关法律法规，但也有许多城市（和国家）缺乏充分实现这些措施的办法。有时人口增长和对资源日益增多的消耗这两种压力会将旨在减少或防止污染的新的法律法规的效果完全抵消掉。最后，一个很重要的趋势是许多城市正在开始制订适应气候的计划以应对供水、水质和洪灾问题。本书第十三章将详细探讨气候变化与其对城市用水影响之间的联系。

最后还要指出的是，发展中国家的水问题也并非全是负面的。有

图 11.7　北京竹园。发展中国家的许多城市都在进行水景设计，正如北京市区的这个水景园所反映出来的那样。
图片来源：照片为米歇尔·A. 贾德（Michele A. Judd）所摄

些城市正在开发和保护重要的水源。图 11.7 是北京的河景公园。这些河景公园既吸引着游客，同时也为快速发展的城市提供了重要的生态系统。如今大多数国家和城市都已制定了污染改革措施，体现出让水变得更洁净的目标和决心。

延伸阅读指南

Bakker, K. (2010) *Privatizing Water: Governance Failure and the World's Urban Water Crisis*. Ithaca, NY: Cornell University Press.

Biswas, A. (2010) "Water for a thirsty urban world." *The Brown Journal of World Affairs* 17 (1): 146 - 162.

Biswas, A. , Tortajad, C. and Izquierdo-Avino, R. (2009) *Water Management in 2020 and Beyond*. Berlin: Springer-Verlag.

Cisneros, B. J. and Rose, J. B. (2009) *Urban Water Security: Managing Risks*. Leiden: Taylor & Francis.

Craig, R. K. (2009) *The Clean Water Act and the Constitution: Legal Structure and the Public's Right to a Clean and Healthy Environment*. 2nd edition. Washington, DC: Environmental Law Institute.

Engel, K. , Jokiel, D. , Kraljevic, A. , Geiger, M. and Smith, K. (2011) *Big Cities, Big Water, Big Challenges: Water in an Urbanizing World*. Berlin: World Wildlife Fund.

Gumprecht, B. (2001) *The Los Angeles River: Its Life, Death and Possible Rebirth*. Baltimore, MD: Johns Hopkins University Press.

Jones, J. A. A. (2010) *Water Sustainability: A Global Perspective*. London: Hodder Education.

Karvonen, A. (2011) *Politics of Urban Runoff: Nature, Technology, and the Sustainable City*. Cambridge, MA: MIT Press.

Lewin, T. (2003) *Sacred River: The Ganges of India*. Boston, MA: Houghton Mifflin/Clarion Books.

Melosi, M. V. (2011) *Precious Commodity: Providing Water for America's Cities*. Pittsburgh, PA: University of Pittsburgh Press.

Pearce, F. (2007) *When the Rivers Run Dry: Water—the Defining Crisis of the Twenty-first Century*. Boston, MA: Beacon Press.

Solomon, S. (2010) *Water*. New York: Harper Perennial.

Swyngedouw, E. (2004) *Social Power and the Urbanization of Water: Flows of Power*. Oxford: Oxford University Press.

Uitto, J. and Biswas, A. (eds.) (2000) *Water for Urban Areas: Challenges and Perspectives*. Tokyo and New York: United Nations University Press.

World Health Organization and UNCIEF (2012) "Progress on sanitation and drinking-water. " http: //www. wssinfo. org/fileadmin/user _ upload/resources/JMP-report-2012-en. pdf.

For a good account of environmental policymaking, see:

Desfor, G. and Roger, K. (2004) *Nature and the Cir: Making Environmental Policy in Toronto and Los Angeles*. Tucson, AZ: Arizona University Press.

On the web, see:

Watch an interesting short video on combined sewer overflows at: http: //www. river-keeper. org/campaigns/stop-polluters/sewage-con-tamination/cso.

第十二章 空气

不管是在发达国家还是发展中国家，空气污染的有害影响都是一个重大问题。本章分为两部分：第一部分将总结美国作为一个工业化国家在这方面的经验，第二部分将研究一系列发展中国家的城市。

美国的空气污染

空气污染物的构成要么是可见颗粒（灰、烟或尘埃），要么是不可见的气体和蒸汽（烟气、雾气和臭气）。美国环保署已经确定出超过189种的空气污染物；然而其管控措施却主要只针对其中的少数种类。这十几种空气污染物占到了空气污染物数量的大多数。大多数主要空气污染物是在矿物燃料燃烧时产生的。整个20世纪发达国家和发展中国家都越来越依赖三种主要的矿物燃料——煤、天然气和石油——来提供能源和用于交通运输。由于所有的矿物燃料都是碳化物，所以在燃烧时会释放出一氧化碳和二氧化碳。煤炭还含有硫氧化物和氮氧化物，在燃烧时也会释放出来。新的污染源，加上为满足各种需求对矿物燃料越来越多的使用，都意味着尽管采取了管控措施，但许多城市的空气污染仍在持续恶化。

六种标准污染物

几乎所有的所谓"最常见"或最普遍的污染物都是在城市地区产生的。美国环保署划分出了 6 种对人体健康和环境普遍造成威胁的"标准污染物"（方框 12.1）。这些之所以被称为标准污染物是因为美国环保署在制定排放允许数值时是以其为基础的。

方框 12.1
常见空气污染

臭氧（地面臭氧是雾霾的主要组成部分）

　　来源：污染物化学反应、挥发性有机化合物和氮氧化物

　　对人体健康的影响：呼吸问题、肺功能衰减、哮喘、眼部疼痛、鼻塞、感冒抵抗力下降及其他传染病，可能加快肺组织的老化

　　对环境的影响：臭氧会破坏植物和树木，雾霾会降低能见度

　　对财产的破坏：破坏橡胶、纺织品等

挥发性有机化合物，形成雾霾的物质

　　来源：来自于燃料的燃烧（汽油、石油、木材、煤炭和天然气等）、溶剂、油漆、胶水以及工作或家庭中使用的其他物品。汽车是挥发性有机化合物的重要来源。挥发性有机化合物包括一些化学物如苯、甲苯、二氯甲烷和三氯甲烷

　　对人体健康的影响：许多挥发性有机化合物还能引起严重的健康问题，如癌症和其他疾病

　　对环境的影响：除了引起臭氧（雾霾），一些挥发性有机化合物如甲醛和乙烯也会伤害植物

　　所有的挥发性有机化合物都含有碳，碳是生物最基本的化学元素。含有碳的化学物被称为有机物。挥发性化学物很容易进入空

气。许多挥发性有机化合物，如表中所列出来的，也是有害的空气污染物，能引起严重的疾病。美国环保署并未将挥发性有机化合物列为标准空气污染物，但本表将其列入，因为要控制雾霾就必须减少挥发性有机化合物

二氧化氮（氮氧化物的一种），形成雾霾的化学物质

来源：燃烧汽油、天然气、煤炭、石油等等。汽车是二氧化氮的重要来源

对人体健康的影响：破坏肺部、呼吸道疾病和肺部疾病（呼吸系统）

对环境的影响：二氧化氮是酸雨（酸性气溶胶状物）的一种成分，会破坏树木和湖泊。酸性气溶胶状物也会降低能见度

对财产的破坏：酸性气溶胶状物会腐蚀建筑物、雕像和纪念碑等的石头

一氧化碳

来源：燃烧汽油、天然气、煤炭、石油等

对人体健康的影响：会降低血液为人体细胞和组织输氧的能力；细胞和组织依靠氧才能发挥作用。对那些有心脏或循环系统（血管）问题的人以及肺部或呼吸道损伤的人来说一氧化碳是极其有害的

颗粒物质（PM‐10）（尘埃、烟、煤烟）

来源：燃烧木材、柴油和其他燃料；工业厂房；农业（耕犁、烧除田地）；未铺砌的路面

对人体健康的影响：鼻部和咽喉疼痛、肺损伤、支气管炎和早逝

对环境的影响：颗粒物质是雾霾的主要来源，能够降低能见度

对财产的破坏：灰、煤烟、烟和尘埃会使建筑和其他财物如衣

服和家具变脏褪色

二氧化硫

来源：燃烧煤炭和石油，尤其是美国东部的高硫煤；工业过程（制造纸、金属）

对人体健康的影响：呼吸问题，会对肺部造成永久性损伤

对环境的影响：二氧化硫是酸雨（酸性气溶胶状物）的一种成分，会破坏树木和湖泊。酸性气溶胶状物也会降低能见度

对财产的破坏：酸性气溶胶状物会腐蚀建筑物、雕像和纪念碑等的石头

铅

来源：含铅汽油（正在逐步淘汰）、油漆（用于房屋和汽车）、熔炉（金属提炼厂）；制造铅蓄电池

对人体健康的影响：损伤大脑和其他神经系统，儿童最易受影响，一些含铅化学物质会引起动物癌症，铅会导致消化及其他健康问题

对环境的影响：铅会危害野生生物

资料来源：美国环保署：http：// www. epa. gov/air/oaqps/peg ＿ caa/peg-caa11. html (accessed August 2006).

美国环保署制定了一套限制标准（称为基本标准）以保护人体健康；另一套限制标准被称为二级标准，旨在防止环境和财产被破坏。几乎所有的空气质量监测都在城市地区，所以空气质量动态更可能根据城市排放变化而非全国排放变化测出。

标准污染物是管控最严格的空气污染物，有专门的政策来限制（并非取缔）其使用和被排放入环境。限制标准污染物产生最困难的方面在于它们来自不同的途径——能源的生产以及不同形式的交通运输和农业活动中矿物燃料的使用和燃烧。对许多城市而言，许多空气污染来自于机动车的尾气排放，该问题越来越严重，因为路上的机动车

越来越多，每年行驶的里程数也越来越多。例如，碳氢化合物——雾霾或地面臭氧的先兆——主要来自于小汽车、摩托车、卡车和使用汽油的设备（如割草机和鼓风机）。使用柴油的车辆和发动机导致了一半以上的流动源颗粒排放。将近一半的氮氧化合物来自机动车，美国城市95％的一氧化碳来自流动污染源。车辆与城市空气污染之间的显著联系已经是不争的事实。

在美国，特定污染物排放未达到基本标准的城市被称为未达标地区。未达标地区的城市必须为每种排放未达标的污染物制订治理计划。这些治理计划包括：减少污染物的目标；增加公共交通和减少私家车使用的方法；实现自主减排；开发各种拓展和教育手段。虽然美国环保署自从1970年清洁水法案通过之后就在管理标准污染物，但很多城市地区仍然因为至少一种标准污染物被划为未达标地区。美国肺科协会2012年发布的报告《空气状况》（*State of the Air*）调查了三种主要的污染物——烟雾、短期颗粒物（在空气中的逗留时间少于24小时）以及长期颗粒物。报告显示，尽管许多城市的空气质量得到了改善，但仍有超过1.27亿人——占美国人口的41％——依然在忍受着对人体有害的严重空气污染。①将近570万美国人居住在这三种污染物等级为"F"的城市。

光化学雾

当挥发性有机化合物在高温和日照条件下与氮氧化物和氧气发生化学反应时就会产生烟雾。②污染物在化学反应中会形成地面臭氧或烟

---

① American Lung Association（2012）"Key findings，State of the Air 2012." http：//www. Stateoftheair. org/2012/key—findings（accessed July 2012).

② 臭氧会在同温层（stratosphere）中自然生成。同温层里的臭氧是有益的，它能形成保护层，过滤掉太阳有害的紫外线辐射。而地面的臭氧则是无益的，会对人类健康和环境造成负面影响。

雾。因此烟雾不是被直接排放入空气中的，而是经由一系列化学反应形成的。它结合了许多来源的污染物，这些来源包括烟囱、汽车、油漆和溶剂。美国环保署估计将近 60％的烟雾来自于交通运输——小汽车、卡车和火车。烟雾主要见于城市地区，在夏季高温和日照强烈的情况下尤为严重。表 12.1 列出了 2012 年美国烟雾最严重的城市。尽管表中加利福尼亚州的城市排名最靠前，但几乎所有这些城市在 2000 年之后都改善了空气质量。

表 12.1　2011 年臭氧污染最严重的十大城市

2012 年排名	城 市 地 区
1	加州洛杉矶——长滩——里弗赛德
2	加州贝克斯菲尔德——德拉诺
3	加州维塞利亚——波特维尔
4	加州弗雷斯诺——马德拉
5	加州萨拉门托——阿尔丁——阿卡德——尤巴市
6	加州汉福德——科科伦
7	加州圣地亚哥——卡尔斯巴德——圣马科斯
8	德克萨斯州休斯敦——贝城——亨茨维尔
9	加州默塞德
10	南北卡莱罗纳州夏洛特——加斯托尼亚——索尔兹伯里

资料来源：American Lung Association, Annual Report, 2011. http://www.stateoftheair.org/2011/city-rankings/most-polluted-cities.html (accessed July 2012).

臭氧烟雾是大多数美国城市所面临的最棘手的污染问题。超过 8 100 万美国人住在臭氧浓度超标的城市地区，而减少臭氧的进展在所有标准污染物中是最缓慢的，但还是取得了一些进展。2012 年，25 个臭氧污染最严重的城市中有 22 个在 2011 年改善了空气质量。但每 10 个美国人中仍然有将近 4 个住在臭氧污染不达标的地区。[1]

烟雾对橡胶、金属和肺部组织具有非常强的腐蚀性。短期接触臭

---

① 　American Lung Association，"Key findings，State of the Air 2012."

氧会引起眼部酸痛、气喘、咳嗽、头痛、胸痛和呼吸短促。长期接触臭氧会伤害肺部，使其弹性降低，功能衰退，会加重哮喘和增加呼吸道感染。由于臭氧会深入呼吸道系统，许多城市居民易受其害，不仅包括老弱人群，也包括那些从事重体力作业的人群。对那些从出生起就住在烟雾严重城市如洛杉矶、休斯敦和华盛顿特区的人来说，长期接触烟雾可能会破坏人体的免疫系统，增加得呼吸道疾病的几率，并且以后还会伤害到肺部。在许多美国城市，医学报告显示儿童哮喘的发病率正在增加。最近一份对南加州儿童健康的研究调查了颗粒物污染对青少年的长期影响。通过对 1 759 名 10 至 18 岁儿童的追踪调查，研究者发现成长在污染更严重地区的儿童肺部发育不全的风险更大，肺功能有可能无法完全恢复。这些儿童肺功能平均要比同年龄儿童低20％，这一数据接近于那些成长在吸烟家庭的儿童。[1]臭氧问题不仅仅存在于美国，东西德统一之后空气污染的变化就是一个活生生的实验。东西德颗粒物污染的程度和来源有所不同。东德的室外颗粒物数量要高得多，主要来自工厂和家庭。西德由交通所产生的颗粒物浓度则要高得多。在两德统一之后，来自工厂和家庭的排放有所减少，但来自交通的排放却增加了。德国的一项研究探讨了颗粒物污染对东西德 6 岁儿童肺部的影响。随着颗粒物浓度的降低，儿童整体的肺活量也有所提高。但对于生活在繁忙公路附近的儿童来说，交通增加所导致的污染增多以及与臭氧的接触都使得其无从享受空气质量整体提高所带来的好处。[2]

[1] Gauderman，W. J.，Avol，E.，Gilliland，F.，Vora，H.，Thomas，D.，Berhane，K.，McConnell，R.，Kuenzli，N.，Lurmann，F.，Rappaport，E.，Margolis，H.，Bates，D. and Peters，J. (2004) "The effect of air pollution on lung development from 10 to 18 years of age." *New England Journal of Medicine* 351：1057 - 1067.

[2] Bayer—Oglesby，L.，Grize，L.，Gassner，M.，Takken—Sahli，K.，Sennhauser，F. H.，Neu，U.，Schindler，C. and Braun—Fahrländer，C. (2005) "Decline of Ambient air pollution levels and improved respiratory health in Swiss children." *Environmental Health Perspective* 113：1632 - 1637.

方框 12.2

空气污染的地理和其他方面的差异

有时空气污染程度完全取决于地理位置。机动车会排放出大量的二氧化碳、一氧化碳、碳氢化合物、氮氧化合物、颗粒状物质和被称为流动空气毒物来源的物质如苯、甲醛、乙醛、1,3丁二烯和铅（在那些仍然使用含铅汽油的地方）。最近的研究发现，居住在繁忙交通或主干道附近的人风险更大。越来越多的证据显示直接来自这些公路的汽车尾气排放要高于整体社区，从而增加了在繁忙公路附近居住或工作的人群受其危害的风险。

住在繁忙公路附近的人数可能占到整个北美人口的30％至45％。另一项研究发现在交通过程中心脏病发病几率更高，不管是自己驾车还是乘坐公共交通。还有一项研究发现居住在波士顿的城市女性会因为来自交通的空气污染而发生肺功能衰退。而这些现象不仅仅局限于美国。一项丹麦的研究发现长期接触交通源的空气污染会增加得慢性阻塞性肺病的几率。他们发现已经患有哮喘或糖尿病的人风险最高。研究还发现住在主要公路或城市道路附近的人群早逝的风险更高。

2010年1月，美国健康影响研究所发布了科学专家小组的重要考察报告。报告小组参考了全球700多项研究以确定对人体健康的影响。他们得出结论说，交通源的污染会引起儿童哮喘，以及各种各样的其他影响，包括：儿童时期的哮喘发作、受损的肺功能、早逝和心血管疾病导致的死亡以及心血管发病。结论还指出，最受影响的地区是离公路约0.2至0.3英里（300至500米）的地区。

资料来源：American Lung Association（2012）"Highways may be especially dangerous for breathing," in *State of the Air*, 2012. http：//www. stateoftheair. org/2012/health-risks/health-risks-near-highways. html（accessed July 2012）. Health Effects Institute（2010）"Traffic-related air pollution：a critical review of the literature on emissions，exposure，and health effects—a special report of the HEI Panel on the Health Effects of Traffic-Related Air Pollution. " http：//pubs. healtheffects. org/view. php?id＝334（accessed July 2012）.

光化学烟雾是一种会因为地理位置而加剧的污染物。盆地和山谷地区的城市——如洛杉矶、墨西哥城和丹佛——尤其易受烟雾的影响。丹佛又被称为"一里高城"（the Mile High City），由于其地处落基山脉中，海拔很高，因此烟雾和其他空气污染也更为严重。由于丹佛的高海拔，该市经常会出现逆温现象，暖空气被困于冷空气之下，无法上升来驱散污染物。结果烟雾一次会逗留数日之久，形成"烟雾混汤"笼罩着整个城市。丹佛市也试图扭转空气污染的局面，但不管其怎样努力，截至2011年仍然没有达到美国环保署的标准。另一个"烟雾地理"的例子见于蒙特利尔和多伦多。这些城市位于美国中西部主要工业城市的逆风地带，在多伦多和蒙特利尔形成烟雾的污染物有些来自于国界的另一边。加拿大的温莎、多伦多、蒙特利尔和温哥华这些城市夏季平均会有10天甚至更长时间臭氧浓度超标。矿物燃料发电厂、金属冶炼厂以及水泥和化肥厂密度较高，汽车和卡车数量较多的城市也很有可能会形成烟雾。

自20世纪70年代起美国和加拿大政府就已采取措施控制汽车和工厂烟囱的污染排放。触媒转换器可以处理大量汽车尾气，气泵上的蒸汽阱也有助于阻止一氧化碳向空气中蒸发。近来对混合动力汽车和零排放汽车（如电动汽车）的研发也是符合私人和公共利益的使用技术来减少空气污染的方式。然而新的污染源，加上出于各种需求对矿物燃料越来越多的使用，都意味着尽管对其加以监管，但美国和加拿大的许多城市的空气污染仍在持续恶化。

美国环保署制定出一个"空气质量指数"以引导公众如何去应对高浓度的烟雾（表12.2）。当臭氧浓度较高时会发布烟雾警告以提醒那些患有哮喘或慢性呼吸道疾病的人要待在室内，身体健康的人也要避免外出锻炼。对许多城市居民来说，看烟雾预报是其日常计划的一部分。在华盛顿特区，每逢烟雾浓度最高的日子，政府就会让地铁和公交对所有人免费，以鼓励人们使用公共交通出行。在大多数城市，主要报纸都有"空气质量指数"专门板块，提示哪种空气污染物最有可能超出联邦标准。一个重要的变化是开发出了智能手机空气质量应用软件，让用户可以查看当地各种污染物所决定的空气质量（方框12.3）。

表 12.2　美国环保署的空气质量指数

空气质量指数（AQI）	数值	含　　义	代表颜色
良好	0—50	空气质量令人满意，空气污染没有或基本没有危害。	绿色
中等	51—100	空气质量可以接受；但某些污染物对少数对空气污染非常敏感的人群可能会造成一定的健康问题。	黄色
对敏感人群不利于健康	101—150	敏感人群会受到健康影响，一般公众不太会受影响。	橙色
不利于健康	151—200	所有人会受到健康影响，敏感人群健康受到严重影响。	红色
极不利于健康	201—300	健康警告，所有人健康会受到严重影响。	紫色
危险的	>300	事故级别健康警告，所有人群受影响的可能性更大。	栗色

资料来源：美国环保署

方框 12.3

查看空气质量的手机应用软件

　　新的技术正在改变人们获取环境质量信息的途径。例如在美国，美国肺科协会就推出了一款名为"空气状况"的适用于苹果和安卓系统智能手机的免费应用程序，提供即时的空气质量信息。据其网站介绍，该款应用程序被认为"对那些患有肺病如哮喘和慢性阻塞性肺病、患有心脏病或糖尿病以及老年人和儿童来说都是一种能够救助生命的资源"。使用这款"空气状况"软件时，用户可以输入邮政编码或使用智能手机的定位功能以获取即时和次日的空气质量状况。该软件可以同时提供臭氧和颗粒物污染水平，并在空气质量不利于健康时发出警告。如果当天的空气污染极其严重，软件还会提供特别建议——建议将户外活动改期，或者在户外工作的人要限制重活累活。

美国环保署也推出了一个免费应用程序。他们的"即时空气"（AIRNow）手机应用软件可以提供实时空气质量信息，用来帮助制订日常计划以保护健康。该软件让用户可以获取特定地区的实时空气质量状况以及对臭氧和细微颗粒物污染（PM2.5）的空气质量预报。"即时空气"网站所发布的空气质量地图可以形象展现出当下和预测的全国空气质量。该网站还有一个版面是关于空气质量对健康的影响的，向人们解释在各种空气质量指数条件下（如橙色警报时）该采取何种行动来保护其健康。

英国的安卓版"伦敦空气"（the London Air）3.0版手机应用软件能够显示伦敦空气质量网络所覆盖的100多处监测地点所记录的最新空气污染水平。这款软件是由伦敦大学国王学院环境研究小组设计的。也有为北京和成都市分别设计的软件。成都空气质量小程序能够显示由美国驻成都领事馆测量的实时空气质量指数。

人们还在探讨将空气质量感应器置入手机中的想法，认为这样可以提供外包来源的无数特定地点实时空气质量测量数据收集。如果成功开发出来，这将会是帮助科学家收集微观大气数据的一个有趣而创新的方法。

下载空气质量应用程序可以登录以下网站：American Lung Association（http：//www. lung. org/healthy-air/outdoor/state-of-the-air-app. html）；EPA air app（http：//m. epa. gov/apps/airnow. html）.

有毒和有害污染物

空气污染也包括那些有毒和有害物质。表 12.3 列出了几种有毒或有害的污染物。有害和有毒污染物能引起癌症或迅速致死。1990 年的清洁空气法案修正案要求工厂和其他企业制订计划以防止剧毒化学物的事故性排放。

表 12.3　有毒空气污染物

汞
铅
多氯联苯
二噁英
苯
农药如 DDT
镉化合物
氯仿
甲醛
氯甲烷
砷

资料来源：美国环保署

现在美国环保署已经确定了 188 种有毒或有害化学物，其中许多对人体健康和环境的影响人们尚未进行充分研究，知之甚少。在城市地区，有毒空气污染物尤其受到关注，因为排放源附近的人口密度较高。人们越来越担心长期接触有毒或有害化学物的后果，为此美国环保署在 188 种有毒空气污染物中挑出了 33 种对城市公共健康危害最大的污染物。美国环保署 2010 年的一份报告指出，有毒空气污染物如甲醛和苯所导致的癌症风险在城市地区要高得多。普通个人的癌症风险有将近 60% 来自有毒空气污染物。报告指出，城市地区和主要交通走廊的癌症风险要高于全国平均值。[1]

----

① US EPA (2011) "Air pollution trends: toxic air pollutants." http://www.epa.gov/oaqps001/airtrends/2011/report/toxicair.pdf (accessed July 2012).

美国环保署的策略是通过各种国家和地方管控来应对这些城市污染物。针对有毒或有害污染物的政策方法与标准污染物有两大不同。首先，各州在应对标准污染物方面有权制定和贯彻各自的计划，但在应对有毒污染物时需执行联邦计划。第二，美国环保署的政策其目标是最终取缔或彻底消除有毒污染物的排放。从 2003 年起，美国环保署与各州和地方合作，通过国家空气毒物预测站项目在全国范围内对有毒空气污染物进行监测。从 1990 年到 2005 年，有毒空气污染物的排放减少了将近 42%。国家空气毒物预测站网的主要目标是在全国的代表地区对国家空气首要污染毒物（如苯、甲醛、1，3 丁二烯、六价铬以及多环芳烃如樟脑丸）进行长期监测，以确定总体的发展趋向。2010 年的一份报告显示，一些城市的有毒空气污染物浓度有所下降，但要实现有毒物质零排放的目标还有很长一段路要走。

室内空气污染

另一种空气污染类型常常会被忽略，但也会对公共健康构成威胁，这就是室内空气污染。比如氡气就是一种室内空气污染物。这是一种放射性气体，来自土壤、岩石和水中铀的自然分解。氡气存在于各种类型的建筑中，但人们在家中最容易接触到这种气体。[1]

氡气主要是从地基和地窖进入住宅中的。它能通过地窖底板、排水管、水窝泵和施工缝等各处的裂隙。[2]氡气无色无味，只有通过测量人们才能知道家中的氡气含量是否安全。氡气受到特别的关注是因为美国环保署估计如今每年有 20 000 例肺癌死亡与之相关，如果抽烟的

[1]　US Environmental Protection Agency（2010）"A citizen's guide to radon." http：//www. epa. gov/radon/pubs/citguide. html （accessed March 2012）.

[2]　Brain，M. and C. Freudenrich（n. d.）"How stuff works：'how radon works.'" *How Stuff Works*："*Learn how Everything Works*." http：//home. howstuffworks. com/home—improvement/household—safety/tips/radon. htm/printable（accessed March 2012）.

话风险会更为大幅增加。①室内空气中自然产生的氡气被认定是导致肺癌的第二大原因，仅次于吸烟。1988 年美国国会在《有毒物质控制法案》的基础上增加了《室内氡气减少法案》②，从而引起人们对氡气作为室内污染物和有毒物质所带来危害的重视。美国环保署估计每 15 个家庭中就有 1 个家庭氡气含量较高。③

氡气问题在美国和加拿大所有地区都存在，但范围和程度不一。比如在加拿大，2010 年的一份报告发现渥太华的氡气浓度是全国平均水平的 3 倍，曼尼托巴省（Manitoba）、新斯科舍省（Nova Scotia）和萨斯克切温省（Saskatchewan）的城市氡气含量的家庭比例最多。但即使在各个城市和各省中，不同地区也存在着较大差异。④测量出来的氡气含量会因为地质、空气辐射、土壤渗透性和地基类型的差异而有所不同。⑤问题的量级、地理差异性以及短期和长期测量值的变化事实都使得很难在国家和各州级别上来对其加以管理。各州的计划也有所不同，有些州提供免费的氡气测量试剂盒，或者对检测和减少氡气的

———————

① US Environmental Protection Agency（2012）"Why is radon the public health risk that it is?" http：//www. epa. gov/radon/aboutus. html（accessed March 2012）.

② US Environmental Protection Agency，"Why is radon the public health risk that it is?"

③ US Environmental Protection Agency（2012）"State radon contact information." http：//www. epa. gov/radordwhereyoulive. html（accessed March 2012）.

④ Chen，J. and Moir，D.（2010，February 19）"An updated assessment of radon exposure in Canada." *Radiation Protection Dosimetry*，pp. 1 - 5. http：//www. snolab. ca/public/JournalClub/rpd. ncq046. full. pdf（accessedJuly2012）.

⑤ US Environmental Protection Agency.（n. d.）"EPA map of radon zones." http：//www. epa. gov/radon/zonemap. html（accessed March 2012）.

服务提供商进行管理。①

检测氡气的责任在于业主自己，尤其是在购买、建造或出售房屋时要进行氡气检测。美国环保署则主要是提供信息和数据。②可以使用活性炭罐、阿尔法径迹检测器、离子检测器和更先进的电子设备来检测氡气。③

在开发商建造新的住宅或翻新老旧住宅时最常遇到处理氡气和检测氡气的问题。在建造时加入一些防止氡气的手段非常容易，成本也相对较低，包括铺设砂砾、塑料片材和通风管。虽然花费不定，但在建造过程中采用这些手段一般要比事后再对问题进行修补成本小得多。④

另一种室内污染物是一氧化碳。一氧化碳是有机物在没有足够氧气供应进行完全氧化以形成二氧化碳情况下的不完全燃烧的产物。一氧化碳中毒的症状从轻微到急性依次为头晕、头昏、头痛、眩晕和类似感冒的症状；大量接触一氧化碳会导致中枢神经系统和心脏严重中毒，甚至导致死亡。一氧化碳是有毒气体，但因其无色无嗅无味，刚接触时也没有刺激性，所以人们很难发觉。在许多工业化国家，超过50％的致死中毒是由一氧化碳引起的。每年有超过 400 个美国人死于无意的一氧化碳中毒，还有超过 20 000 人因为一氧化碳中毒被送入急救室，4 000 多人因此住院。⑤

室内一氧化碳的来源包括香烟烟雾、室内生火、有故障的炉子、取暖器、烧炭的炉灶、内燃机、汽车尾气（在密闭车库内）、发电机和以丙烷为燃料的设备如便携炉等。当这些设备在建筑内或半封闭的空

---

① US Environmental Protection Agency，"State radon contact information."

② US Environmental Protection Agency，"A Citizen's Guide to Radon."

③ Brain and Freudenrich，"How stuff works：'how radon works.'"

④ US Environmental Protection Agency（n. d.）"Homebuyers：basic techniques：radon-resistant new construction." http：//www. epa. gov/radon/rrnc/basic _ techniques _ homebuyer. html（accessed March 2012）.

⑤ Center for Disease Control（2012）"Frequently asked questions about CO." http：//www. cdc. gov/co/faqs. htm（accessed July 2012）.

间内使用时就会产生一氧化碳。冬季由于在家里使用燃气炉、天然气或煤油小型取暖器和厨灶的次数更多，中毒现象也更为常见，这些设备如果发生故障和/或在通风不良的地方使用会产生过多的一氧化碳。一氧化碳中毒也会在中断电力供应的自然灾难之后发生——比如飓风和冰风暴。业主会用发电机或便携炉来取暖、供电和做饭，但如果这些设备太靠近室内房间，就会在家中引起一氧化碳的积聚。

预防一氧化碳中毒相对容易，花费也不高昂。花上约 25 美元业主就可以买到一氧化碳检测器，通常是装在取暖器和其他设备附近。如果检测到高浓度的一氧化碳，该设备就会发出警报音，让人们有机会撤离建筑以及给建筑通风。

每天我们的日常生活，不管是在办公室还是在家中，都充满了一些会释放化学物质的产品。涤纶衬衫和聚酯塑料水瓶就含有有毒染料和刺激物，电脑、电子游戏机和染发剂都会释放出导致畸形和/或癌症的化合物。地毯、墙纸黏合剂、油漆、隔热材料和家中的其他物品也会释放出化学物质，影响室内空气质量。过敏、哮喘和"室内空气综合征"的发病率正在上升。但为室内空气建立强制性标准的立法几乎没有，普通业主也没有简易可行的办法来检测家中可能存在的数百种化学物。

空气质量发展趋势

和水污染相似，如今大部分最显著的空气污染问题并非来源于点源污染，而是来自于面源污染。许多早期的法律都聚焦于点源污染（如工厂和烟囱），但现在的立法却面临着越来越多的面源污染物。常见的空气面源污染包括汽车、卡车、公交车、飞机、草坪和园林设备，甚至是烧炭的后院烧烤。最常见的面源污染来自于汽车。虽然 21 世纪汽车所造成的污染要比 20 世纪 60 年代时减少了 60％到 80％，但开车的人数、汽车数和里程数都有所增加。20 世纪 70 年代美国人驾驶机动车行驶里程为 1 万亿英里，到了 2000 年则超过 3 万亿英里。不过好消息是汽车里程数在 2008 年达到峰值后似乎已经稳定下来。过去汽车里程数年增长约 2% 至 3%，但在过去几年已降至约 1%。2012 年据估计美国人驾车行程将近 3.05 万亿英里，但人们步行、骑车和使用公共交通更加频繁了。尽管有这些积极的进展，但汽车尾气排放仍然是导致整体空气污染的重要原因。

美国第一个有关国家空气质量标准的联邦法律是 1970 年的《清洁空气法案》。该法案主要关注点源空气污染如能源厂、工厂和其他固定的排放源。该法案后来经过了几次修订，包括 1990 年和 1997 年的清洁空气法案修正案。1990 年的修正案对城市有着直接影响。美国环保署第一次将未达标城市（未达到联邦法律关于标准污染物规定的城市）的污染程度分为五种类别，分别是轻微、中等、严重、严峻和极度。最初被定为严峻或极端污染级别的城市必须在 2005 年之前强制成为达标区。到 2010 年时已没有城市在二氧化硫、二氧化氮和一氧化碳等污染物方面超标了。每年二氧化氮、一氧化碳和二氧化硫的减少趋势要归功于各类国家排放管控方案。比如氮氧化物的突然减少就要归功于美国环保署于 2003 年启动并于 2004 年得到彻底执行的氮氧化合物清除使命计划。

臭氧未达标地区的情况也有所改善：在 2001 年到 2010 年间，臭氧未达标地区的臭氧浓度减少了 9%。与 2002 年相比，几乎所有的美国城市 2010 年不利于健康的天数更少了。如今，臭氧和颗粒污染物是导致空气质量指数不利于健康的天气的主要原因。洛杉矶在 1990 年被定为"极度"污染城市，现在仍然未达标，尽管其臭名昭著的烟雾弥漫的空气现在是 50 年以来程度最轻的，但洛杉矶人仍然每三天中就有一天不得不呼吸污浊的空气。此外，1990 年的清洁空气法案修正案制定了更严格的汽车尾气排放标准，终于开始着手解决面源污染越来越多的问题。图 12.1 是一个烟雾检测站，汽车每隔几年就必须在此检测其尾气排放。空气污染物浓度下降的趋势预计仍会继续，会给美国城市居民带来极大的健康益处。

图 12.1 洛杉矶的一处烟雾检测站。为了让汽车合法登记，车主必须定期
检测汽车的尾气排放。洛杉矶的尾气排放标准要比美国联邦标准更为严格
图片来源：照片为约翰·雷尼-肖特所摄

污染的定义具有社会性。随着新的技术让研究者能够测量和评估
出各种含量较低的污染物，以及医学和环境科学了解了污染物对公共
健康和生态系统整体的影响，污染物含量的可接受标准也会发生改变。
例如，最新的研究发现了比以往检测到的更低浓度的颗粒物对人体健
康的影响，这就会使得对其的管控更为严格。作为一种社会建构，污
染和对污染的管控受制于政治进程。过去在联邦法院中，许多美国环
保署制定的标准都遭到了反对。1998 年，有几家企业和一些州的团体
就对 1997 年的清洁空气法案提出反对，认为美国环保署曲解了法案，
在制定标准时任意武断。2001 年，美国最高法院一致支持美国环保署
一直以来对法案的理解，认为其符合宪法，且环保署在制定标准时只
需以公共健康为考量，而无需考虑成本多少。

美国对城市污染的政策方案具有双重性。第一是要实施管控措施

来限制和监测污染物的排放量。第二是要采取经济措施，包括征收"污染税"或其他经济惩戒手段。但在清洁空气法案出台 40 多年后，美国空气污染改革的结果和水污染一样，收效不一。有些污染物——主要是点源污染——有所减少。有毒空气污染物的总排放量在 1990 年至 2005 年间减少了将近 42%。美国环保署认为出现这样的减少主要归功于对一些污染设施如化工厂、干洗店、炼焦炉和焚化炉等的管控计划。6 种标准污染物也有所减少。2010 年的空气污染水平要低于 1990 年，体现在：臭氧浓度降低了 17%，颗粒物减少了 38%，铅减少了 83%，氮氧化合物减少了 45%，一氧化碳减少了 73%，而二氧化硫减少了 75%。① 根据美国环保署的统计，1980 年至 2010 年间 6 种标准污染物的总体含量下降了 67%。②

然而和水污染类似的是，对空气污染所进行的改善在很大程度上被人口增长所导致的更多能源需求和更多的汽车使用所抵消了。尽管有着几十年来的管控和良好意图，但发达国家城市要想真正消除空气污染对公共健康和环境质量的影响，还有很长一段路要走。

发展中国家城市的空气污染

发展中国家城市许多的空气污染问题与发达国家城市相似。高浓度的臭氧、一氧化碳、二氧化碳、硫氧化物和氮氧化物以及颗粒物极大地影响了发展中国家城市人民的健康。表 12.4 列出了颗粒物污染最严重的十大城市，表 12.5 则列出了颗粒物含量经常超标的几个城市。许多全球污染最严重的城市 6 种标准污染物的浓度都很高。像曼谷、北京、加尔各答、德里和德黑兰这些城市，一年中有 30 至 100 天甚至更长时间空气质量糟糕是司空见惯的事情。雅加达一年中有 170 天空气质量超出健康标准，墨西哥城每年有 330 多天空气污染程度超标。

① US Environmental Protection Agency,"Air pollution trends."
② US Environmental Protection Agency,"Air pollution trends."

最近的研究显示 20 个最大的特大城市中，每个城市都有至少一种主要空气污染物含量超出世界卫生组织的健康保护参考值。北京、开罗、雅加达、洛杉矶、墨西哥城、莫斯科和圣保罗所面临的诸多空气污染问题需要一个全面的解决方案。该研究表明，大多数特大城市的环境空气质量正在随着人口、交通、工业化和能源需求的增加而逐渐恶化。根据世界卫生组织的统计，每年有 130 万城市人口由于室外空气污染而过早死亡，① 另有 34 万城市人口每年因室内污染导致的疾病死亡。② 2012 年经济合作与发展组织的一份报告预测，到 2050 年每年会有 360 万人因为接触颗粒污染物而过早死亡，其中大部分集中在中国和印度。该报告认为，到 2050 年城市空气污染会超过污水和卫生设施缺乏成为首要的致死环境原因。③

表 12.4　2011 年颗粒物污染最严重的十大城市

排名	城　　市	PM10 年平均值（$\mu g/m^3$）
1	伊朗的阿瓦兹	372
2	蒙古的乌兰巴托	279
3	伊朗的萨南达季	254
4	印度的卢迪亚纳	251
5	巴基斯坦的奎塔	251

①　United Nations Environment Programme（2012）"Urban air pollution." http：//www. unep. org/urban ＿ environment/issues/urban ＿ air. asp （accessed July 2012）.

②　Ostro，B.（2004）*Outdoor Air Pollution. Assessing the Environmental Burden of Diseases at the National and Local Level*. Geneva：World Health Organization.

③　OECD（2012）"Environmental outlook to 2050：the consequences of inaction." http：//www. oecd. org/document/34/0，3746，en ＿ 2 157136 1 ＿ 443 15115 ＿ 49897570 ＿ 1 ＿ 1 ＿ 1 ＿ 1，00. html（accessed July 2012）.

排名	城　　市	PM10 年平均值 （μg/m³）
6	伊朗的科曼莎	229
7	巴基斯坦的白沙瓦	219
8	博茨瓦纳的嘉柏隆里	216
9	伊朗的亚苏季	215
10	印度的坎普尔	209

资料来源：World Health Organization（2011），Database：Outdoor Air pollution in cities，http：//www. who. int/phe/health ＿ topics/outdoorair/databases/en/index. html （accessed May 12，2012）.

表 12.5　选定城市悬浮颗粒物的年平均值（PM10 μg/m³）

城　　市	PM10 μg/m³ *	数据采集日期
阿姆斯特丹	24	2008
雅典	41	2008
北京	121	2009
柏林	26	2008
布鲁塞尔	28	2008
孟买	132	2008
开罗	138	2008
吉隆坡	49	2008
伦敦	29	2008
洛杉矶	25	2009
墨西哥城	52	2009
米兰	44	2008
蒙特利尔	19	2008
莫斯科	33	2009

城　　市	PM10 $\mu g/m^{3}$ *	数据采集日期
纽约	**21**	2009
新加坡	**32**	2009
悉尼	**12**	2009
东京	**23**	2009

资料来源：http：//www. who. int/mediacentre/factsheets/fs313/en/index. html；
http：//www. who. int/phe/health ＿ topics/outdoorair/databases/en（accessed May 12，
2012）.

Note * Numbers in bold exceed WHO guideline level，which is 20.

发展中国家有毒物质排放的量级也是一个越来越多的严重问题。与北半球国家的城市相比，发展中国家城市面临着人口快速增长、贫民窟密度较高、汽车和卡车数量激增、燃油效率低下和政府管控往往有限的问题。虽然拥有汽车人数（人口中每1 000人）最多的国家是在如美国、澳大利亚、意大利、新西兰和加拿大之类的富裕国家，但拥有汽车人数增长最快的却是发展中国家。从1980年至1998年间，一些发展中国家拥有汽车的人数增长了5倍——韩国每1 000人中拥有汽车的人数增长了1 514％，泰国增长了692％，尼日利亚增长了550％，中国增长了300％，巴基斯坦增长了300％。①

发展中国家城市之所以空气污染状况最为糟糕有几个原因。第一个原因是缺乏对降低空气污染的立法或执行。有的时候其国家或城市环境法规要比美国宽松得多。比如很少有发展中国家像美国那样要求在汽车上安装尾气催化转换器。或者是像我们之前讨论过的，办法对策的缺乏使得执法变得困难。和美国与欧洲许多点源污染源不同的是，许多发展中国家对工业污染源的资料收集不足。第二个原因是高速的城市化导致了贫民窟的增加。随着贫民窟的增加，诸如电力供应和通

---

① World Bank（2002）*Cities on the Move. A World Bank Urban Transport Strategy Review*. Washington，DC：World Bank.

风炉等基础设备的缺乏意味着更多的人不得不转向其他能源形式，如木柴、生物燃料和煤炭。另一个原因是有的城市老旧的设备和车辆燃烧燃料时非常低效，产生大量的排放。例如，许多城市进口的老旧汽车都没安装尾气催化转化器。在埃及，估计有 25％的车辆使用超过了 30 年。这些原因都有助于解释发展中国家空气污染的量级及其对发展中国家城市公共健康更为严重的危害。下面的例子将凸显发展中国家城市空气污染对健康所带来的紧迫挑战。

乌兰巴托：快速的城市发展和空气污染

蒙古的乌兰巴托如今已是全球污染最严重的城市之一。虽然像二氧化硫这类污染物也远高于国际标准，但颗粒物（PM）才是乌兰巴托最大也是最严重的空气污染问题，在全球范围内也堪称最糟。世界银行最近的一份报告指出，乌兰巴托的颗粒物浓度是建议值的 14 倍。为了达到蒙古空气质量标准，乌兰巴托必须要将空气污染减少 80％，这是一项重大的任务，当然也是一项长期的工程。城市发展和非正式定居点的出现是导致空气污染的主因。从 1989 年到 2006 年间，乌兰巴托的人口翻倍；现在的城市人口已经超过了 100 万。如今有 60％的城市居民住在被称为蒙古包的非正式住宅区。蒙古包这种传统的住所部分导致了糟糕的空气质量。蒙古包是一种毡制的帐篷结构，是由于没有足够的正式住房才搭建起来的。蒙古包使用低效的煤炭炉，排气烟囱管非常短；结果空气排放物无法上升至足够离开该住宅区的高度，只能停留在地面。蒙古包的家庭供暖系统使用未加工的褐煤或木柴来取暖做饭。这种类型的煤炭特别松软，烟雾特别多。乌兰巴托还面临着来自旧的发电厂和锅炉，以及无数燃油低效的老旧汽车的排放问题。未铺砌的道路也会增加空气中干燥尘埃的数量。

乌兰巴托的冬天既长又冷，每年大约有 7 至 8 个月需要取暖。结果冬天的空气污染明显更为严重，因为用来取暖和做饭的炉子与锅炉会产生黑色的有毒烟流，像毯子一样笼罩在城市上空。这种呛鼻的浓重污染物是几个因素共同形成的结果：在实际上是柴火炉的炉子里低效地燃烧煤炭，拥堵的道路交通，干燥的土壤状况以及工业。这些尘沙来源于蒙古包里的取暖设备和不毛干燥的土壤条件。城市中树木很少，几乎没有公园用地，形成暴风的几率和严重性都在增加，使空气浮尘增加到了危险水平。尤其是春季的强风会将戈壁沙漠和蒙古其他干燥地区的尘沙吹至城市。[1] 空气污染还会影响能见度，以至于有时航班都无法在城市机场降落。

印度城市：老旧汽车

印度大部分的城市都超出了世界卫生组织制定的空气污染标准。在德里，每天有 2 000 公吨的空气污染物被排入大气中。空气污染物的 65％来自车辆，29％来自工业排放，还有 7％来自家庭排放。颗粒物也是问题，小直径的颗粒物能够进入人体肺部深处。印度和中国的城市是全球雾霾最为严重的地区。在诸如德里之类的城市，快速的人口增长与资源消耗的增多加重了空气污染问题。从 1970 年到 1990 年间印度汽车的数量从 200 万辆增加到了 2 100 万辆。大多数汽车位于城市中心，2 100万辆汽车中有大约三分之一集中在 23 个大都市。据总部位于新德里的环保宣传组织"科学与环境中心"估计，该市每年会增加 30 万辆机动车，其中将近四分之三是三轮车。对整个印度来说，拥有汽车的人口数量将在 2005 年至 2015 年的 10 年间增长 2 倍多，从 5 000 万辆增长至 1.25 亿辆。[2]

美国对汽车和装有二冲程及四冲程发动机的工具（如沙滩车、割草机和摩托车）都制定了严格的排放标准，而印度却没有做到这一点。

---

① Sayed，A.（2010） "Ulaanbaatar's air pollution crisis：summertime complacency won't solve the wintertime problem." http：//blogs. worldbank. org/eastasiapacific/ulaanbaatar－s－air－pollution－crisis－summertime－complacency－won－t－solve－the－wintertime－problem（accessed July 2012）.

② The Asian Clean Fuels Association（2011）"Clearing Indian skies." http：//www. acfa. org. sg/newsletterinfocus02－01. php（accessed July 2012）.

印度两轮机动车的比例很高，尽管这种车比乘用轿车更省油，却没有污染控制设备。不幸的是，最近的一份报告指出，虽然印度其他一些城市的空气污染有所改善，但德里的空气质量却有所恶化。

方框 12.4

德里的自动黄包车

德里估计有 200 万辆机动车，其中四分之三是两轮或三轮的机动车（称为速度车）（图 12.2）。这些车许多都很老旧，保养不佳。结果大量的两轮车导致了一氧化碳、二氧化硫和氮氧化物排放的增加。总体来说发展中国家的机动车比北半球发达国家油耗更大，污染也更严重，因为发展中国家缺乏新的技术，老旧汽车的比例较高，路况较差，保养不力，环保立法或执法薄弱，含硫量较高的低质燃料如柴油充斥着市场。[①]

据估计，德里 80％的出租车和自动黄包车（装有四冲程或二冲程发动机）车龄超过 15 年，许多甚至超过了 30 年。德里路面上有超过 40 000 辆自动黄包车，许多装的是二冲程发动机，会排放出大量的一氧化碳和悬浮颗粒物。自动黄包车因此被认为是空气污染的罪魁祸首。1998 年，环保主义者向印度政府施压要求核查几乎每座大城市越来越严重的污染问题，作为回应，印度政府制定了新的严格排放标准，宣布将逐步淘汰所有车龄超过 15 年的商业车辆，将空气质量的恶化归因于机动车数量的激增。新的自动黄包车将使用压缩天然气，车身刷成黄色或绿色，以与旧式车相区别（旧式车刷的是黑白漆）。所以尽管路面上还有数千辆自动黄包车，但悬浮颗粒物的数量却有所降低。

[①] Elsom，D.（1996）*Smog Alert*：*Managing Urban Air Quality*. London and Sterling，VA：Earthscan，p 5.

图 12.2　印度海得拉巴（Hyderabad）的旧式和自动黄包车
图片来源：照片为米歇尔·A. 贾德所摄

　　空气污染也在破坏印度最有名的历史遗迹，如阿格拉的泰姬陵。泰姬陵周边的城市拥有 2 000 多处污染工业，从炉窑到炼油厂再到使用含硫量较高的柴油的交通工具，其形式各种各样。二氧化硫和氮氧化合物的酸性排放正在腐蚀和消融这座用大理石建造而成的纪念物。[1]孟买的二氧化硫浓度很高，呼吸困难、咳嗽和感冒现象越来越多。世界资源研究所的死亡率数据显示，孟买高浓度的空气污染与呼吸道疾

---

[1]　Elsom，*Smog Alert*，p. 27.

病和心脏病的高死亡率有关。①

空气传播的铅：一个成功的例子

铅是城市空气中一种极具毒性的成分。多年来这种重金属被加进汽油中以提高辛烷值来让发动机运行得更加顺畅。一直到最近，含铅汽油都是许多发展中国家城市的首要铅接触源。非洲一些大城市如开罗、开普敦和拉各斯其空气中的铅含量高达欧洲城市的 10 倍。铅是最有害的空气传播污染物之一，能造成神经损伤，尤其是对于儿童的危害更大。儿童大量接触铅会引起比成人更为明显的健康危害，如发育迟缓、听力障碍、头痛、智商降低和智力迟钝。铅中毒是对儿童最为严重的环境健康威胁之一，也是导致职业病的重要原因。2003 年世界卫生组织估计有 1.2 亿人过量接触了铅（这一数字是感染艾滋病毒人数的将近 3 倍），影响最为严重者中有 99% 是在发展中国家。②

随着人们对铅中毒问题越来越关注，世界银行在撒哈拉沙漠以南地区启动了清洁空气计划，将从汽油中去掉铅作为当务之急，指出"转而使用无铅汽油是保护儿童健康成本最小的步骤之一"③。几年之内该计划范围扩大至全球，有超过 70 个国家同意开始逐步淘汰含铅汽油。截至 2009 年，所有拉丁美洲国家和几乎所有的撒哈拉沙漠以南的非洲国家都已淘汰了含铅汽油，如今只销售无铅汽油。只有少数国家仍在使用含铅汽油。

含铅汽油的消失极大地减少了空气传播的铅——但却没有完全除

①　World Resources Institute (1998) *World Resources* 1998—1999. Washington, DC: World Resources Institute.

②　Fewtrell, L., Kaufmann, R. and Pruss—Ustun, A. (2003) *Lead: Assessing the Environmental Burden of Disease at the National and Local Level*. Geneva: WHO.

③　World Bank (1998) "Clean Air Initiative in sub—Saharan Africa cities." http://www.worldbank.org/wbi/cleanair/caiafrica/index.htm (accessed February 2003).

尽空气中的铅。比如，墨西哥城依然遭受着高浓度铅的侵扰，这些铅以被吸入或吃入的方式进入人体（见方框12.5）。即便含铅汽油在2000年时就已被淘汰，但繁密的交通和工业还是让污染严重的空气中含有大量的铅。在取缔含铅汽油的10年后，土壤和尘埃中依然充满了铅。① 环境中的铅来自对铅的工业使用，来自加工铅酸电池或生产引线或铅管的设备，以及金属回收和铸造车间。老旧房屋中含铅的油漆也是来源之一，墨西哥仍然盛行的陶瓷涂釉行业中的釉中也含有铅。住在离铅加工设施如熔炉较近的儿童，其血液中的铅含量也是异常的高。

室内空气污染

许多发展中国家城市特有的问题是室内空气污染，这些污染来自于使用木柴、动物粪便或煤油来供暖和做饭。② 室内空气污染对发展中国家城市造成的危害比环境空气污染还要大。来自亚洲、非洲和美洲的研究表明，依靠生物质燃料或煤炭的家庭其室内空气污染值极高。比如，使用生物质燃料的家庭PM10的24小时平均值约为1 000 $\mu g/m^3$，而美国环保署如今的标准是150 $\mu g /m^3$。③

依赖会产生污染同时又低效的家庭燃料及其设备既是贫穷的原因，也是贫穷所导致的结果。全球有超过20亿人使用煤炭和生物质燃料如木柴、牛粪、木炭和草来做饭取暖。这些低效炉灶使用这些燃料所产

---

① Harvard School of Public Health（2012）"Superfund research program：Mexico City." http：//www. srphsph. harvard. edu/pages/projectsites _ mex. html（accessed July 2012）.

② The industrialized north faces indoor air pollution as well，primarily from chemicals and compounds such as radon or carbon monoxide and tobaccos smoke.

③ World Health Organization（2012）"Indoor air pollution." http：//www. who. int/indoorair/health _ impacts/exposure/en/index. html（accessed July 2012）.

生的污染物加上通风不良会造成严重的，有时甚至是致命的后果。这些明火或效能低下的炉灶常常燃烧不充分，也就是说这些燃料并不是清洁燃烧，而是会释放出各种类型的毒气如一氧化碳。

室内空气污染对妇女和儿童的影响是最大的，他们每天很大一部分时间都是在家里做饭或干其他家务活。[①] 尤其是在城市贫民窟中，妇女常常是每天在密闭狭小的空间里用某种形式的生物质燃料做饭（图 12.3）。妇女们每天接触室内空气污染长达 3 至 7 个小时是常见的现象。年幼的儿童常常是由母亲背着，或是就在一旁，所以也易受污染的伤害。世界卫生组织的一份报告指出，室内空气污染是发展中国家人口最致命的杀手之一，仅次于营养不良、不安全性行为和安全用水的缺乏。室内空气污染物进入人体肺部的可能性要比室外空气污染物高出 1 000 倍。

图 12.3　室内空气污染。一位妇女在室内生火做饭，其子女在一旁观看
图片来源：照片为伊丽莎白·查科（Elizabeth Chacko）所摄

---

① World Heaith Organization（2006）"Indoor air pollution fact sheet." http：//www. who. org. int/mediacenter/factsheets/en（accessed July 2012）.

方框 12.5

是美国将导致铅中毒物品出口到墨西哥？

美国汽车电池的回收利用率很高，大多数州都有法律强令商店回收旧电池。铅电池来自小汽车、卡车、太阳能动力系统、高尔夫球车和叉车。不管是存放在购买的商店还是当地的汽修工那里，废旧电池都会被再转送至回收厂，在那儿的真正目的不是环保托管，而是要将其中危险的铅提取出来。然而在这转运的过程中，废旧电池可能会被卖给中间人，这些人接着会将这些电池运出美国，利用国外低廉的成本和对电池监管的宽松来牟取利润。

美国将近有 12％的废旧铅电池出口到了墨西哥。这是由于美国在 2008 年将空气质量标准制定得更加严格，使得回收程度更为复杂，成本也更高。2011 年两个环保组织——美国的"国际职业知识协会"和墨西哥的"福隆特拉斯市协会"所提供的报告显示，这样的举措会产生不可预料的后果。

墨西哥常常用较为原始的方法来提取铅，而这种方法在美国是不合法的，因为这样会让工厂工人和当地居民接触到危险量级的有毒金属。废旧电池能够容纳多达 40 磅的铅，当这些电池被拆解用于回收时，里面的铅就会像尘埃一样释放出来，并且在熔化时会形成含铅辐射。而许多最大的铅电池回收厂就位于墨西哥。

美国的铅电池回收厂有着严格的运营管理，烟囱都受到监测，并且安装了监测铅的设备。但据《纽约时报》（New York Times）记者伊丽莎白·罗森塔尔（Elisabeth Rosenthal）透露，在墨西哥城，"人们用锤子来人工拆卸电池，当铅在熔炉中熔化时，由于熔炉的烟囱直接通向外面的空气，所以铅微粒会落到从校园到小吃车的任何一个地方"。墨西哥城最大的一个电池回收厂就跟一座小学处于同一个街道上。尽管墨西哥对熔炼和回收铅也有一些法规，但却执行不力。墨西哥电池回收厂上报的空气传播铅排放量比美国同样的回收厂要高出 20 倍。

"值得注意的是两国政府都允许美国公司将电池出口到墨西哥，而墨西哥既没有监管能力也缺乏适当的技术来对其进行安全回收。"国际职业知识协会的执行理事佩里·格特斯菲尔德（Perry Gottesfeld）如是说。

　　儿童慢性铅中毒很难诊断出来，因为其症状相当普通，比如智商低下和注意力涣散。唯一准确的诊断方式是验血，但需要花费100美元——常常超出贫穷家庭的承受能力。

　　美国人也许认为回收铅电池是一件好事，但综合全面地来看，情况却没那么简单。这种"交易"正在形成一种可能更加危险的废物流，后者至今尚未得到足够的关注或审查。虽然墨西哥城已经做出了很多努力如通过取缔含铅汽油来消除空气传播的铅，但一种新的铅来源似乎正在让城市居民再次暴露在铅的危害之下。

资料来源：Occupational Knowledge International and Mexico's Fronteras Comunes (2011) "Exporting hazards：U. S. shipments of used lead batteries to Mexico take advantage of lax environmental and worker health regulations." http：// www. okinternationl. org/docs/Exporting％ 20Hazards ＿ Study ＿ 100611v5. pdf (accessed July 2012). Rosenthal，E. (2011，December 8) "Lead from old U. S. batteries sent to Mexico raises risks." *New York Times*. http：//www. nytimes. com/2011/ 12/09/science/earth/recycled-battery-lead-puts-mexicans-in-danger，html? pagewanted ＝all (accessed July 2012).

　　印度80％的家庭使用生物燃料，因室内空气污染所导致的儿童死亡率每年估计为13万人，死因主要是急性呼吸道疾病。根据世界资源研究所的统计，接触室内烟雾的孕妇死产的几率会增加50％。[1] 使用生物质燃料做饭的妇女得慢性肺病的几率比正常人高出75倍。[2] 发展中国家国家疾病负担的3.5％至7％可以归因于与室内空气污染相关的呼吸

[1]　World Resources Institute (1999) "Rising energy use：health effects of air pollution." www. wri. org (accessed February 2003).

[2]　World Resources Institute (1998) *World Resources* 1998‑99. Washington，DC：World Resources Institute.

道和其他疾病，这个比例要远高于城市和工业污染所导致的疾病。

从积极的一面看，人们可以采取各种处理方法来减少室内空气污染及其对健康的相关影响。这些措施包括：（1）对污染源的处理；（2）对生活环境的改善；（3）对使用行为的改变。例如，可以通过不再使用固体燃料（生物质燃料、煤炭），而转为使用更清洁更高效的燃料和能源技术如液化石油气、太阳能炉灶或电炉来大幅减少排放。对住宅的改造如安装烟囱或防烟罩，甚至是将窗户加大，都能改善厨房和居住区的通风条件，从而可以大幅减少接触烟雾的几率。最后，使用行为的改变也能在减少污染和接触程度方面发挥作用。比如，将薪材在使用前完全干燥能提高燃烧效率，减少烟雾的产生。让幼儿远离烟雾也能减少处于这个最易受影响的年龄段儿童接触这些危害健康的污染物的几率。①

发展中国家的空气质量趋势

过去 10 年，许多发展中国家实施了国家空气质量标准，采用的要么是世界卫生组织的空气质量指南或美国环保署的国家环境空气质量标准。到 2010 年泰国已经在 1981 年首次建立标准之后作了四次更新。印度最近也修订了其标准，制定了更为严格的 PM2.5 和臭氧标准。越南近来也有进展，中国香港特别行政区如今也在重新审订其空气质量目标。②不过也有一些亚洲国家仍然没有制定任何国家环境空气质量标准——

---

① World Health Organization (2012) "Indoor air pollution: intervention to reduce exposure." http://www. who. int/indoorair/interventions/en（accessed July 2012).

② Clean Air Initiative for Asian Cities (CAI—Asia) Center (2010) "Air quality standards and trends." http://cleanairinitiative. org/portal/sites/default/files/documents/AQ _ in _ Asia. pdf (accessed July 2012).

想要了解臭氧或烟雾的最新信息和交互式地图，可以登录网站 www. epa. gov/air/ozonepollution，或登录网站 www. scorecard. org，还可以让你了解你所在的美国州、城市或社区的空气、土地和水污染的大致情况。

如阿富汗、不丹、老挝和巴基斯坦。此外，还有很多亚洲国家尚未制定颗粒物标准。

方框 12.6

北京：笼罩在雾霾中的城市

从 20 世纪 90 年代起，中国的经济和城市化快速发展。过去 10 年中国年均 GDP 增幅达到 8% 至 11%。有人开玩笑说你能在中国的空气中嗅到 GDP。伴随着经济发展的是能源消耗的快速增长。新兴的中产阶级意味着汽车的拥有量越来越多；数据显示，过去 10 年中国的汽车数量年增长 10%。所以像北京这样的中国城市空气污染严重也就不足为奇了。有时雾霾严重到让高耸的写字楼都消失在烟雾中。据估计有三分之二的中国城市空气质量不达标。北京的例子也反映出中国其他快速发展的城市所面临的问题。虽然经济的发展令人美慕，但对污染状况有所了解的城市居民却要求拥有更好的空气质量（见图 12.4）。

图 12.4 上海的空气污染。一些市民戴着口罩，以防止吸入颗粒物和其他空气污染物。
图片来源：照片为约翰·雷尼-肖特所摄

在 20 世纪 90 年代以及 21 世纪初,许多污染都来自于二氧化硫。中国的煤炭资源丰富,并大量依靠煤炭供能。然而最近一些年二氧化硫的排放有所下降,但颗粒物却有所增多,这反映出多种来源污染的形成以及汽车尾气的增多。如今,烧煤、汽车尾气和沙尘是北京的主要污染源。张(Zhang)及其同事的研究发现,在 5 年内每年为健康所付出的经济代价估计为 16.70 亿美元到 36.55 亿美元,占到北京每年 GDP 的约 6.5%。

北京有 1 900 万人口,是仅次于上海的中国第二大城市,也是中国的政治、文化和教育中心。对于政府和当地居民来说,空气污染是一个备受关注的问题,尤其是在北京成为 2008 年奥运会举办地之后。政府的应对方法是采取了一系列对北京空气污染进行管控的措施,包括:使用低硫煤炭,用天然气或液化石油气来部分取代煤炭,淘汰含铅汽油,将高污染工厂迁离市区。政府官员在奥运会期间也实施了许多空气改善方案,包括所有建筑工地停工,关闭北京市区和周边的许多工厂,关闭一些加油站,通过单双日限行(根据其机动车号牌的单双号)将机动车数量减少一半。政府投入大笔资金修建了两条新的地铁线路,数千辆老旧的高排放出租车和公交车得到替换,以鼓励市民使用公共交通。北京增加了 3 800 辆使用天然气的公交车,这一数量是全球最多的。北京还栽种了数十万棵树木,增加了绿地,让城市更为宜居。为了减少空气污染,北京总共花费了 170 亿美元。

郝(Hao)和王(Wang)的一项研究表明,仅仅控制北京本地的污染源并不足以达到为北京奥运会制定的空气质量目标。盛行风(Prevailing winds)会从邻近的河北省和山东省以及天津市将大量颗粒物和臭氧吹进北京。平均有 35% 到 60% 的臭氧是来自北京以外的地区。

政府声称过去 13 年随着城市搬迁工厂、减少煤炭燃烧以及采取更为严格的汽车尾气排放标准,污染程度有所减轻,所谓"蓝天日"

的天数也有所增加。世界银行对政府数据的分析发现，113个主要城市的10微米或更小直径的颗粒物平均浓度——包括细小和粗大颗粒物——从2003年到2009年降低了31%。

　　然而《纽约时报》2012年的一篇文章报道说，中国政府据说对20个城市和14个其他地区进行了长达5年的污染物接触程度监测，但其数据一直保密。这篇文章质疑政府数据是否可靠，指出其他研究显示PM2.5数量的年增长率为3至4个百分点，臭氧浓度也在增加。之所以与官方报道数据不一致是因为官方报告中有些测量数据被省略了。北京政府监测了但却未报告细小颗粒物和臭氧的数量，而这两者都与肺病和早逝相关。PM2.5直径比可吸入颗粒物（PM10）更小，因此对人体健康危害更大，因为这些颗粒物能够停留在肺部深处。而中国政府仅仅测量了PM10而没有测量PM2.5的数值。

　　2011年北京遭受了2008年以来最严重的空气污染。美国领事馆开始发布空气质量读数，报告说颗粒物污染的程度比政府公布的数据更为严重。中国政府以罕见的姿态屈从于公共的压力，开始公布PM2.5的数据。现在北京的美国大使馆和上海及其他城市的美国领事馆都在监测PM10、PM2.5和臭氧，并为智能手机提供免费应用程序。2012年中国的微博（类似于西方的推特）运营商开始提供基于中国和美国大使馆数据的空气质量评估。

　　对北京空气污染的这个简短概述反映出一个重要的趋势。在许多经济发展强劲、城市化迅速的发展中国家的城市，空气质量在改善之前可能会变得很糟。其次，公众对可靠信息的获取在建立有意义的环境改革方面非常重要，在非民主国家人们并不总能获取可靠的数据。然而社会媒体和信息技术的力量总能找到办法避开政府对信息的限制。

资料来源：Andrews，S.（2011，December 5）"Beijing's hazardous blue sky." *Chinadialog*. http：//www.chinadialogue.net/article/show/single/en/4661-Beijing-s-hazardous-blue-sky（accessed May 2012）. Chan，C. and Yao，X.（2008）"Air pollution in

mega cities in China." *Atmospheric Environment* 42（1）：1-42. Hao，J. and Wang，L.
（2005）"Improving urban air quality in China：Beijing case study." *Air & Waste Man-agement Association* 55：1298-1305. LaFraniere，S.（2012，January 27）"Activists
crack China's wall of denial about air pollution." *New York Times*. http：//
www. nytimes. com/2012/01/28/world/asia/internet-criticism-pushes-china-to-act-on-air-pollution，html?pagewanted＝all（accessed May 2012）；Zhang，M.，Song，Y.
and Cai，X.（2007）"A health-based assessment of particulate air pollution in urban
areas of Beijing in 2000-2004." *Science of the Total Environment* 376（1-3）：
pp. 100-108.

许多非洲城市空气质量的恶化是由于快速的城市化、进口老旧汽车和缺乏要求安装汽车尾气催化转换器以及汽车检查与保养的法规。大量使用柴油也带来许多问题，国际组织将继续与非洲国家合作，促使其采用低硫排放标准。另外一个常见的问题是工厂常常太靠近住宅区。来自全球的研究表明，非洲国家在制定减少空气污染政策方面还处于相对初级的阶段，这意味着决策者可以抓住机会来制定综合方案和实现区域合作。

比如埃及于 1997 年在 44 个地区启动了国家空气质量标准网络系统。截至 2010 年该项目已经扩展至 78 个地区（其中 16 处位于开罗），用来测量 6 种标准污染物。尽管二氧化硫的数量有所减少，但其他污染物却有所增多，这主要是由汽车数量增加所导致的。

发展中国家形成的新区域空气污染网有助于促进减少空气污染的区域合作，有利于制定整治污染和气候变化的综合战略。撒哈拉以南非洲的晴天行动计划、亚洲清洁空气行动计划以及拉丁美洲清洁空气行动计划就是其中的一些例子。这些都是致力于改善空气质量管理的机构和个人所形成的网络。其首要的任务是要通过分享经验和建立合作关系来促进和展示用创新方法改善城市空气质量。这些网络系统旨在促进区域之间技术体系和信息/数据采集的协调。表 12.6 列出了一些全球空气污染的合作。

表 12.6   全球大气污染论坛：国际组织和区域空气污染网络的合作

联合国环境规划署（United Nations Environment Programme，UNEP）

东亚和南亚由联合国环境规划署赞助的网络和项目

联合国欧洲经济委员会（UN Economic Commission for Europe，UNECE）

远程跨国界空气污染（Long-range Transboundary Air Pollution，LRTAP）

非洲空气污染信息网（Air Pollution Information Network for Africa，APINA）

美洲国家间大气和生物圈研究网（Inter-American Network for Atmospheric and Biospheric Studies，IANABIS）

清洁空气行动组织——亚洲城市、拉丁美洲、非洲

撒哈拉沙漠和萨赫尔风气象台（Sahara and Sahel Observatory，OSS）

国际防止空气污染和环境保护联合会（International Union of Air Pollution Prevention Associations，IUAPPA）

小结

20 世纪的地区性的空气污染问题也即是全球性的问题。没有哪个地方可以免于毒物的侵扰，但对生态系统和人体健康影响最大的还是地区性污染——以及城市污染。不幸的是，很多人认为发展和空气质量管理不可兼得，认为空气质量管理会阻碍经济的发展。但我们也可以将空气污染视作与沉重的公共健康负担直接相关。通过减少排放，公共健康和经济生产力往往能够立即得到提高。

治理空气污染的进展喜忧参半。一方面，无论是在发展中国家还是发达国家城市，点源污染都有所减少。然而面源污染现在却成为了污染的主因，处理面源污染是一种挑战，因为许多面源污染来自于汽车和其他机动车。发达国家和发展中国家的趋势都显示，随着购买汽车的人数和汽车行驶里程数的增长，移动排放源正在不断增加。这种趋势在发展中国家城市发展更快。发达国家城市已经改善了几乎所有

标准污染物的空气质量；但发展中国家情况要复杂一些，因为一些国家尚未制定针对臭氧和颗粒物的标准。最后，还有许多污染物尚需加大治理力度。在全球城市中，处理有毒有害污染物以及室内空气污染源仍然是较为棘手的问题。

延伸阅读指南

American Lung Association.（2012）"Key findings，State of the Air 2012."http：//www.stateoftheair.org/2012/key-findings（accessed June 2012）.

Brimblecombe，P.（ed.）（2003）*The Effects of Air Pollution on the Built Environment*. Singapore and River Edge，NJ：Imperial College Press.

Bulkeley，H. and Bestill，M.（2005）*Cities and Climate Change*. New York：Routledge

Elsom，D.（1996）*Smog Alert：Managing Urban Air Quality*. London and Sterling，VA：Earthscan.

Gonzalez，G. A.（2005）*The Politics of Air Pollution：Urban Growth，Ecological Modernization，and Symbolic Inclusion*. Albany，NY：State University of New York Press.

National Academy of Engineering（2008）*Energy Futures and Urban Air Pollution：Challenges for China and the United States*. Washington，DC：National Academy Press.

Rock，M. T.（2002）*Pollution Control in East Asia：Lessons from the Newly Industrializing Economies*. Washington，DC：Resources for the Future.

Schwela，D.，Haq，G.，Huizenga，C.，Han，W.，Fabian，H. and Ajero，M.（2006）*Urban Air Pollution in Asian Cities：Status，Challenges and Management*. Sterling，VA：Earthscan.

Watt, J. , Tidbald, J. , Kucera, V. and Hamilton, R. (2009) *The Effect of Air Pollution on Cultural Heritage.* New York: Springer.

For up-to-date information on ozone/smog and interactive maps, go to: www. epa. gov/air/ozonepollution. Also, www. scorecard. org allows you to profile the air, land and water pollution in your state, city or community in the US.

第十三章　气候变化

　　城市如今消耗了世界 75％的能源，并释放出世界 80％的温室气体。城市既是温室气体的主要产生者，也在减少温室气体中发挥着重要作用。人们对城市和气候变化之间的关系越来越关注。本章将首先探讨气候变化对城市的可能影响，然后再看一看城市应对此问题的两种方式，即缓解和适应。缓解指的是采取措施改变市民的行为，以减少气候变化的人为影响，主要是指减少温室气体排放的一些努力。而适应则是要让市民适应未来无法避免的全球环境变化。缓解和适应通常被视作矛盾的过程，但如今人们却一致认为这两种手段需要同时采用。这种观点认为虽然气候变化不可避免，需要人们去适应，但是通过改变人类行为可以减轻其严重性。城市有能力去试验、去创新，这也是对气候变化适应力的希望和核心所在。

气候科学：基本事实

　　气候变化与温室气体相关。温室气体主要有四种：二氧化碳、甲烷、一氧化二氮和氯化气体。其中三种会自然产生，而氯化气体则是人为产生的。二氧化碳、甲烷和一氧化二氮通过地球上的自然过程不断被释放入大气层以及从大气层中移除。但人为（人工）活动能够释放和消退更多的这些气体和其他温室气体，从而改变其全球平均大气浓度。最大的人为排放来自于含碳燃料的燃烧，主要是木柴、煤炭、石油和天然气。根据美国环保署的报告，下列这些气体的主要来源分别是：

• 二氧化碳。二氧化碳是通过燃烧矿物燃料（煤、天然气和石油）、固体废物、树木和木制品而进入大气的，也可能是在某类化学反应中产生的（如生产水泥的过程中）。当被植物的生物碳循环吸收后，二氧化碳就从大气中消除（或"消退"）了。2010年二氧化碳占到美国因人为活动排放的温室气体的84%（图 13.1）。

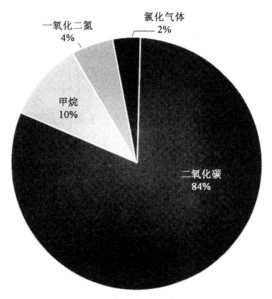

图 13.1 大气中温室气体所占百分比
资料来源：美国环保署

• 甲烷。甲烷是在煤炭、天然气和石油的生产和运输过程中被排放出来的。甲烷排放也可能来自于牲畜和其他农业活动，以及固体废物垃圾场中有机废物的分解。

• 一氧化二氮。一氧化二氮是在农业和工业活动中，以及燃烧矿物化石和固体废物的过程中被释放出来的。

• 氯化气体。氢氟碳化物、全氟化碳和六氟化硫是来自各类工业过程的三种影响较大的合成温室气体。

美国的二氧化碳排放在 1990 年至 2010 年间增加了 12％。[①] 由于矿物燃料的燃烧是美国最大的温室气体排放来源，因此矿物燃料燃烧所形成的排放的变化就成为历史上影响总的排放趋势的主要因素。甲烷是美国来自于人类活动的第二大温室气体。2010 年，甲烷占到所有美国人为排放温室气体的约 10％。[②] 根据美国环保署的统计，甲烷在大气中的存在周期要比二氧化碳短得多，但甲烷在俘获辐射方面要比二氧化碳更有效率。以 100 年为周期计算，甲烷对气候变化的相对影响要比同等重量的二氧化碳高出 20 多倍。全球有大约 40％的氮氧化物排放来自于人类活动。氮氧化物分子在被吸附物去除或被化学反应破坏之前可以在大气中平均停留超过 120 年的时间。氮氧化物对气候变暖的影响要比同等重量的二氧化碳高出 300 多倍。最后，与许多其他温室气体不同的是，氯化气体不会自然产生，只能来自于与人类相关的活动。这些气体虽然只占到大气中温室气体的最小部分，但其影响程度却是巨大的。大气中只要有低浓度的这些气体就能对全球温度造成巨大的影响。这些气体在大气中的存在周期也很长——有的能持续存在数千年之久。和其他一些持续时间较长的温室气体一样，氯化气体会在大气中广泛分布，一旦被排放出就会全球扩散。每种气体都能在大气中待上不同的时间，少则数年，多则数千年。温室气体在大气中待的时间很长，所以能够均匀混合，这就意味着大气中所测量到的温室气体数量在全世界范围内都相差无几，不管其来源如何。这四种

① US EPA（n. d.）"Carbon dioxide." http：//epa. gov/climatechange/ghgemissions/gases co2. html（accessed August 2012）.

② US EPA（2012）"Methane emissions." http：//epa. gov/climate-change/ghgemissions gases：ch4. html（accessed August 2012）.

气体会吸收地球表面所辐射出来的部分能量，将其困于大气中，实际上就像一条毯子一样，让地球表面变得更加暖和（见图 13.2）。

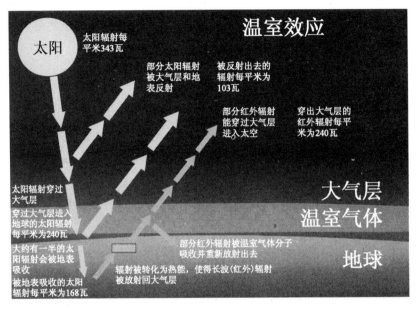

图 13.2　温室效应

图片来源：美国环保署

正如人们所知，温室气体是生命所必需的，没有这些气体，地球表面会比现在的温度低上约 60 华氏度。但随着这些气体在大气中持续增多，地球的温度也在不断上升。美国国家海洋和大气局（NOAA）与美国国家航空航天局（NASA）的数据显示，地球的平均地表温度自 1900 年以后上升了约 1.2 至 1.4 华氏度。有记录的最热的 10 年（自 1850 年以后）全都发生在过去的 13 年中。[①] 最近几十年的气候变暖在一定程度上很有可能是人为活动所导致的结果。气候的其他方面，

　　① US EPA（2012）"Inventory of U. S. greenhouse gas emissions and sinks：1990—2010." http：//epa. gov/climatechange/ghgemissions/usinventoryreport. html，PP. 1 - 2（accessed August 2012）.

如降雨格局、冰雪覆盖和海平面也在发生变化。联合国国际气候变化专门委员会指出，如果温室气体继续增加，气候模型预测本世纪末地球表面的平均温度将会在 1990 年的基础上上升 2.0 至 11.5 华氏度。温度的上升会影响降水的分布和数量，减少冰雪和永久冻土的覆盖面积，使海平面上升并增加海水的酸性。

方框 13.1

巴西圣保罗的温室气体排放

圣保罗都市区人口为 1 800 万人，是巴西最大的城市地区。该市是全国的主要经济驱动力，2012 年的 GDP 达 1 020 亿美元。服务业是主要的驱动产业，占到 GDP 的 62.5%。其次是工业，占 20.6%。一份关于温室气体排放的调查清单于 2005 年被制定出来。这张清单显示该市四分之三的温室气体排放来自于能源的使用，而其中又有将近三分之二与柴油和汽油的使用有关，11% 与发电有关。而城市交通对温室气体排放的贡献率则相对较低，这是因为大部分的私家车都强制使用乙醇（23%）和汽油（77%）的混合燃料。同样，发电对温室气体的贡献也很低，因为该市主要依赖水力发电。固体废物处理占到了该市温室气体排放的将近四分之一，二氧化碳排量为 370 万吨。不过清洁发展机制在班代兰蒂斯和圣保罗垃圾填埋场的项目会在 2012 年之前减少 1 100 万吨二氧化碳的生成——几乎完全去除掉了固体废物对该市温室气体排放的影响。

圣保罗人均排放值较低，二氧化碳人均排放量约为每年 1.4 公吨（2011 年数据），而巴西全国的平均值为 8.2 公吨；柏林的数值为人均 5.8 公吨，首尔为 4.7 公吨，纽约为 6.6 公吨，东京为 7.6 公吨。尽管如此，益发重要的减少全球温室气体排放的使命使得中等收入国家的城市更加需要明确其减排潜力并采取行动。重要的是要注意到尽管圣保罗市占到巴西人口的 6.8%，但其温室气体排放比率相对较小。这是因为巴西在农业、土地利用变化和林业方面来说是温室气体的排放大国。由于乱砍滥伐的比率很高，所导致的温室气体排放要占到全国总的二氧化碳和甲烷排放的 63.1%。整个农业对二氧化碳和甲烷的贡献率也达到了 16.5％，这主要是因为巴西畜牧业的规模很大。但对于高度城市化的圣保罗来说，这些排放原因都可以忽略不计。

资料来源：UN Habitat（2011）*Cities and Climate Change：Case Studies.* http：// www. unhabitat. org/downloads/docs/GRHS2011/SomeCaseStudies. pdf（accessed April 22, 2012）.

从 1990 年起，美国环保署就开始制定全国年度温室气体排放清单，并根据气候变化框架公约将其上报联合国。2011 年美国环保署报告说，自 1990 年之后美国的温室气体排放增加了 10.5％。[①] 全球气候变化记录显示出几个重要的趋势，如表 13.1 所示。

表 13.1　气候变化观察结果

全球海平面平均上升 0.1 至 0.2 米（三分之一至三分之二英尺）

积雪覆盖面积自 20 世纪 60 年代之后减少了 10％

厄尔尼诺现象自 20 世纪 70 年代之后更加频繁和剧烈

非洲和亚洲更为频繁和严重的干旱

资料来源：Bulkeley，H. and Betsill，M.（2005）*Cities and Climate Change：Urban Sustainability and Global Environmental Governance.* New York：Routledge.

美国环保署还报告说，到 2100 年，美国平均气温预计会升高 4 至 11 华氏度。世界范围内平均气温的升高意味着会发生更加频繁和强烈的酷热天气或热浪。整个美国温度超过 90 华氏度的高温天数预计会增加，特别是在那些已经经历过热浪的地区。比如美国东南部和西南部城市现在每年温度超过 90 华氏度的高温天数平均会有 60 天。预计这些地区如果温室气体排放持续增多的话，到本世纪末每年温度超过 90 华氏度的天数会超过 150 天。如果温室气体排放持续增多的话，除了次数更为频繁，这些高温天的温度到本世纪末也将比现有的温度高上

---

① US EPA，"Inventory of U. S. greenhouse gas emissions，and sinks：1990—2010."

大约 10 华氏度。①

那么到底有没有真正的"气候辩论"呢？答案既是肯定的又是否定的。科学家们可以肯定人类活动正在改变大气的构成，越来越多的温室气体会改变地球的气候。但科学家并不确定会改变多少、改变的速率如何，或确切的影响（以及对何处的影响）是怎样的。这种对影响的不确定正是被否认气候变化的人所着重利用来努力阻止对能源利用的管理，或是阻止签署限制排放的重大国际条约。激进的气候变化否认者还质疑人为排放的影响程度，认为历史上地球的气候模式是在不断变动的。然而气候科学家和专家已经证明人为排放影响重大，这些气体数量的增加的确会影响全球平均温度。气候专家一致认为二氧化碳和甲烷的人为排放自从 19 世纪工业化形成和蔓延以来，已经极大地加速了。

气候变化的影响

气候变化正在以各种各样的方式影响社会和生态系统。例如，气候变化会增加或减少降雨，影响农作物产量，危害人类健康，引起森林和其他生态系统的改变，甚至会影响能源供应。② 表 13.2 仅仅列出了几种气候变化的影响。气候变化会对全球粮食生产形成重大的影响。高温、干旱和洪水会导致粮食产量和畜牧业生产率的减少。在一些贫穷国家，受气候影响较大的疾病的发病率和健康危害也会较高。比如，流行性脑脊髓膜炎的传播往往与气候变化尤其是干旱相关。撒哈拉沙漠以南地区和非洲西部尤其容易流行脑膜炎。此外，蚊媒疾病如疟疾在降水和洪水增多的地方也会增加。气候变化还可能会加剧国家的安

---

① US EPA（2012）"Future climate change: climate models." http://epa. gov/climatechange/science/future. html（accessed August 2012）.

② US EPA（2012）"Climate change impacts and adapting to change." http://epa. gov/climatechange/impacts—adaptation（accessed August 2012）.

全问题，增加针对水源和食物的国际冲突的次数。

表 13.2 可能的气候影响

水资源	春季融雪时间的变化，比往常更早
	夏季河流流量更低，尤其是在美国西部雪融水来源的水系
	干旱几率的增加
	洪水几率的增加
	争夺水源现象的增多
	湖泊与河流水温增高
	水质的变化（根据水质参数而有所不同）
	在美国气候温和地区暖季活动有所增加
	在一年最热的日子，尤其是在美国南部暖季活动有所减少（例如由于高温、森林大火、低水位和城市空气质量的降低）
娱乐	由于积雪场的减少和/或冰雪质量的降低，寒季的娱乐活动也有所减少
	滑雪场对人工造雪的依赖增加
	同一地区的旅游观光收入从一种娱乐类型转变为另一种娱乐类型，或者一个地区的娱乐机会减少，而另一个地区的娱乐机会增多
能源	冬季的供暖需求减少
	夏季的制冷需求增多
	由于可能的更高或更低的河流水量，水力发电能力也会增高或减少
基础设施	需要新的或升级的洪水管控和侵蚀防控设施
	更频繁的滑坡、道路水毁和洪灾
	对暴雨水管控系统的要求增多，要求其具有更多的雨水合流和污水径流能力
	随着海平面的上升，海堤的作用下降

公共卫生	更多与高温相关的病症，尤其是在老年人、穷人和其他易受人群中
	与极寒相关的健康风险减少
	病媒传染疾病的增多（例如西尼罗河病毒）
	地表臭氧的增多导致产生夏季空气质量的降低
商业	极端天气事件的增多导致能源和初级产品价格波动
	极端天气事件的增多导致保险费用的增多
	与冰雪相关的航运中断减少
	对位于泛滥平原或沿海地区的商业基础设施的影响
	商机的转移
沿海地区和水生生态系统	海平面升高和风暴潮导致对沿海基础设施、沙滩、海滩和其他自然地物的侵蚀和破坏增多
	海平面升高和侵蚀导致沿海湿地和其他沿海栖息地的减少
	对海岸侵蚀管控（自然或人为）的维护和扩展成本增高
	海平面升高导致海水侵入海滨蓄水层
	海平面升高导致沿海有害废物垃圾场的污染风险加大
	海平面升高及其相关影响导致海岸线上文化和历史遗迹的消失

资料来源：adapted from Center for Science in the Earth System（The Climate Impacts Group）Joint Institute for the Study of the Atmosphere and Ocean University of Washington and King County，Washington（2007）*Preparing for Climate Change：A Guidebook for Local，Regional and State Governments.* http：//www. iclei. org/fileadmin/user _ upload/documents/Global/Progams/CCP/Adaptation/ICLEI-Guidebook-Adaptation. pdf，pp. 40 - 41（accessed September 2012）.

方框 13.2
气候模型

　　全球气候模型是指用数学模型来表现海洋、陆地、冰层和大气之间和内部的相互作用。这些组成部分每一个都能在模型内表现得很清楚。要构建气候模型，科学家们要将地球的每种成分划分入一套方格中。简单的模型可能只有几个方格，复杂的模型则可能超过10 万个。

　　能量、空气和水的流动用方格之间的水平和垂直交换表示。这样，气候模型就能表现出气候系统各个部分与世界之间的相互作用。气候模型正是要试图表现出这种复杂的相互作用。气候模型使用建立在充分理解原则基础上的数学方程式来描述每个方格中的过程情况。随着模型所包含的要素越来越多，空间细节也越来越详细，对计算机的性能也要求更高。科学家们要使用世界上最大的一些巨型计算机来运行气候模型。

　　为了测试模型的精确性，科学家们模拟出过去的气候环境，然后再将模型结果与观察到的情况相比较。过去一个世纪所观察到的全球平均温度变化被模型较好地复制出来。温度是气候模型模拟得最为精确的变量之一。但气候模型在许多小的细节方面与现实情况还不是十分吻合。

　　随着对气候的更加了解，科学家们继续在完善气候模型，力图更好地表现之前未被完全模拟出的气候特征。只适用于解释自然过程影响（如火山喷发）的模型无法解释近年来气候的变暖，但那些能够解释人类排放的温室气体的模型却能够解释气候变暖现象。20世纪中期以后所观察到的全球平均气温的升高，很有可能是由于人类所产生的温室气体浓度的增高所致。

　　资料来源：US EPA (2012) "Future climate change：climate models." http：// epa. gov/climatechange/ science/future. html (accessed August 2012).

2011年4月，美国在一个月内遭受了前所未有的洪水、龙卷风、干旱和森林大火。美国国家和海洋大气局的国家气候数据中心自2011年起已经报道了10起损失及代价达到或超过10亿美元的天气事件，超过之前的年度最高纪录——2008年整年的8起天气事件。美国国家和海洋大气局估计2011年春夏季天气相关灾难所造成的总的财产损失和经济影响要超过450亿美元。2012年夏天，前所未有的热浪和干旱影响了美国中西部和东部的广大地区。例如在华盛顿特区，2012年的7月比历史上有记载的任何一个7月的最高气温还要高出3华氏度。近来极端天气事件所造成的严重和代价高昂的损失，说明了美国增强对气候变异变化适应能力的重要性，以减少经济破坏和防止造成生命损失。

　　气候变化的可能影响具有地理差异。虽然气候变化本质上是全球问题，但其影响在世界各地是不一样的。引起气候变化的国家和受其影响最大的国家处于一个不对等的地位上。许多温室气体排放最少的国家和城市——大都是发展中国家——却最容易受诸如海平面上升和风暴潮等气候的影响。

　　直到最近，人们围绕气候变化的争论还主要集中于全球或国家层面，城市层面常常被忽视；但在过去10年左右，该领域的研究已经极大地扩展。气候变化的两个主要影响是海平面上升和全球平均气温的上升。对城市人口的主要危害可能来自于极端天气事件如风暴潮的增加（与平均海平面的上升有关）和极端温度（与平均气温上升有关）。换句话说，气候变化不仅仅是变暖，也包括与天气相关的事件如降雨格局、冰雪覆盖和海平面上升等发生的次数和频率的增加。

　　在城市层面，不同的城市容易受气候变化影响的程度有所不同，并且存在着地理差异。例如美国的内陆城市如拉斯维加斯和丹佛的土壤侵蚀现象有所增加，水资源可利用量则有所减少。夏季的热浪和干旱会影响作物产量的类型。地下水源会变得紧张和过度使用，对水源的争会更加激烈。美国中西部和东北部的城市冬天会更加潮湿，降雪量会更大。坐落于河流之上的城市如堪萨斯城、辛辛那提、孟菲斯和萨克拉门托，其河流在春季会由于更多积雪场的融化而泛滥，但在夏末河水流量却会降低；夏季可能的水资源缺乏会影响饮用水、农业用水、发电和生态系统用水的供应。

世界上许多城市都靠海，最受气候变化影响的城市也正是那些沿海城市。阿莱士·德·谢碧宁（Alex de Sherbinin）及其同事调查了全球城市对气候危害的易受性。通过对孟买、里约热内卢和上海的调查，他们发现最近的洪灾和季风对城市贫民窟的影响要远远超出别的地方。① 之前有关灾害的那一章已经表明，即便同是城市中遭受灾害风险最大的人群，其中也是有差别的。那些住在贫民窟中没有适当住所的人群遭受危害的风险很高，那些排水系统落后的城市也是如此。婴儿和老年人更有可能无法忍受极热天气，在遭遇洪灾和泥石流的地区疏散起来也很困难。最后，城市穷人可能无法像有钱人那样应对灾害所带来的疾病、伤害和收入损失。

气候变化和城市的水

最近出现的一个重大问题是气候与水之间的关系。气候变化会对水产生重大影响，比如海平面上升和河水泛滥。世界上有超过一半的国家因为气候变化而具有发生水问题的风险。变化了的气候模式会影响本地和区域的淡水可利用量。

有几个因素会影响城市和水。首先是海平面的上升。从 1950 年到 2009 年全球平均海平面每年以大约 1.7 ± 0.3 毫米的平均速度升高。有两个主要因素导致了海平面的升高：第一个是热膨胀，也就是说当海水温度升高，其体积也会扩大。第二个是由于融化增加所导致的陆地冰块（来自冰川和冰原）。科学家报告说北冰洋的冰块快速融化的数量增多。2007 年政府间气候变化专门委员会预测在 21 世纪期间，海平面

---

① De Sherbinin, A., Schiller, A. and A. Pulsipher (2007) "The vulnerability of global cities to climate hazards." *Environment and Urbanization* 19 (1):39-64.

将会再上升 7 至 23 英寸（18—59 厘米）。但在 2011 的哥本哈根气候大会上，科学家们认为 2007 年的报告对问题太过低估了，海平面上升的速度很可能要翻倍。最近的卫星和其他数据显示，海平面每年以超过八分之一英寸（3 毫米）的速率上升——比 20 世纪的平均值还要快50％多。人们普遍认为海平面长期的大幅上升还会持续几十年。[①] 格陵兰岛和南极冰原的快速融化很可能会在 2100 年之前使海平面再升高3.5 英尺（1 米）。

海平面升高会威胁到已经非常脆弱的盐沼和其他保护城市免受暴风雨危害的沿海栖息地；更多极端天气事件所引起的强降水会增加下水道径流、降低水质以及增加水传播疾病的可能性。[②] 从更严重频繁的干旱到前所未有的洪灾以及气候变化所带来的许多最深远最直接的影响都与水有关。

这些影响包括海平面的上升、海水入侵、对渔业的伤害以及更加频繁和强烈的暴风雨。有些建立气候模型的人甚至预言广大沿海城市地区如迈阿密、伦敦、阿姆斯特丹和纽约都会被海平面上升所引起的洪水淹没。

其次，除海平面上升外，风暴和风暴潮也会在沿海城市引起洪水泛滥。许多气候专家预言气候变化会增加暴风和飓风的次数与强度。如今有 6 亿人居住在沿海地带，这些地方被称为低海拔沿海地区。三角洲和由小岛屿组成的国家尤其易受海平面上升的影响。例如，专家

---

① America's Climate Choices: Panel on Advancing the Science of Climate Change, Board on Atmospheric Sciences and Climate, Division on Earth and Life Studies, National Research Council of the National Academies (2010) "Sea level rise and the coastal environment," in *Advancing the Science of Climate Change*. Washington, DC: The National Academies Press, p. 245. http://books. nap. edu/openbook. php? record _ id = 12782&page = 245（accessed December 2011）.

② Anderson, W. and Jones, S. （2008）"The Clean Water Act: a blueprint for reform." White Paper #802Es, Center for Progressive Reform.

图 13.3 对南卡罗来纳州查尔斯顿市（Charleston）洪水的预报
图片来源：http：//www. csc. noaa. gov/digitalcoast/＿/pdf/chsflood. pdf

估计海平面上升 3.5 英尺（1 米）就会淹没孟加拉国 17％的面积。英
国东海岸的低地地区，从林肯郡一直到泰晤士河河口，遭受毁灭性风
暴潮的可能性更大。城市也有可能面临诸如越来越多的海岸侵蚀、更
大的风暴潮洪水、初级生产过程受阻、更广泛的沿海洪灾、地表水质
和地下水特征变化、财产损失和沿海栖息地消失现象的增多、越来越
大的洪灾风险和可能的生命损失、非货币文化资源和价值的损失、由
于土壤和水质下降对农业和水产业的影响以及旅游业、娱乐业和运输
功能的丧失等问题。

　　发展中国家的城市也同样易受气候变化的影响，但一些城市往往
没有能力花费数十亿美元用于适应措施。亚洲开发银行 2012 年的一份
报告指出，亚洲的特大城市遭受气候变化影响的风险更大。尽管印度
洋和太平洋许多低地岛屿——如基里巴斯和马尔代夫——颇受关注，
但气候移民们想要搬去的地方却是特大城市，而这些城市许多都极易
受到洪水和下沉的威胁。像广州、首尔、名古屋、达卡、孟买、曼谷、
马尼拉和胡志明市本已是低地地区，但均未制定计划来应对越来越多

的洪水的威胁。例如在 2011 年，泰国的卡奥湄南河流系统因暴雨泛滥，曼谷大片地区被淹；该市只是侥幸才逃脱了一场毁灭性的灾难。世界银行估计洪水给泰国造成了 460 亿美元的经济损失。泰国政府正在紧急修订政策，考虑将现在位于低地地区的工厂搬迁。

印尼的雅加达市也面临着伴随每年季风而来的洪灾的挑战。这座印尼首都位于低洼平坦的盆地地区，只比爪哇海（the Java Sea）海平面高出不到 30 英尺（10 米），很容易受到洪水的侵袭。在雨季的高峰期，洪水是个常见的问题。2007 年的洪灾淹没了雅加达将近五分之三的面积，导致 52 人丧生，经济损失将近 10 亿美元。而在此 5 年之前，也有洪水导致 60 位居民丧生，36 万人被迫离开家园。① 与世界银行合作制定的一份计划打算疏浚雅加达市的 13 条河流和 4 座水库。雅加达的许多垃圾都被直接扔进河流和水渠中，淤泥越积越多，加剧了洪灾的严重程度。雅加达正在下沉的事实也加剧了完成清理和疏浚工作的紧迫性。世界银行最近的一份报告指出，由新的摩天大楼紧压以及为满足人口增长的越来越多的地下水开采导致的地面沉降，使得雅加达下沉的速度要比爪哇海由于气候变化而海平面上升的速度快 10 倍。

应对气候变化：减缓和适应

整个 20 世纪 90 年代和 21 世纪初，许多关于气候变化的文献都视减缓和适应为一对矛盾的方法。早期对减缓方法的注重是 1992 年签署联合国气候变化框架公约的结果，该公约是最早的一批国际条约，旨在推动减少温室气体排放，接下来则是更具约束力的 1997 年《京都议定书》（Kyoto Protocol）。减缓方法的重点是减少温室气体排放以实现联合国气候变化框架公约的最终目标——即要"将大气中的温室气体浓度控制在一定水平，以防止对气候系统的人为危险干预"。例如政府

---

① *The Economist*（2012，March 17）"Asia and its floods: save our cities," pp. 48 - 50.

间气候变化专门委员会就将减缓方法定义为"人为干预以减少温室气体来源或提高温室气体的沉降率"。

　　减缓方法一方面是从气候变化的原因下手，而另一方面，适应方法则从气候变化现象的影响入手。适应方法指的是一个系统适应气候变化（包括气候变异和极端气候）、缓和可能的破坏、充分利用机会或应对后果的能力。政府间气候变化专门委员会对适应方法的定义如下：

　　　　对气候变化的适应，指的是为了应对实际或可能的气候刺激或其效应而对自然或人类系统所作的调整，从而减轻伤害或充分利用有利的机会。有各种类型的适应方法，包括预期性和反应性适应、个人和公共适应以及自主和有计划的适应。[①]

　　许多年来，减缓方法更受欢迎和关注，部分是因为适应方法带有一种宿命感，同时也隐含着对那些对高排放负有更多责任的国家的批判。比如直到 2006 年城市气候保护运动才将适应方法加入其整体战略规划。而最近一些年人们则趋向于将减缓和适应同时纳入议事日程，其原因有几个：第一个是适应能力有限，所以在城市制定适应计划的同时必须继续采取行动减缓气候变化。例如在许多地方，将社区或基础设施搬迁并不现实，尤其是短期内的搬迁。而从长期来看，光采取适应手段也不足以应对气候变化所有的预期影响。第二个原因是虽然气候变化无可避免，需要加以适应，但仍然有可能通过改变人类行为来减少这种变化的严重性。最近几年的研究发现，有越来越多的议事

---

　　① International Panel on Climate Change (2012) "Glossary of terms," in *Managing the Risks of Extreme Events and Disasters to Advance Climate Change Adaptation*, C. B. Field, V. Barros, T. F. Stocker, D. Qin, D. J. Dokken, K. L. Ebi, M. D. Mastrandrea, K. J. Mach, G. —K. Plattner, S. K. Allen, M. Tignor and P. M. Midgley (eds.). Cambridge and New York: Cambridge University Press, pp. 555 - 64. http: //www. ipcc. ch/pdf/special—reports/srex/SREX—Annex _ Glossary. pdf (accessed September 2012).

日程既注重减少温室气体排放，也做好了面对不可避免变化的准备。

各级政府都正在执行同时针对减缓和适应方法的政策。但尽管证据确凿，仍然有人抵制作出任何改变。有人抵制对气候变化的减缓或适应方法是因为他们相信这会造成经济资源耗竭。有人认为我们无法满足制定气候变化政策的财政需求。针对这一论点，泰德·诺德豪斯（Ted Nordhaus）和迈克·舍伦贝格尔（Michael Schellenberger）已就该问题制定出了一个方案，使其成为新经济战略的一个机遇。在美国参议院就气候问题立法失败（第三次失败）以及无法执行碳排放交易体系之后，诺德豪斯和舍伦贝格尔主张气候政策不应当着重于通过立法让矿物燃料更贵，而应当是让清洁能源更便宜。他们认为气候变化不是像酸雨或局部水污染那样可以通过立法解决的"环境问题"——即像《京都议定书》那样的限额交易项目。① 相反，气候变化是一种无所不包的威胁，需要对我们的全球能源系统作出改变，这种改变应当比立法所能实际达到的效果更加彻底。两位作者充满激情地写道：环境可持续性绿色科技和绿色职业可以提供机会来弥补减少温室气体排放所付出的代价。②

减缓方法

许多城市在面对气候变化时都注重减缓方法。减缓方法主要是通过减少排放源或增加沉降率来减少温室气体的浓度。减缓方法可以分为几大类，包括减少矿物燃料的使用（通过使用替代能源）、提高能源使用效率和节约使用能源以及促进碳汇。通过特定策略和政策可以有多种方式加以实现，其中一些在表13.3中被加以突出。大多数减缓措施

---

① 但是要记住限额交易项目是在联邦层面上进行的，城市层面无法控制这些类型的反应。

② Nordhaus，T. and Schellenberger，M.（2007）*Break Through：From the Death of Environmentalism to the Politics of Possibility*. Boston，MA：Houghton Mifflin Company.

都属于这几大类，包括低碳能源、碳储存、碳科学和碳政策。例如斯蒂芬·帕卡拉（Stephen Pacala）和罗伯特·索科洛（Robert Socolow）对减少碳排放的三角拼块的讨论就提供了通过对人类活动如交通工具的使用、燃料管理和发展核能的基本改变来减缓温室气体排放的众多方式。[①] 尽管对这些措施在 2050 年之前所能带来的巨大成效有着透彻的分析，但一些减缓策略仍然颇受争议，特别是那些推动核能发展的策略。近来人们对具有倍数效应的减缓措施更加重视。比如绿色建筑一直是可持续性和气候变化讨论的固定议题，因为它们与能源节约和雨水径流相关。同时，由于气候变化减缓本质上是要减少温室气体排放，因此减缓措施也会对公共健康和生态系统产生积极的附带作用。

表 13.3　部分气候变化减缓措施

使用替代性能源
- 可再生能源如太阳能、水力发电和生物燃料
- 核能
- 对发电厂和工业源的二氧化碳捕集和碳封存

提高能源使用效率，节约能源
- 交通
  - 提高车辆效率（包括使用混合动力或零排放汽车）
  - 减少行驶里程数
  - 鼓励使用自行车
  - 促进公共交通的发展
- 城市规划和建筑设计
  - 鼓励建造绿色建筑和绿色屋顶
  - 提高建筑的能源效率

沉降和节约
- 植树和重新造林

---

① Pacala，S. and Socolow，R.（2004）"Stabilization wedges: solving the climate problem for the next 50 years with current technologies." *Science* 13 (5686): 968 – 72.

适应方法

从某种层面上来说，适应方法就是要确保城市的基础设施，无论是建筑、工业设备还是道路和排水系统，要尽可能不受未来可能的气候变化的太多影响，并且要尽可能地灵活才能提供应对未来实际气候变化高度不确定性的能力。而在另一种层面上，适应方法还包括在落实相关制度体系时要注重“适应性”——比如城市规划部门在进行各项规划活动时都要将适应性要求考虑进去。① 适应包括了对变化和增强顺应力的反应措施。适应策略包含了以下措施：

• 在复杂性和不确定性面前作出决策和计划；

• 识别、评估、优先考虑和管理与气候变化相关的风险；

• 让社会参与到风险管理过程中来；

• 确保制定和交流风险处理选择以及执行计划决策方面的透明度；

• 培养在协商中的领导能力和文化变迁，以确保制定出战略方法来管理优先级别的风险/机会。②

最近的研究强调了我们需要加强对城市地区气候变化易受性和适应性的理解。这在拥有大量城市贫民的发展中国家城市尤为重要。托马斯·坦纳（Thomas Tanner）及其同事评估了10座亚洲城市的气候变化的顺应性。③ 他们发现那些决心要改善状况和增强气候变化顺应性的城市一个重要的特征就是将穷人和边缘群体纳入到决策、监管和

---

① Cities for Climate ProtectionAustralia Adaptation Initiative (2008) “Local Government Climate Change Adaptation Toolkit.” http://www.iclei.org/fileadmin/user _ upload/documents/Global/Progams/CCP/Adaptation/Toolkit _ CCPAdaptation _ Final. pdf (accessed September 2012).

② Cities for Climate Protection Australia Adaptation Initiative, “Local Government Climate Change Adaptation Toolkit.”

③ Tanner, T., Mitchell, T., Polack, E. and Bucnther, B. (2009) “urban governance for adaptation: assessing climate change resilience in ten Asian cities.” Institute of Development Studies at the University of Sussex, Brighton, Working Paper #315.

评估的过程中来。

各国政府现在认识到大多数的气候适应都发生在地方层面。国家研究委员会 2011 年的一份报告《美国的气候选择》(*America's Climate Choices*) 指出，美国社会已经在经历各种气候变化，包括更为频繁和极端的降水、森林大火更长的持续时间、积雪场的减少、酷热天气、海洋温度升高以及海平面上升。2011 年对来自所有 50 个州的 396 名市长的调查发现，其中有超过 30% 在制定规划和改良法案时已经将气候变化的影响纳入考虑之中了，这表明地方上对气候变化风险的担忧也在增加。① 例如芝加哥市预测在未来气候会更加的炎热潮湿，因此已经采取了适应措施，如用可渗透性材料重新铺设小巷路面以应对更多的降雨，减少洪灾风险，并且还通过植树来适应更为炎热的环境。② 即使是一些小城市也在制定适应计划。密歇根州大急流城市长格雷格·哈特维尔（Greg Heartwell）说道：

> 大急流城正在应对各种气候相关问题如极热天气和更强的降水所带来的威胁。我们将这些气候策略视为负责任管理的延伸和对城市未来繁荣的必要投资。作为一个内陆集水区城市，我们主要集中恢复和保持格兰德河（Grand River）的高水质，在合流下水道分离工程上投资了超过 2.40 亿美元。这能让我们做好现在和

① US Conference of Mayors (2011) "Clean energy solutions for America's cities: A summary of survey results prepared by GlobeScan Incorporated and sponsored by Siemens." www. usmayors. org/cleanenergy/report. pdf (accessed August 2012).

② Interagency Climate Change Adaptation Task Force (2011) "Federal actions for a climate resilient nation." http://www. whitehouse. gov/sitcs/dc-fault/files/microsites/ceq/2011_ adaptation _ progress _ report. pdf (accessed August 2012).

未来应对越来越多的降水的准备。①

方框 13.3
城市气候保护运动

从 1993 年创立起，城市气候保护运动就成为地方环境计划委员会——现名为地方政府可持续性组织——的气候行动中心计划。这个分为五阶段的计划被认为是城市气候保护运动的特色之一。在这个计划框架内，参与城市要对各个地方政府的代表作出政治承诺，做到以下几点：

1. 测量温室气体的排放，不管是来自当地政府的管理行为（政府排放）还是来自其所服务社会的行为（社会排放）；

2. 承诺减排目标，设定基础年度和目标年度；

3. 在政府和社会层面制定行动计划（如提高建筑和交通的能源效率，引进可再生能源以及可持续性的废物管理），以达到承诺的减排目标；

4. 执行当地的气候行动计划；

5. 监测减缓行动所取得的减排效果。

随着城市气候保护运动 20 世纪 90 年代初在美国、澳大利亚和欧洲的快速发展，该运动也于 20 世纪 90 年代末在南亚、拉丁美洲和非洲被用来启动城市温室气体排放减缓行动。核算和监测城市温室气体排放的软件工具的使用、能力的增强和训练活动，以及城市之间和网络学习的支持，都是城市气候保护运动得以影响城市气候变化减缓行动的关键因素。

全球城市温室气体排放的经验使得地方环境计划委员会（ICLEI）得出一个理念，即需要将地方政府排放清单标准化。因此

---

① Interagency Climate Change Adaptation Task Force，"'Federal actions for a climate resilient nation."

在 2009 年的时候，国际地方政府温室气体排放分析协议的第一个版本被制定了出来，该协议所遵循的原则与之前世界资源研究所/世界可持续发展委员会温室气体协议所修订的相一致。

资料来源：International Council for Local Environmental Initiatives（n. d.）"Cities for Climate Protection programme." http：//www. iclei. org/index. php? id = 10828（accessed September 2012）.

城市现在纷纷在制定适应气候变化的计划，这些计划包含了各种范例和策略，其中一些在表 13.4 中被着重列出。

虽然城市在适应气候变化方面起到了带头作用，但还是需要联邦政府来提供各类项目的资金支持。例如，沿岸城市正在制定计划将水利和排水基础设施搬迁到地势较高的地方。对那些不是很富裕的小城市来说，如果没有联邦政府的拨款，这将会是一个沉重的经济负担。

2009 年，巴拉克·奥巴马总统创建了跨部门的适应气候变化工作组。工作组的职责是评估帮助联邦政府理解和适应气候变化的关键步骤。所有的联邦部门都被要求评估气候变化影响部门任务和运行的程度，识别减少风险所需的调整，避免无谓的代价并要充分利用机会。应急管理和负责公共卫生的部门也要着重制定计划来减少气候变化给社会带来的风险；那些负责基础设施的部门要着重制定计划来增强顺应力，将破坏减小到最低程度；负责特定行业（如农业、能源）的部门要着重关注气候变化给生产和安全带来的风险。例如，2011 年美国环保署宣布将在 2012 年完成一份气候变化适应计划。环保署内的每个项目和区域办公室都将制定一份实施计划，概括气候变化对各自任务、运作和项目的影响，并且要执行整个部门计划所提出的工作要求。

表 13.4 适应方法举例

沿海城市的适应方法	为地势低洼地区确定和改进疏散线路和疏散计划,以做好应对风暴潮和洪灾增多的准备。
	护岸技术和空地保护让海滩和沿岸湿地随着海平面上升逐渐向内陆移动。
生态系统适应	保护和增加迁徙走廊,让各物种能够随气候变化迁徙。
	促进对陆地和野生生物的管理以增强生态系统的顺应力。
能源	提高能源效率以抵消能源消耗的增加。
	加固能源生产设施以抵御增多的洪灾、大风、雷电和其他与风暴相关的灾害。
人体健康	实行预警机制和应激反应计划,以为极端天气事件在频率、持续时间和强度方面发生的变化做好准备。
	在城市中植树和扩建绿地,以缓和气温增高效应。
水资源	提高用水效率,增强补给水贮存能力。
	保护和修复溪岸河堤,以确保水质,保护水量。
基础设施	将风险较大的水利和排水基础设施搬迁。

资料来源:US EPA (2012) "Adaptation overview." http: //www. epa. gov/climate-change/impactsadaptation/adapt-overview. html (accessed August 2012).

有迹象表明,联邦部门在气候适应方面正在与城市展开合作。佛罗里达东南部的一些城市如迈阿密和棕榈滩已经经历过极端天气、海平面上升以及风暴潮时排水系统和海堤遭受破坏的影响了。随着海平面持续上升,以及未来更加强烈的飓风和暴雨,该地区会面临更多洪灾、安全供水短缺、基础设施被破坏和自然资源退化的风险。作为应对措施,布劳沃德县(Broward)、迈阿密戴德县(Miami-Dade)、棕榈滩和门罗县(Monroe Counties)都于 2010 年加入了佛罗里达东南部地区气候变化条约来共同面对这些威胁。地方和地区的联邦部门办公室——包括美国国家海洋和大气局、美国地质勘探局和美国环保署——都支持这些县市的地区气候变化适应计划。例如,美国陆军工程兵团和美国国家海洋和大气局都提供技术支持以评估未来海平面上升的威胁。美国地质勘探局采用了先进的水文模型，并且对与海水侵入地下水和洪灾风险相关的项目提供财政支持。美国环保署则提供协调支持，帮助缔约城市获取关键技术、计划和项目方案。①

气候计划

气候学者承认虽然国家和国际政策在减少温室气体排放方面发挥着重要作用，但这些政策要想实现大幅减少大气中的温室气体浓度和全球平均气温可能还需要半个世纪的时间。更重要的是，气候变化的影响在地方层面最容易感受到。应对这些影响需要制定以地方为基础的策略。②

哈里特·巴尔克利（Harriet Bulkeley）和米歇尔·贝特西尔（Michele Betsill）认为城市是应对气候变化的重要舞台，因为城市消耗着大量能源，产生了大量垃圾；地方政府也一直在应对可持续性发展的问题；地方政府可以通过发展小型示范工程来发动各界力量一起来应对气候变化；并且地方政府在处理能源管理、运输和规划领域内的各类环境影响时更为专业。③ 巴尔克利和贝特西尔指出，有证据表明正在出现应对城市气候变化的"新浪潮"，这种新的趋势更加注重适应

① Interagency Climate Change Adaptation Task Force, "Federal actions for a climate resilient nation."

② Center for science in the Earth System (The Climate Impacts Group) Joint institute for the Study of the Atmosphere and Ocean University of Washington and King County, Washington (2007) *Preparing for Climate Change: A Guidebook for Local, Regional and State Governments.* Seattle, WA: Center for Science in the Earth System, p. 29. http://www. iclei. org/fileadmin/user _ upload/documents/Global/Progams/CCP/Adaptation/ICLEI-Guidebook—Adaptation. pdf (accessed April 23, 2012).

③ Bulkeley, H. and Betsill, M. (2005) *Cities and Climate Change: Urban Sustainability and Global Environmental Governance.* New York: Routledge.

方法，并努力涵盖更大范围的城市。

许多城市已经落实了强有力的地方政策和计划以减少全球变暖污染，但在地方、州和联邦的层次上还需要作出更多的努力来迎接挑战。2005 年 2 月 16 日，作为应对气候混乱的国际协议《京都议定书》签署，目前已在签约的 141 个国家生效。作为回应，一些城市如西雅图和伦敦的市长呼吁要采取更为彻底的地方行动来减少全球变暖污染。

2005 年 3 月西雅图市长格雷格·尼克尔斯（Greg Nickles）和 9 位其他美国城市的市长代表 3 亿多美国人共同邀请全美的城市一道采取更多的行动以大幅减少全球变暖污染。3 个月后的 6 月，市长气候保护协议在美国市长会议上获得一致通过。市长气候变化保护协议主要是由于布什政府拒绝签署《京都议定书》而得以产生，因此具有重要的意义。在缺乏国家领导的情况下，城市自己承担起了缔约协议的责任。该协议要求缔约城市必须完成下列三项行动：

1. 在各自地区通过从防止蔓延的土地利用政策到城市树林再造工程，再到公共环保宣传等各类行动来实现或超越《京都议定书》所设定的目标。

2. 敦促各自的州政府以及联邦政府制定政策和计划，以实现或超越《京都议定书》为美国所设定的温室气体减排目标——即到 2012 年将 1990 年的排放水平减少 7％。

3. 敦促美国国会通过温室气体减排法规，从而建立全国的排放权交易系统。

截至 2012 年，加入市长气候变化保护协议的已经有来自美国 50 个州、哥伦比亚特区和波多黎各的 1 054 位市长，其所代表的总人口超过 8 800 万人。许多美国城市也开始制定地方环境法规，这些法规要么超过了美国环保署的标准，要么就如同市长气候变化保护协议那样是在缺乏国家领导的情况下产生的。有时国家环保组织也会领导行动，例子之一就是塞拉俱乐部的"凉爽城市"计划（方框 13.4）。

对气候变化应对措施市长层面的领导不只美国才有，2005 年 10 月，约 20 个城市的代表齐聚伦敦参加世界城市领导气候变化峰会，该峰会是由伦敦市长肯·利文斯通（Ken Livingstone）组织的。会议启动了对气候变化紧迫问题的国际合作，将采取最有效而彻底的行动以适应和减缓气候变化的城市领袖会聚到一起，与世界其他地区交流想法并提供指引。大会的一个成果就是"C40"集团的成立。

方框 13.4

塞拉俱乐部的"凉爽城市"计划

塞拉俱乐部是美国最大的基层环保组织之一，该组织于 2005 年启动了"凉爽城市"计划。该计划是指社区成员、组织、企业和地方领导之间相互合作来执行清洁能源方案，以节约财政、创造就业并帮助遏制全球变暖。从计划启动以来，有超过 1 000 座城市承诺要遏制碳足迹。

塞拉俱乐部显然认识到了国家政府在领导气候变化应对方面的持续无能，指出：

> 当联邦政府无力采取行动解决气候变暖问题时，"凉爽城市"计划却提供了机会和路线图来努力实现我们共同的愿景，即未来在我们生活的城市使用安全清洁的能源。

"凉爽城市"计划有两个主要目标：第一个是要鼓励城市（最终是州和联邦政府）采取行动使用智能能源方案以减少导致全球变暖的排放。"凉爽城市"计划着力于减少建筑的能耗，并与美国绿色建筑协会保持合作关系。该计划还重点关注能源和交通运输。这方面的工作包括使用更清洁能源的交通运输、节能建筑和使用可再生能源。第二个目标是要在塞拉俱乐部以外激励、支持和增强地方的志愿者行动和影响。"凉爽城市"计划设定了 5 个阶段性目标。参加计划的城市要做到：

1. 开展"凉爽城市"运动；

---

2. 吸引社区加入；

3. 签署城市保证书；

4. 执行初步解决方案；

5. 执行先进的智能能源节约方案。

"凉爽城市"计划的一个范例就是弗吉尼亚州的黑堡镇。黑堡拥有将近 43 000 个居民，其中大约一半是弗吉尼亚理工学院的学生。自从 2006 年"可持续黑堡"开始组织正式运动以来，该镇已经完成了"凉爽城市"计划 5 个阶段性目标中的 4 个。其中最值得注意的一些方案包括用 LED 灯来取代交通信号灯，对市政建筑实行能源审查并作出必要改变以减少能耗，为城镇公共交通购买 5 辆福特翼虎混合动力汽车，在居民区收集树叶交给园艺师使用，增加居民区和企业的资源回收利用。

资料来源：Sierra Club（2012）"About Cool Cities." http：//coolcities. us/about. php?sid=595c47f7394e0a1ea35b5ed95c3d5960（accessed April 2012）. Sierra Club（2012）"City profile：Blacksburg，VA." http：//coolcities. us/cityProfiles. php? city=708&state=VA（accessed April 2012）.

"C40"集团是世界上最大的致力于应对气候变化以减少碳排放、增加全球大城市能源效率的组织。"C40"集团成员城市包括：曼谷、柏林、波哥大、布宜诺斯艾利斯、开罗、加拉加斯、芝加哥、德里、达卡、休斯敦、伊斯坦布尔、雅加达、约翰内斯堡、伦敦、洛杉矶、马德里、墨尔本、墨西哥城、莫斯科、纽约、巴黎、费城、罗马、圣保罗、首尔、东京和多伦多。小一些的成员城市包括：奥斯汀、巴塞罗那、哥本哈根、库里蒂巴、海德堡、新奥尔良、波特兰、鹿特丹、盐湖城、旧金山、西雅图和斯德哥尔摩。

这些城市网和协议的一个产物就是城市气候计划的创建。大多数气候计划同时采用减缓和适应方法。例如 2007 年时伦敦通过了自己的气候变化行动计划，概括提出了众多措施以在 2025 年以前为伦敦节省

2 000 万吨碳。① 该计划主要围绕 4 个方面：绿色房屋、绿色组织、绿色能源和绿色交通。

伦敦市长肯·利文斯通宣布 3 年内将在现有的今年大伦敦市政府财政中重新优先划拨 7 800 万英镑用于启动这些项目。利文斯通说：

> 该计划所设定的行动非常彻底——是我所知的所有城市中最全面的一个。但这些行动还需要政府进一步行动的配合。仅仅口头谈论气候变化或纯粹采取象征性的行动是完全不够的。该计划为未来 20 年伦敦应对气候变化的全面规划开了一个头。②

伦敦实行了许多创新性政策。全球主要城市中只有伦敦实现了从私家车向使用公共交通、自行车和步行的转变，从而控制住了来自道路交通的排放。这部分是由于向进入伦敦市中心的汽车收费的开创性举措，这项措施让该地区的碳排放减少了 16%。伦敦拥堵费是向 7 时至 18 时（仅限周一至周五）在伦敦市中心拥堵费区域运行的大部分机动车征收的费用。这项费用于 2003 年开始征收，至今仍然是世界上最大的拥堵收费区之一，其目的是要减少拥堵并为公共交通筹集资金。汽车每天要缴纳 10 英镑（将近 15 美元）。由于这项措施，私家车的使用量有所下降，过去几年所监测到的空气质量显示二氧化氮、颗粒物和二氧化碳的含量已经比 2003 年之前的水平有所降低。此外，伦敦还制定了雄心勃勃的目标，要将二氧化碳降至远低于英国和其他国家的

---

① Greater London Authority（2007）"Action today to protect tomorrow: the Mayor's Climate Change Action Plan." http://legacy. london. gov. uk/mayor/environment/climate - change/docs/ccap _ summaryreport. pdf（accessed April 23，2012）.

② London. gov. uk（2007）"Mayor unveils London Climate Change Action Plan." http://www. london. gov. uk/media/press _ releases _ mayoral/mayor - unveils - london - climate - change - action - plan（accessed August 2012）.

水平（图 13.4）。

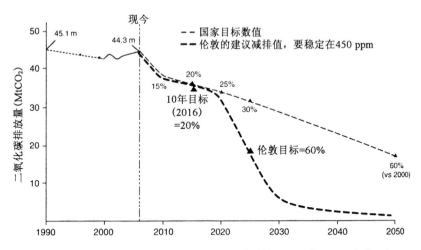

图 13.4　伦敦气候行动计划要求让二氧化碳的减排量超过英国所设定的目标
图片来源：London's Climate Action Plan at：http：//www. london. gov. uk/thelon-
donplan/climate

　　许多欧洲城市在制定气候行动计划方面都已走到了前列，包括阿姆斯特丹，详情请见方框 13.5。
　　纽约市在其 2007 年的气候计划中制定了在 2030 年以前让城市范围内的温室气体排放量比 2005 年减少 30％的目标。2009 年纽约市报告说，城市范围内的温室气体排放值要低于 2008 年的水平，是有记录以来第一年温室气体排放量有所降低。和许多城市一样，纽约市的温室气体排放主要来自交通运输消耗的能源和建筑消耗的能源。纽约市大约有 78％的温室气体排放与为建筑提供取暖、制冷、电力和照明有关，还有 20％与交通运输有关。所以纽约市的气候计划着重从减少能源使用入手也就不足为怪了。与纽约市相似，芝加哥也于 2008 年通过了芝加哥气候行动计划。总的目标是要将温室气体排放在 1990 年水平的基础上减少 80％。计划分为五大主体战略，主要着重于减缓气候变化的方法，对适应方法关注不多。芝加哥建议通过用更节能的技术改造老旧建筑、投资清洁和可再生能源以及减少垃圾和工业污染来降低温室气体排放。为了改善交通，芝加哥高速运输管理局引进了 200 多辆混合动力公交车，占到整个城市公交车总数的将近 13％。该计划还考虑了适应方法，着重于气候变化对芝加哥影响最大的两个方面：酷热天气和降水减少。为了应对越来越多的城市热岛效应，芝加哥承诺要栽种 10 000 多棵树木。从 2008 年起该市还增加了 55 英亩的可渗水地表面积。①

方框 13.5

阿姆斯特丹：在减缓和适应方法之间取得平衡

阿姆斯特丹海拔仅比北海海平面高出不到 10 英尺，极易受到气候变化（主要是海平面上升）的可能影响。为了应对越来越大的威胁，阿姆斯特丹实行了减缓和适应方法的平衡措施。结果阿姆斯特丹在这些方案的很多方面都成为世界的领导者。

2005 年左右，阿姆斯特丹创新运动启动了阿姆斯特丹智能城市计划，旨在减少温室气体的排放。该计划推广使用燃料电池来降低能源消耗。这类技术已在市中心一些地区进行试运行，其目的是要将二氧化碳排放减少 50％。阿姆斯特丹还实行了一些改善公共建筑能耗的计划，要求市政建筑在 2015 年之前做到能耗适中。该方案包括通过门户网站来测量能源使用，目的是要提高对日常能源消耗的意识。最后，阿姆斯特丹还可以充分发展已有的自行车文化。大约有 75％的阿姆斯特丹人至少拥有一辆自行车。

除了在减缓气候变化方面所做的努力，阿姆斯特丹还在准备采

---

① City of Chicago（2008）"Chicago Climate Action Plan." http：//www. chicagoclimateaction. org/fitebin/pdf/finalreport/CCAPREPORTFINALv2. pdf（accessed March 15，2012）；and also City of Chicago（2010）"Chicago Climate Action Plan：Progress Report 2008—2009." http：//www. chicagoclimateaction. org/filebin/pdf/CCAPProgressReport. pdf（accessed March 15，2012）.

取适应方法来应对不久的将来无可避免的气候变化。例如，2011 年阿姆斯特丹的新西区提交了一份适应行动计划。随着未来冬季越来越潮湿，夏季越来越干燥，以及全年气温的升高，该计划提出了几个方案来应对这些变化。其中一个提案建议绘制一张全面的气候变化影响图来凸显出最易受影响的城市地区。然后要着重确保每一项与区域相关的政策都包含一些对气候变化的适应，如减少当地洪灾，将那些由于长期干旱而导致老旧基础结构裸露的建筑加以改造。全市各个机构所提交的众多文献表明，阿姆斯特丹非常重视气候变化的影响，并且打算对未来的变化尽可能地做好充分准备。

资料来源：(2012) "Amsterdam Smart City." *Amsterdam Innovation Motor and Liander*. http.//www. amsterdamsmartcity. nl (accessed March 2012).

小结

城市气候计划只是相对比较近的时期发展起来的，许多只是行动的初始蓝图而已。在未来几年，城市很可能会进一步制定气候计划以求在减缓和适应策略方面达到更好的平衡。气候变化与城市息息相关，该领域的研究和政策在未来几年依旧会具有重要的意义。

延伸阅读指南

ActionAid (2006) *Unjust Waters：Climate Change，Flooding and the Protection of Poor Urban Communities—Experiences from Six African Cities*. London：ActionAid.

Aerts, J., Botzen, W., Bowman, M., Ward, P. and Dircke, P. (eds.) (2011) *Climate Adaptation and Flood Risk in Coastal Cities*. London and New York：Routledge.

Bicknell, J. , Dodman, D. and Sattherwaite, D. (eds.) (2009) *Adapting Cities to Climate Change, Understanding and Addressing the Development Challenges.* London: Earthscan.

Bulkeley, H. (2012) *Climate Change and the City.* London and New York: Routledge

Bulkeley, H. and Betsill, M. (2005) *Cities and Climate Change: Urban Sustainability and Global Environmental Governance.* New York: Routledge.

Girardet, H. (2008) *Cities, People. Planet: Urban Development and Climate Change.* 2nd edition. Chichester: Wiley Academic Press.

Nordhuas, T. and Schellenberger M. (2007) *Break Through: From the Death of Environmentalism to the Politics of Possibility.* Boston, MA: Houghton Mifflin Company.

Rosenzweig, C. , Solecki, W. D. , Hammer, S. A. and Mehrotra, S. (eds.) (2011) *Climate Change and Cities: First Assessment Report of the Urban Climate Change Research Network.* Cambridge: Cambridge University Press.

Sherbinin, A. , Schiller, A. and Pulsipher, A. (2007) "The vulnerability of global cities to climate hazards. " *Environment and Urbanization* 19 (1): 39-64.

Stone Jr. , B. (2012) *The City and the Coming Climate: Climate Change in the Places We Live.* Cambridge: Cambridge University Press.

第十四章　垃圾

　　垃圾是个基本的城市问题。垃圾的收集和处理问题以及与垃圾相关的环境危害持续给众多城市带来挑战。垃圾问题深层的社会和文化价值观使得垃圾改革远远落后于水和空气污染的改革。本章将探讨城市如何面对垃圾，人均商品和资源消费的加快如何增加了固体废物的产生，以及新的技术尤其是那些化工行业方面的技术如塑料，是如何根本改变了垃圾的成分，给环境带来了新的挑战和问题。发达国家城市人均垃圾产生的速率很高，而回收率却很低，属于正式经济的一部分。此外，许多城市想方设法将垃圾"出口"到发展中国家。本章第二部分将探讨发展中国家城市的垃圾状况。许多发展中国家面临着相似的垃圾问题，虽然其人均垃圾的产生量要少一些。许多城市在确保垃圾的收集和处理不会对环境和健康造成危害方面的方法不多。有趣的是，大部分发展中国家城市的垃圾回收利用率很高，因为城市贫民会将可回收垃圾分拣出来，这属于非正式经济的一部分。

美国的垃圾处理趋势

　　这一节将重点关注美国城市，因为美国的人均垃圾产量要高于世界其他国家。美国的垃圾产量占全世界的大约 30%（而美国人口只占世界人口的 5%）。如今美国每天的人均垃圾产量约为 4.43 磅，其中被回收利用和用作化肥的只有约 1.51 磅。这些比率都是发达国家中最高的。与之相比，瑞典的垃圾产生率（每天人均磅数）为 3.1，德国为 3.5，英国为 3.4。美国城市的垃圾问题要比其他任何地方更严重。

　　固体废物的定义是"对人类无明显、明确或重要的经济价值或有用价值，被有意扔掉处理的物质"。和空气污染与水污染不一样的是，固体废物必须要收集起来进行处理。城市固体废物的分类包括两大主要废物流所产生的废物：住宅废物和商业/机构废物。住宅废物（包括来自公寓楼的废物）占总的城市固体废物的 60% 至 65%。来自企业、学校、医院和建筑工地的废物占 35% 至 40%。表 14.1 列出了不同的废物来源。

表 14.1　城市固体废物的来源和种类

来　源	典型废物制造者	固体废物种类
住宅	单家庭和多家庭住处	食品废物、纸、塑料、纺织品、皮革、庭园废物、玻璃、金属、灰烬、体积较大物品（如冰箱、轮胎和有害废物）
工业	制造厂、建筑工地、发电厂和化工厂	包装、食品废物、建筑材料、有害废物、灰烬、炉渣、废料、尾渣、特殊废物
商业	商店、宾馆、餐馆、市场、办公大楼	纸、硬纸板、塑料、食物废物、玻璃、金属、特殊废物
机构	学校、医院、监狱	除医疗废物外与商业来源一样
建　筑　和　拆除工地	新的建筑工地、道路维修、翻新工地、建筑拆除	木头、钢铁、混凝土、泥土
市政业务	街道清扫、景观美化、公园、海滩、污水处理厂	污水处理厂的淤泥、景观和树木修剪、来自公园的一般废弃物

资料来源：美国环保署

在美国战后时期，经济的繁荣衍生出一种"一次性"文化，产生出的废物急增。新材料如塑料、其他合成产品和有毒化学物不断进入垃圾填埋场。此外，包装业的新变化也创造出无数使用期限短暂的商品。1955 年至 1965 年间纽约市的人均垃圾量增长了 78％，1958 年至 1968 年间洛杉矶的人均垃圾量也增长了 51％。[1] 到 20 世纪 60 年代，固体废物已经成为重大的环境问题，陆地污染与空气污染和水污染一道，成为国家不得不关注的三大难题。[2] 1969 年美国收集了 3 000 万吨的纸和纸制品、4 000 万吨的塑料、1 亿个轮胎、300 亿个瓶子、600亿个罐头盒和数百万吨的草、树木的修剪部分、食品废物、污水污泥。[3] 2010 年美国产生了大约 2.5 亿吨的垃圾，其中超过 8 500 万吨被回收利用或用作肥料，[4] 约 1.36 亿吨被丢弃在垃圾填埋场。这个数量比 20 世纪 60 年代增长了 60％。2011 年光是纽约市每天就收集了 1 200吨垃圾和回收物品，而全年总量达到 32 亿吨。[5] 图 14.1 展示了从1960 年到 2010 年城市固体废物的增长趋势。好的消息是被丢弃在垃圾填埋场的物质在 2005 年已达到最高值，随着城市开始执行更为有效的回收利用和堆制化肥计划，固体废物数量也开始下降。1960 年，美国城市回收利用了大约 5％的废物，2010 年则回收了大约 34％的废物。根据美国环保署 2010 年的报告，美国有大约 9 000 个路边回收利用项

---

① Melosi，M.（2000）*The Sanitary City：Urban Infrastructure in America from Colonial Times to the Present*. Baltimore，MD：Johns Hopkins University Press，p. 339.

② Melosi，*The Sanitary City*，p. 338.

③ Melosi，*The Sanitary City*，p. 340.

④ US Environmental Protection Agency（2010）"Municipal solid waste generation，recycling，and disposal in the United States：facts and figures for 2010." http：//www. epa. gov/osw/nonhaz/municipal/pubs/msw＿2010＿rev＿factsheet. pdf（accessed July 2012）.

⑤ Department of SanitationNew York（2011）*Annual Report*，2011. http：//www. nyc. gov/html/dsny/downloads/pdf/pubinfo/annual/ar2011. pdf（accessed July 2012）.

目和大约 3 100 个社区堆制化肥项目。①

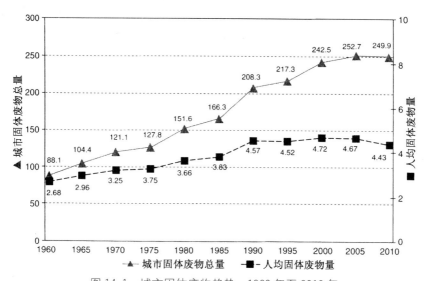

图 14.1　城市固体废物趋势，1960 年至 2010 年

图片来源：US EPA（2010）"Municipal solid waste generation，recycling and disposal in the United States：facts and figures for 2010."

　　20 世纪上半叶，大部分垃圾就这样被扔在"露天"垃圾场里。露天垃圾场是景观中的自然或人为洼地。露天垃圾场造成的危害包括火灾和许多化学物质浸入土壤或地下水中，还会带来其他健康和安全问题。人类粪便物也是城市废物中常见的。被废物吸引过来的昆虫和啮齿类动物会传播疾病，如霍乱和登革热。美国环保署已经确认了 22 种与固体废物处理不当有关的人类疾病。② 直到最近，露天垃圾场才得到了管理。

　　在战后时期，卫生工程方面的进步，尤其是美国陆军工程兵团所做的工作，改进了露天垃圾场，为适当的卫生掩埋建立了标准。当代

　　①　US Environmental Protection Agency，"Municipal solid waste generation，recycling，and disposal in the United States."

　　②　Urban Development Unit，World Bank（1999）*What a Waste：Solid Waste Management in Asia*. Washington，DC：World Bank，p. 18.

的垃圾填埋是一项巨大的工程成就，包括使用不渗水的黏土层或合成衬里和管网来收集沥出物和甲烷以作为能源。垃圾填埋场的位置要根据水系型、风力、与城市的距离、降雨、土壤类型以及地下水位的深度来定。从 20 世纪 50 年代起，大部分的美国城市都对家庭垃圾的收集和处理收取服务费。最普遍的处理方式是地面处理。截至 20 世纪 60 年代，大多数城市都已取缔了露天垃圾场，将其视为危险，会对健康造成威胁，而将垃圾填埋看作是解决垃圾问题的方法。

20 世纪后期科技的进一步发展也给垃圾收集和处理提供了帮助。人们发明了垃圾压缩车，能将废物压缩 30%，使得路边便利回收量更大。私人住宅中也有类似的压缩系统。可以磨碎食品废物的家用垃圾处理机曾被当作可以彻底消除家庭垃圾的技术加以推广；而实际上这种垃圾处理只是将污染问题从路边便利回收站转移到污水处理厂而已。而中转站——就是一些垃圾收集点，卡车在那里将垃圾卸入更大的车辆或临时贮存设施——的发展和使用提高了工作效率，有助于垃圾的分拣。[1] 技术上的"改进"通常只能解决一部分问题，或者有时会减轻问题的严重程度，但却很少能够解决产生废物的深层问题。

垃圾危机?

尽管垃圾处理技术有所改进，但固体废物的问题仍然越来越严重。过去 30 年，许多城市经历了"垃圾危机"。许多垃圾填埋场已经或即将达到最大负荷。1988 年美国有 7 924 个垃圾填埋场，虽然平均填埋场规模有所增加，但 2000 年时仍有 2 216 个。[2]2010 年时只有 1 908 个垃圾填埋场。虽然填埋场的总数随着时间推移而减少，但全国的总填埋能力却未显著改变，因为以往的城市固体废物填埋场往往是面积小

---

[1]　Melosi，*The Sanitary City*，p. 343.

[2]　US Environmental Protection Agency（1999）" National source reduction characterization report for municipal solid waste in the United States." www. epa. gov/osw，p 15.（accessed February 2000）.

数量多。许多这类填埋场都因为要达到新的联邦和州法规要求的成本太高而被迫关闭。老的填埋场被新的更大的填埋场所取代。虽然美国环保署认为现有的填埋场容量已经足够,但其实存在着地区差异,有的城市根本就没有当地的垃圾填埋场。

垃圾危机也存在着地理差异。美国东北部、新英格兰地区和中大西洋地区的城市倾倒垃圾的空间正在逐渐耗尽,而内陆城市如达拉斯、凤凰城和圣达菲的垃圾填埋容量还可以支撑 40 多年。阿肯色州的填埋容量据报道还能用上 600 多年而无需另建填埋设施。另一方面,马萨诸塞州和罗德岛的填埋容量则只能用上 12 年。新泽西州不得不将其50%的固体废物,即每年 1 100 万吨的垃圾运送到邻近的州。纽约州将其大部分垃圾运送到别的州,其填埋容量只够维持 25 年。如今纽约市将其 20%的垃圾运送到纽约州其他地区、宾夕法尼亚州、弗吉尼亚州和其他各州。加拿大的城市也面临着同样的问题:多伦多将其 40%的垃圾外包输出,有些就输出到了美国。垃圾危机与其说是国家问题,还不如说是地区性问题。

对那些即将关闭垃圾填埋场的城市来说,垃圾的收集和处理是一笔高额的费用。垃圾填埋处理费每吨平均约为 42 美元。所谓的"处理费"是在垃圾填埋场每处理 1 吨垃圾所需要支付的费用。美国平均的垃圾处理费自 1985 以后就一直在上涨,1985 年时是每吨 8.2 美元。但这也有地区差异,东北部地区(康涅狄格州、缅因州、马萨诸塞州、新罕布什尔州、纽约州、罗德岛州和佛蒙特州)处理费最高,为每吨96 美元,而中南部地区(亚利桑那州、阿肯色州、路易斯安那州、新墨西哥州、俄克拉荷马州和德克萨斯州)以及中西部地区(科罗拉多州、堪萨斯州、蒙大拿州、内布拉斯加州、北达科他州、南达科他州、犹他州和怀俄明州)费用最低,分别为每吨 36 美元和 24 美元。① 美国

---

① National Solid Wastes ManagementEquipment Association(NSWMA) and the Waste Technology Association(WASTEC)(2012)"MSW(Subtitle D) Landfills." http://www. environmentalistseveryday. org/publications—solid—waste—industry—research/information/faq/municipal—solid—waste—landfill. php(accessed July 2012).

环保署最近的一份研究发现，处理费较高的地区将废物流回收利用和堆制肥料的比例更高，而南部和西部的城市将废物流送至填埋场的比例更高。所以，更高的垃圾收集和处理费会在经济上刺激城市改进其回收利用和堆制肥料的计划。能将更多垃圾回收利用的城市就能节约一大笔经费。

同时随着老旧的垃圾填埋场接近负荷即将关闭，要想新建填埋场也变得更加困难，因为许多环保组织事实上会对其进行反对，认为其会带来潜在的环境危害。自 1990 年之后只有少数新填埋场获得审批建设。随着垃圾越来越多，填埋场越来越少，许多城市转而采取以下两种方法中的一种。第一种方法是许多城市正在做的，即将垃圾用卡车运出市区，运到所在州别的地方，有时甚至运到别的州。例如费城就将其部分垃圾运到特拉华州的垃圾填埋场。具有讽刺意味的是，宾夕法尼亚州反倒从其他州的城市进口垃圾。许多东北部的城市将垃圾运到中西部的填埋场，那里的土地依然很多。垃圾问题不仅限于美国，例如多伦多的主要垃圾填埋场于 2002 年关闭，于是开始每年将 40 万吨的废物运至密歇根州。不过多伦多已经设定了停止向密歇根州输送废物的最后期限，并在寻找方法将垃圾从填埋场转移走。

方框 14.1

改造纽约市的弗莱斯基尔垃圾填埋场

已经被关闭的一个有名的垃圾填埋场是弗莱斯基尔（Fresh Kills）填埋场。弗莱斯基尔（来自荷兰语，在荷兰语中"kill"一词是"水"的意思）填埋场占地约 3 000 英亩，位于纽约斯塔顿岛（Staten Island）西岸。从 1948 年到 2001 年，弗莱斯基尔是纽约市唯一的垃圾填埋场。在顶峰时期，该填埋场每天接收大约17 000吨垃圾，成为一个腐烂恶臭的垃圾山，可谓是全球历史上最大的人工构造。1996 年官方宣布弗莱斯基尔垃圾填埋场将会关闭。纽约市将扩展回收利用计划，寻找其他的垃圾填埋地点。弗莱斯基尔垃圾填埋场于 2001 年 3 月正式关闭，但州长帕塔基（Pataki）又令其于 2001 年 9 月 12 日重新开放以接收来自世贸中心的废墟清理物。随着世贸中心恢复项目于 2002 年结束，该填埋场也准备最终关闭。如今填埋场四个区域中的两个已经封盖，第三个封堆也接近完成。据估计纽约市为了关闭这个填埋场已经花费了将近 10 亿美元，还会再花费 10 亿美元用于处理沥出物和沼气。最近一些年，出售来自填埋场的沼气已经创收了 450 万美元，相当于消除了 60 万公吨的二氧化碳和相关的温室气体。

自从关闭之后，弗莱斯基尔的丘堆被覆盖了 1 英尺的尘土，上面是 1 英尺的沙子，再上面是一层塑料衬里以及 2 英尺的土壤。该方案是要将填埋场"改造"成一片"后现代森林"。景观设计师将其构想成一个生机勃勃的公园和鸟类保护区，再过大约 30 年人们就可以在自然小径上散步或是在刚刚形成的荒地里野餐了。同时还计划建造娱乐设施——如网球场、足球场、高尔夫球场甚至是游船码头。弗莱斯基尔公园建成后占地 2 200 英亩，是中央公园面积的 3 倍多。2010 年，纽约市长布隆伯格（Bloomburg）为舒木尔公园（Schmul Park）奠基剪彩。纽约州已经开始拨款建造所计划的娱乐区和小型公园，但要将填埋场改造完成并对公众开放还需要很多年。

如今，来自布朗克斯、布鲁克林和曼哈顿等区的垃圾都输出到纽约州以外。但是输出这些垃圾每年耗费纽约市大约 3 亿美元，此外还有一些无法预测的花费。对那些沿着城市卡车通道居住的人而言，运送垃圾的物流会造成"新的影响"。当卡车驶过时，住宅和公寓的地板和窗户会发生震动，垃圾腐烂的气味和卡车尾气弥漫在户外的空气中。对垃圾问题的建议解决方案是通过铁路或驳船将垃圾运至新泽西州、弗吉尼亚州和美国中西部和南部各州的垃圾填埋场。

资料来源：Department of Sanitation New York（2011）*Annual Report*，2011.

第二个解决办法也许更具伦理争议，但很多城市都在试图去做，即安排将城市废物运送到发展中国家。批评者将这种行为称为"垃圾帝国主义"，认为接收来自富裕国家垃圾和有害废物的那些政府是在危害其公民。在没有新的解决办法的情况下，各个城市正在拼命地寻找新的垃圾填埋和处理地点。

不妨来看看费城和"希安海"号（Khian Sea）货船的那个著名例子。1986 年 9 月，"希安海"号装载了 14 吨的焚化骨灰驶离费城。一开始费城与一家公司签订了合同，后者找到一家愿意将骨灰运送至巴哈马一座人造岛上的航运公司。在收到一些环保组织如"绿色和平"关于这些骨灰可能带来的环境危害警告之后，巴哈马政府拒绝让"希安海"号入港。接下来的两年内，"希安海"号想方设法要将骨灰卸到 11 个不同的国家，包括洪都拉斯、海地、多米尼加共和国、塞内加尔、斯里兰卡、印度尼西亚和菲律宾。最后该船于 1998 年 11 月在未装载骨灰的情况下抵达了新加坡，而在半路上该船已经被售出并经过了两次更名。其装载的骨灰很有可能被非法倒入了海水中。

随着空气污染、水污染以及现在的垃圾跨越了国界，将废物运至远离源头的地方进行处理的伦理道德问题如今已是一个一再出现的话题。城市将其污染问题输出到别的往往是更贫穷的地区、州或国家是否合理？

方框 14.2

中国的废纸回收业

许多年来中美之间的贸易不平衡差额巨大并还在继续扩大。2010 年两国之间的贸易失衡差额达到 2 730 亿美元。经济学家相信，随着中国开始出口更高端的制造品如汽车、卡车和飞机，该贸易失衡现象还会继续扩大。

中国女首富张茵（Zhang Yin）的身价达到了 34 亿美元。但和其他那些通过对西方出口致富的中国企业家不同，张茵是通过另一种方式来积累其财富的：她从西方进口废纸。她被称为"废纸女王"，是中国最大的废纸进口商。张茵女士几年前创办了玖龙纸业，成为全球最富有的白手起家的女性，超过了美国脱口秀主持人奥普拉·温弗瑞（Oprah Winfrey）和《哈利·波特》的作者 J. K. 罗琳（J. K. Rowling）。好消息是她的企业是将废纸回收利用做成如纸板盒一类的产品，奇怪的是这些纸都来自于美国。

根据美国国际贸易委员会的统计，"2005 年美国将 770 万公吨的废纸运送到了中国"。美国国际贸易委员会还报告说，从 1995 年至 2005 年间，"中国从美国进口的木质纸浆和废纸数量增长了 500%，而同期对成品纸的进口量却下降了 12%"。根据《经济学家》杂志的统计，中国对美出口排名第一的是计算机设备（将近 500 亿美元），而美国对中国出口排名第一的是废纸和废金属（将近 80 亿美元）。其他购买废纸用来回收利用的主要买家还有墨西哥、印度和越南等国家。

2010 年《经济学家》杂志上的一篇文章指出，由张茵和其他人所开创的购买美国废纸的巨大且不断发展的市场对美国的垃圾填埋场产生了重要影响。每年运送到中国重新制造成纸、纸板盒和其他产品的废纸相当于为美国的垃圾填埋场处理了将近 850 万吨的纸。另一方面，这也意味着美国在将纸运送到别的地方回收利用，这是以牺牲发展本国的回收利用设施为代价的。

资料来源：*China Daily*（2006，November 20）"China's richest woman：from waste to wealth." http'//www. chindaily. com. cn/china/2006 - 10/20/content _ 713250. htm（accessed July 2012）；US International Trade Commission（2006）"The effects of increasing Chinese demand on global commodity markets," pp. 1 - 14. http：//www. usitc. gov/publications/332/working _ papers/pub3864 - 200606. pdf（accessed June 1, 2012）；*The Economist*（2010）"The number one U. S. export to China：waste paper and scrap metal." http：//theeconomiccollapseblog. com/archives/the-number. one-u-s-export-to-china-waste-paper-and-scrap-metal（accessed July 2012）.

通过完善法律制度可以减少人们对垃圾和焚烧炉可能带来的对环境危害越来越多的担忧。例如，美国的一些州已经通过法律来限制或禁止进口垃圾。新泽西州的地方政府阻止了一项将纽约市的垃圾运送到纽瓦克市垃圾填埋场的计划，一家公用事业公司也诉诸法律来阻止纽约市的垃圾车将垃圾运到位于新泽西州伊丽莎白市（Elizabeth）的中转站。伊丽莎白市长 J. 克里斯蒂安·布尔瓦奇（J. Christian Boll-wage）说道："他们（纽约市）想把自己的意愿强加到别人头上，因为他们缺乏足够的创造力来解决他们自己的问题。"[①] 在英国的码头区，一座固体废物中转站的选址引发了当地民众的抗议（图 14.2）。

图 14.2 码头区的抗议

图片来源：约翰·雷尼-肖特

---

① Lipton，E.（2000，February 21）"Efforts to close Fresh Kills are taking unforeseen tolls." *New York Times*，Section A，p. 1.

垃圾填埋场的环境危害

和空气污染与水污染不一样，垃圾和固体废物更多地被认为是一个工程问题，而不是公共卫生问题。[①] 但实际上有一些潜在的环境问题和公共卫生问题与垃圾填埋场相关。美国废物流很大一部分是可以生物降解的有机物质，如食品废物、庭院废物和树木修剪废物（图14.3 展示了废物流中固体废物的来源和种类）。

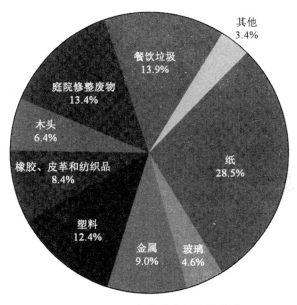

图 14.3　2010 年美国废物流的构成

图片来源：US EPA（2010）"Municipal sold waste generation, recycling and disposal in the United States: facts and figures for 2010."

理论上，随着时间的推移，有机物质会被生物降解，形成富含营养素的土壤。但实际上垃圾填埋场的垃圾被填埋得很紧，以致没有足

---

① Melosi, *The Sanitary City*, p. 261.

够的空气来让微生物和细菌分解有机杂物。美国废物流一个最奇怪的特点是它主要由塑料和纸尿裤组成。虽然的确有大量的包装废物，但实际上人们所丢弃的大部分东西都可以被回收、利用或堆制肥料，但人们往往不这么做。哪怕是最新设计的垃圾填埋场都有可能污染土壤和地下水。垃圾袋会破漏。雨水也会渗进垃圾，使得各种液体和毒质如氨、氯化物、锌、铅和酸类汇入雨水中（表 14.2 列出了填埋场的常见家庭有害垃圾）。沥出液是指通过物质萃取溶质、悬浮体或其通过的材料的任何其他成分的液体。沥出液和液态毒质会渗入地下蓄水层，污染淡水源。

现代垃圾填埋场在设计时会有一个沥出液导排系统用来收集和输送在衬里内部收集到的沥出液。理论上这样就能阻止沥出液污染水源，但沥出液收集系统常常会出问题，比如被泥浆或淤泥堵塞。

表 14.2　垃圾填埋场的家庭有害垃圾

用过的汽车机油

汽车蓄电池

防冻剂

除油剂

除草剂

杀虫剂

除蚁剂

喷雾杀虫剂

火机油

汽油

油基漆

松节油

混凝土清洗剂

水管和炉灶清洗剂

气溶胶产品

含漂白剂和氨的清洁剂

洗甲水

资料来源：美国环保署

一种消费心态

美国人均丢弃的垃圾要比任何富裕国家都多，比那些发展中国家更是多得多。垃圾数量在很大程度上反映了富裕程度、家庭组成、商业活动和价值观。我们所面临的"垃圾危机"不仅是物理方面的，也是社会和政治方面的。

垃圾，尤其是家庭垃圾，往往是一种不显眼的污染物。我们将不需要的餐饮垃圾和家居用品装到垃圾袋，再扔进垃圾箱，然后这些垃圾箱会被推到步行道或路边。通常当我们离开家或公寓时会有一辆大型垃圾车过来，然后再神奇地消失。就这样垃圾被高效地从我们的生活中移走。很少会有人去参观垃圾填埋场，看到堆积成山的垃圾。和每天都能看到的空气和水污染不一样，我们很少看到或是认为垃圾对环境会造成影响。作家伊丽莎白·罗伊特（Elizabeth Royte）指出："从垃圾离开我家进入公共领域起……它就变成了一个未知领域，变成了禁果，变成了某种我缺乏能力或资质去解决的谜题。"①

垃圾填埋场可以被视作是一种对我们消费生活方式无声的"纪念物"。许多垃圾填埋场可以从太空中看到——比如斯塔顿岛的弗拉斯基尔填埋场就能从轨道运行卫星上看到。大太平洋垃圾带（the Great Pacific Garbage Patch）也是如此，据说垃圾带有 350 万吨垃圾，大部分都是漂浮的塑料物。2011 年日本的地震和海啸将数百万吨的垃圾和塑料散到海中。许多这些垃圾现在开始被海水冲到阿拉斯加和太平洋西北岸的海岸上。

在许多发达经济体中，尤其是在美国，人们更倾向于方便而非保护环境，倾向于短期需求而非具有远见的智慧。麦当劳快餐代表了一种文化价值观，既寻求便利性，又接受一次性的包装。食物几分钟内

---

① Royte，E.（2005）*Garbage Land：On the Secret Trail of Trash*．New York：Little，Brown．

就能送上，食物包装纸和饮料杯的商业使用寿命还不到一个小时，但却能在垃圾填埋场存在好几年。快餐式的社会是一种一次性的社会。这不仅仅局限于快餐店，还延伸至我们文化的其他许多方面。买一个新的收音机或 DVD 机往往要比修理旧的还要便宜。哪怕是苹果手机和笔记本电脑几年之内也会过时。如今我们会特意去购买"一次性"产品，比如剃须刀、牙刷、纸盘、杯子和写字笔。

城市的垃圾问题反映了与废物整体生产有关的更大问题。与水和空气污染的情况一样，很少有立法改革来惩治或禁止废物的生产；相反，改革常常通过经济激励措施来发展新技术以减少污染物。城市将垃圾看作"管末"问题，而不是去设法解决垃圾的生产问题。美国的消费者很少受到鼓励去减少自己产生的垃圾：每户家庭垃圾数量的多少与其经济花费几乎没有关系；一般来说垃圾处理服务也是固定收费。塑料工业新技术的发展得以让包装更薄更轻，但消费者仍然会使用无法在垃圾填埋场生物降解的人工合成产品并在用完后丢弃。表 14.3 列出了许多人工合成的塑料制品。1945 年美国生产出了大约 40 万吨的塑料制品，而到了 1998 年美国塑料制品的产量则为 4 700 万吨，总值超过 2 000 亿美元。2012 年美国塑料制品的产量为 9 000 万吨，总值约为 3 740 亿美元。据估计每年有将近 3 000 万吨的塑料进入废物流，其中只有 12% 会被回收利用。

表 14.3　废物流中的塑料

树脂玻璃（聚甲基丙烯酸甲酯）

聚酯

聚氯乙烯

特氟龙（聚四氟乙烯）

聚氨酯

其他产品如：高尔夫球杆、自行车头盔、背包、"羊绒"毛衣和夹克、高尔泰克斯织物、牙膏、无色唇膏、拉链、台球、把手和纽扣

减少废物

过去 10 年中城市做出了更为细致的努力来减少最终会被送至垃圾填埋场的废物数量。减少废物有几种方法，如从源头上减少（表14.4）和再利用废料。从源头上减少是一个更好的选择，因为这样不仅会减少最终的垃圾处理量，而且可以避免与回收利用相关的运输和管理费用。回收利用和堆制肥料也可以减少运至填埋场的垃圾数量。最后，有些城市将垃圾焚化或废物焚烧发电设施视作减少废物流的方法。表 14.4 列出了美国环保署 废物处理的优先级别。美国环保署如今鼓励城市优先考虑从源头上来减少废物，以及回收利用和堆制肥料，其次才去考虑焚烧。

随着回收利用力度的加大，以及制造商减少使用包装材料，富裕国家的许多城市的固体废物的产生数量也会稳定下来甚至有所减少。已经有迹象表明政府正在采取更多的措施来减少最终会被运至填埋场的废物数量，或是让消费产品的制造商对其产生的废物承担更多的责任。

表 14.4　从源头减少废物的活动

通过选择包装节约的产品或大量购买来最大程度地减少运输货物所需包装材料的数量。

寻找在家中或社区再利用产品和包装的机会，而不是将其处理或回收。

鼓励公司执行废物源头减少计划，购买使用后可以回收利用的产品。

减少一次性产品的消费量，从物品再利用中心购买商品。

通过高效的膳食计划和将剩饭用来堆制肥料以减少食品废物（27％的可食用食品在消费环节被浪费掉）。

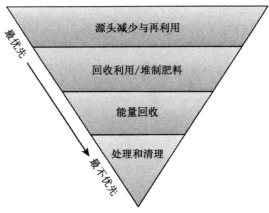

图 14.4　废物管理级别

图片来源：美国环保署：http://www.epa.gov/osw/nonhaz/municipal/wte/non-haz.htm

---

方框 14.3

对塑料袋征税

　　许多城市已经开始对购物用外带塑料袋征税。多伦多是北美第一批采取这类措施的城市之一。2007 年多伦多制定了目标，要将垃圾填埋场的垃圾转移 70%，减少垃圾对城市的影响和耗费的成本。减少废物的主要策略之一就是要减少多伦多废物流中的塑料袋数量，以及增加塑料袋回收利用的数量。为了实现这一承诺，多伦多开始对商店内的包装袋包括购物用外带塑料袋征收 5 欧元的税。这项 5 欧元的税对塑料袋的使用及其最终在多伦多废物流中的数量产生了显著而积极的影响。该市报告指出，可测量到环境和成本降低的影响，包括塑料袋销售量减少了 53%，而塑料袋最终出现在废物流中的数量减少了 65%。

　　其他一些城市也开始对塑料袋进行收税。旧金山市减少废物的措施之一，即该市的塑料袋减少条例也获得了全国乃至国际的关注。该条例执行不到一年，波士顿、波特兰和凤凰城也开始研究禁止塑料袋的方案，其他城市也在调查这项计划。

不管是称为收税还是征税，这种减少塑料袋的方式可以被视为"污染者自负"原则的一部分。市民可以选择额外付税，也可以选择其他的可以再利用的物品。这项税收让很多人意识到塑料袋的过度使用以及一旦进入废物垃圾流处理起来的不必要成本。

资料来源：Recycling Council of Ontario (2012) "Open letter to Mayor Rob Ford." www. rco. ca（accessed July 2012).

在很多情况下，欧洲城市在加强回收利用和堆制肥料方面比美国城市要好得多。1991 年德国通过了一项法律要求厂家对包装材料进行回收、再利用和/或循环使用。通过让厂家回收包装，该法令将管理包装废物的负担从城市转移到了制造商、经销商和零售商。[①] 德国在回收利用领域真正地走在了前列：一项民意测验显示每 10 户家庭中就有 9 户愿意实行垃圾分类。首都柏林在这一方面尤其堪称典范，该市对各种可回收垃圾总共准备了 7 种不同的垃圾箱——分别用来装一般垃圾、纸、堆肥、塑料/金属、褐色玻璃、透明玻璃和绿色玻璃（与之相比，美国城市顶多就 3 种垃圾箱——分别用来装一般垃圾、可回收利用垃圾和堆肥垃圾）。荷兰和瑞典也扩展了产品责任范围。荷兰政府实施了一项新的政策，要求对工业产品每个阶段都进行生命周期评估。制造商如今回收了 75% 的可回收材料。瑞士也回收了 75%，瑞典则通过了一项新的法律以促进生产过程中对资源更高效的利用以及对废物的复原再利用。加拿大通过了《国家包装草案》以减少进入垃圾填埋场的包装数量。2000 年 12 个国家签署了《欧洲废纸回收宣言》。这项自愿性质的行业倡议设定了在 2005 年之前将废纸回收率从 49% 提高到

---

① Fishbein，B. and Azimi，S. (1994) *Germany，Garbage and the Green Dot：Challenging the Throwaway Society*. New York：Inform，pp. 18 - 21.

56％的目标。如今，欧盟回收了所有纸产品的大约 65％。2010 年的第二项宣言旨在于 2015 年之前将废纸回收率提高到 70％。这比美国的目标更为远大，尽管一些美国城市正在努力在 2020 年之前达到 75％至100％的回收率。

美国没有针对回收利用的联邦法规，这些是交给了城市去处理。有些城市在回收和再利用方面做得比较成功。西雅图、波特兰、洛杉矶和明尼阿波利斯废物流的回收率超过了 50％。相反，那些没有路边便利回收服务的城市如厄尔巴索（El Paso）和底特律的回收率则低于10％。那些成功的城市都实行了强制性路边回收，并且回收范围包括了各种各样的废物。具体的法规应用范围和力度各有不同。有些是强制性的，有些不是；有些只要求将垃圾分类，另一些则只针对企业而非居民。最后，有的州通过法律禁止某些种类的废物进入填埋场，比如庭园垃圾。

要阻止食品废物进入垃圾填埋场也有一些创新性的方法。旧金山食物银行每月从批发商那里收集大约 37 吨的可食用食品，将其分配给当地的服务机构；麻省大学用残羹剩饭堆制肥料的办法可以减少 48％原本会被运往填埋场的废物。美国有超过 10 000 个路边回收项目，这使得整体的城市废物回收率上升到了将近 35％（图 14.5）。要成功堆肥所面临的挑战之一是"可堆肥"的物质和包装上并没有通用的标识。有些产品上面有"绿色条纹"表明其可以用来堆肥，有一些产品上有认证标志或"可堆肥"的字样。还有一些产品则根本没有标识，结果想要堆肥的人在辨识可堆肥产品时非常困难。有的产品是 100％可以堆肥的，但看上去却和传统塑料制品并无两样。接受食品废物的设施要贴上被普遍接受的堆肥标识，这一点是非常重要的。许多人希望回收利用和堆制肥料方面的改革标志着一次性社会的终结。

但要彻底消除废物仅仅靠回收利用和堆制肥料是远远不够的。首先要从源头上减少包装和废物的产生。要减少填埋场的废物数量，可堆肥的包装至关重要，因为它能鼓励消费者和企业用食品废物来堆肥，并能确保接受食品废物的商业堆肥不被塑料或其他传统包装所污染。

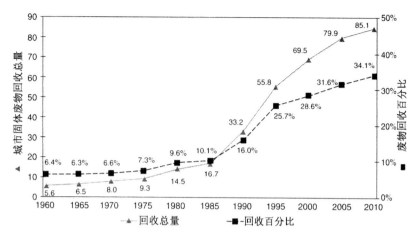

图 14.5　1960 年以后的回收率

图片来源：US EPA（2010）"Municipal sold waste generation，recycling and disposal in the United States：facts and figures for 2010."

一个做法是让公司用可堆肥的包装材料来包装食品。2009 年菲多利公司（Frito-Lay）为其"阳光薯条"（SunChips）生产线引进了用植物材料做成的可堆肥包装袋。但不幸的是一年之后该公司就将这种包装袋撤出市场，理由是产品销量下降，消费者也投诉说包装袋声响太大——由于所用材料的特殊分子结构，包装袋显得非常僵硬。有人将打开薯条袋的声音与繁忙街角的噪音进行了比较，测验显示前者达到了 80 至 85 分贝，而其他薯条袋声音的平均值则为 70 分贝。在对包装袋材料作了改进之后，菲多利公司于 2011 年重新引进了"更为安静"的包装袋。这次销售量有所回升，消费者的投诉也减少了。① 这个包装袋的案例说明有时候意想不到的失败经历反倒会促使公司尝试去做对环保有利的事情。

---

① Skidmore，S.（2011）"SunChips biodegradable bag made quieter for critics." *Huffington Post*. http：//www. huffingtonpost. com/2011/03/01/sunchips—biodegradable—bag ＿ n ＿ 829165. html（accessed June 2012）.

焚化厂：解决垃圾问题的方法？

1976 年美国国会通过了《资源保护和回收法案》。该法案给予了美国环保署管理危险有害物品的权力，使其能够追踪这些危险化学物产生和处理的过程。根据美国环保署的定义，有害废物必须满足下列特点之一：可燃性、腐蚀性、反应性或毒性。环保署由此确定了 450 种有害废物。截至 20 世纪 90 年末，美国每年产生大约 1.97 亿吨的有害废物。

方框 14.4

堆制肥料的城市

美国废物流一个主要的组成部分是有机材料和食品废物。如今美国只将 3％ 的食品废物堆肥，这意味着还有 97％ 的食品废物会进入垃圾填埋场。大约 3 200 万吨的食品废物或占总量将近 13％ 的美国垃圾正在被运往垃圾填埋场。全国 3 400 个商业堆肥设施中只有 8％ 接受食品废物。

食品废物在填埋场的一个主要问题是其在分解时会释放出甲烷，这种温室气体比二氧化碳更有害。据估计，来自垃圾填埋场的甲烷要占到美国所有人为产生甲烷含量的 34％。

堆制肥料是减少填埋场废物的一个解决办法。堆肥是将餐饮垃圾和其他有机废物如硬纸卷和棉质破布分解为被称作"成熟堆肥"的有用而肥沃的物质，这种物质可以被用作肥料。任何人都可以堆肥，家里有院子的人可还以专门划出一块区域用来堆肥。在城市层面上也可以堆肥，也就是将食品废物运至堆肥设施。现代堆肥设施可以将可生物降解的废物磨出理想的质地，填入塑料或纤维长管中。堆肥废物在长管中会与空气充分接触，其水分含量会受到监测，并且会保持适宜的温度以加速分解。这些措施能促进微生物的分解

过程。

堆肥的城市可以减少填埋场处理垃圾的费用。此外，废物副产品也具有价值，非常有用。这些废物被堆制成化肥之后就成了富含营养的物质，可以被卖给农业经营机构如当地的葡萄园。

路边堆肥项目已经在美国的主要城市如西雅图、旧金山和博尔德固定下来。这些城市都给居民提供滚轮堆肥箱，和回收箱或垃圾箱一样，可以在指定的收集日推到路边统一收集。还有的城市为居民提供厨房用的堆肥桶。

旧金山于 2005 年左右制定了在 2010 年以前将填埋场垃圾减少 75％，以及在 2020 年以前实现零废弃的宏伟目标。截至 2007 年，旧金山垃圾转化率已经达到了 72％，但该市也认识到光靠市民自愿参与回收利用和堆制肥料并不能实现零废弃。2009 年旧金山市通过了《旧金山回收利用和堆制肥料强制法令第 100 至 109 号》，要求所有居民将可回收垃圾、堆肥垃圾和填埋垃圾进行分类并加入到回收利用和堆制肥料的计划中。该强制性法令生效之后，堆肥数量增长了 45％，现在该市每天有将近 600 吨的餐饮垃圾、脏纸和庭园废弃物被运至堆肥设施。2010 年旧金山市长加文·纽森（Gavin Newsom）宣布该市的垃圾转化率已经达到了 77％。如今该市一般是在大型公共活动如棒球比赛和集会时进行回收和堆肥。

要彻底消除废物仅仅靠回收利用和堆制肥料是远远不够的。首先要从源头上减少包装和废物的产生。要想减少填埋场的废物数量，可堆肥的包装至关重要，因为它能鼓励消费者和企业用食品废物来堆肥，并能确保接受食品废物的商业堆肥不被塑料或其他传统包装所污染。

资料来源：Toothman，J.（2012）"What US city composts the most waste?" http：//home. howstuffworks. com/city-com-posts-the-most1. htm (accessed June 2012).

Related videos about composting are available at：http：//sfenvironment. org/video/green-spot-tv；"From Food Scraps to Wine," http：//sfenvironment. org/video/test.

《资源保护和回收法案》另一个重要方面是它对垃圾危机隐含的解决方式。该法案是在对三种情况益发担忧的影响下产生的：被关闭的垃圾填埋场越来越多，公众对公共卫生和填埋场对环境影响的担心，以及对外国石油进口的益发依赖使得国会不得不寻找其他可能的能源。这三个问题合起来极大地影响了《资源保护和回收法案》的形成。该法案逐步取消了露天垃圾场，为垃圾填埋场的设计设立了较高的标准。更重要的是，该法案建立了税收激励和政府补助机制，以帮助城市建造垃圾焚烧发电设施。在美国城市与垃圾斗争的过程中，垃圾焚化炉成为了特别的战略武器。垃圾焚化运动抓住了这一政治契机。

　　垃圾焚烧发电设施在将近 1 800 华氏度的高温下将垃圾在燃烧室内进行燃烧，将锅炉里的水烧到过热状态，后者又驱动涡轮机发电，而这些电可以被卖给电力公司。图 14.6 就展现了这一焚烧过程。理论上，由于焚化炉温度极高，高温会破坏所有的有毒物质。但实际上，早期进口自欧洲的焚化炉在处理废物流中的高有机质含量物质时存在

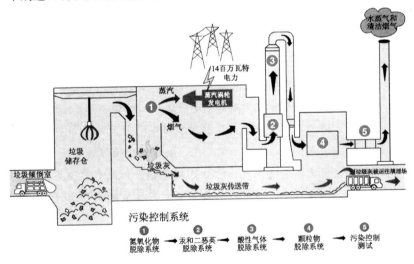

图 14.6　典型垃圾焚烧发电设施或焚化炉的运行机制
资料来源：US EPA：http：//www.epa.gov/osw/nonhaz/municipal/wte/basic.htm

一些问题，常常会燃烧不充分，从而释放出有毒或有害的化学物。这种处理垃圾的方法反映出了之前几章曾经探讨过的许多问题。许多城市常常在联邦法律的鼓励下寻求防治污染的高科技解决方法。

垃圾焚化炉造价高达 3 亿美元，维护费用也很高。同时新的法规在减少废物源头方面很少涉及，并没有像对垃圾焚烧方案那样对回收再利用方案给予大量的财政支持和奖励措施。具有讽刺意味的是，由于垃圾焚化炉装满垃圾时焚化效率最高，所以许多私营垃圾焚化公司纷纷与城市签约，要求得到尽可能多的垃圾；有时甚至会阻碍城市垃圾回收利用项目的发展。

1976 年至 1990 年间，美国各地城市建造的垃圾焚化炉超过了 140 个。人们逐渐开始担心这些焚化炉对环境可能带来的危害。几乎所有的焚化炉都会产生底灰——也就是会落入燃烧室底部的垃圾灰。底灰通常含有大量的重金属，往往会被送到填埋场处理。排气烟囱的排放物（理论上应该只排放水蒸气）中发现含有重金属、二氧化硫、氮氧化物和致癌物如二噁英。二噁英是在垃圾焚烧的过程中产生的。农药和塑料在跟有机物一起燃烧时就会产生二噁英，后者在人体中能溶于脂肪，具有高度致癌性。欧洲的垃圾焚化技术较为完善，废物流也与美国不同（美国废物流中有机物含量更高）。结果美国许多焚化炉废物中由于含有"更多水分"的有机物而未能有效地燃烧垃圾。运行垃圾焚烧发电厂的难度在于控制好燃烧的温度，保持足够的高温以防止塑料生成二噁英，但温度又不能太高，以防止产生过多的氮氧化物。许多焚化厂一开始都未能做到这一点。二噁英对人体健康造成的影响包括对中枢神经系统、免疫系统、生殖健康系统以及甲状腺功能的破坏。由于这些担忧，地方的反对团体成功阻止了一批新焚化厂的修建。到了 20 世纪 90 年代末，焚化炉已经颇受争议并且政治化了，2000 年之后很少有新的垃圾焚化厂获得审批。如今美国还有 86 个垃圾焚化设施用于焚烧城市固体废物以回收能量。这些设施位于 25 个州，主要集中于东北部。自 1995 年以后美国就再也没有修建过新的垃圾焚化厂，但有些厂经过了扩建以处理更多的垃圾，产生更多的能量。通过每年处理超过 2 800 万吨的垃圾，这些设施每年能够产生 2 720 百万瓦特的电力。① 美国城市解决垃圾问题的长远"方案"不太可能是焚化，但对其他国家如日本的城市来说，垃圾焚化是处理固体废物的重要方法。

发展中国家的废物

发展中国家城市和发达国家城市一样面临着许多普遍的垃圾问题。近年来许多发展中国家城市已经极大地改善了垃圾收集，尤其是在商业区和旅游区（图 14.7）。发展中国家城市也制定了远大的目标，要减少垃圾数量，增加垃圾回收利用和堆肥数量。例如，新加坡和中国台湾已经启动了零废物计划。然而发展中国家城市在处理垃圾和为其提供支持方面还面临着诸多困难。表 14.5 着重列举了其中的一些困难。

首先，发展中国家城市居民的资源使用量是农村居民的将近两倍。② 由于其耗费得更多，所以产生的固体废物也比农村居民更多。例如德里如今每天产生大约 8 300 吨废物。其次，废物流也存在着一些差异。一般来说发达国家城市超过三分之一的废物是纸制品，塑料制品占到 9%，有机物如食品废物和庭园修整废物占 28%。与之相比，低收入国家大约 40% 至 85% 的废物流是有机可堆肥物质，纸制品只占约 5%。印度和中国的城市例外，因为这两个国家使用煤作为家庭燃料源，因此会产生大量的重灰。消费品包装（塑料、纸、玻璃和金属）比例要低一些，包装废物的数量是与一个国家的富裕程度和城市化水平相关的。但随着发展中国家越来越富裕、越来越城市化，纸和包装废物的数量也会显著增加——会有越来越多的报纸和杂志、快餐店和一次性包装饮料。

---

① US EPA (2012) "'Energy recovery from waste." http：// www. epa. gov/osw/nonhaz/municipal/wte/index. htm (accessed June 2012).

② Urban Development Unit. World Bank. *What a Waste*. pp. 7 - 8.

图 14.7　许多发展中国家城市如河内已经在旅游区和公共空间极大地改善了
垃圾和回收项目，但要做到覆盖所有居民区的垃圾收集尚需努力
图片来源：照片为贝基·巴顿（Becky Barton）所摄

表 14.5 一些城市固体废物管理比较

活　动	低收入城市：利马、金沙萨、拉合尔、雅加达	中等收入城市：首尔、里约热内卢、曼谷	高收入城市：伦敦、法兰克福、纽约市、东京
源头减少	没有有组织的计划，但人均垃圾产生率很低	没有有组织的计划	有教育计划以及部分减少垃圾来源计划
收集	分散而低效。服务仅限于显眼和富裕地区	服务有所改善，居民区垃圾收集增加；车辆总数较少	垃圾收集率超过 90%。机动车较为普遍
回收利用	通过非正式部门和拾荒者来进行回收，回收利用市场较小	仍然包括了非正式部门，采用一些高科技分拣	正规回收服务和高科技分拣。越来越注重发展长期市场
堆肥	很少进行	有一些小规模堆肥，无大规模堆肥	大型堆肥设施更为普遍
焚化	不常见，垃圾中水分较多	焚化炉使用有限	地价较高的地区非常普遍。欧洲城市比美国城市更为普遍
填埋	大都是露天垃圾场	既有露天垃圾场，也有卫生填埋场	专门设计的带有衬层以及甲烷和沥出液收集系统的卫生填埋场
成本	收集成本为固体废物处理预算的 80% 至 90%	收集成本为预算的 50% 至 80%	收集成本不到预算的 10%，其他资金投入到填埋场、焚化厂或回收利用项目中

资料来源：Urban Development Unit，World Bank（1999）*What a Waste：Solid Waste Management in Asia*. Washington，DC：World Bank，p. 19.

方框 14.5

孟加拉国达卡市的固体废物管理

孟加拉国首都达卡是世界上发展最快的特大城市之一，人口超过 1 000 万人。据联合国预计，到 2025 年达卡人口将达到 2 000 万人——超过墨西哥城、北京和上海。据估计该市有 45% 至 55% 的居民是贫民，生活在贫民窟和违章建筑中，很少或根本享受不到城市卫生服务。达卡每天产生约 4 600 吨固体废物，其中 67% 是餐饮垃圾，因此其废物流要比许多别的城市所含水分多得多，也更重一些。只有 45% 的固体废物会被市政部门收集处理。被称为"拖开"的非正式垃圾捡拾者将可回收利用物如铝和玻璃收集起来。这些人占到全市垃圾回收工作的 15%。但这些人在捡拾垃圾时往往会忽视有机物质，因此在固体废物流中会留有大量的有机物质。通常那些未被市政部门收集或被垃圾捡拾者拾走的垃圾就留在了城市的露天场地，在高温和潮湿中腐烂。腐烂垃圾所产生的恶臭、啮齿动物和下水道堵塞对达卡的居民构成了严重的健康威胁。此外，达卡几乎有一半的垃圾处理方式极不环保。随着达卡横向蔓延，想要将垃圾处理场所放在离城市较近的地方就更加困难了。结果城市不得不支付更高的运输费用来将固体废物拖运到更远的地方进行处理。

孟加拉国的一个非政府组织"废物关怀"启动了一项计划来促进使用有机固体废物堆肥，以帮助改善农村地区表层土壤肥力流失的问题。通过堆肥对有机废物回收利用对城市也是有益的，因为这样做可以降低处理费用、延长处理场所的使用寿命以及减少填埋场对环境的影响。让民众参与到废物堆肥利用中来，能够提高公众对垃圾问题的意识，而堆肥活动也有助于创造就业和收入。这项创新性的合作包括了以下几方：政府为堆肥厂提供小块免费空地；"废物关怀"组织负责收集和分拣固体废物，并将其转化为有机肥料；社区；以及一家私营企业将有机堆肥进行销售。如今这项计划正在为达卡市的 30 000 人以及孟加拉国其他 14 个城市的另外 10 万人服务。

　　这项计划一个有趣的方面是堆肥厂并非高度机械化，而是依靠人力的小型分散的社区堆肥区。堆肥厂为大约 16 000 名城市贫民尤其是女性提供了就业机会。比如 32 岁的妇女马库斯达（Makusda）就在社区的一家堆肥厂工作。之前她在一家服装厂上班，但由于工作时间常常较长，没有节假日，薪水又很低，而且常常在业务萧条时期厂里无活可干，两三个月都领不到薪水，导致家庭生活困难，所以最终她选择了离职。而在堆肥厂，马库斯达每周都有休假，工作时间固定，中途还有休息，可以使用卫生间和洗浴设施，赚的钱也比服装厂更多。最近"废物关怀"组织还在达卡的两个贫民窟地区引进了固体废物堆肥项目，为就地堆肥提供特别设计的堆肥桶。这不仅在源头上解决了废物处理问题，还为住在贫民窟的穷人带来了收入。

资料来源：Enayetullah, I. and Sinha, A. H. M. M. (2001) "Public-private-community partnerships in urban services (solid waste management & water supply) for the poor: the experience of Dhaka City." Bangladesh country report prepared for the Asian Development Bank, Manila. United Nations Economic and Social Commission for Asia and the Pacific (2002) "Solid waste management in Bangladesh." http: // www. unescap. org /rural/bestprac/waste. htm (accessed June 13, 2012). Waste Concern (2009) "2009 waste data base of Bangladesh." http: //www. wasteconcern. org/ database. html (accessed July 2012). See also Waste Concern: www. wasteconcern. org.

　　第三个不同在于许多发展中国家的城市缺乏处理固体废物的适当基础设施（垃圾填埋场和制度化的废物转化项目）。官僚腐败和规划不当意味着仅有的官方设施是远远不够的。此外，资金的不足也意味着城市只能将大部分财力投入到垃圾收集上，而非将露天垃圾场升级为卫生填埋场并进行维护。很少有人采取措施来建造、运营或维护卫生填埋场。在许多发展中国家城市，尤其是特大城市，废物注定要被扔到露天垃圾场。例如巴西只有 10% 的固体废物被运至卫生填埋场，76% 被运至非法填埋场，还有 13% 被扔到露天垃圾场。北京据说有超过 461 个非法露天垃圾场。露天垃圾场不卫生，没有衬层和甲烷收集系统等，所有这些在发达国家现在都是强制安装的。这是发展中国家城市所面临的一个紧迫问题。大部分露天垃圾场的地表水和地下水都受到污染，产生出易爆性的沼气，携带病菌的昆虫和老鼠滋生繁衍。露天垃圾场，如马尼拉的柏亚塔斯（Payatas）、加尔各答的塔坝（Dhapa）、雅加达的班达盖邦（Bantar Gebang）和达卡市郊的马图阿伊尔（Matuail），已经不仅仅是污染眼球和气味刺鼻的问题了，而且会带来危险。例如马来西亚首都吉隆坡的塔曼贝林金（Taman Beringin）是一个占地 12 公顷的用来堆放城市垃圾的恶臭垃圾场，附近的居民不得不忍受苍蝇、老鼠、疾病以及腐烂垃圾的恶臭。[①] 该垃圾场 2004 年发生火灾，大火持续超过了两个星期。非法的露天垃圾场会给供水和城市人口的健康造成风险。很少有城市能够监测露天垃圾场的废物处理对环境所造成的影响。

第四，和许多发达国家城市一样，许多发展中国家城市也面临着垃圾越来越多以及无处处理的问题。它们也面临着填埋场危机。例如墨西哥城主要的垃圾场博尔多·波尼安特（Bordo Poniente）每天要接收 12 000 吨垃圾。它是全世界最大的垃圾填埋场之一。据墨西哥城官方统计，该市周围还有大约 1 000 个非法垃圾场。如今该市的垃圾每年以 5% 的速率增长，而且还会有更多的"黑垃圾场"。人们敦促市政府要赶快采取行动。最初市政府考虑焚烧垃圾发电，但许多环保组织，包括"绿色和平"组织在内都提出了抗议。于是墨西哥城转而启动了目标远大的正式回收利用计划，一心想要在 2020 年之前实现零废物。墨西哥城还要求市民在 2003 年以后开始实行垃圾分类，但多年以来并未执行这项法规，也没有提供必要的回收利用设备。结果墨西哥城的

---

① Ecenbarger, W.（2011）"It's time to clean up: an out—of—control garbage crisis threatens the physical and economic health of much of Asia." *Readers Digest*. http://beta. readersdigest. com. sg/article/2874（accessed June 2012）.

图 14.8 非正规的垃圾堆。一头牛坐在印度阿格拉（Agra）沿路堆积的垃圾上面。和许多发展中国家城市一样，卫生填埋场和收集项目的缺乏导致了家庭垃圾的非正规倾倒

图片来源：照片为米歇尔·A. 贾德所摄

垃圾回收率只有大约 5%。2009 年该市开展了创建回收利用文化的公共运动，并且开始向家庭、商业和服务企业以及工厂发放垃圾回收桶。于是现在墨西哥城的垃圾回收率已经达到了大约 20%。该市还新成立了一个废物处理委员会，负责在未来四年建造四个先进的废物处理中心，以将墨西哥城 85% 的废物回收利用、堆肥或焚烧发电。这无疑是个好消息。

　　然而 2011 年 12 月墨西哥城比原计划提前 12 天关闭了博尔多·波尼安特垃圾填埋场。显然没有人愿意去费心告知工人们将墨西哥城每天产生的 12 600 吨垃圾倒在哪里。接下来的处理极为混乱，缺乏协调；原本的过渡计划是要将垃圾运到市区以外的小垃圾场，但由于墨西哥

城周边城市拒绝接收垃圾而未能实行。垃圾开始在城市街道上堆积成山，垃圾车排成长龙，要把垃圾倾倒在中转站得花上 6 个多小时。批评者说墨西哥城尚未做好准备，并且不清楚为什么在早前建造四个新的垃圾处理厂的计划搁浅之后替代的垃圾处理系统没有到位。这个案例凸显出有关城市垃圾收集、处理和加工的全面综合政策的缺乏会造成很大的问题。此外它还强调了垃圾对政治的影响。博尔多·波尼安特垃圾填埋场的关闭引发了国家、城市和州政府之间的矛盾：国家政府在 2008 年之后一直在施压要求关闭垃圾场，而墨西哥城政府却一直让其运营至 2011 年，州政府则继续反对在其境内建造垃圾场。墨西哥城的领导人急切地希望将其垃圾处理系统从最肮脏的转变为最绿色环保的，但却遇到了意想不到的问题。这个案例极具警示意义，因为拉丁美洲和亚洲其他许多特大城市的垃圾场也已或即将达到最大负荷。

如今亚洲的城市每天会产生大约 76 万吨城市固体废物；到 2025 年这一数字会上升到 180 万吨，而且每年花费在治理固体废物上的资金也很可能会在目前 250 亿美元的基础上翻一番。[1] 总的来说，未来 20 年发展中国家城市人口的城市固体废物产生率会是现在的 3 倍，而尼泊尔、孟加拉国、越南、老挝和印度的城市则有可能是现有水平的 4 到 6 倍。如此显著的增长会给已经非常有限的财政资源带来巨大的压力。[2] 发展中国家该如何应对垃圾的增多以及对更多垃圾填埋场或处理系统的需求呢？财富的增加是否必然就意味着更多的垃圾，就像发达国家所表现出来的那样？

非正式回收利用

许多发展中国家城市处理大量垃圾的历史并不长，所以往往缺乏成熟的基础设施。发展中国家城市的废物处理项目其特点常常是收集

---

① Urban Development Unit，World Bank，*What a Waste*，p. 3.

② Urban Development Unit，World Bank，*What a Waste*，pp. 10 - 11.

不恒定、缺乏设备以及大量露天垃圾场的存在。但发展中国家城市废物处理最突出的特点也许是大部分的回收利用工作都是由非正式人员来完成的。

在全球南方国家的许多大城市，大多数固体废物被倒入露天垃圾场（这与北方国家正式且管理有序的垃圾填埋场形成对比）。垃圾场周围的土地上出现了贫民窟。邻近垃圾场的居民区受到露天垃圾场垃圾倾倒和气味的侵扰。如果城市街道狭窄或未经铺砌的话，就不可能有垃圾车来挨家挨户地收集垃圾，结果就充斥着越来越多的垃圾收集者和拾荒者，这些人在垃圾收集、分类和回收利用方面能起到很重要的作用。发达国家城市和发展中国家城市一个最大的不同是前者的垃圾回收利用是正式体制化的，是市政服务的一部分。而在发展中国家，回收则属于非正式经济的一部分。克里斯蒂安·罗杰森（Christian Rogerson）将其称之为"废物经济"，并指出在很多发展中国家城市，这是不少人的收入来源。① "废物经济"通常不受政府管控。戴维·威尔逊（David Wilson）及其同事的研究表明，尽管"废物经济"其性质是"非正式"的，但却能帮助发展中国家的垃圾回收率达到 25％至 40％的高水平。② 例如墨西哥有超过 30％的废物是由拾荒者回收的。

非正式"废物经济"彼此相互联系，形成组织。当垃圾被运到垃圾场，拾荒者就开始在其中挑拣，回收有价值的物品。这些形形色色的一线收集者将拣出的垃圾卖给中间人，再由后者卖给回收企业。虽然非正式回收业不受政府法规或方针的管控，但却复杂有序。对废物捡拾者或拾荒者来说，他们工作所面临的风险和危害有时可以通过相互合作与集体工作而减少。非正式回收工人已经形成了高度组织化的

---

① Rogerson，C.（2001）"The waste sector and informal entrepreneurship in developing world cities." *Urban Forum* 12（2）：247 - 9.

② Wilson，D，Araba，A.，Chinwah，K. and Cheeseman，C.（2009）"Building recycling rates through the informal sector." *Waste Management* 29（2）：632.

合作社和微型企业。这些合作社常常会集体收集废物，再整批卖给回收企业，通过减少中间人的环节提高了效率。这些合作社还能为工作风险较大或经常受社会排斥的工人提供系统化的支持。

本书第十一章提到柬埔寨的金边在为居民提供清洁水方面颇有建树，但在治理垃圾方面还面临着诸多困难。从 1965 年到 2009 年，该市总共只有一个垃圾场。各种类型的垃圾都被直接倾倒，包括那些有害的垃圾。截至 2003 年大约有 10 000 人住在垃圾场附近，其中许多人以捡拾垃圾为生。2009 年该市建造了一个名为"东克"（Dorng Kor）的新垃圾填埋场，当初是按照新型卫生填埋场的标准设计的。然而由于资金短缺，结果垃圾场只能部分运营。[①] 资金的短缺也意味着该市无法将垃圾收集列为市政服务的一部分。相反，市政府将垃圾收集和处理包给了一家私营公司，但这家承包公司表现欠佳。只有 64% 的垃圾被这家公司收集处理，其他的都是由非正式工人收集的。[②] 非正式收集工在垃圾收集的几个阶段都非常活跃。有人专门上门收购垃圾，也有人专门在街道的垃圾堆里捡拾可回收废物。还有一些垃圾场的拾荒者，专门在垃圾中寻找被人忽视的材料。但由于市政府已经与私人公司签订了合同，所以许多非正式收集工都受到了政府或私人公司人员的阻挠，因为他们与私人公司形成了竞争关系。

圣保罗市的家庭固体废物数量仅次于纽约和东京，位列第三。该市每天要花费 1.5 亿美元来收集将近 14 000 吨垃圾和 5 000 吨工业固体废物，再将其运至邻近的三个垃圾填埋场。里约热内卢的"格拉马乔花园"（Jardim Gramacho）是世界上最大的垃圾场之一（方框 14.6）。

---

① Seng，B（2001）"Municipal solid waste management in Phnom Penh，capital city of Cambodia." *Waste Management de Research*：*The Journal of the International Solid Wastes and Public Cleansing Association*，29（5）：497 - 498.

② Rathana，K.（2009）"Solid waste management inCambodia." Cambodian Institute for Peace and Cooperation，Working Paper no. 29.

但巴西的垃圾回收率却要高于美国和日本。将回收业私有化的努力宣告失败，但高失业率的残酷事实却滋生了一种新的经济活动，即贫穷家庭往往会通过收集铝罐和纸板来过日子。大约有 11 万名巴西人靠在街上收集罐头盒来谋生，每月平均能赚到 200 美元。收集到的废物通常经由中间人卖给企业进行回收。巴西回收了超过 64％的铝罐、35％的玻璃、37％的纸以及 12％的塑料。① 阿尔卡纳（Alcana）是一家主要的铝制品制造商，在圣保罗运营着其在南美最大的回收厂。因此像圣保罗或里约热内卢这些城市的垃圾回收都是通过非正式经济完成的；并且具有讽刺意味的是，如果正式回收业较为成功，反而会减少城市贫民这方面的收入。捡拾垃圾意味着更高的回收率，并为城市贫民创收提供了机会。但捡拾垃圾也会面临一些危害，对捡拾者自身和填埋场的员工会构成安全威胁，比如对垃圾场倾倒台的运行造成干扰，偶尔还会引起火灾。

方框 14.6

格拉马乔花园垃圾场的垃圾捡拾者

在里约热内卢的郊外有座格拉马乔花园垃圾填埋场，300 英尺高，占地 1 400 万平方英尺（相当于 244 个美国橄榄球场）。它是巴西乃至整个南美最大的垃圾填埋场。该垃圾场建于 20 世纪 70 年代末，每天接收将近 8 000 吨垃圾，占整个里约都市区所有垃圾的70％。在 20 世纪 70 年代和 80 年代的经济危机中，该垃圾场聚集了大量的拾荒者。住在格拉马乔花园垃圾场地区的贫民窟居民估计有50％靠回收垃圾为生。这些捡拾垃圾的人被称为垃圾"鉴定者"。格拉马乔花园垃圾场有大约 5 000 名垃圾捡拾者整天在填埋场挑拣塑料、纸、木头、金属盒和其他任何可以被卖给垃圾回收公司的废物

---

① US Department of Commerce (2001) "Brazil：solid waste statistical data." http：//srategis. ic. gc. ca/SSG/dd72515e. html (accessed September 25 2012).

（图 14.9）。这些人每天能够收集大约 200 吨的可回收废物。他们将本来会被填埋的垃圾移走，从而延长了垃圾填埋场的使用寿命，并使其成为全球回收率最高的垃圾场之一。全巴西的垃圾填埋场估计有超过 100 万的垃圾捡拾者

图 14.9　里约热内卢格拉马乔花园垃圾场的垃圾捡拾者
图片来源：From Wikimedia：http：//en. wikipedia. org/wiki/File：LixaoCata-dores20080220MarcelloCasalJrAgenciaBrasil. jpg

　　格拉马乔花园垃圾场的垃圾捡拾者的收入一般能达到巴西的最低工资标准，约为每月 268 美元。但有时他们能赚到双倍的收入，因为他们结成了一个合作社——格拉马乔花园垃圾场垃圾回收捡拾者联盟。该联盟会引导垃圾回收捡拾的发展方向，在周边城市创建分散的回收收集体系，建立回收中心，获取人们对垃圾捡拾者职业的认可，让垃圾捡拾者签订劳动合同，建立 24 小时的医疗诊所，并建造日托中心和技能培训中心。除了这些针对本社区的方案，该联盟还领导全国性的运动以为垃圾捡拾者这个职业争取更多的认可。2010 年由维克·穆尼斯（Vik Muniz）拍摄并获得奥斯卡提名的纪

录片《荒地》（Waste Land）让这些垃圾捡拾者和捡拾者联盟一举成名。维克·穆尼斯作为一名艺术家，先是单个给这些垃圾捡拾者拍照，再将这些图片剪辑拼贴到附近一座大型仓库的地面上。穆尼斯与捡拾者一起在垃圾场捡拾可回收的物品，然后就用这些废弃物创建了仓库地面上的图像。

2012 年里约市关闭了该垃圾场。关闭时间离联合国里约"20＋"峰会不到三周，全球代表将汇聚于此商讨解决地球环境问题的可持续方案。关闭时间也是处于里约准备申办 2014 年足球世界杯和 2016 年夏季奥运会之前。垃圾场的关闭被视作是一个将未经处理的露天垃圾设施替换为现代化废物处理厂的范例。此外，垃圾场关闭时还会收集沼气，从而将进入巴西大气中的甲烷含量减少 1.5%。这次关闭是个有意图的举动，意在展示巴西坚持可持续发展的决心。

但关闭也引发了人们对垃圾捡拾者未来的担忧。捡拾者联盟会与相关部门谈判给予捡拾者一定的经济补偿。《里约观察》（Rio on Watch）的一篇文章援引格拉马乔花园垃圾场垃圾回收捡拾者联盟主席蒂奥·桑托斯（Tiao Santos）的话指出，关闭过程中所遭遇到的最大困难在于让捡拾者登记身份并在银行开户，这样他们才能收到补偿金。垃圾场的关闭对里约市来说是一个重要的节点。捡拾者联盟及其成员都清楚这是重建和保护里约环境的重要一步，但对许多人来说这也意味着他们的传统收入来源以及身份不复存在了。

而这种情况可能不仅仅局限于里约甚至巴西。德里和北京的一些垃圾填埋场也计划关闭，这可能会影响到数以千计的垃圾捡拾者的生计。

资料来源：Brocchetto，M. and Ansari，A.（2012）"Landfill's closure changing lives in Rio." *CNN Online*. http：//www. cnn. com/2012/06/05/world/americas/brazil-landfill-closure/index. html（accessed July 2012）. *Rio On Watch*（2012）"Waste land pickers struggle from landfill closure." http：//rioonwatch. org/?p＝4032（accessed July 2012）；for more information on the film *Waste Land*，go to：http：// www. wastelandmovie. com.

非正式的废物回收利用在许多发展中国家城市非常普遍。墨西哥城有大约 15 000 名拾荒者住在垃圾场里，并且整个家庭都是靠回收硬纸板、玻璃、金属和塑料为生。萨拉·摩尔（Sarah Moore）的研究表明，墨西哥瓦哈卡（Oaxaca）的垃圾捡拾者以及住在垃圾场附近的居民更加的边缘化，被人们视作"肮脏、污秽而又危险"[1]。她调查了一系列的政治抗议活动，在这些活动中，在垃圾场附近工作或生活的人堵住了通往垃圾场的道路。随着城市街头的垃圾越积越多，城市无法进行处理，只得与其进行谈判。其结果是一些垃圾场周围的社区如今也有了篮球场、医疗中心、会议中心和一些发电设施。摩尔最后下结论说，这些封锁道路的行为以违抗法律的形式迫使城市其他市民"认识到"城市发展进程的物质影响（城市垃圾）以及环境公平的重要性。

安娜·谢恩伯格（Anne Scheinberg）和贾斯丁·安许茨（Justine Anshutz）研究了政府对"废物经济"的看法。[2] 他们指出，有时政府试图限制拾荒者进入垃圾场或对其拾荒行为进行罚款，也有的时候政府想将非正式回收业纳入更为正式的特定职能部门中，比如说尼日利亚的拉各斯。

拉各斯面临着发展中国家城市较为普遍的诸多废物管理问题。政府缺乏财力来实施正规的垃圾收集，这意味着居民要么付钱让私营公司收集垃圾，要么让不正规的拾荒者来捡拾垃圾。拉各斯大部分的垃圾捡拾者都是年轻人，被称为"巴洛男孩"（barro' boys），这个称呼来自于收集废物用的轮推车或手推车。巴洛男孩挨家挨户收集垃圾，具

① Moore, S. (2008) "The politics of garbage in Oaxaca, Mexico." *Society and Natural Resources* 21 : 597 - 610.

② Scheinberg, A. and Anschutz, J. (2006) "Slim Pickins: supporting waste pickers in the ecological modernization of urban waste management systems." *International Journal of Technology Management & Sustainable Development* 5 (3): 263 - 264.

体费用在收集时再讨价还价。① 然而巴洛男孩往往会在露天处或空地上形成更多的非法露天垃圾场。艾贝尔·奥摩尼伊·阿丰（Abel Omoniyi Afon）通过其研究，提议在拉各斯建立垃圾中转站，让巴洛男孩将垃圾集中于此并进行登记。② 这反映出一个正在出现的趋势，即市政府想要将非正式回收业正式化。

小结

本章探讨了城市如何应对越来越多的城市固体废物。这种污染形式也许比别的污染形式更加与富裕程度和文化价值观（即不愿去从源头上减少大量消费品的产生）直接相关。而许多发展中国家城市根本无力应对垃圾收集或处理，所以如果它们日后也达到发达国家城市的消费水平，其面临的挑战也会更大。

延伸阅读指南

Engler，M.（2004）*Designing America's Waste Landscape*. Baltimore，MD and London：Johns Hopkins University Press.

Gandy，M.（1994）*Recycling and the Politics of Urban Waste*. New York：St. Martin's Press.

Hawkins，G.（2005）*The Ethics of Waste：How We Relate to Rubbish*. Lanham，MD：Rowman and Littlefield.

Ludwig，C.，Hellweg，S. and Stucki，S.（2003）*Municipal Solid*

---

① Afon. A. O.（. 2007）"Informal sector initiative in the primary sub—system of urban solid waste management in Lagos，Nigeria." *Habitat International* 31（12）：194.

② Afon，"Informal sector initiative in the primary sub—system of urban solid waste management in Lagos，Nigeria."

Waste Management: Strategies for Sustainable Solutions. Berlin: Springer.

Mancini, C. (2010) *Garbage and Recycling*. Farmington Hills, MI: Greenhaven Press.

Myers, G. A. (2005) *Disposable Cities: Garbage, Governance and Sustainable Development in Urban Africa*. Burlington, VT: Ashgate.

Rathje, W. and Murphy, C. (1992) *Rubbish! The Archeology of Garbage*. New York: HarperCollins.

Rogers, H. (2006) *Gone Tomorrow: The Hidden Life of Garbage*. New York: The New Press.

Royte, E. (2005) *Garbage Land: On the Secret Trail of Trash*. New York: Little, Brown.

Strasser, S. (2000) *Waste and Want: A Social History of Trash*. New York: Owl Books.

Vaughn, J. (2008) *Waste Management: A Reference Handbook*. Santa Barbara, CA: ABC-CLIO, Inc.

Williams, P. T. (2005) *Waste Treatment and Disposal*. 2nd edition. Chichester: Wiley.

Young, G. C. (2010) *Municipal Solid Waste to Energy Conversion Process: Economic, Technical, and Renewable Comparisons*. Hoboken, NJ: Wiley.

第五部分　　（重新）调整城市–自然关系

第十五章　种族、阶级和环境公平

　　城市既是一个环境概念，也是一个社会概念。城市建立在生态过程基础之上，的确是一个复杂而独立的生态系统。而城市同时还是一个社会的工艺品，体现和反映出权力关系与社会差别。城市处在社会和环境辩证关系的中心位置，联结着环境和政治。我们将在这一章里探索阶级、种族、性别等问题与环境问题之间的关系。

不公正的城市环境

　　我们总能发现，有毒的工厂大多集中于低收入和少数民族聚居的地区，并且对环境有负面影响的大型基础设施项目也都常常选在贫穷和少数民族居住区。一项又一项的研究揭示出消极环境影响与少数种族/民族之间有相关性。1987 年美国的一项研究表明，对于有害废物处理的选址来说，种族是与之相关的最显著的变量。少数种族和民族人数最多的居住区，也是商业性废物处理设施数量最多的地方。这项研究还表明，每 5 个黑人或者拉美裔美籍人中就有 3 个人，他们居住的社区里至少有一个有毒废物处理点。尽管社会经济地位对于这些废

469

物处理的选址来说也是一个重要的变量，但最重要的还是种族。① 保罗·莫海和罗宾·萨哈在一项对美国有害废物处理设施更近的详细研究中发现，种族歧视比先前研究所表明的要严重得多。②

从全世界范围内的城市来看，贫穷和边缘化的群体常常居住在环境质量最差的地方。城市环境状态的差别表达和体现了社会不公。例如，马克·马图茨与同事发现，在欧洲，垃圾处理设施的分布明显偏重于低收入地区和少数民族居住地区。③ 城市环境不公是大量的、普遍的现象。

以宾夕法尼亚州的切斯特为例。这是一座位于费城外的典型的工业城镇（图15.1）。它作为制造业中心兴起，包括有钢铁厂、船厂、飞机引擎工厂和一座福特汽车公司的工厂。然而，20世纪70年代，限制工业化的趋势开始侵蚀这个工业基地。随着工厂的关闭，工人们离开，该城镇的人口开始贫困化、老龄化，并且黑人的比重上升。根据2010年的人口普查结果，该地区人口数量约为34 000人，其中黑人占了74％，与之对比鲜明的是该州黑人人口比重平均值仅为10％。同时该城镇有1/3的居民生活水平在贫困线以下，该城镇的收入中位数也仅为州收入中位数的1/2。癌症率也是州平均水平的2.5倍。

20世纪80年代该市政府迫不及待地想要引进项目增加税收，力图将旧的厂址重新发展起来，吸引企业前来，增加就业和税收。对于

---

① United Church of Christ, Commission for Racial Justice (1987) *Toxic Wastes and Race in the United States.* "*A National Report on the Racial and Socio—economic Characteristics of Communities with Hazardous Waste Sites.* New York: Public Data Access.

② Mohai, P. and Saha, R. (2007) "Racial inequality in the distribution of hazardous waste: a national-level reassessment." *Social Problems* 54: 343 - 370.

③ Marmzzi, M., Mitis, F. and Forastiere, F. (2010) "Inequalities, inequities, environmental justice in waste management and health." *European Journal of Public Health* 20: 21 - 26.

图 15.1 切斯特，宾夕法尼亚州。这座曾经的工业城市，人口以非裔美籍
人为主，从 1980 年至今已经建立了好几座垃圾焚化炉
资料来源：约翰·雷尼-肖特拍摄

一些工业来说，切斯特提供了绝佳的机会：这座城市很贫穷，非常渴
望发展，可以轻易获得廉价的土地。当地的社区团体政治权力有限。
别的城市和地区可能会强烈地抵制污染型企业的进入，但切斯特不会。
一家大型地产开发商买下了旧工业区的土地权，然后转租给其他公司。
1987 年，该州的环保部门给五个废物处理设施发放了许可证，其中三
个在市内，另外两个虽然在市外，但也距离城市很近。到 20 世纪 90
年代，该城市成了全国最大的废物设施集中地，包括一家垃圾转运公
司、一个焚化炉、一个医疗废物消毒设施、一个污染土地焚烧设施、
一家碎石处理工厂以及一家精炼废水的污水处理厂。

该城市每年的垃圾处理量在 200 万吨左右。作为一个本地的市民
组织，切斯特生活质量居民联合会声称，有毒物质的排放导致了低出

生体重儿和本地的癌症群体。他们还声称受到了环境种族主义歧视，把该州的环保部门（DEP）告上了法庭，指责 1987 年至 1996 年间在环保部门的批准下，有多达 210 万吨的填埋垃圾进入了黑人居住区，而在白人居住区，这个数字仅为 1 400 吨。一位联邦法官在 1996 年拒绝受理该诉讼，理由是尽管从结果上看的确是有歧视存在，但是该市民组织无法证明环保部门是出于歧视意图而有意为之的。尽管上诉法院推翻了该法官的判决，但是最高法院还是于 1998 年驳回了对环保部门的指控。不过，通过受理该诉讼本身，最高法院暗示了环境种族主义作为法律论据的可行性。

在切斯特，有毒的污染设施集中在贫穷的黑人居住的地区。这是个极端的案例，但是却凸显了环境种族主义的特征。这并非是一个正式的法律问题，因为那些设施的建立都经过了合法的程序，这更多的是一个道德问题。弱小、贫穷的居民不仅在精神上受到歧视，而且在物质上也遭受了垃圾的倾倒。从该案的法庭裁决以后，情况已经有所改善。该案件得到了很好的宣传，在当地社区的积极分子小组、关心社会的企业以及公益律师团体倡导者的共同努力下，垃圾场得到了清理，并且有 6 000 万美元投入到更新旧电厂中去，现在公众也可以到滨水区活动了。尽管城市环境有所改善，但是该城市依旧贫穷，居住的依旧是黑人，依旧在衰退。2000 年到 2010 年间，该城市的人口减少了几乎百分之八。

要分清楚环境种族主义的意图和结果往往很困难，"环境种族主义"这个词本身就既包括意图也包括结果。但是在切斯特这个案例中，尽管结果非常明显，意图却很难证明。有人反驳说，这座城市如此贫穷，它需要吸引企业前来纳税，从而保障城市服务的顺利运转。但是这种代价-收益的分析理论可能并不公平，市民们的健康应该重于城市的收益。然而，漫不经心地使用"环境种族主义"这一术语，对现象作出简单的因果过程分析，这种做法值得警惕。

方框 15.1

种族地形学

　　2010 年，弗吉尼亚州的首府里士满人口数为 204 214 人，其中有一半是非裔美国人。该城市的人口分布模式为：市中心居住着低收入的黑人群体，而周围的山上则住着白人群体。1990 年黑人所占人口的百分比与他们居住地区海拔高度的相关度是 -0.41，到 2000 年变成了 -0.47。里士满在历史上长期通过居住地区的海拔来进行种族隔离。19 世纪 80 年代在一个山谷底部形成了两个非裔美国人的社区，它们都集中在一条溪流旁。富尔顿谷底原本是一个白人的工人阶层社区，后来演变为一个黑人社区，白人们都搬到了附近的富尔顿山上。在富尔顿山上可以远离詹姆士河畔工厂排放出的污染物。里士满是最早拥护种族分区的南方城市之一。当地的精英们借此来控制黑人社区的蔓延，这些蔓延包括兼并那些本来由白人统治的、分散的、低密度的农村地区。二战后，非裔美国人成群涌入杰克逊沃尔德地区废弃的房屋中，东区和教会山地区也吸收了大量黑人。居住歧视扩展到了公共领域，影响到了与公共住房选址相关的公共政策的制定。1970 年之前建立的公共住房单元中 64% 都位于教堂山地区和杰克逊沃尔德地区。这些决定不仅进一步刺激了里士满种族地形学的形成，还在黑人社区内部造成了阶级的两极分化，贫穷的黑人居住在里士满的东部，而中产阶级住在东北部。尽管黑人社区常常被看作是一个"同质的整体"，但这个空间差异表明了黑人社区内部也存在着经济水平的分层。

　　资料来源：J. 尤兰和 B. 沃尔夫（2006）《种族化的地形学：南方城市的海拔和种族》，《地理学评论》96（1）：50—78

　　不能仅仅因为污染地点设置在少数民族社区就断言这是环境种族主义。来看一下华盛顿垃圾运输的案例。城市需要一些站点来强化收集和处理垃圾的系统。狭窄的城市道路意味着只能用相对小型的卡车来收集垃圾，但又需要较大的卡车将垃圾运送到距离较远的焚化炉和填埋地。独立委员会在 20 世纪 90 年代提出了一个计划，要在市八区新建一座垃圾转运站。这个选址堪称完美：土地平坦，所有权归市政府，卡车运输便利，空间足够大，可以满足转运站和居民区之间必须有 500 英尺的缓冲距离这一法规。但是八区居住的主要是低收入的少数民族群体。随后出现了关于"环境种族主义"和"环境不公平"的激烈讨论。但是经过对事实的细致观察，我们发现，除此之外并没有什么其他可行的选择。当地的激进分子们可以轻易地使用这两个广为人知的术语，在华盛顿特区两极化的种族政治中，这将极具煽动性。"环境种族主义"和"环境公平"这两个词语从修辞上讲是强有力的，尽管从逻辑上讲并不怎么经得起推敲。

在一项对于环境不公的细致研究中，克里斯托弗·布恩和阿里·莫达勒斯考察了考莫斯城的案例。这座位于洛杉矶以东的城市居住的主要是拉美裔美国人，同时也是有污染的工厂的聚集地。他们的研究显示，这些工厂之所以选址于此，是由于这里闲置的土地和便利的交通。当初大部分工厂在此落户时，城市的主要居民还是白人，后来才变成以拉丁裔为主。换句话说，该城市之所以遭受污染，并不是因为居民是墨西哥人，而是由于交通和土地的因素。布恩和莫达勒斯的研究表明，移民、流动工人和少数民族聚居的社区之所以会在污染区发展起来，要归因于在房地产市场的作用下，穷人总是只能得到最差的选择，只能住在环境最坏的地方。污染重的工厂并不是刻意选择少数民族社区所在的地方建立的。[1]

当然，这并不是要质疑环境质量与少数民族居住地区之间的关系。

---

① Boone, C. G. and Modarres, A. (1999) "Creating a toxic neighborhood inLos Angeles County." *Urban Affairs Review* 35：163 - 187. See also Pulido, L. (2000) "Rethinking environmental racism：white privilege and urban development in Southern California." *Annals of the Association of American Geographers* 90：12 - 40.

在美国，有 3 处或者 3 处以上污染源的县中，有 12％是白人居住区，20％是非裔美国人，31％是拉美裔美国人。种族和权力问题交织在一起，而权力的不公平又会导致生活和工作环境的不公平。①

尽管意图和结果有时候会纠缠在一起让人难以理清楚，种族却起到了动员的作用。罗伯特·布拉德提供了关于社区争端的案例研究，从休斯敦的固体废物填埋到达拉斯的炼铅厂，再到洛杉矶的固体垃圾焚化炉。共同的种族和阶级作为共享的经验，可能会成为将民众动员起来共同抵制和抗争环境不公的基础。②

社会经济地位也在城市生活环境质量中扮演了主要角色。贫穷的社区城市环境就差，并且在负外部性中首当其冲。高速公路穿越他们的社区而建，沉重的交通运输量导致他们居住地区的土壤和水中的铅含量上升。社会经济地位和城市环境质量直接相关。

这个因果关系的网络有时候会比较复杂，但通常是很简单的。穷人之所以经常遭受垃圾倾倒的困扰，就是因为他们穷；而他们之所以贫穷，又是因为他们没有钱去获得政治权力，无法获得讨价还价的力量。富人挑选好的地方住，穷人没得挑，只能捡富人挑剩的地方，这就是城市空间分配的规则。在这历史关系之上的，是当下有害工厂选址的趋势，更倾向于选择那些居民权力最弱小、最无力反抗的地方。穷人的力量最薄弱，不得不住在城市环境最差的地方。在种族差异较小的城市，环境质量的决定因素就是社会经济地位。

在一个与美国通行文献相反的案例中，弗朗西斯科·拉腊·瓦伦西娅和同事们检查了墨西哥边境城市诺加莱斯有害垃圾站点社会经济

---

① Bullard, R. (1993) *Confronting Environmental Racism: Voices from the Grassroots.* Boston, MA: South End Press. See also Bullard, R. D. (ed.) (2000) *Dumping in Dixie: Race, Class and Environmental Quality.* Boulder, CO: Westview.

② Brulle, R. J. and Pellow, D. W. (2006) "Environmental justice: human health and environmental inequalities." *Annual Review of Public Health* 27: 103-124.

地位之间的关系。结果发现，污染企业的选址主要不是考虑社会经济地位较低的社区。决定性因素是能享受城市基础设施和良好的交通运输条件。因为城市的基础设施与高收入社区关系紧密，因此富人反倒住得离有害物质更近。这项研究提醒我们，不同的城市会产生不同模式的不公平。正如作者们所得出的结论："污染设施的选址和公平空间的建立都高度地依赖本地城市化的路径和过程。"①

在一些案例中，一边是种族和阶级，另一边是环境质量，两边的关系曾经被政治运动和经济力量所强化，为了促进经济发展和就业而刻意忽视环境质量，这种情况现在依然存在。劳动运动还未意识到环境问题就是社会公正问题，而不仅仅是处在社会结构上层的少数富人考虑的问题。工业城市里蛮横的经济力量常常错误地将环境质量和就业给割裂开来。比如，马修·科仁森谈到美国的很多工业化城市里缺少环境运动是因为污染和就业率之间的关系。浓烟滚滚的烟囱象征着好的、高工资的工作。我们在讨论锡拉丘兹的奥内达加湖案例时曾经强调过，精明的商人常年用这样的语言来推进这个问题："锡拉丘兹究竟是想要让人们找到工作，还是想要干净的湖水？"直到20世纪70年代，人们重新把净化过的湖水构想为后工业化城市的重要组成部分。但是，只要它还是一座工业化城市，湖水净化就远不及经济发展来得重要。甚至在今天的许多城市里，特别是在发展中世界的城市，商业蔓延和经济发展的重要性常常是压倒大多数人民对于环境的关心和城市生活质量的需求的。②

---

① Lara—Valencia, F., Harlow, S. D., Lemos, M. C. and Denman, C. A. (2009) "Equity dimensions of hazardous waste generation in rapidly industrializing cities along the United States-Mexican border." *Journal of Environmental Planning and Management* 52: 195-216, quote from p. 212.

② Crenson, M. (1971) *The Un—politics of Air Pollution: A Study of Non—Decisionmaking in Cities*. Baltimore, MD: Johns Hopkins University Press; see also Benton, L. M. and Short, J. R. (1999) *Environmental Discourse and Practice*. Oxford: Blackwell, ch. 6.

现在我们能看出这种将工作和环境割裂的做法是错误的。低质量环境的消极影响主要由工人来承担。问题不是工作"或"城市环境质量，而是工作"和"城市环境质量，二者可以、也应该兼得。我们正迈向绿色经济，美化城市环境和增加就业机会二者直接相关联。循环利用、绿色技术和城市绿化都是能为财政紧缺的城市创造就业的途径。卡林·马丁森和同事们探索了因为能源效率提升、替代能源推广和污染减少而兴起的绿色工作。① 作为更广泛的环境公平运动的一部分，绿领工作项目主要聚焦于贫穷社区的低收入群体。于 2009 年在纽约州发起的绿色工作/绿色家园项目是一个周转贷款项目，目的是让业主、非营利机构和公司能够改进自己的建筑，从而提高能源利用率。这个项目能够为低收入群体提供培训和就业的机会。该州还建立了绿色发展区，将绿色廉价房屋建设、基于社区的可再生能源、室温调节设施、绿色工作培训和城市农业联合起来，所有这些都围绕着一个共同的目标，那就是提高居住质量，创造就业，提高能源效率。② 这一绿色发展区的概念对于一个社区化、生态可持续的经济而言，是一个可行的模式。

城市环境不公除了体现在污染源的分布上，还体现在某些资源的缺乏和不便利。两项研究强调了这一主题。尼克·海嫩与同事发现，在美国密尔沃基城里存在着树木分配不均的情况。树木不仅给人以美感，还能降低环境污染，对社区生活质量有积极影响。因此，树木分配的不公平又产生了社会空间分配的不公平。在城市新自由化的背景下，城市树木由公共开支转变为个人出资，这标志着社会政策的退步，因为富裕的地区可以付得起比贫穷地区更多的支出。③ 克里斯托弗·

①　Martinson，K.，Stanczyk，A. and Eyster，L.（2010）*Low—skill Workers'Access to Quality Green Jobs*. Washington，DC：The Urban Institute.

②　Bartley，A.（2011）"Building a 'communitygrowth machine'：the green development zone as a model for a new neighborhood economy." *Social Policy* 41：9 - 20，quote from p. 15.

③　Heynen，N.，Perkins，H. A. and Roy，P.（2006）"The political ecology of uneven urban green space." *Urban Affairs Review* 42：3 - 25.

布恩与同事研究了马里兰州巴尔的摩市的公园分布情况，发现如果单纯从公园的分布来看，非裔美国人居住的地方离公园更近一些，在400米之内，而白人距离相对大面积的公园较近。这个复杂的研究结果是非裔美国人数十年遭受歧视造成的结果。他们长期被排挤在城市之外，居住的地方很少有公园。但是当城市经历了20世纪60年代、70年代和80年代白人中产阶级的逃离之后，涌进城市填充空缺的黑人就距离公园更加便捷了。① 这个例子说明公平的结果可能源自历史上的不公平对待。

环境公平

环境不平等现象的存在引起了环境公平问题，无论是废物处理厂的选址还是绿色空间的缺失。美国环保署对环境公平的定义是：在环境法律、法规和政策的发展、实施和执行方面，所有人都能得到公平待遇和有意义的参与，不论种族、肤色、民族血统或者收入。②

这是一个狭窄的定义，只涉及了与公共政策的关系。"公平待遇"意味着没有哪一群人应该承担不合比例的消极环境影响或者缺乏不合比例的积极环境影响。"有意义的参与"意味着人们应该有机会参与环境决策，对管理部门施加影响。

环境公正1994年在美国被予以立法。时任总统的克林顿签署了第12898号行政命令，在环保署内开始了一项环境公正项目，旨在提高人们对环境公正问题的意识，确认和评估环境不公的影响，为地方和社区团体提供帮助。在布什总统执政时期，环境公正的推进工作实质

---

① Boone, C. G., Buckley, G. L., Grove, J. M. and Sister, C. (2009) "Parks and people: an environmental justice inquiry in Baltimore, Maryland." *Annals of the Association of American Geographers* 99: 767 - 87.

② http://www.epa.gov/environmentaljustice/index.html (accessed August 16, 2012).

上已经消失不见了，但是到了奥巴马执政时，又得到了复兴。根据2014 年环境公正计划，环保署制定了一系列方案来保护污染地区人们的健康，赋予社区采取行动的权力，与地方及州政府建立伙伴关系，推进健康的可持续发展的社区。该计划规模小，投资适度。

方框 15.2

让孩子回归自然

患哮喘病的年轻人和儿童的数量正在上升。在美国，对于 5 到 14 岁的儿童，哮喘病的死亡率从 1980 年到 1993 年几乎翻了一倍。这种病在黑人和城市居民中间要比在白人和居住在郊区、乡村的人中间更加常见。

最近哮喘病上升的原因还在讨论中。一些人认为越来越多地使用抗菌性香皂、抗菌性清洁剂和抗生素创造了一个无菌的、干净的环境，因此，今天的很多孩子免疫系统不能像前代人那样抵抗细菌的感染。缺乏与大自然的接触可能会使哮喘病加剧，并且文化上对于清洁的痴迷可能会导致缺少与泥土和外界的接触。

理查德·洛夫 2008 年的著作《树林里最后的孩子：从大自然缺乏症中拯救我们的孩子》引发了对孩子所生活的环境意识的兴趣。洛夫认为，孩子们远离了大自然，正在受到"大自然缺乏症"的折磨。孩子们的时间大都花在了玩电子游戏、上网和看电视上，而不是出去骑自行车、爬树和公园探险。

"让孩子回归自然"运动就这样开始了。这个运动的名字是一个文字游戏，来自 2001 年的教育立法。众议院通过了该法案，但是参议院没有就此投票表决。该法案建议政府投资用于教师环境素养方面的培训，并提供用于小学和中学课程的创新技术。该法案的批评者称它意图向儿童传播政治议程。

尽管在联邦层面有着争议，很多州，包括康涅狄格州、科罗拉多州、伊利诺伊州、马萨诸塞州和威斯康星州，都在当地公园和学校建立了项目，来解决儿童与自然相脱离的问题。例如，在康涅狄格，"让孩子回归自然的誓言"是一个向孩子介绍奇妙大自然的许诺。

康涅狄格让孩子回归自然的誓言：

我发誓保卫所有孩子和每一个家庭在一个安全的室外环境玩耍的权利。我将会通过以下几点来鼓励和支持他们行使权利的机会：

- 在干净的水里嬉水，呼吸干净的空气
- 在健康的土壤里挖坑种植，观察植物生长
- 爬树，从草坡上滚下去
- 打水漂，学游泳
- 野外追踪，星下露营
- 抓鱼，听鸟叫，观察雄鹰飞翔
- 在后院里发现野生动植物
- 沉浸于日升日落之美
- 在地球这个生态系统中找到场所感和惊异感
- 变成下一代人的环境管家

资料来源：Augustyn, H. (2011) "Asthma rates on the rise." *Get Healthy*, *nwtimes. com*. http://www. nwitimes. com/niche/get-healthy/health-care/article _ 7c20 58db-546f513a-8d62-2a4a44cefd8e. html (accessed May 2012). "No Child Left Inside, Connecticut." http://www. ct. gov/ncli/cwp/view. asp? a = 4005&q = 471154&ncliNav _ GID=2004 (accessed August 16, 2012); Keirns, Carla C. (2009). "Asthma mitigation strategies: professional, charitable, and community coalitions." *American Journal of Preventive Medicine* 37: S244-250. See also Louv, R. (2008) *Last Child in the Woods: Saving Our Children from Nature-Deficit Disorder*. Chapel Hill, NC: Algonquin Books.

环保署的定义仅把目光限制在公共政策的运作上。环境不公的问题源于一个很明显的事实：危险设施的选址与低收入社区和/或少数民族社区有着相关性。可是，正如切斯特的例子所显示的那样，如果程序执行没有问题，那么法律补救是很困难的。在很多案例中，正是在市场或者公民社会的日常运作中，环境不公被创造出来并得到维持。

环境公正，就像是社会公正，在没有更多的干预方法的情况下，是不可能实现的。比如，种族主义、阶级社会的正常运作将在正常的运作过程中产生种族主义、阶级主义的结果，即便没有违法或腐败的帮助。如果目的是产生一个更加公平的结果，我们就需要更加积极的干预。比如，环境影响的报告就需要一个对公平和正义问题更明确的评估。面对环境挑战的低收入社区也应该从政府方面获得更多的资源，而不仅仅是法律下的平等待遇。体制倾向于产生出不公平的结果，除非人为设计出更积极的结果。

城市环境不公平可能是长期累积的结果，积重难返，不容易修复。例如，切斯特的问题就是数十年的时间造成的，源于主导的经济状况。一个更加开阔的环境公正概念应该包括深层的关切，超越单纯的测量空间的相关性，去检查创造出环境不公平持续模式的社会过程。

从环境公正与种族在美国的具体相关性中跳出来看，环境公正现在是一个全世界都关心的问题。环境公正运动正经历着全球化。[1] 现在环境公正出现在关于城市环境的讨论和辩论中，因为城市环境问题联结着正义、公平和公正问题。作为一项学术努力，环境公正把种族、阶级、性别和民族的产生问题与城市环境的创造联结了起来。[2]

关于环境公正的讨论有拓宽的趋势。例如布兰登·格里森就对当代澳大利亚城市的公平和正义予以激烈批评。他指出了一种新的不公平的形势，包括新的城市贫困区污水池，澳大利亚原住民濒临绝望的弹丸之地，与公共领域相分裂的富人居住区以及问题众多的非郊区地区。[3] 朱利安·阿杰曼寻求通过公证可持续发展的概念来联结环境公

① Walker，G.（2009）"Globalizing environmental justice." *Global Social Policy* 9：355–382.

② Carmin，J. and Agyeman，J.（eds.）（2011）*Environmental Inequalities Beyond Borders：Local Perspectives on Global Injustices*. Boston，MA：MIT Press.

③ Gleeson，B.（2006）*Australian Heartlands*. Crows Nest，NSW：Allen and Unwin.

正和可持续发展问题。这个想法包括了空间公正、食品公正和统治主权问题。

环境公正问题如今是作为一个城市政治生态学的一部分来讨论的。安·斯派恩的《花岗岩花园》一书，就是一个早期的例子。① 她考察了波士顿城市的空气、土壤、水、动植物。在分析中，城市被看作是生态系统，它联结着社会、自然、政治权利。更近期的一些研究包括道恩·戴·比赫勒尔对政治生态学中公共住房里的害虫和杀虫剂的讨论。她的研究把住宅空间和性别关系与环境公正问题结合了起来。②

还有一系列作品研究城市地区对原住土地索偿这样的环境公正事宜。全球许多城市存在的对原住土地索偿的人多是无家可归或无依无靠的人们。许多城市其实也就是建立在驱逐（原住民）的基础上的。在澳大利亚和加拿大，许多城市都有着相类似的殖民史和立法体系，城市原住民对土地索偿也很相似。劳伦斯·伯格举了不列颠哥伦比亚一例，并突出了这个地方的命名。③ 再想想澳大利亚中部那个叫爱丽斯斯普林斯的小城，这座城市的所在地原是阿伦特土著人所有，他们大约在35 000年前就住在这片土地上了。但是，1870年南澳大利亚政府决定建立一条联通达尔文市的陆上电报线路，两年后，一座中继电报站建立在如今城市的外围。1874年，电报站周围25平方英里的地域被吞并过来，原住民也被驱离出他们的土地。

1928年，这座城市被宣称为原住民的禁区：他们进城前必须获得许可。1970年，长期遭受压迫的原住民的权利迎来了一个重大转变，获得了承认。1976年《原住民土地权利法案》第一次承认了原住民群

① Spire，A. (1985) *The Granite Garden：Urban Nature and Human Design*. New York：Basic.

② Biehler D. (2009) "Permeable homes：a historical political ecology of insects and pesticides in US public housing." *Geoforum* 40：1014 - 1023.

③ Berg，L. (2011) "Banal naming，neoliberalism and landscape of dispossession." *ACME：An International E—Journal for Critical Geographies* 2011：13 - 22.

体对土地的索偿，1993 年《原住民土地权法》为城市地区的土地索偿构建了一个可行的立法框架。1994 年，原住民土地、水域权利法在全市正式施行，当时的申请人就是阿伦特土著人代表。2000 年 5 月，联邦法院判决阿伦特原住民土地受益人可以继续享有市内大部分保护区、公园及其他空置公共土地的权利。这项判决不仅将土地还给了原住民，更赋予了他们一系列新的权利：承认他们拥有传统上的土地的权利，使用自然资源的权利，处理土地的权利，保护区域的权利，管理精神力量并保卫他们与土地相关的文化知识的权利。这同时也创造了一个城市身份的转变。这城市是建立在阿伦特人领地上的，现在这一点会出现在官方的庆典上，也出现在城市标示上。这城镇再不仅仅是爱丽斯斯普林斯，而只是白人的探险所得；现在它是爱丽斯斯普林斯/Mp-arntwe（阿伦特语），这同时也提醒人们，阿伦特人作为该城市最初创造者的荣耀。[①]

城市环境和社会差距

不同的社会阶层，对于城市环境的体验也各不相同。社会-经济地位、性别、年龄和身体健康/残疾水平都是导致社会差距的原因。这些都能够在城市环境中体现和反映出来。

以性别为例，在让环境问题走向更广泛的公众过程中，妇女起到了重要作用。例如，洛伊斯·吉布斯是一个典型的城郊家庭主妇，她有两个孩子，居住在西纽约的城郊。当她的儿子迈克尔患上了癫痫症，她的女儿梅丽莎染上了一种罕见的血液疾病，当她邻居的孩子们也生了病后，她开始调查可能的原因。很快，她和其他人就发现她所居住的地方，拉夫运河，是建在一个有毒废弃垃圾场上，有 10 多种已知的致癌物质，包括致命的化学物质二噁英。当地的土壤和水正在毒害社

---

① Short，J. R. (2012) "Representing country in the creative postcolonial city." *Annals of the Association of American Geographers* 102：129 - 50.

区。洛伊斯·吉布斯成了当地社区的一个组织者，动员公众舆论，推进州和联邦政府的参与。1980 年该地区的居民被疏散撤离了。该地名也像博帕尔一样成为了环境污染的一个代名词。公众的关注使得该案受到重视，通过了 1981 年超级基金法案，联邦法律规定主要有毒废弃物点的化学物质必须要清除干净。[1]

城市的有毒物质常常影响到在家和邻里社区的妇女，她们对家庭的繁衍生息起到了重要作用。她们照顾生病的孩子，跟邻居保持联系，距离当地的问题也更近一些。妇女常常是站在当地环境问题的最前线。

拉夫运河的案例里，儿童患了重病，这也是一个例子，说明年龄因素在城市环境状况中的作用。子宫里的胚胎和非常小的孩子特别脆弱，很容易受到不良环境状况的影响。他们就像是煤矿里的金丝雀一样，拉响环境危险的警报。老人也非常脆弱，对于空气质量和其他环境状况很敏感。可是在很多城市里，尽管小孩子和老人最容易受到环境影响，他们却只有最少的话语权。大部分城市都是由富裕的男性设计的，目的也是为他们服务的，远离这个群体特征的人，只能是被边缘化，也就远离了权利和影响力。边缘化的群体、穷人、孩子和老人常常住在城市环境最差的地区。[2]

这些地方也成为抵制和促进社会变革的场所。在哥伦比亚麦德林，现在有 9 个图书馆公园——部分是图书馆、部分是公园、部分是社区中心——散布在这座人口 340 万城市的贫民区。新的图书馆建筑让人印象深刻，由建筑师设计，对公众开放。这最早是由塞尔吉奥·法哈尔多发起的，他是一个无党派人士，并于 2004 年成为该市市长。他把该市 9 亿预算的几乎一半费用投入教育，其中很多用于在最贫穷的社区建

---

① Gibbs，L.（1993）"Foreword，"in*Toxic Struggles*：*The Theory and Practice of Environmental Justice*，R. Hofrichter（ed.）. Philadelphia，PA：New Society Publishers.

② See Short. J. R.（1989）*The Humane City*. Oxford：Blackwell，esp. ch. 4.

立图书馆公园。在图书馆里，成年人和儿童可以接受职业培训，能够使用电脑，能够联结社会福利网络。这些图书馆公园是社区参与的结果，把绿色空间和社会空间结合起来。麦德林的图书馆公园改善了环境质量，通过把钱主要用于城市最贫穷的地区，从而减少了不公平。

图 15.2　爱丽斯斯普林斯/Mparntwe 的禁区
资料来源：由约翰·雷尼-肖特拍摄

健康城市

　　1984 年世界卫生组织在多伦多发起了一次会议，主题为"健康城市"。两年后，旨在促进健康的渥太华宪章概述了通过改善城市自然和社会环境从而提高总体健康状态的基本要求。今天，全世界一共有将近 3 000 个健康城市的项目。新的项目与现有的公共健康项目一起，以"健康城市"的名义来推广。欧洲有 30 个国家健康城市网，重点在于整合健康和城市规划。在世界大部分其他地区，健康城市还与供水和排水基本设施服务的提供结合在一起。重点是提高市民的健康状况，特别是那些生活在最贫困地区的市民，提升对于环境健康的关注并且让不同的利益相关者之间形成便捷的网络。健康城市项目早期的评估效果是鼓舞人心的。一项研究调查了加利福尼亚 20 个参与的社区，发现创造了新项目，采取了新政策，并且利用了新的资金来源。[1] 对于资产和需求的识别以及组织间联系的创建带来了改善健康状况的积极效果。在欧洲城市项目的评估中也能发现相似的积极结果。[2]

　　健康城市必须要与环境公正联系起来，这一点已被较多地接受。2001 年欧盟成员国批准了《奥胡斯公约》，宣称每个人都有权利居住在满足其健康和幸福的环境里。为了达到这个目标，城市公民必须参与到决策中来，并能够获取相关信息。该公约推进有效的参与以及各种评价标准。在 4 个紧随着《奥胡斯公约》的英国废物处理案例研究中，尼古拉·哈特利和克里斯多夫·伍德检查了环境影响评价中的公

---

　　① Kegler. M. C., Norton, B. L. and Aronson, R. (2008) "Achieving organizational change: findings from case studies of 20 California healthy cities and community coalitions." *Health Promotion International* 23: 109 - 118.

　　② Dooris, M. and Heritage, Z. (2011) "Healthy cities: facilitating the active participation and empowerment of local people." *Journal of Urban Health*. doi: 10. 1007/s 11524 - 011 - 9623 - 0.

众参与度。他们报告称,《奥胡斯公约》巩固了参与程序,但是保证改善的程度则取决于它如何解释并进入具体的立法之中。

换言之,其实施将会由立法和行政细节来系统地组织。①

方框 15.3
弹起式公园

公园并不只是自上而下的项目。机动车道公园现在是快速、自下而上城市复兴的一个有趣而令人兴奋的例子。在美国,"建设更美街区"项目就是快速城市干预的一种形式。例如 2010 年,达拉斯社区组织者用借来的价值 1 000 美元的材料以及辛勤的劳动让一条街道一夜间变了模样。画出了一条自行车道,栽种了树苗,把机动车道由三条缩减为一条。这种建造公园的形式有点类似游击战。弹起式公园也出现在克利夫兰、塔尔萨和费城。在沃思堡市,该项目在南大街绘制了自行车道和人行横道,这里本来早就计划好要变成高速公路的。这一行动也劝说了州政府变更高速公路的路线。自下而上来自人民的推动让政府意识到了这种替代性选择。

"建设更美街区"的网址:http://better-block.org.

方框 15.4
一个健康城市项目

健康城市的一个很明显的项目就是鼓励种植更多的植被。例如,一个细致的植树计划可以降低夏天的温度,使城市热岛效应最小化并减少空气污染。一些城市积极鼓励植树。在加利福尼亚萨克拉门托,从 1990 年开始,已有超过 375 000 棵树分发给了城市居民,还

---

① Hartley,N. and Wood,C.(2005)"Public participation in environmental impact assessment:implementing the Aarhus Convention." *Environmental Impact Assessment Review* 25:319-340.

计划在全市多种 400 万棵树。与之对比的是，在美国其他城市，植树计划反而是被削减了。美国有 24 座城市在过去 30 年间树冠覆盖面下降了 25%。在密尔沃基等城市里，植树计划重新定向为市中心区，以便更好地吸引投资者。然而，萨克拉门托的经验表明，植树不仅有助于建设更健康的城市，还可以更省钱。该城市估算，花在种树上的每一美元钱，都能在节能、减污、暴雨管理和房产增值方面得到 2.8 美元的补偿。

有一些公用事业公司抵制植树，辩称确保他们的电线安全穿过植被的代价更高。相反，有一些州，比如爱荷华州，下令公用事业公司必须植树。这种经验更加积极。在一个能源消费快速的时期，公用事业公司常常会为参与植树所获得的良好的公众关系而感到感激。在萨克拉门托，当地的电力公司 PG&E 于 2012 年承诺投资 25 000 美元，以达到在城市里再植树 3 万棵的目标。

小结

尽管世界卫生组织"健康城市"以及《奥胡斯公约》作出宣言并不是难事，修辞总比实干要简单，但它们的确暗示了未来社会的公正问题、预期民主问题和城市环境质量问题之间的联系。它们还指出，环境权利将会加入到公民权利和政府职责的清单，动员社区，激励政府，创造更好的城市环境状况，特别是为那些最贫穷的人。这对于更广泛的社会斗争和更长远的经济目标来说并不是次要的，它就是最核心和关键的。

延伸阅读指南

Adamson, J., Evans, M. M. and Stein, R. (eds.) (2002) *The*

Environmental Justice Reader. Tucson, AZ: University of Arizona Press.

Agyeman, J. (2013) *Introducing Just Sustainabilities: Policy, Planning and Practice*. London: Zed Books.

Bickerstaff, K. , Buckeley, H. and Painter, J. (2009) "Justice, nature and the city. " *International Journal of Urban and Regional Research* 33: 591 - 600.

Bullard, R. D. (ed.) (2005) *The Quest for Environmental Justice: Human Rights and the Politics of Pollution*. San Francisco, CA: Sierra Club.

Bullard, R. D. (ed.) (2007) *Growing Smarter: Achieving Livable Communities, Environmental Justice, and Regional Equity*. Cambridge, MA: MIT press.

Holifield, R. , Porter, M. and Walker, G. (2010) *Spaces of Environmental Justice*. Malden, MA: Wiley-Blackwell.

Madrid, J. and Alvarez, B. (2011) *Growing Green Jobs in America's Urban Centers*. Washington, DC: Center for American Progress.

Mohai, P. , Pellow, D. and Roberts, T. (2009) "Environmental justice. " *Annual Review of Environmental Resources* 34: 405 - 430.

Pellow, D. N. and Brulle, R. J. (2005) *Power, Justice and the Environment: A Critical Appraisal of the Environmental Justice Movement*. Cambridge, MA: MIT Press.

Redwood, Y. , Schultz, A. J. , Israel, B. A. , Yoshihama, M. , Wang, C. and Kreuter, M (2010) "Social, economic, and political process that create built environment inequities. " *Family Community Health* 33: 53 - 67

Stein, R. (ed.) (2004) *New Perspectives on Environmental Justice: Gender Sexuality and Activism*. New Brunswick, NJ: Rutgers

University Press.

Swyngedouw, E. and Cook, I. (2012) "Cities, social cohesion and the environment: towards a future research agenda. " *Urban Studies* 49: 1959 - 1979.

Washington, S. H. (2005) *Packing Them In: An Archaeology of Environmental Racism in Chicago.* Washington, DC and Covelo, CA: Rowman and Littlefield.

Webster, P. and Sanderson, D. (2012) "Healthy cities indicators: a suitable instrument to measure health. " *Journal of Urban Health.* doi: 10. 1007/s11524 - 0119643 - 9

美国环境保护署环境公正的网址: http: //www. epa. gov/environmentaljustice/index. html.

第十六章　城市的可持续发展

当今的城市是相当不可持续发展的，因为这种消耗资源、生产垃圾的方式无以为继。但是，城市的可持续发展又是什么意思呢？我们可以从生态、环境、社会、政治、文化和经济方面找到许多与"可持续发展"相关的术语、形容词和含义。"可持续发展"的概念部分源自于对环境承受力有限性的认知。它质疑启蒙运动的主要项目，质疑人对自然的主宰和无限度的开采。这一章我们先考察可持续发展的思想文化史。尽管我们聚焦于美国，但是很多国家也有相似的经历。然后我们探索可持续发展是如何定义和理论化的。在本章第二部分里，我们转向城市是如何实践可持续发展的。

可持续发展的思想文化根源

对社会-自然关系的重新概念化已有一段漫长的历史。亨利·大卫·梭罗的《瓦尔登湖》依然是一部显示大自然改造力量的经典作品。弗雷德里克·劳·奥姆斯特德对后世的影响是城市公园可以让工业城市重新找回平衡，而埃比尼泽·霍华德的花园城市在城市内核的周围建立起绿化缓冲带。这些规划者和预见家们同时也有强有力的社会议程，把自然世界看作是推进民主与公正的路径。

另一个重要的思想文化遗产在乔治·珀金斯·马什于 1864 年出版的《人与自然》里。该书认为人对环境的影响是显著的。他让人们注意那些人类活动没有预见到的后果，例如洪水和山崩常常是由于过度放牧引起的。马什强调食物链，强调森林对于土壤保持的重要性和健康的生态原则的必要性。这些观念我们如今早已习以为常，但往往忘记了它们也是有一个发展历程的。乔治·珀金斯·马什对美国的自然保护运动影响巨大。吉福德·平肖（1865—1946）称《人与自然》具有划时代的意义。

吉福德·平肖研究森林管理，并将他的许多想法在北卡罗来纳州范德比尔特的比尔特摩尔庄园付诸实践。在 5 000 公顷的土地上，平肖发展了他的三个主要原则：盈利的生产、恒定的年产量和通过选择性伐木来改善森林状况。这些原则一起构成了对资源的"明智利用"，并成为了自然保护运动的核心。平肖的思想影响到了西奥多·罗斯福总统，罗斯福请他出任美国首席林务官。平肖引入"持续产量"这一术语作为实践资源管理的方法。持续产量和明智利用这两个概念都要求限制过度放牧，让资源为最大多数人民服务，而不是只为极少数人牟利。他强调长期利益重于短期。平肖的思想渗透进立法、林业实践和将会统治未来 100 年的环保措施中。

在 20 世纪 60 年代和 70 年代早期，很多作家和思想家对自然-社会关系进行了详细的论述和讨论。1962 年蕾切尔·卡森出版了《寂静的春天》，这在美国环保运动历史上是一个重要的时刻。《寂静的春天》以一幅没有鸟儿的春天图景开篇，原因是如 DDT 等杀虫剂的使用导致了鸟儿的灭绝。她的书记录了诸如 DDT、狄氏剂、异狄氏剂和对硫磷等化学品日益增长的使用，详述了它们对人类、植物和动物的毒害作用。这本书引用了大量的科学著述，超过 50 页的参考文献包括报告、备忘录和发表在科学杂志上的论文。在今天看来，她所传递的信息是极其有道理的，但是在当时却引起了极大的争议。化学品制造商们发起了一项针对她的恶意运动，试图阻止该书的出版发行。尽管遭遇到阻挠和反对，《寂静的春天》在商业方面却很成功，不到 6 个月的时间内就销售了 50 万册。1963 年卡森出现在一次讨论未受到监管的杀虫剂的国会委员会听证会上。就在她即将站在大量听众面前时，却因患癌症去世，但她留给后人的财富是不朽的。她使美国人更加深刻地意识到生态网络和看不见的化学品造成的毒性污染之危害；她影响了政策，也塑造了公众的观念。《寂静的春天》标志着环保意识的新转变。之前的环保运动聚焦于过度开采的危害，卡森让人们开始关注人类和动物灭绝的威胁。

简·雅各布斯最有影响力的书是《美国大城市的死与生》，该书出版于 1961 年。雅各布斯反对 20 世纪 50 年代美国的城市改建，认为这样做毁坏了充满生气的城市社区。她对于城市改建的批评是强有力的，甚至超越了规划问题而影响到时代精神。她的积极活动帮助开启了美国的历史性建筑保护运动，通过底层民众的努力来阻止破坏地方社区的城市改建计划。她留给后世的财富是崭新的重建城市的原则，让公众参与到规划中，确保城市民族和人种的多样性。

其他重要的思想家包括安德烈·冈德·弗兰克，他就世界体系，特别是发展中国家经济、社会和政治的历史与当代发展有着广泛的述评。他 1967 年的著作《资本主义与拉丁美洲的不发达》探索了贫困难以消除的原因，考察了不发达是如何与资本主义联系在一起的。多内拉·米道斯领导了罗马俱乐部，一个学者组织。他们于 1972 年出版了《增长极限》，该书使用了电脑模型来理解不加抑制的经济和人口增长是如何影响有限的资源的。作者们还探索了通过在不同变量之间调整增长趋势来实现一种可持续反馈模式的可能性。

生态经济学家赫尔曼·达利 1973 年的《稳态经济学》得到了广泛阅读。达利论述经济活动使得生态系统退化，阻碍对支持各种生命极为重要的自然过程。在过去，经济活动的总量很小，对生态系统的影响基本可以忽略不计。然而，20 世纪经济活动空前的大发展显著地改变了这种平衡状态，伴随着潜在的灾难性后果。该书把增长极限论点、福利经济学理论、生态学原则和可持续发展哲学结合起来，形成一个模型，达利称之为"稳态经济学"。达利与罗伯特·科斯坦萨、安玛丽·杨松、琼·马丁内斯·阿列尔等一起帮助开拓了生态经济型的领域。

以上所有这些作家和思想家——还有许多其他作家和思想家——都对社会-自然辩证法进行了再思考，尽管是从不同的角度和观点。他们的作品都内含着对环境的关心，对推进公正的努力和对经济发展与资源使用限度的意识。这三个主题——环境、公正和经济——已经孕育了一个多世纪。

可持续发展的术语和概念并不是简简单单就出现了。这并不是一个线性过程，而是思想观念的汇聚。渐渐地，从20世纪70年代到80年代，可持续发展的思想与环境、经济发展和推进社会公正这三个问题联系在了一起。这是关于重新定义自然-社会关系的丰富思想经历漫长进化的结果。其思想之根包括专注于生态学、经济学和社会公正的作家和思想家（表16.1）。

表 16.1　对城市可持续发展的思想贡献

环保主义者	经济学家	城市研究/规划	提倡公正者	精神作家和伦理学家
约翰·缪尔（保护）乔治·珀金斯·马什	肯尼斯·鲍尔丁	帕特里克·格迪斯，埃比尼泽·霍华德，刘易斯·芒福德（综合规划）	穆雷·布克金（社会生态主义者）	加里·斯奈德，托马斯·柏励
蕾切尔·卡森	赫尔曼·达利（稳态经济学）	简·雅各布斯（保护社区和多样性），诺曼和苏珊·费恩斯坦（理性规划批评）	爱德华·戈德史密斯，尼古拉斯·希尔德亚德，弗朗西斯·穆尔·拉佩，阿图罗·埃斯科瓦尔，范达娜·席娃/马丁·霍尔（发展批评家）	沙琳·斯普瑞特奈克，佩特拉·凯利，卡罗琳·麦茜特（生态女权主义）

494

环保主义者	经济学家	城市研究/规划	提倡公正者	精神作家和伦理学家
多内拉·米道斯	迈克尔·雷德克利夫特和戴维·皮尔斯（环境经济学）	约翰·洛根，哈维·莫勒奇，布赖恩·斯托克，彼得·卡尔索普（城市增长联盟）	罗伯特·布拉德，卡尔·安东尼（环境正义）	贝尔德·卡利科（环境伦理学）
布伦特兰报告	罗伯特·科斯坦萨，理查德·诺加德（生态经济学）	大卫·戈登，蒂莫西·比特利（绿色城市主义）	埃里克·史温吉道，马修·甘迪（政治生态学）	西奥多·罗斯扎克（生态心理学）
地球峰会/21世纪议程	保罗·霍肯（恢复经济学）	迈克尔·霍夫，卢瑟福·普拉特（城市生态学）		段义孚（恋地情结）
美国总统可持续发展咨询委员会	威廉·里斯（生态足迹分析）	詹姆士·康斯特勒，爱德华·瑞尔夫（无地方性）	比尔·德瓦尔/乔治·塞申斯（深层生态学）	柯克帕特里克（生物区开发论）

资料来源：Wheeler, S. (2004) *Planning for Sustainability: Creating Livable, Equitable and Ecological Communities*. London and New York: Routledge, p. 28.

可持续发展的定义

1987 年联合国世界环境与发展委员会发布了一份名为《我们共同的未来》的报告。这份报告是来自由外交部长、财政与计划官员、经济学家、农业和科技政策制定者所组成的委员会。为了纪念委员会主席格罗·哈勒姆·布伦特兰（方框 16.1），该报告又常被称为"布伦特兰报告"。

这份报告将可持续发展定义为："既满足当代人的需求而又不损害

后代人满足其需求能力的发展。"[1] 可持续发展被看作是全球长远发展的指导原则，它由三根支柱构成：经济发展、社会发展和环境保护。这又常被称为"3E"——经济（economy）、生态（ecology）和公正（equity）（表 16.2）。尽管这一定义是最被广泛接受的，但关于什么是可持续发展以及如何实现可持续发展的想法仍不尽相同。即便是讨论了几十年，也还是没有可持续发展的定义出现。[2] 其他的定义包括"在生态环境的承载力范围内生活"或者"保护生态和社会资本"以及"从长远看能够提高人类和生态系统健康的发展"。[3] 1987 年的定义虽然模糊，但是并非没有意义。

可持续发展被应用于城市语境中。例如赫伯特·吉拉尔代将一个可持续发展的城市定义为"该城市所有的市民都能够满足自己的需求，并且不会危及自然世界的安好以及他人的生存状况，不管是同代或者下一代"。[4] 没有社会公正、政治参与度、经济活力和生态更新，就没有可持续发展的城市，这些主题在本书的许多章节都有所涉及。

方框 16.1

我们共同的未来

本年代的特点是人们对社会问题关注的减少。科学家们把我们的注意力引导到一些关系我们生存的、紧迫而又复杂的问题上——地球正在变暖、对地球臭氧层的威胁、沙漠正在吞噬农田。我们对

---

[1] United Nations，World Commission on Environment and Development (1987) *Our Common Future*. Oxford：Oxford University Press，p. 8.

[2] Wheeler，S. (2004) *Planning for Sustainability：Creating Livable，Equitable and Ecological Communities*. London and New York：Routledge，p. 23.

[3] Wheeler，*Planning for Sustainability*，pp. 23 - 25.

[4] Girardet，H. (1999) "Sustainable cities：a contradiction in terms?" in *The Earthscan Reader in Sustainable Cities*，D. Sattherwaite（ed.）. London：Earthscan，p. 419.

此的反应则是要求更详细的资料，并向装备落后的研究机构下达解决这些问题的任务。环境退化以前曾被认为主要是富裕国家的问题，是工业财富的副作用，现在已变成了发展中国家生死攸关的问题。它是互相关联的生态和经济衰退的恶性循环的一部分，许多最贫穷的国家深陷其中。尽管从各方面都提出了正式的希望，但至今看不出什么趋势，也没有规划或政策给人们提供缩小日益增长的贫富国家之间鸿沟的真正的希望。作为我们的"发展"的一部分，我们已积累了大量的武器，足以改变千百万年来所遵循的进化的道路，造就一个我们祖先无法辨认的星球。

1982年，当我们委员会的职责范围最初被讨论时，一些人希望委员会所关心的问题仅仅局限于"环境问题"。这恐怕会是一个严重的错误。环境不能与人类活动、愿望和需求相割裂而独立存在，将其解释为孤立于人类活动之外的企图，使"环境"一词在某些政治场合具有了幼稚的内涵。

……这些贫穷、不平等和环境退化之间的联系构成了我们的分析和建议的重要主题。现在所需要的是一个经济增长的新纪元——一种强有力的，同时在社会和环境上具有可持续性的增长的新纪元。

联合国世界环境与发展委员会（1987）《我们共同的未来》，第67页。http://www.un-documents.net/our-common-future.pdf（accessed July 2012）.

表16.2 可持续发展的"3E"

生态原则

- 预防重于治疗，防患于未然
- 无物独在（一切事物都是彼此联系的）
- 让浪费最小化
- 让可更新和可循环利用材料的使用最大化
- 保持并提高多样性（生物多样性、文化多样性）
- 通过研究提高对环境的理解

经济原则

- 使用适当的技术、材料和设计
- 小就是美
- 为经济和环境财富创造新的指标，停止使用 GDP 指标
- 为经济和环境生产力创造新的指标
- 通过法规控制来建立可接受的最小标准
- 采取行动将环境成本内化到市场中（谁污染谁支付）
- 确保环境政策的社会接受度
- 鼓励广泛的公众参与

公平原则

- 代际公平（不能破坏后代所要生存的这颗星球）
- 代际公平：人们的基本需求必须满足（社会公正）
- 消除贫困
- 地区公平：所有的人和社区都有权获得平等的环境保护、健康、就业、住房、交通和公民权利
- 管理公平
- 不可更新资源的使用最小化
- 人类的幸福
- 种间公平：其他物种在道德上并不与人类相等，但是我们必须要保护生态系统的完整性。

资料来源：Dresner，S.（2008）*The Principles of Sustainability*. 2nd edition. New York：Routledge；Rees，William E.（1999）"Achieving sustainability：reform or transformation?" in *The Earthscan Reader in Sustainable Cities*，David Sattherwaite（ed.）. London：Earthscan. pp. 22 – 54.

　　自《我们共同的未来》发布以后，国际间关于可持续发展的讨论和争论伴随着 21 世纪议程（1992 年里约地球峰会的主要成果，由 178 个国家政府投票表决通过）一直不断。最终的文本是经过不断起草、商讨和谈判后的结果，开始于 1989 年，在为期两周的该会议上达到高潮。"21"这个数字指的是 21 世纪。21 世纪议程的前言这样写道：

　　　　人类站在历史的关键时刻。我们面对国家之间和各国内部长

期存在的悬殊现象、贫困、饥饿、病痛和文盲有增无减，我们福祉所依赖的生态系统持续恶化。然而，把环境和发展问题综合处理并提高对这些问题的注意将会带来满足基本需要、提高所有人的生活水平、改进对生态系统的保护和管理、创造更安全更繁荣的未来的结果。没有任何一个国家能单独实现这个目标，但只要我们共同努力，建立促进可持续发展的全球伙伴关系，这个目标是可以实现的。

自从1992年里约峰会之后，国际社会每五年就会聚首一次。2012年里约"20+"会议举行，参会者在共同签署的文件《我们想要的未来》中再次确认坚持遵守21世纪议程。可持续发展已经成为保护本地和全球生态系统——生物圈和大气层的指导议程。

城市可持续发展

不断演进的关于可持续发展的部分论述是可持续发展发生在不同的地理规模上，包括——但不限于——城市。对于城市来说，21世纪议程的一个重要方面是著名的地方21世纪议程。该报告的第二十八章集中于地方政府和当局在实施可持续发展中所扮演的角色。据此，地方环境行动委员会——现在称为当地政府可持续发展理事会——于1990年组建。地方环境行动委员会被广泛地看作是推进实施21世纪议程的媒介典型。今天，有超过1 200座城市、城镇、郡县和70个国家都是该组织的成员。城市之间形成城市网络来应对从区域到全球的一系列问题。例如，1994年奥尔堡宪章概述了欧洲城市可持续发展的目标（方框16.2）。随后的国际会议，如1996年伊斯坦布尔联合国城市峰会和2002年联合国约翰内斯堡地球峰会所发表的宣言表达了与指引城市沿着可持续的方向发展相类似的观点。

城市可持续发展的定义是多维的，包括从环境保护、社会凝聚力、经济增长、社区规划、替代能源和绿色建筑设计等全部内容。这意味着对于想要开展可持续发展的城市，它们不仅需要处理对地方环境的影响，还要应对城市对于全球气候、生物多样性和能源使用的影响。

城市和大都市区是处理可持续发展和推进绿色议程的重要地点。只有在这种规模才是可行的，坚定的市民和机构才能发挥作用、改变世界。

方框 16.2

欧洲城市和可持续性

1994 年，欧洲可持续城市与城镇运动在丹麦奥尔堡发起。这是其第一次欧洲会议，与会成员商谈并通过了欧洲城市与城镇可持续化宪章（奥尔堡宪章）。至今为止，已有来自欧洲各国 2 000 多个地区的官方机构（大都会区、城市、城镇、郡县等）签约参加了奥尔堡宪章。下面是该宪章的一些原则。

欧洲城市和城镇的角色

我们知道，工业化国家现阶段的资源消耗之大，不破坏自然资本就无法满足当前总人口的需求，而未来的人口要比当前人口要大得多。

我们相信，在地球上，人的可持续发展离不开当地社区的可持续发展。地方政府能够较快感知到环境问题，也距离市民最近，与各级政府一起承担着人类和自然幸福的责任。因此，城市和城镇在改变生活方式、生产、消费和空间格局的过程中起到了核心作用。

城市经济的可持续化

我们明白，限制我们城市和城镇经济发展的因素已经变成了自然资本，诸如空气、土壤、水和森林。因此我们必须投资于此。按照优先顺序应做到以下几点：

1. 投资于诸如地下水存量、土壤、稀有物种栖息地等现存自然资本；

2. 通过降低当前诸如不可更新资源的开采水平来鼓励自然资本的生长；

3. 通过扩大诸如市中心休憩公园等人工培植的自然资本来减少对自然资本存量的压力；

4. 增加诸如高效节能建筑、环保城市交通运输等产品的最终效益。

社会公正与城市可持续性

我们，城市与城镇，意识到面对环境问题的影响，穷人总是首当其冲（比如由交通造成的噪音和空气污染、便利设施缺乏、不利健康的住房、缺乏空地），并且无力解决困难。财富的分配不均造成了不利于可持续发展的行为，并且让这一点难以改变。我们意图将人们的基本社会需求、医疗保健、就业和住房计划与环境保护整合起来。我们希望从可持续发展的生活方式中获取初体验，这样我们就能努力提高市民的生活质量，而不仅仅是让消费最大化。

我们会创造更多有利于社区可持续发展的工作，从而减少失业。当吸引和创造工作岗位时，我们会以可持续发展的标准来予以衡量，鼓励创造符合可持续性原则的、长期的工作和寿命周期长的产品。

资料来源：http://www.aalborgplus10.dk/media/key_documents_2001_english_final_09-1-2003.doc（accessed March 2007）.

可持续发展理论

现在"可持续发展"是个全球热门词语，各国都决心要为一个更加可持续发展的未来而努力，城市也纷纷联合起来积极开发可持续发展计划。当这个概念变得流行起来时，学者们也试图更好地对它进行定义和详述。一些学者将可持续发展与自由、公正或者生活质量等概念等同看待：很难定义，但是如果你看到它，就一定能认出来。关于可持续发展的思想在过去 25 年间沿着不同方向演化。不同思想之间的辩论推动了对政策和分析的伦理基础的重新评估。今天有许多方法来定义和实施可持续发展。关于可持续发展的理论范围很广，从"我们所需要的仅仅是一点管制和改革"到"我们需要一次彻底的经济体系转型"。我们可以刻画出一个理论"光谱"，从浅绿色到深绿色。谈论这些通往可持续发展的理论路径让我们能够看一看可持续发展概念的复杂性和想要实现它所面对的挑战。

浅绿色

浅绿色特征的理论认为可以改革制度来避免生态危机，没有必要脱离此前 200 年都占据统治地位的现代化道路。例如，新自由主义认为可持续发展应该随着市场的功效来发展，政府投资和参与应该最小化。新自由主义把私人所有制看得比集体所有制更重要，私人消费比公共消费更重要，私家车比公共交通更重要。这种观念形态设想是一种障碍和负担，它与个人自由相冲突。新自由主义把个人责任看得比社会责任更重要。他们常常把当前的环境管制看作是多余的，他们强烈地相信技术创新可以弥补地球承载力有限的不足。这并不是说新自由主义者们抛弃了可持续发展的概念。他们设想自由和开放的市场将会使健康最大化，从而确保可持续发展。他们并不担心资源稀缺，因为他们相信价格作为稀缺的指示器，相信市场机制。他们还把环境退化看作是贫穷的结果，相信通过发展经济、消除贫困来修复环境。新自由主义者信奉"生活质量"、宜步行居住区、安全社区的观念。然而，他们对实施环境和社会管制持怀疑态度。

革新论者也在光谱的淡绿色区域。革新论者把环境退化和经济不公平联结起来，相信系统性的问题需要系统性地解决。他们相信政府的作为可以增进公众福利。民主选举的政府能够也应该确保环境的可持续发展和社会的公平。政府必须采取干预的措施，比如建造廉价房，或者通过环保法律。与自由主义者不同，革新论者把政府和管制的作用看得很重要，但他们也相信个人同样地需要改变自己的行为。许多革新论的活动家和专业人士有着对环境和社会公正的道德或者伦理的深层关切，这种关切是他们内心的驱动。他们不相信经济体系必须被推翻才能实现拥有一个可持续发展未来的目标。

深绿色

对于《我们共同的未来》背后的目的和原则的批评出现了。深绿色理论者相信更广阔的经济结构本身必须要转型，才能实现环境和社会公正。一些人认为布伦特兰委员会的出发点是一个前提假设：经济发展第一位。西蒙·德雷斯纳提到可持续发展的起点是环保主义者和开发商的交接点，它是"刻意构思出来的，比环保主义者强硬的信息更容易让人接受"。① 蒂姆·奥·瑞沃丹也认为早期可持续发展的概念是以发展为中心的，而不是以环境为中心的。② 他提到这代表了现状，没有对社会-自然关系作根本上的重新思考。威廉·里斯认为主流的可持续发展思想已经失败了，至今的可持续发展都是浅陋的，并不深入。里斯提到环境评估、污染控制与立法和发展策略都能够产生积极的地方效果，但是这些更像是表面的装饰品，而不能够彻底改变当前从根本上说是不可持续发展的环境-经济关系。③

政治生态学和城市政治生态学方法的出现是对主流可持续发展努力的高度批评。一种新马克思主义政治生态学建立在一个更加激进的政治观点上，对现代资本主义和城市进行批判。一种政治生态学方法激励我们反思关于发展和环境的意识形态的前提假设，从而理解我们如何以及为何作决定。这个方法解构了那些支撑并弥漫于关于可持续

---

① S. Dresner（2008）"What does sustainable development mean?" in *The Principles of Sustainability*. London：Earthscan，p. 69.

② 转引自 Dresner，"What does sustainable development mean?" pp. 69 - 80.

③ Rees，W. E.（1999）"Achieving sustainability：reform or transformation?" in*The Earthscan Reader in Sustainable Cities*，D. Sattherwaite（ed.）. London：Earthscan，pp. 22 - 54.

发展和城市-自然关系的政治辩论的意识形态。政治生态学家和城市政治生态学家梳理出了社会环境变化中谁受益谁买单。

例如，城市政治生态学家罗杰·凯尔把《我们共同的未来》和早期对于可持续发展的努力看作是"通往绿化资本主义的一条新自由主义路径"。[①] 他提到布伦特兰委员会有革命的潜质，因为它是一个隐含的对资本主义的批判，但是它并没有把这一点坚持到底。其结果是"浅绿色"可持续发展理论，一个资本主义幸存的配方。许多城市政治生态学家相信可持续发展的政治学必须包括一个议程，它能够把积累重新引向能够帮助人和自然可持续新陈代谢的产品和服务中去。

格拉哈姆·豪富顿也认为《我们共同的未来》并没有拒绝市场驱动的资本主义，而是努力通过改革让它跟环境更加兼容。豪富顿认为，我们应该在两个层面上有所改变：第一，我们需要改善政治、经济、管理和法律体系；第二，我们需要设计出确保责任的系统。[②] 他认为可持续发展的城市应该：

- 依靠自己，减少城市对它自身生物区域以外的消极的外部影响
- 重新设计，让大自然回到城市里，减少城市蔓延
- 通过确保环境资产在一个公平的基础上交易来确保公平

城市政治生态学家批评新自由主义者，批评他们相信城市空间作为一种稀缺资源应该由市场力量来决定。因为城市政治生态学家看出了资本主义一个天生的问题，所以城市政治生态学家也批评革新论者，批评他们相信改革是可能的这一想法。城市政治生态学家埃里克·史

---

① Keil, R. (2007) "Sustaining modernity, modernizing nature." in *The Sustainable Development Paradox*, R. Krueger and D. Gibbs (eds.). New York: Guilford Press, pp. 41 – 65.

② Haughton, G. (1999) "Environmental justice and the sustainable city," in*The Earthscan Reader in Sustainable Cities*, D. Sattherwaite (ed.). London: Earthscan, pp. 62 – 79.

温吉道和尼克·黑楠认为构成城市环境的物质状况被精英控制和操纵，也为精英的利益服务，却要被边缘化的人群来为此买单。其结果是——而且将会一直是——高度不公平的城市环境。一个能够承诺公平的可持续发展的未来如果没有社会、经济和政治的转型是不可能实现的。

可持续发展的理论方法也可以告诉我们可持续发展是如何实施的。例如，深绿色理论认为浅绿色理论只是表面上朝着可持续发展方向前进而已。开垦土地和种植树木仅仅是"漂绿"，这样羞羞答答的努力其结果只能是较弱的可持续发展形式。浅绿色理论对此的反驳是：有时候适当的改革可以为更加根本且有意义的措施创造一个势头。深绿色理论认为，如果真的要创造有意义的可持续发展，需要在社会和个人层面上努力克服生产和消费的影响。

实践可持续发展

这一节我们来看一系列可持续发展的实践。我们首先考虑城市处理发展的方式，然后再考察城市是如何设计和实践可持续发展计划的。应对发展城市蔓延是过去 100 年一个普遍的特征。不论是大城市还是小城市，不论是富裕国家还是贫穷国家，蔓延都是一个显著的特征。那些过去仅仅占地几平方英里的城市现在覆盖数百平方英里。过去城市居民步行就能到达大部分地方，现在变得依赖汽车。随着大都市地区向乡村扩展，郊区蔓延也在不断增加。大都市圈的影响穿越乡村，农田变成了成片的住房建筑，树林变成了住宅小区，牧场变成了门禁社区。我们可以刻画出五种主要的对于城市扩展的不同反应：抵抗、智能发展、新城市主义、慢发展和历史保护。

抵抗

各种规模的抵抗都在发生，特别是在富裕的地区。在高度蔓延地区，交通的快速增长、过度拥挤的学校和地方不动产税，这些都能激起当地人的抵抗。例如，在马里兰州霍华德郡，从 2000 年到 2010 年城市人口增长了 34％。一些居民开始抵抗新一轮的发展建议。有权势的支持发展的住房建筑游说团体阻挠这种抵抗。当霍华德郡的居民签名请愿要求公民投票，挑战重新区划的建议时，一些土地所有者控告委员会要求撤销投票。

在居民富裕且有组织的地方抵抗格外强烈。马克·辛格描述了在康涅狄格一个富裕城镇的一次富人与富人之间的斗争。诺福克镇是康涅狄格一个传统的富裕地区，看不起炫富的行为。该镇几乎 80％的土地都是森林、农田和公园。1998 年，占地 780 英亩的耶鲁农场来到了市场上。建设一个高尔夫球场和每户占地 4 英亩的 100 户房屋的计划引起了剧烈的抵抗。抵抗团体自称是迦南保护联盟和健康发展联盟。根据辛格所说，这次斗争给了人们一个机会来确认他们共享的价值观。在争论失去绿色空间和社区的背后，是对变化的害怕，以及对用炫富来打破传统道德准则的暴发户的厌恶。①

抵抗的形式有强有弱。抵抗的成功与否取决于财富、组织技巧和与压力集团的政治权力的联系。但是这种战斗是艰难的，在很多案例里都是不成功的。抵抗运动要跟强大的发展、不动产和财产投资利息来竞争。成功的抵抗并不是一个全球普遍的现象。在世界的一些部分，贫穷的市民缺乏权力，因为政治杠杆是与收入和地位联结在一起的。例如，中国最近正在经历有争议的高速城市发展。在中国，面对着国家推动的城市发展，农民和城市居住者处于完全的弱势地位。

智能发展

智能发展是对城市蔓延的一种回应，它强调土地的混合利用与紧凑的建筑设计，这种高密度可以降低对环境的影响。作为一种发展策略，智能发展的兴起是为了应对不断侵占边缘绿地的城市蔓延。智能发展聚焦于已有的发展成果，利用已有的基础设施来保护空地和耕地。

---

① Singer，M. (2003，August 11) "The haves and the haves." *The New Yorker*，pp. 56 - 61.

智能发展为那些正面对着沉重发展压力并寻求阻止基础设施废弃与绿地侵占的原则和政策的城市提供了框架。1996 年智能发展网络宣布了它的原则：

- 土地的混合利用
- 更加紧凑的建筑物设计
- 创造一种场所感
- 保护空地
- 将发展引向已有的社区
- 提供各种交通选择
- 公正、可预见的、节约的决策
- 鼓励社区参与到发展决策中去

智能发展认为，解决城市蔓延的策略是创造紧密的住房，以便鼓励公共交通，减少对私人汽车的需求。

1997 年美国马里兰州建立了一套智能发展的政策，其三个主要目标是：把政府资源投资到那些基础设施已经到位的地方去，保护耕地和自然资源，抵抗用于推动蔓延的基础建设公用投资。

表 16.3 扩张 VS 智能发展

无计划蔓延	智能发展
分散的单户家庭居住区	密集的住房形成邻里社区
死胡同和宽阔公路像漏斗一样把车辆汇聚在几条拥堵的高速路上	彼此相连的网络可以让交通散布在整个系统中
低密度	在商业中心周围更高的平均密度
公共空间很少	公园、林荫路和自然区域构成网络
向外蔓延	紧缩的中心
单一用途的办公公园和购物中心，周围环绕着停车场	混合用途的中心（商店、办公室、住宅、餐馆、学校）有公交服务
有限或者没有公共交通服务	频繁便利的公共交通服务

资料来源：改编自查塔努加气候行动计划 http://www.chattanooga.gov/chattanoogagreen（accessed May 12，2012）

定位几个重点投资区域被识别出来让政府投资：交通、供水和污水处理。实际上，该政策引导在公共基础设施已经完备的地区进行更高密度的发展。在州长帕里斯·格伦迪宁的领导下，马里兰州的智能发展模型值得其他州借鉴。这场全州的计划在 2002 年共和党人罗伯特·埃利希当选后被废止。但是在郡县层面智能发展策略仍然持续着。例如，在马里兰州的蒙哥马利县，规划者鼓励开发商开发高密度混合用地，填充式开发和在公交车、地铁、火车站的开发。2009 年智能发展倡议聚焦于吸引生物科学、绿色技术和农业等经济部门。该县很适合这么做，因为它是国家卫生研究院和食品及药物管理局的所在地，还有大量的私人企业，它们的研究和工作都支持这些部门。

俄勒冈的波特兰市是智能发展和控制蔓延的一个典范。该市在 1980 年建立了一个"城市发展界线"，以保护城市周边农田，紧紧限制城市的蔓延。波特兰的方法并非没有争议。多年来城市发展界线伴随着房价飞涨以及反感限制发展者的不满。但是高房价——其实能归于很多因素，包括从其他州来的大量移民，特别是从加利福尼亚州——已经回落到与其他西海岸城市差不多的价位。

由于设置了城市发展界线，波特兰的人口激增却没有侵蚀宝贵的土地资源。波特兰的城市设计为学校、企业和居民社区提供了廉价、便利的公共交通。此外，人行道和自行车道连接了整个社区。

对于面对沉重的发展压力、寻求不再放弃城市基础设施与阻止建筑占用绿地的原则和政策的市政府来说，智能发展是一个可能的答案。但是，智能发展是否会成为一个有效的政策，能否阻止看似无情的城市蔓延，现在下结论还为时过早。

新城市主义

城市规划的历史充满了沿着理性效率、优质设计和鼓励社区的原则重新组织城市的尝试。最新的城市设计运动是新城市主义。它是对郊区蔓延的回应，强调复兴旧城中心，创造混合用途的市中心，让居民区与商业和办公部门距离更近，规划适宜步行的、高密度的、非高层的、社会多元化的居住区，让汽车行驶速度最小化，从而让城市对步行和非正式社交更有吸引力。① 这些想法并没有特别"新"的地方，一个世纪之久的花园城市运动提倡过大部分这些理念。

新城市主义的一个例子是佛罗里达州的锡赛德，是由安德烈斯·杜安尼和 伊丽莎白·普拉特·柴伯克设计的。在这里，新传统的住房必须遵守严格的规范，住房高度密集，汽车交通维持在边缘地带，修建步行道和门廊以鼓励社区互动。特别是杜安尼，现在是备受瞩目的新城市主义提倡者。锡赛德曾经出现在电影《楚门的世界》中。

也许新城市主义被引用最多的一个例子是 Celebration，最初由迪士尼公司规划和资助的一个社区。迪士尼最初计划的是一个未来社区的实验原型（EPCOT），然而，EPCOT 被整合进了佛罗里达的迪士尼世界主题公园，没能实现为一个社区。Celebration 于 1996 年启用，就在佛罗里达奥兰多城外。该社区有查尔斯·摩尔社区活动中心和西萨·佩里电影院，得到了著名的建筑家和广泛的关注。② Celebration 拥有新城市主义的所有设计要素：低层，高密度住宅区（车库在住宅后面），步行道和门廊，混合用途的中心区。它也是新城市主义排他性的典型代表。最低的租金是每月 800 美元，大多数人口都是高收入者。尽管新城市主义强调社会异质性，但实践起来它总是倾向于局限在中

---

① 下段文字引自新城市主义纲领（the charter of New Urbanism）：社区应该设计得非常紧凑，行走方便，功能多样化。许多日常活动应当在步行可以到达的范围内进行，方便那些不开车的人，特别是老人和年轻人。街道应当设计成互相连通的网状结构，鼓励步行，减少开车出行的次数和路程，从而达到节能的目的。同一社区内应当有各种不同的住房类型和物价水平，以便让不同种族和收入的人群能够形成日常互动，加强个人和市民之间的纽带，而这种纽带对真正社区的形成是至关重要的。（http：//www. cnu. org/charter. html，accessed November 9，1999）

② Frantz，D. and Collins，C.（1999）*Celebration USA*. New York：Henry Holt. See also Ross，A.（1999）*The Celebration Chronicles*. New York：Ballantine.

高收入群体。

在欧洲，新城市主义的对应物是"城市村庄"。在哥本哈根、弗莱堡、维也纳、苏黎世、海德堡和巴塞罗那，城市的重新设计聚焦于步行街、人行道、公共广场和公园。于是密集的步行市中心可以通过自行车道和整合良好的公共交通与城市其他部分相连接。①其结果就是更适宜步行的城市，可以提供多样化的风景，培养一种城市社区感。

作为新城市主义和城市乡村基础的，是一种对社区和邻里的怀旧感，对失落了的社区的渴望。那些过去一半是记忆一半是虚构的高密度的城市常常被描绘成关系紧密的社区，而当前的郊区发展被看作是社区衰落的一个原因。新城市主义是一个笼统的术语，大体上体现了对于当代发展的不满，特别是低密度蔓延的性质和许多居民体验到的疏离感。实践方面，它意味着高密度、行人友好和常常是社会排他性。

新城市主义并没有那么"新"，也没有那么"城市"。仔细审查会发现，它像是最新版本的高档城郊社区。新城市主义实践至今，几乎没有阻止城郊蔓延，因为它生产的密度依然太低，不足以支撑公共交通和真正的混合社区，而且它还创造了同质化的飞地。它是重新包装了的郊区化，一种有用的市场策略，尽管激起了纷纷争论，却在创造社区方面没有什么实际效果。②

很少有人会反对郊区蔓延的标准形式需要某种替代品。郊区蔓延浪费资源，缺乏美感，并且产生了一系列边缘而非中心。新城市主义

---

① Girardet，H. (2004) *Cities*，*People*，*Planet*：*Livable Cities for a Sustainable World*. Chichester：Wiley.

② 各类观点可参见 Talen，E. (1999) "Sense of community and neighborhood form：an assessment of the social doctrine of New Urbanism." *Urban Studies* 36 (8)：1361 - 79；Krieger，A. (1998) "Whose Urbanism?" *Architecture*，November，73 - 7；and Ford，L. (1999) "Lynch revisited：New Urbanism and theories of good city form." Cities 16：277 - 257.

至少为被汽车、高速路和停车场占据的城市提供了替代选择。新城市主义作为一个设计指南是朝着正确方向迈出的一步。然而，说新城市主义是"恢复社区"的一个源泉，就是建立在一系列的假设（社区在衰落，城市形式可以使社区复苏）之上，而这些假设都是未经论证的断言。新城市主义是有趣的设计想法的源泉，但是作为一种重新创造社区的方法尚无定论。

慢发展

慢城运动在意大利、德国、挪威和英国都有自己的成员城市。该活动由三位市长于 1999 年在意大利建立，作为小城市（人口数要少于 5 万）发展的政策框架和网络，目的在于将环境、经济和公平"3E"三者联合起来。许多城市都有一张指定的慢发展环境政策和城市设计清单。对该网络中两个德国城市的研究指向保护城市拥有的牧场和苹果树以及复兴社区公共空间。[①] 慢发展网络中的城市不仅规模小，而且同质化，拥有共同的政治议题。那些较大的、异质化的城市政治干涉主义文化较弱，慢发展就不具备政治上的可行性。然而，这也提示我们，城市之间如何能够分享城市可持续发展的实践经验。

保护

对于文化和建筑遗产的重视一直都存在着，但是直到 20 世纪中期，人们才开始对城市里的历史建筑和遗迹愈加重视起来。20 世纪 50 年代和 60 年代的流行观点是：旧的坏，新的好。到了 70 年代，观念发生了变化。

在美国，保护运动从两条路径演化而来。[②] 其中，私有领域路径

---

① Mayer，H. and Knox，P. L.（2006）"Slow cities：sustainable places in a fast world." *Journal of Urban Affairs* 28：321 - 334.

② Tyler，N.（2000）*Historic Preservation：An Introduction to Its History，Principles and Practice*. New York：W. W. Norton.

专注于历史名人和地标建筑。这种路径被称为"乔治·华盛顿曾在这里睡过觉"途径。公有领域路径涉及国家公园的建立，这也包括古建筑。在 20 世纪 30 年代和 40 年代里，公有领域建立了一些历史区域，例如查尔斯顿、南卡罗来纳州、新奥尔良的法国区和弗吉尼亚的亚历山大市。1949 年，由于受到英国的启发，多个组织发展成了美国国家历史建筑保护信托会，目的在于将来自私人的保护努力与联邦政府/国家公园管理局的活动联合起来。关于历史性建筑保护最重要的立法是 1966 年的《国家历史保护法案》，它为保护活动提供了法律和基金支持，并鼓励历史区域的地方管理。它不仅仅保护地标建筑，还确认了各种具有历史和建筑重要性的建筑物、遗址、区域和器物。在 20 世纪 70 年代和 80 年代期间，这种保护不再聚焦于仅仅挽救单一的地标建筑，整个地区都被描绘成历史区域，成为了城市复苏的重要工具。今天，城市里有数以千计的地方保护协会和指定的历史遗址、古代建筑和其他建筑物。历史性建筑保护有多种策略：保护、修复、重建和复兴。

保护的做法倾向于对一个财产做维护，而不对其现状做明显的改动。当以保护的策略作为指导时，唯一的干预措施就是正常的维护或者为保护财产免受进一步毁坏而做的特殊作业。在保护方面有所创新的一个例子是西雅图的派克市场。这座老城的市场面临着被拆除的命运，以便为一个城市改建工程让路。然而，在全城投票表决中，居民们选择挽救这个市场，把它看作是该城生活和文化的重要部分。为了避免该市场丧失其最初的角色，即当地农民、渔民和小企业家日常活动的地方，该市规定不仅其建筑结构本身受到保护，其内部的活动也同样受到保护。①

修复指的是让建筑物回到过去某个时期的模样。这意味着要改变建筑物的自然演化，人为地创造出它"最初的状态"。对于有历史价值的房屋、农场和教堂，修复是常见的方式。这一策略是有争议的，它

---

① Tyler, *Historic Preservation*, pp. 23 - 24.

所修复的建筑物其真实性受到质疑。

　　重建指的是使用复制的设计和/或材料对历史建筑进行重新建造。这种方法适用于当历史建筑现已不存在的情况。最早也是最好的例子是弗吉尼亚的威廉斯堡。1926 年，约翰·D. 洛克菲勒被说服投资重建了整个威廉斯堡这一殖民镇。重建的首要难题是最初的镇子大部分都消失在了历史中，尽管还留有许多历史建筑，原始城镇布局里的一些中心建筑却消失了。设计者们决定重建总督府（它毁于 1781 年的一场大火）。威廉斯堡的重建努力也引起了一些争议，因为重建过程中移除了一些建筑物。① 不过它依然是美国访问量最高的历史区域之一。除了修复和重建以外，殖民地威廉斯堡通过身着那个时代服装的演员来生动地展现过往的历史事件（如图 16.1）。这种呈现历史古迹和器物的方式被称作"活的历史博物馆"，正变得越来越受欢迎。

图 16.1　殖民地威廉斯堡是一个历史重建的例子，包括有演员身着那个时代的服装来再现历史事件
资料来源：由丽莎·本顿-肖特拍摄

---

　　①　Tyler, *Historic Preservation*, pp. 27 - 28.

最后，很多建筑物都失去了它们最初的功能，但是依旧保持了建筑的完整性。对于这类建筑，通常的策略是使之复兴，也叫做适应性重新使用。这么做的目的在于对该建筑各部分进行调整或更新，让它有新的目的。这样的例子有很多：废弃的工厂改造成了小啤酒馆、博物馆或者住宅区。城市越来越倾向于通过复兴的策略来让老区恢复生机。图 16.2 是对巴尔的摩港一座旧发电厂的重新利用。

图 16.2　一个电厂通过混合使用发展重获新生。现在包括一家巴诺书店、一家硬石咖啡厅和一个 ESPN（娱乐体育节目电视网）区
资料来源：由丽莎·本顿-肖特拍摄

历史性建筑保护在城市改建中日益居于中心地位。城市借此来纪念过去、展望未来，同时还可以保护城市里的居住区以及具有生态重要性的区域。

可持续发展规划

最近，城市开始制定可持续发展计划。综合的可持续发展计划呈现市政府首要的可持续发展愿景与重点。这样的计划常常解释和探究通往可持续发展的当前问题与障碍，明确重点并成为当前能够测量进步的指示器。

肯特·波特尼认为，开始制定可持续发展计划是城市合乎逻辑的一步。他说，这反映出环境政策的一种"新地方主义"，据此市政府承担推进可持续发展的首要责任。[①] 这是有道理的，因为市政府可以在很大程度上掌控用地计划与分区、交通与其他基础设施投资、废物管理、市政运行和各种影响诸如公共教育等社会问题的因素。同时从许多方面看，地方政府也最有条件来进行公众教育，推广可持续发展决策，回答市民关心的问题。城市已经承担了许多种规划演练，所有这些都有包括可持续发展元素的潜力：区域划分和综合计划，自然灾害计划，保育管理计划，生态系统管理计划，交通运输和智能发展计划。波特尼指出了一些市政府现在把可持续发展政策看作是获得经济发展优势的手段，另一些市政府甚至看作是一种省钱的方式。[②]

但是，综合计划可能是一个很大的挑战。埃里克·吉姆琳认为可

① 参见 Portney, K. E. (2003) *Taking Sustainable Cities Seriously." Economic Development, the Environment and Quality of Life in American Cities.* Cambridge, MA: MIT Press.

② Portney, K. E. (2009) "Sustainability in American cities: a comprehensive look at what American cities are doing and why," in *Towards Sustainable Communities: Transition and Transformation in Environmental Policy,* D. A. Mazmanian and M. E. Kraft (eds.). Cambridge, MA: MIT Press.

持续发展给地方政策制定者提出了重大挑战，因为这需要协调政府各部门的行动，以及协调政府、私营部门和非营利部门的行动。① 从这方面看，城市的可持续发展计划不应该仅仅受环境部门的控制，而应该让更多的市政府办公室和部门参与进来。

欧洲城市在制定综合可持续发展计划方面一直走在全球最前沿。巴黎、弗莱堡、赫尔辛基、奥斯陆和伦敦都是这方面的先锋。例如马尔默和哥本哈根，在很多"绿色城市"榜单上总是排名前几位。很多欧洲城市进行了自行车和汽车共享方面的创新，成果在全世界其他城市流行起来。例如德国的弗莱堡，为可持续城市主义创立了弗莱堡宪章（方框 16.3）。还有一系列已经建成的网络，鼓励欧洲的城市朝着可持续发展前进。例如奥尔堡宪章把城市联结起来，提供关于可持续发展活动的信息。该组织还颁发一个欧洲《可持续发展城市奖》（于1996 年初次颁发），现在这个奖项被政治家和城市官员们所觊觎和重视。② 欧洲城市还可以竞争"绿色首都"头衔。

方框 16.3

可持续发展城市主义的弗莱堡宪章

12 项指导原则：

1. 多样性、安全性和宽容性；

2. 邻里社区城市；

3. 短距离城市；

4. 公共交通和密集度；

5. 教育、科学和文化；

---

① Zeemering, E. (2009) "What does sustainability mean to city officials." *Urban Affairs Review* 45: 247–73.

② Beatley, T. (ed.) (2012) *Green Cities of Europe*. Washington, DC: Island Press.

6. 工业和就业；

7. 自然和环境；

8. 设计品质；

9. 长期愿景；

10. 沟通与参与；

11. 可靠性、职责和公平；

12. 合作与伙伴关系。

资料来源：Academy of Urbanism（2010）"The Freiburg Charter for Sustainable Urbanism：learning from place." http://www.scribd.com/doc/79197159/AoU-Freiburg-Charter-for-Sustainable-Urbanism（accessed July 2012）.

制定一个综合的可持续发展计划可能是一项惊人的挑战。然而，蒂莫西·比特利和同事们认为，欧洲代表了绿色城市发展和政策的思想与灵感的重要源泉。

美国城市的可持续发展规划滞后于欧洲，第一个原因是 21 世纪议程在地方层面上并没有一致被接受。第二个原因是财政上的：制定一项综合的可持续发展计划需要大量资金投入。第三个原因是文献表明，在美国可持续发展的政策和管理协调得并不理想。有充分的证据表明，发起活动把城市联结成网络和联盟来推进可持续发展规划，这件事情完全都是留给环境组织来做。尽管有这些障碍，在过去 10 年间还是有50 多座城市制定了可持续发展计划。

因为没有一个现成的模板可用，不同的城市创造的可持续发展计划在大小、形式和质量方面都不相同。比如，PLANYC（纽约城的可持续发展计划）长达 160 多页，覆盖了许许多多的问题，包括住房、空地、棕色地带、水、交通、能源、空气和气候变化。辛辛那提、查塔努加、波特兰和巴尔的摩也有内容广泛的计划。在光谱的另一端是一些不那么特别综合性的计划。堪萨斯城的可持续发展计划只有 16 页长，主要关注的是水资源；克利夫兰的计划大约 23 页；新奥尔良的尽管有 55 页，但是主要集中于对卡特里娜飓风过后更可持续性的重建工作。不管规模大小，这些计划都是实施可持续发展的蓝图，是未来建设的基础。

一个有趣的案例是休斯敦，美国的石油之都。1999 年休斯敦超越了洛杉矶，成了美国污染最重的城市。当休斯敦申请 2012 年奥运会主办权时，美国奥委会里没有一个人为它投票。但是在短短几年内就有了巨大改变。该城市现在有了一个可持续发展的主管和一项计划。交通管理局对轻轨进行监管，并且增加了 20 英里的轨道；绝大多数交通灯都是 LED 灯，一半以上的汽车是混合动力或者电动的。休斯敦对建筑物实施了强有力的能源准则，而且是可更新能源最大的市政买家之一；大约三分之一的能源来自德克萨斯风力发电厂。让公众对于可持续发展更加感兴趣，这是休斯敦可持续发展计划的一个功劳。2012 年的一项调查发现，56％的休斯敦人认为，一个更好的公共交通系统对城市的未来非常重要；51％的人觉得如果居住在更加有趣的地方，哪怕屋子小一些，也不错。[①] 这些对于休斯敦来说都是很大的变化，特别是该市领导一直都对环境管理非常谨慎。对于汽车和麦氏豪宅来说，也是很大的变化。

实施可持续发展

在这一节，我们来看看城市实施可持续发展的许多方法。从小规模的针对单一建筑物、住宅、社区的，到大规模的全市范围内的。

方框 16.4

可持续发展计划

可持续发展计划有各种形式，我们给出了一些最近的例子，突出强调了内容，以便感受到城市正在应对的话题、主题和元素。

---

① *The Economist* (2012，July 14) "Changing the plans," p. 29.

城市	年份	可持续发展计划目录
巴尔的摩	2009	介绍：什么事可持续发展 清洁 　垃圾 　改造空地 防止污染 保护资源 　能源使用 　减少温室气体 　减少水污染 绿化城市 　树冠覆盖面翻倍 交通运输 　提高公用交通 　增加自行车辆 教育和意识 绿色经济
纽约市	2007	住房 空地 棕色地带 水质 水网 交通阻塞 能源 空气质量 气候改变
查尔斯顿	2007	测量排放量 更好的建筑 更清洁的能源 可持续发展的社区 改善的交通运输 零废弃物 绿色教育 进步

城　市	年份	可持续发展计划目录
新奥尔良	2008	绿色建筑和能源效率 替代能源 减少废物和回收利用 交通运输和清洁燃料 环境服务扩展和环境公正 减少洪水威胁

资料来源：由作者汇编

绿色住房

每个房子都是一个环境消耗的漩涡——消耗物质、能量和水。20世纪，规划者们倾向于在一个广阔的包括天然气、供电、供水和下水道污物的基础设施网格之内来看待住房。这个基本模式很容易随着市郊和新城镇而蔓延。城郊蔓延鼓励了城市增长，忽视了对环境的影响。相反，可持续发展会将增长的影响限制在本地区，通过坚持要求尽可能多的资源，可以在本地区内生成、加工和处理。①

绿色住房，不论是初建还是重建，试图让住房可以自给自足。表16.4列出了绿色住房的目标。有三个主要的有助于可持续发展的系统：（1）废物处理系统；（2）饮用水系统；（3）可更新能源系统。例如，一种类型的废物处理系统依靠一个"生物分解过滤器"来吸收污水、有用的废弃物和其他有机物质。该过滤器由一个混凝土水槽组成，水槽上有几层滤床，滤床里装着微生物和蠕虫，用来过滤、分类、消化和处理固体废物以及废水。厕所水、洗澡水和洗碗水通过一根污水管流入到水槽最上层的滤床中。一旦微生物和蠕虫完成了它们的工作，

---

① Low, N., Gleeson, B., Green, R. and Radovi6, D. (2005) *The Green City: Sustainable Homes, Sustainable Suburbs*. Oxford: Routledge, p. 44.

剩下的水就被抽上来用紫外线灯来杀死剩余的细菌。这些水可以用在花园里。

用雨水来满足用水需求也是可能的。可以把落在屋顶上的雨水收集起来过滤成饮用水，灌溉花园，并且满足其他淡水需求。太阳能系统可以由光电池的太阳能电池板组成，使用太阳光来发电。在某些情况下，还会有过剩的能源电力可以卖给供电公司。还有小规模的设计使用风力来为家庭发电。

绿色住房使用来自再生木材的建筑材料或者是通过无污染生产过程所生产出来的材料，不使用任何排放有毒化学物质的材料。例如，修筑秸秆草砖墙壁。使用混凝土地板有助于房子在冬天保持温暖、夏天凉爽。用燃烧玉米粒或者木屑颗粒的炉子来代替天然气炉也是可能的，因为玉米生长过程中，玉米粒消耗二氧化碳，所以燃烧它并不会释放新的温室气体。

绿色住房一个最重要的元素是强调符合当地气候的房屋设计，因此主要的窗户都朝南（在北半球），这有助于最大限度地在冬天利用太阳来获取光和热。

绿色住房的影响是相当大的。例如，通过利用雨水，一个住房可以节省 26 500 加仑的水，不然就要消耗河水或者水库里的水。通过自身的废物处理系统，住房可以阻止 26 500 加仑的污水流进污水处理厂（或者在下雨的时候未经处理就排放掉）。把残羹剩饭和其他有机物质做成堆肥，这样可以减少固体垃圾，不然的话这些都要送到垃圾填埋场去。使用太阳能的住房可以减少燃煤发电厂燃烧 8 吨煤所排放的二氧化碳。

住在绿色住房里的个人和家庭都不怎么依赖基础设施网格，因为他们对电厂和石化燃料的需求最小化了。在这样的住房里，生活的多重好处包括：避免电费过高和供电中断，还有防止气候变化。住房与气候变化之间的关系绝非无足轻重，美国环保署估计，美国平均每户住房产生的温室气体比平均每辆车产生的两倍还多。

表 16.4　绿色住房和绿色社区的目标

资源使用最小化（水、土地、能源）

废物生产最小化

有毒物质使用最小化

把空地和绿地整合进规划中

旅行需求最小化和低能耗运输方式最大化

（不行，自行车和公共交通）

避免私有化的空间，没有封闭式社区（浪费土地）

为个人安全设计公用空间

坚持可承受性和包容性

生产一些供消费的食品

绿色建筑物

有很多年，建筑都不怎么关心可持续发展的问题，可持续发展的重要性排在风格和价格之后。不过最近，绿色建筑商、建筑师和室内设计师开发了绿色建筑物的设计。

建筑物的建造和日常运作都会消耗大量的地球资源。在绿色建筑物背后的概念框架是体现支持环境保护的特征。绿色建筑物常常被设计用来使夏天午后的日照的热量最小化，冬天则最大化。还可以用太阳能来作为化石燃料的替代品。许多绿色建筑者选择不含有甲醛的、毒害性最小或无毒害性的材料，从而提高室内空气质量。即使是室内也可以包括高度可更新的或者可重复利用的材料和产品，比如竹地板或者软木砖。

另一个例子是把风景安装到楼顶上。绿色屋顶减少能量消耗，吸收雨水。绿色屋顶部分或者全部被土壤和植被覆盖，或者是一个生长介质，置放在一层防水膜上面。绿色屋顶最初于 20 世纪 60 年代和 70 年代在德国发展起来，后被许多城市采用。今天，据估计德国有 10%

的屋顶都已经绿化过了。① 1989 年到 1999 年间，德国的屋顶装潢公司安装了接近 3.05 亿平方英尺的绿色屋顶，这个比率还在增长。尽管绿色屋顶在欧洲变得越来越流行，在美国的采用却比较缓慢。绿色屋顶可以通过以下途径来影响环境：减少二氧化碳，减少夏季对空调的需求，减少冬天对供暖的需求，减少暴雨径流，为鸣鸟提供栖息地，消除雨水中的氮和其他污染物质。此外，绿色屋顶还可以减少城市热岛效应。传统的建筑材料吸收太阳辐射，并以热量的形式反射回去，让城市的温度比周围地区至少要高出 7 华氏度。图 16.3 展示了一个维也纳的绿色屋顶，在热天，绿色屋顶的建筑物温度要比传统屋顶的建筑物低好多度。

方框 16.5

LEED 建筑物（"能源与环境设计领导者"建筑物）

美国绿色建筑委员会是一个非营利机构，通过它的"能源与环境设计领导者"（LEED）认证项目来推进绿色建筑。该项目现在是衡量建筑物可持续发展水平的权威标准。该认证有五个设计范畴：可持续发展的建筑场地、水资源利用效率、能源和大气环境、材料和资源、室内环境质量。有四个认证范畴，按照可持续发展水平从低到高依次是：合格级、白银级、黄金级和白金级。一个获得白金级最高奖项的建筑物有 16 层，于 2006 年在俄勒冈的波特兰建成，是一个健康与医疗中心。该建筑是在靠近河流的废弃场地上建成的，那儿有就地污水处理设施，厕所和景观用水来自雨水和废水。能源来自遮阳罩，同时也是发电机。传统建筑物杜绝空气和光，而这座建筑物的设计则可以利用它们。

LEED 认证的建筑物对城市社区有更广泛的利益，比如减少填

---

① http：//hortweb. cas. psu. edu/research/greenroofcenter/history. html（accessed August 27，2012）.

埋的垃圾量，节能节水，减少有害温室气体的排放量，创造紧凑的、适宜步行的、福利与交通设施便利的社区。同时也对开发商有利，因为可以降低运营成本，比非绿色建筑物有更高的资产价值，并且对居住者来说也更加健康和安全。在上百座城市里，LEED 认证的建筑物都可以享受退税、分区津贴和其他奖励。绿色建筑已经不仅仅是一件值得赞美的事情，现在从商业角度来看也是有利可图的。

资料来源：Cidell，J.（2009）"A political ecology of the built environment: LEED certification for green buildings." *Local Environmental* 14：621－633.

图 16.3 维也纳的绿色屋顶。这个建筑物叫做全球庭院，是公共住房，包括 50% 生于维也纳的本地居民和 50% 的移民
资料来源：照片版权为 Rob Crandall 所有

西雅图、波特兰和华盛顿州的温哥华市被誉为美国绿色建筑的领导者，仅在西雅图就有 30 多座绿色建筑物。芝加哥和多伦多因领先的绿色屋顶而获奖无数。多伦多开展了一项"绿色屋顶、健康城市"的计划，并提出了一系列的"绿色墙壁"计划，让植物在建筑物的侧面生长。

2012 年，布鲁克林宣布将建成全世界最大的屋顶农场——光明农场，一个建造绿色房屋的公司，并公布了农场建设计划，要在位于日落公园里的自由女神观景工业广场 10 万平方英尺的屋顶上建立一个数英亩的农场。建筑活动已准备好不久就动工，该农场计划在 2013 年开放。光明农场预计它将每年生产超过 100 万磅的蔬菜，包括土豆、莴苣和香草。所有这些产品都将用水培法，意味着不会使用土壤，因为矿质养分可以直接从水中吸收获得。该公司计划把种植的食物在社区里出售。

绿色基础设施

"绿色基础设施"（GI）这个术语涵盖了一系列城市里的自然资源——小公园、高尔夫球场、保护区、河岸走廊和空地。在当代城市里，住宅区市场上最显著的特征之一是空地和自然特征。纽约中心公园旁边的一排住宅地产，或者甚至是拥有私人花园的排屋，常常是需求最强烈的房地产，有时候也是价格最高的。花草树木并不仅仅是装饰，它们是基本的基础设施，从美学和生态学两方面为城市作出了重要贡献。[1] 例如，树木和灌木为房屋建筑的墙壁遮阴，因此可以降低室温，减少对空调的需求。一项研究表明，仅仅是欣赏自然风景就对人的身心健康有积极影响。[2] 另一项研究发表在《科学》上，表明病房里可以看到窗外树木、花园风景的病人，术后恢复率显著高于、同

---

[1] Low *et al*，*The Green City*，p. 78-79.

[2] Low *et al*，*The Green City*，p. 81.

时住院时间也明显短于房间看不到风景的病人。① 正如我们在第十一章提到的，许多城市现在通过蔓延和发展它们的绿色基础设施来进行暴雨管理。这种方法可以减少暴雨径流，同时提高城市的美感。

绿色空间的可持续发展方法包括恢复小溪和航道，在街边和花园植树，恢复本地动植物。恢复小溪的努力不仅有助于恢复土生土长的河岸植物种类，还有助于城市暴雨管理。许多小溪和河流恢复项目都有附加元素——用新建或者修缮的步行小径为居民和游客提供体验这些恢复了自然环境的机会。这种小的城市空间的绿化通常是由城市社区团体发起的。

在纽约城，当地基层组织"绿色游击队"帮助居民区建立社区花园，发函花园联盟来抵制小块城市空地的开发。该组织可以追溯到1973年，当时一个纽约下东城的艺术家莉兹·克丽丝蒂，把她的朋友和邻居组织起来，在鲍厄里和休斯敦大街的拐角处清理出一块空地，创造了一个充满活力的社区花园，由此开启了纽约城的现代社区花园运动。在其他去工业化的城市，比如匹兹堡和底特律，废弃的、无主的土地被交给下岗工人来种植食物，城市农业获得了复兴。

城市农业并不是一个新鲜的东西：它可以追溯到最早期的城市，甚至中世纪欧洲的城市就种植农作物，但是它被"重新发现"了。今天，当地的水果和蔬菜供应是可持续发展的一部分。社区花园为当地居民种植食物，比起从千里之外把食物运输过来，可以减少能源消耗。在很多城市中，在城市及周围种植食物，可以为食品安全和扶贫做贡献。例如，坦桑尼亚首都达累斯萨拉姆，发展最快的城市之一，67%的家庭从事城市农业，而在 1970 年这个数字仅为 18%。② 在加纳首都阿克拉，城市农民提供 90% 的蔬菜。在秘鲁首都利马的贫民区，居民自己生产各种农产品，从甘薯、洋蓟到鸡肉、鱼肉和猪肉。许多城市

---

① Ulrich，R. S. (1984) "Views through a window may influence recovery from surgery." *Science* 224 (4647)：420 - 421.

② Girardet，*Cities*，*People*，*Planet*，p. 239.

农民是最近从安第斯山区移民来的，本来就依靠农业为生，来到贫民区后，他们的农业技术可以得到很好的利用。① 城市农业和社区花园是地方组织和管理绿色项目的例子。它们还与环境和公平问题相联系，城市农场和社区花园可以为低收入社区提供新鲜食品。

方框 16.6

古巴哈瓦那的城市农业

古巴拥有由政府出资的基础设施，用以支持城市农业和城市农民，这在全世界是独一无二的。1989 年，随着前苏联的解体，古巴失去了所有的食品进口，导致人民立即陷入食品短缺中。古巴还失去了关键的农业生产的依赖品的进口——化肥、杀虫剂、拖拉机和备件、提供燃料能源的石油。石油供应的减少让食品配送遭遇到了停滞，严重的燃料短缺意味着食品无法冷冻储藏，无法用卡车从食品生产地的城市周边和农村地区运至城市里，而大部分人口都居住在城里。

到 1992 年年底，古巴全国的粮食短缺到了危机的程度，包括首都哈瓦那，这里住着 220 万古巴人，是加勒比地区最大的城市。像其他大城市一样，哈瓦那是一个食品消费城市，完全依赖于从古巴农村地区和国外进口食品。哈瓦那没有食品生产部门或者基础设施，几乎没有土地用于食品生产。不断恶化的食品短缺状况让哈瓦那人自发地开始种植粮食作物，在院子里、在露台上、在阳台上、在房顶上、在自家附近的空地上。有些邻居一起种庄稼：豆子、西红柿、香蕉、莴苣、秋葵、茄子和芋头。如果他们有空间，许多人就开始饲养小动物——鸡、兔子，甚至猪。在两年的时间内，哈瓦那几乎每个社区都有了花园和农场。到 1994 年，哈瓦那居民有数百人参与了食品生产。这些城市种植者们大多数都缺乏农业所需要的投

---

① Girardet, *Cities*, *People*, *Planet*, p. 247.

入——种子、工具、害虫防治、土壤改良剂，还缺乏城市园艺所必需的关于小规模的、农业生态的技术。

古巴农业部针对人民对于信息和农业投入的需求作出了回应，在哈瓦那成立了城市农业部门。该部门的目标是把城市的所有空地都用于耕作，并提供一个广泛系列的服务和资源，比如农业专家、短期培训课、种子银行、生物防治、堆肥和农具。该部门通过调整城市法律来获得把未使用的土地用于粮食生产的合法权利，从而保证了城市种植者使用土地的权利。数百块空地，不论共有的还是私有的，都得到官方认可被用作花园和农场。

这个由政府支持的城市农业基础设施让数千名古巴人参与到了首都的食品生产中来。目前，哈瓦那大约有30％的可用土地正在耕作中，3万多人在8 000多个农场和花园里种植粮食作物。这些农场和花园的大小与结构相差很大，有市民在自家后院和私人小块土地上种植的小花园，有个人和政府机构在大型集装箱上建的花园。有工作场所的花园，供给该场所或者机构自己的餐厅。有小型的家庭经营的农场，也有政府拥有和运作的农场，与工人分配不同程度的利润。

尽管古巴的城市农业是为了应对紧急食品短缺应运而生的，其益处却是广泛深远的。这些进步直接源自古巴政府致力于食品安全，不仅给人民提供食物，而且是提供健康的食物，不含有任何危害人与环境健康的化学物质。我们希望这个案例研究可以鼓励其他市政府发展策略和政策，鼓励城市农业基础设施的发展，推广小规模可持续发展农业的方法和投入，允许城市种植者的发展，提高本地食品安全水平，促进生态的可持续发展。

Pinderhughes，R.，Murphy，C. and Gonzalez，M.（2000）"Urban agriculture in Havana，Cuba." http：//online. sfsu. edu/raquelrp/pub/2000 _ aug _ pub. html （accessed August 2012）；see also this video：*Havana Homegrown：Inside Cuba's Urban Agriculture Revolution*（http：//www. youtube. com/watch? v ＝ iGuipXzx-PFY）

当选址和设计小块土地，还有像公园一类等较大的地方，甚至更宽阔的公园系统时，城市规划者越来越多地体现出风景和城市生态学的原则。许多城市正在规划通过环境走廊和走廊网络把小块的栖息地连接起来。在南加州，2009 年尔湾市公布了对以前的艾尔托洛海军陆战队航空站地址的总体规划。该航空站于 1999 年关闭。该花园占地 1347 英亩，其特色有：一条人工建设的两个半英里长的峡谷、一条"日光照耀的"（修复并远离混凝土管道）溪流、一大片湖泊、一大片草坪、一个航空博物馆、一个温室/植物花园、一个步行区和一个运动公园（图 16.4）。从生态学的角度看，该公园将会成为从高山延伸到大海的后备土地资源链条上的重要一环。该公园还会通过把骑车、徒

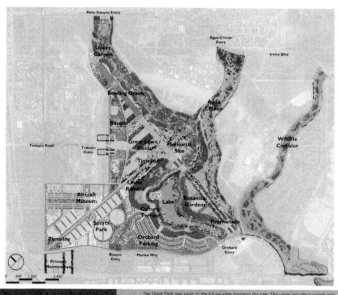

图 16.4　加州尔湾市对以前的艾尔托洛海军陆战航空站地址的总体规划，这里很快就要成为大花园。这个规划有许多可持续发展的亮点特征，从重新利用旧基地的资源，到恢复滨水特色
资料来源：http：//www. ocgp. org

步和多用途小径编织在一起，从而为该市所有社区创造社会联系，让所有社区都能够抵达较远的公园和社区。该计划专注于可持续发展，声明：

> 可持续发展意味着利用以前艾尔托洛海军陆战队航空站已有的丰富资源，并展示它们在建设大公园中的使用情况。这个过去的基地所拥有的资源非常美丽，不能忽视。我们计划使用过去建造军事飞机库的红杉木来建设桥梁。我们会循环利用混凝土飞机跑道来建造退伍军人纪念馆和车行道。我们会净化现存的暴雨水，并使之回归到地下水位。我们会保证节能。①

绿色交通

在许多城市里，交通运输主要是依靠汽车。然而，花费是巨大的。修筑车行道、桥梁、高速路要消耗大量资金。汽车的兴起损害了公共交通和其他多样性的交通运输选择，助长了交通堵塞、道路消亡和伤害事件。汽车依赖性也有生态成本——排放温室气体，影响大气并污染当地空气，如光化学烟雾等。从根本上说，汽车并不是城市交通工具，但却在许多城市中占据交通主导地位。

一个可持续发展的城市必须包含一个交通运输系统，这个系统有一个安全的道路网络，把行人、自行车和公共交通连接起来。在市中心，有专门的步行区，有街边咖啡馆和市场，而不是停车库和交通阻塞的城市街道。人们会使用低能耗、低排放量的汽车。绿色交通运输系统的优先顺序是：首选步行，其次是骑自行车，再次是公交，最后才是私人汽车。这与通常的顺序是相反的。② 正如一位建筑师所说：

---

① Orange County Great Park（2009）"Sustainability goals." http：//www. ocgp. org/leam/sustainability（accessed July 2012）.

② Low *et al*., *The Green City*, p. 135.

"可持续发展的城市是紧凑的、多中心的、有生态意识的、基于步行的。"①

　　许多欧洲城市历史中心建立步行区在商业上的成功是重新设定城市交通优先顺序的一个例子。图 16.5 展示了巴塞罗那的兰布拉大街，一个两旁栽着树木的步行街，几乎延伸出四分之三英里长（1.2千米）。

图 16.5　兰布拉大街在巴塞罗那历史中心，是步行区的一个例子。这样的空间充满活力，对于制约汽车的使用来说，非常重要
资料来源：由丽莎·本顿-肖特拍摄

　　在兰布拉大街上，游客可以发现出售报纸和纪念品的报刊亭，花和鸟，街头艺人，咖啡厅，餐厅和商店。在很多案例里，步行区都变成了生机勃勃的地方。20 世纪 90 年代，英国伯明翰的市议会认为，该城市 19 世纪的历史中心变得不景气，一部分原因是一条环绕中心商业区的高速公路。他们把高速公路的一部分拆除了，让行人能够进入。

---

　　①　转引自 Low *et al*, *The Green City*, p. 138.

今天，该城市的中心大部分都成了步行区。此外，步行区还与火车站和主要公交线路相连接，便于行人换用其他交通方式。

在香港、维也纳、苏黎世、库里蒂巴和新加坡，新的电车和公交系统便捷又高效。在大多数荷兰城市里，比如阿姆斯特丹，有广泛的自行车线路网，把自行车和公交车划分开，这样就减少了交通意外的危险，也让城市道路更加的快速便捷。在视觉景观中，自行车是占据主导地位的交通形式（图 16.6）。今天，许多城市都设立了自行车共享计划或者专用自行车道。

对于公共交通的投资还可以解决社会公平问题，因为可以为买不起车的人提供交通条件。专注于公共交通、步行和自行车的城市交通意味着更快的旅程、更低的交通费用，也更能有利于人们的健康。

可持续发展的城市并不是一定要居民拥有汽车数量少，而是居民对汽车的使用（或者需求）少。[①] 远离汽车，选用更加环保的交通方式，这个主意从原则上说很有道理，但是实践起来却很复杂。在过渡期间，汽车共享计划是一个不错的选择。美国的许多城市都有 FlexCar 或者 ZipCar 计划。会员交付押金，就会收到一个键码，在城市的各个地方都能获得汽车使用（还可以通过网络检索到汽车的位置）。汽车共享计划对于汽车使用所收取的费用大约是每小时 8 美元或者每天 60 美元。会员可以享受到数百辆汽车的使用，常常在距离家或者工作地点步行 5 分钟的距离之内。还可以通过网络和电话来预定一辆车，每小时的费用包括汽油、保险、停车月租费和保养费。研究表明，每一辆共享汽车可以取代多达 15 辆私家车的使用。

对于发展中国家，解决交通问题可能会引起许多别的问题。拿曼谷的例子来说明。曼谷是世界上最拥堵的城市之一。2003 年，泰国政府宣布了一项新措施来治理交通阻塞：禁止大象上街。这个禁令影响到了大约 250 头大象。这些大象在街上游荡，驯象人在忙着乞讨或是兜售廉价小饰品。大象常常会阻塞交通，不是被车辆撞到，就是跌进

---

① Low *et al.*, *The Green City*, p. 149.

图 16.6　阿姆斯特丹的自行车
资料来源：由约翰·雷尼-肖特拍摄

了排水明沟里。① 与此相似，在印度的海德拉巴，这座因空气污染和
交通阻塞而"著名"的城市，圣牛在街上漫步，给人力车、出租车和
汽车增加了通行的障碍。在发展中国家，许多城市对公共交通的投入

① Girardet，*Cities*，*People*，*Planet*，p. 131.

太少，这又加剧了堵塞问题的严重性。大城市需要一个综合区域交通规划，才能足够解决这个问题。

方框 16.7

参与式地图

城市规划者、设计者和建筑师都有各自匹配的工作。世界范围内的城市化速率意味着我们不得不重塑自己的思考、设计和规划城市的方式。这并不像是在新的干净的画布上重新作画。重建当前的城市来满足更多人口的需求将会非常困难，因为这需要规划者不仅满足当前城市居民的需求，还要预测未来城市居民的需求。从最初的设计阶段一路到实施阶段，都要求在环境、公众健康和流动性之间把握好平衡。

在这里参与式地图就成了研究和规划更加兼容并蓄的城市越来越重要的一个方面。邀请居民参与到地图制订中来，在空间规划过程中给他们话语权。这样也能让他们深刻认识到他们如何使用自己的城市——他们在这里生活，在这里工作，在这里骑车。以安东·波尔斯基制作的地图为例。安东·波尔斯基是一个俄罗斯的艺术家，他使用"马柯"这个名字，同时也是一个参与式的城市重新规划网站的建立者，网址是：www.partizaning.org.

2010 年，马柯设计和共享了一份地图，他称之为"有用/无用"，目的是让在他的家乡莫斯科骑自行车的人所面对的悲惨状况引起关注。通过自己的资源和机会，马柯创造了这份地图，并且制作了另一个网络版本，把汽车路线、危险路线和停车点的标记工作给承包了出去。他制作了该城市第一份骑车地图，并通过他的网址共享了出去。波尔斯基鼓励市民去下载、打印、标注他们最喜欢的路线并把地图放在城市的各个画廊里。最初这只是一个个人的艺术项目，现在扩展成为一个大规模运动，创造一个参与式的、非正式的莫斯科自行车地图。地图上有符号标注自行车停放点、租赁点和商店。这是一个市民积极主动参与的例子，让莫斯科变得更适宜骑自行车。这个项目的重要性在于它的调查结果可以共享给当地市政府，市政府正开始创建城市的自行车基础设施。这种行动主义和社区参与是一个高效城市设计的开始。这份地图受到了来自城市居民和媒体的许多支持和关注，它成为了该城市替代前景的一部分，叫做"莫斯科2020"。这只是参与式社区地图绘制的一个例子，用艺术来让市民参与到重要的城市问题中来。

在中国也有绘制自行车路线图的努力。这一点很重要，特别是考虑到许多亚洲城市——特别是在印度和中国——正在经历相反的轨迹：远离步行和自行车，为私人汽车提供支持和便利。

参与式地图为市民参与提供了一种独特的方式，为我们城市未来所面对的问题提供了相关的有创意的解决方案。宜居的、人性化的城市需要兼收并蓄和参与式的规划。

资料来源：Mlhotra，S.（2012）"The city fix：participatory maps for inclusive cities."http：//thecityfix.com/blog/participatory-maps-for-inclusive-cities（accessed July 2012）. Malhotra，S.（2011）"DIY mapping：cycle routes in Moscow."http：//patterncities.com（accessed July 2012）.

发展中国家城市所面对的另一个挑战是：随着收入的增长，许多居民在购车方面开始向发达地区看齐。2010 年，中国和印度的消费者购买了将近 2 000 万辆新车。在中国，从 1977 年到 2008 年，机动车拥有量从 100 万辆增长到 5 100 万辆。[①] 在上海和北京等大城市，汽车销售量更是涨势惊人，估计 30％的北京居民拥有汽车，远高于 3％的全国平均水平。预计到 2035 年，中国的机动车辆会增长 10 倍，接近 3 亿辆。

———————————

① China Mike（n. d.）"China's Car Culture."http：//www. china - mike. com/facts - about - china/facts - transportation - autos - car - culture（accessed July 2012）.

城市规划者们在处理绿化交通时，会遇到改造和革新现有城市并重整各种交通形式的挑战。建设适宜步行城市的运动提供了一个机会，通过把市中心改为行人专用区，让居民的联系更加便利，减少对私家车的需求，让公共交通和城市村庄模式发展流行。

库里蒂巴：发展中国家的一座绿色城市

　　我们对于发展中国家的城市的讨论很多都强调了"棕色"问题，比如卫生状况差、水质、空气污染和住房问题。然而，未来并非一片惨淡。库里蒂巴位于巴西南部的海岸山脉附近。像巴西的其他许多城市一样，库里蒂巴在20世纪后半期发展迅速，从1965年的50万人口增至2010年的170万。如此迅猛的增长带来了典型的城市问题：失业、贫民窟、交通阻塞、污染和环境恶化。尽管如此，库里蒂巴常常被当作是绿色城市的典型。在20世纪60年代后期和70年代，库里蒂巴的政治精英们在三届市长海梅·勒纳的领导下，鼓励城市规划者发挥想象力，将社会和生态整合起来。规划的过程创造出了对于公共交通、回收利用、垃圾收集和绿色空间蔓延的创新解决办法，其中许多都给可持续发展城市规划树立了榜样。

　　库里蒂巴曾面对低效率的公共交通系统和不断增长的私人汽车数量的问题。一开始，规划者倾向于开发地铁系统，每千米花费大概是60—70百万美元。不过后来他们并没有这么做，而是转向修缮公交系统，代价是每千米20万美元，仅仅是地铁造价的1％。为了满足对交通的需求，同时也为了削减对私人汽车的使用，规划者专注于鼓励城市沿着直线轴蔓延，每个直线轴都有快速公交车专用的中心公路。一些人称此为"路面地铁"。目的在于减少交通堵塞，将中心区域归还给步行者。快速公交远比地铁和轻轨便宜，对于发展中国家来说，是一种更实用、更实惠的公交方式，普通的低收入居民只需要花费10％的收入用于交通费用。除此之外，对公交车和上车通道进行的调整让交通系统更加高效。例如，沿着公交路线有无障碍的管状结构，与公交车高度持平，让残疾人上下车都更加方便。公交车自身有5个侧门，每小时可承载的乘客量是传统公交车的 3 倍。尽管城市有 50 万辆私人汽车（比大多数巴西城市的人均汽车拥有量多），大部分居民都使用公交系统。实际上，每天有多于 130 万名乘客使用公交运输系统，几乎是该城市三分之二的人口。① 这样的一个好处是提高了城市的空气质量。

该城市的废物循环计划是解决垃圾问题的一个创意方案。废物循环计划于 1989 年引进，鼓励居民把垃圾分成有机垃圾和无机垃圾两类。一个全市开展的教育计划有助于强化垃圾回收利用的好处。有 70% 的人参与到了垃圾分类中，是全世界参与度最高的城市之一。第二个计划是垃圾购买计划，主要针对的是库里蒂巴的贫民窟。贫民窟，当地人称之为 "favelas"，没有组织性的垃圾收集。为了解决潜在的健康问题，该计划鼓励贫民窟居民收集垃圾，以此来交换公交车票和生活用品。这项计划有效地减少了城市垃圾，同时还改善了穷人的生活状况。一度有 22 000 个家庭参与到垃圾购买计划中来，大约改善了 10 万人的生活，同时还收集了 400 吨垃圾。1990 年库里蒂巴由于这两项成功的垃圾处理计划而被联合国环境规划署授予了奖项。

小规模、适度的改变也会对城市有积极影响。勒纳市长为社区分发了 150 万棵树苗来栽培，进一步改善了绿色空间。栽好的树未经许可是不允许砍伐的，每砍伐一棵就要再栽种两棵。新建的 17 个公园，90 千米的自行车道和随处可见的树木，这些都扩展了绿色空间。许多公园是在规划者从低地（易遭受洪水威胁地区）转移水资源的过程中修建的。规划者让水改道流入了一些湖里，这些湖水成了新建公园里的最佳部分。把洪水控制与公园建设整合起来，是"自然设计"的一个例子。此外，如果开发商的项目里包括绿化区，那么他们可以获得减税优惠。因此，库里蒂巴全市的空地人口比率从人均 0.5 平方米增

---

① Rabinovitch，J. (1997) "A success story of urban planning：Curitiba," in *Cities Fit for People*，U. Kirdar (ed.). New York：United Nations Press，p. 425.

长到 52 平方米，这意味着库里蒂巴是全世界人均绿地面积最大的城市之一。① 今天，将近 18％的城市用地是绿色空间，包括 18 个公园、14 个森林和 1 000 多个绿色公共空间。

在勒纳的管理下，超过 30％的政府预算用于医疗保健（比巴西其他城市 3 倍还多）。② 在 20 年的时间里，婴儿死亡率下降了 60％。该城市还大量投资改善基础教育，对教师进行再培训，并翻新公立学校建筑。勒纳市长说服私企建立了 30 多所社区日托中心，由城市来运作。这个合作可行的原因是企业的员工可以使用这些日托中心，这项服务如果单由企业来支付代价就过高。

2007 年库里蒂巴在美国杂志《Grist》所列的 15 座世界环保城市中排在第三位。2010 年该城市因其可持续的城市发展而被授予全球"可持续发展奖"。库里蒂巴的案例不仅给其他发展中的城市，也给所有的大城市提供了宝贵的经验。库里蒂巴抛弃了强调用复杂尖端技术解决城市问题的传统智慧。创新的、劳动密集的想法可以取代资本、技术密集的方法，特别是对于存在失业问题的地方。③ 规划者们已经懂得城市问题的解决方案并不是特定的和孤立的，而是彼此相关的。改善公共交通或者垃圾收集是与诸如贫穷、犯罪、教育和健康等问题密不可分的。这是极其重要的一课：城市有能力把环境问题转换为创造性的解决方案。并且，正如库里蒂巴案例所显示的那样，把社会公正、社会服务和环境质量整合起来是城市可持续发展的核心。

小结

实现城市可持续发展的策略包括为与空气质量、能源效率、水资源整合管理、泛滥成灾的废弃物管理等相关的环境问题做规划。从长

---

① Rabinovitch, "A success story of urban planning," p. 424.
② Rabinovitch, "A success story of urban planning," p. 425.
③ Rabinovitch, "A success story of urban planning," p. 429.

远看，通过有效利用自然资源以及从化石能源过渡到不同形式的可更新能源，就能够为社区和其经济提供更适宜居住的和更稳定的环境状况。可持续发展的城市能够更好地适应未来全球环境资源的状况。

碎片式城市规划是一个对于实现城市可持续发展的挑战。城市规划者必须摒弃当前的专业分隔的规划模式（比如，住房、交通、用地等等）。城市规划应该更加具有整合性。正如我们在前几章探讨过的，许多 19 世纪的规划者——比如埃比尼泽·霍华德、弗雷德里克·劳·奥姆斯特德、帕特里克·格迪斯、丹尼尔·伯纳姆——创造的城市设计方案将多种因素都包括在内，例如自然资源、公园、交通系统、区域规划和社会公平。

另一个挑战是政治。好消息是城市的可持续发展越来越成为政府管辖和政治控制的问题。① 艾丹·瓦尔和同事们用"城市可持续性补救措施"这一术语来描述将生态观点并入到政府管理之中。借鉴英国的城市，他们展示了创业型城市政体是如何将绿色议程纳入进来的，比如利兹的例子，其他城市也表示赞成，如曼彻斯特。他们的作品展示了城市增长机器的绿化。②

与此同时，可持续发展并不是简单的城市绿化。一座真正可持续发展的城市要保护环境，要发展经济，满足居民最起码的吃住需求，还要让居民过得幸福。可持续发展的城市也是公平的城市。

这意味着可持续发展毫无疑问是目前为止对城市-自然关系最有雄心的展望。城市能够有效地处理增长和蔓延吗？城市能够真正实现可

① Irazábal, C. (2005) *City Making and Urban Governance in the Americas: Curitiba and Portland*. Burlington, VT: Ashgate. See also Gilbert, R. (1996) *Making Cities Work: The Role of Local Authorities in the Urban Environment*. London: Earthscan.

② While, A., Jonas, A. E. G. and Gibbs, D. (2004) "The environment and the entrepreneurial city: searching for the urban 'sustainability fix' inManchester and Leeds." *International Journal of Urban and Regional Research* 28 (3): 549 - 569.

持续发展吗？当前的城市化水平和预测未来的城市化水平能够与城市可持续发展兼容吗？包括这些问题在内，许多凸显的问题我们现阶段无法回答，但21世纪却不得不去面对。既然城市是人类生活的主要区域，那么眼下的任务虽然让人望而却步，但无法逃避。

我们以此警句结尾：

21世纪，人类的命运会在城市里展现出来，生物圈的未来也会决定于此。没有可持续发展的城市，就没有可持续发展的世界。

——希尔伯特·吉拉德①

延伸阅读指南

Adams, W. M. (2008) *Green Development: Environment and Sustainability in a Developing World*. 3rd edition. London: Routledge.

Beatley, T. (ed.) (2012) *Green Cities of Europe*. Washington, DC: Island Press.

Birch, E. and Wachter, S. M. (eds.) (2010) *Growing Greener Cities: Urban Sustainability in the Twenty-first Century*. Philadelphia, PA: University of Pennsylvania Press.

Dresner, S. (2008) *The Principles of Sustainability*. 2nd edition. New York: Routledge.

Edwards, A. and Orr, D. (2005) *The Sustainability Revolution: Portrait of a Paradigm Shift*. British Columbia: New Society Publish-

① 转引自 Beatley, T. (2007) "Sustaining the city: urban ecology," paper presented at the Symposium on Framing a Capital City, National Building Museum, Washington, DC, April 11, 2007.

540

ers.

Fitzgerald, J. (2010) *Emerald Cities: Urban Sustainability and Economic Development*. Oxford: Oxford University Press.

Heynen, N. , Kaika, M. and Swyngedouw, E. (eds.) (2006) *In the Nature of Cities: Urban Political Ecology and the Politics of Urban Metabolism*. New York: Routledge.

McManus, P. (2005) *Vortex Cities to Sustainable Cities: Australia's Urban Challenge*. Sydney and Canberra: UNSW Press.

Newman, P. and Jennings, I. (2008) *Cities as Sustainable Ecosystems*. Washington, DC: Island Press.

Portney, K. E. (2003) *Taking Sustainable Cities Seriously: Economic Development, the Environment and Quality of Life in American Cities*. Cambridge MA: MIT Press.

Risse, M. (2012) *On Global Justice*. Princeton, NJ: Princeton University Press.

Sarkar, S. (2012) *Environmental Philosophy: From Theory to Practice*. Oxford: Wiley.

附录　可持续发展城市的想法

1. 调整现有建筑物以适应气候的变化。

2. 捕捉人们日常活动所消耗的能量。

3. 为身边的社区做一点贡献。

4. 绘制一切事物的地图。

5. 使用临时性建筑物来为服务匮乏的社区提供便利设施。

6. 为一代人的多样性而设计。

7. 寻找每一处产能过剩，并加以充分利用。

8. 倾听生态系统的声音。

9. 支持多元化经济。

10. 使用公用空间来分享思想观点并开展对话。

11. 理解食物基础设施，以便我们创造一个更健康、更有弹性的城市。

12. 保护各地的自然环境。

13. 鼓励私营企业创建公共设施。

14. 不仅要利用太阳能和风能，还要驾驭利用潮汐能。

15. 庆祝并激活城市的生态。

16. 考虑公路和铁路以外的公共交通选择。

17. 向你脚下的地质材料学习。

18. 通过观察人们如何娱乐来设计休憩空间。

19. 用创新的、预防性的设计来阻止污水泛滥。

20. 询问市民他们希望如何改善自己的城市。

21. 把污染的土地转变成可进行农业生产的田地。

22. 让市民参与到基础设施的维护中。

23. 除了住所外，想办法给无家可归的人提供更多帮助。

24. 珍惜拥有，减少消耗。

25. 询问可持续发展意味着什么。

资料来源：adapted from Urban Omnibus（2012）"50 ideas for the new city."http：//urbanomnibus. net/ideas（accessed August 2012）.

索　引

551

《世界城市研究精品译丛》总目

☑ 已出版

☑ 马克思主义与城市

☑ 保卫空间

☑ 城市生活

☑ 消费空间

☑ 媒体城市

☑ 想象的城市

☑ 城市研究核心概念

☑ 城市地理学核心概念

☑ 政治地理学核心概念

☑ 规划学核心概念

☑ 城市空间的社会生产

☑ 真实城市

☑ 城市：非正当性支配

☑ 现代性与大都市

☑ 工作空间：全球资本主义与劳动力地理学

☑ 区域、空间战略与可持续性发展

☑ 驱逐：全球经济中的野蛮性与复杂性

☑ 与赛博空间共存：21 世纪技术与社会研究

☑ 更好的城市：寻找欧洲失落的城市生活艺术

☑ 城市和电影

☑ 城市环境史

☑ 帝国的边缘：后殖民主义与城市

☑ 城市的人和地方

☑ 城市与自然